北京高等学校优质本科教材

复变函数与积分变换

(第二版)

主　编　陈艳萍

副主编　明春英　何庆辉　丁　军

科学出版社

北　京

内 容 简 介

本书依据工科数学复变函数与积分变换教学大纲，结合大学数学课程体系和内容的改革要求编写而成，全书共九章，包括复数与复变函数、解析函数、复变函数的积分、复级数、留数、保形映射、傅里叶变换、拉普拉斯变换、Z变换等. 每章后配有相关习题，书末配有三个附录，分别是傅里叶变换简表、拉普拉斯变换简表和数学软件Maple在复变函数与积分变换中的应用.

本书可供高等院校数学专业高年级本科生以及自动化、计算机、通信、电信和测控等理工类非数学专业的本科生阅读，也可作为相关研究人员以及对复变函数与积分变换理论和应用感兴趣的读者的参考书.

图书在版编目（CIP）数据

复变函数与积分变换 / 陈艳萍主编. -- 2 版. -- 北京 : 科学出版社, 2025. 6. -- ISBN 978-7-03-080878-3

Ⅰ. O17

中国国家版本馆 CIP 数据核字第 2024LB0112 号

责任编辑：张中兴 梁 清 孙翠勤 / 责任校对：杨聪敏
责任印制：赵 博 / 封面设计：无极书装

科学出版社 出版
北京东黄城根北街 16 号
邮政编码：100717
http://www.sciencep.com
三河市骏杰印刷有限公司印刷
科学出版社发行 各地新华书店经销
*
2015 年 5 月第 一 版 开本：720×1000 1/16
2025 年 6 月第 二 版 印张：23
2026 年 1 月第十二次印刷 字数：464 000

定价：79.00 元

（如有印装质量问题，我社负责调换）

PREFACE / 前言

习近平总书记强调，要“用心打造培根铸魂、启智增慧的精品教材，为培养德智体美劳全面发展的社会主义建设者和接班人、建设教育强国作出新的更大贡献”①. 随着我国高等教育水平的不断提高和科学技术的不断进步，复变函数和积分变换理论已经从数学学科渗透到机械、信息、控制、自动化等专业，在实际科学技术领域得到越来越广泛的应用. 复变函数与积分变换课程是学习流体力学、电工学和信号分析的基础，是自动控制、电子信息工程与机电工程的专业基础课.

为了适应我国高等教育的发展，结合数学与其他学科的交叉应用，在学校和学院的大力支持下，针对高校数学教育的特点，结合我校理工科专业课程需求，制定了符合自动化、计算机、通信、电信和测控专业特色的课程体系，编写本书.

本书是编者在研究了大量相关教材资料的同时，在教学和科研实践基础上，依据理工科数学复变函数与积分变换教学大纲，结合大学数学课程体系和内容的改革要求编写成的，以培养学生计算和分析问题的能力，进而解决实际问题，培养学生的综合素质为目的. 本书具有以下特点:

1. 内容由浅入深. 从基本概念、基本定理、基本例题到综合分析和应用. 复变函数部分的内容与高等数学研究的内容平行，在复数及复变函数的基本概念和基本运算的基础上，重点对函数的极限、连续性、微分和积分等分析性质进行探讨、计算和研究. 该部分不仅独立成课程体系，也是学习积分变换的基础.

2. 课后习题形式多样，内容丰富. 主要由填空、选择、判断分析、计算、证明和综合应用题组成，综合锻炼和考核学生的计算及分析能力.

3. 注重理论与实践结合. 积分变换无论在数学理论或其应用中都是一种非常有用的工具. 本书结合自动化、计算机、通信、电信和测控专业课程需求，在积分变换部分除了傅里叶变换和拉普拉斯变换外，加入了 Z 变换的内容.

---

① 来源于人民网[2024-11-25]. http://cpc.people.com.cn/n1/2020/1201/c64094-31950200.html.

4. 每章后面对该章内容进行简要小结，有助于学生快速抓住重点；给出课程发展和作出相关贡献的科学家简介，提高学生学习的兴趣.

本书由北京科技大学陈艳萍担任主编，明春英、何庆辉、丁军担任副主编. 其中第 1～3 章由明春英编写，第 4～6 章由何庆辉编写，第 7～9 章由陈艳萍编写，附录Ⅲ由丁军编写.

本书在编写过程中得到北京科技大学数理学院和教务处的大力支持和帮助，本书的编写与出版得到了科学出版社的大力支持，同时也得到了“十四五”期间北京科技大学教材建设项目经费资助(项目编号: JC2019YB037).

限于编者水平，书中难免有不足之处，敬请批评指正.

编　者

2024 年 11 月于北京

CONTENTS / 目录

引　言

高等数学中研究的函数主要是针对实数范围内变量之间的相互依赖关系. 随着实际问题的需要和数学理论的发展, 数的研究范围慢慢由实数推广到复数, 函数也随之推广到变量为复数的复变函数.

1545 年, 意大利学者卡尔达诺(Cardano)在解三次方程时, 首先引进负数开平方的思想, 把 40 看成$5+\sqrt{-15}$与$5-\sqrt{-15}$的乘积, 当时只是一种纯形式的表示. 事实上, 在解实系数一元二次方程$ax^2+bx+c=0(a\neq 0)$时, 如果判别式$\Delta=b^2-4ac<0$, 就会遇到负数开平方, 最简单的例子是解$x^2+1=0$, 遇到-1开平方, 为了使方程有解, 需要负数开平方有意义.

复数的引入是数系的又一次扩充. 最初由于对复数的有关概念及性质了解得不清楚, 用它们进行计算又得到一些矛盾, 很长一段时间人们把复数看作不能接受的"虚数", 直到 17～18 世纪, 随着微积分的发明和发展, 并且这个时期复数有了清晰的几何解释, 把复数与平面向量对应起来解决了一些实际数学问题, 复数才渐渐被人们承认和广泛使用. 例如, 用复变函数理论很容易证明一元n次方程$a_0x^n+a_1x^{n-1}+\cdots+a_{n-1}x+a_n=0(a_0\neq 0)$在复数域内恒有解, 这就是著名的代数学基本定理.

瑞士数学家欧拉(Euler)发现了复指数函数和三角函数之间的关系, 并引入了虚数单位$\mathrm{i}=\sqrt{-1}$, 初步建立了复变函数论的一些基本理论, 并用到水力学和地图制图学上. 德国数学家高斯(Gauss)引进术语"复数", 将复数记作$a+b\mathrm{i}$, 并用高斯平面上的点表示复数. 19 世纪, 经过法国数学家柯西(Cauchy)、德国数学家黎曼(Riemann)和魏尔斯特拉斯(Weierstrass)的巨大努力, 复变函数已经形成了非常系统的理论, 并渗入到代数学、解析数论、微分方程、概率统计和拓扑学等数学分支; 同时, 它在热力学、流体力学和电学等方面也有很多的应用. 20 世纪以来, 复变函数已被广泛地应用在理论物理、弹性理论和天体力学, 与数学中其他分支的联系也日益密切, 使经典的复变函数理论, 如整函数与亚纯函数理论、解析函数的边值问题等有了新的发展和应用. 并且, 还开辟了一些新的分支, 如复变函数逼近论、黎曼曲面、单叶解析函数论、多复变函数论、广义解析函数论和拟保形变换等.

积分变换无论在数学理论还是在其应用中都是一种非常有用的工具. 最重要的积分变换有傅里叶(Fourier)变换、拉普拉斯(Laplace)变换, 由于不同应用的需要, 还有其他一些积分变换, 其中应用较为广泛的有梅林(Mellin)变换和汉克尔(Hankel)变换, 它们都可通过傅里叶变换或拉普拉斯变换转化而来.

复变函数理论在实际科学技术领域得到了越来越广泛的应用, 复变函数与积分变换课程是学习自动控制、电子信息工程与机电工程等专业课的理论基础.

Chapter

第1章 复数与复变函数

本章要点:

1. 理解复数实部、虚部、模长、辐角和共轭复数的概念.
2. 掌握复数的各种表示及相互转化.
3. 熟悉复数的加减乘除和乘幂与方根的运算.
4. 写出平面曲线的复数形式.
5. 计算复变函数的极限并判断连续性.

1.1 复　　数

数在发展的历史上, 主要经过以下几次扩展: 自然数——整数——有理数——实数——复数. 数的概念来源于生活, 为了计数的需要产生了自然数; 为了表示相反意义的量, 有了负数; 为了解决测量、分配中的等分问题, 有了分数; 为了度量的需要, 例如测边长为 1km 的正方形田地的对角线长度, 产生了无理数. 数的概念的发展一方面是生产生活的需要, 另一方面也是数学科学本身发展的需要. 矛盾是事物发展的根本动力, 简单地说, 由自然数扩张到整数是为了解决减法运算的封闭性; 由整数扩张到有理数是为了满足除法运算的封闭性; 由有理数扩张到实数是针对方根运算的封闭性提出的; 将实数扩张到复数的意义主要是使负数开平方有意义.

引入复数后, 任意 n 次多项式方程 $x^n + p_1x^{n-1} + \cdots + p_{n-1}x + p_n = 0$ 都有 n 个解.

1.1.1 复数的基本概念

虚单位 i: 规定

(1) $i^2=-1$.

(2) i 可以像数一样与实数进行四则运算, 且加法、乘法运算律仍然成立.

定义 1.1.1 (复数)　把形如 $z=x+iy(x,y\in\mathbf{R})$ 的数称为**复数**, 其中 x 和 y 分别称为复数 z 的**实部**和**虚部**, 记为 $x=\mathrm{Re}(z)$, $y=\mathrm{Im}(z)$.

特别地, 当 $\mathrm{Im}(z)=0$ 时, $z=\mathrm{Re}(z)+i\cdot 0=x$ 是实数; 当 $\mathrm{Re}(z)=0$, 且 $\mathrm{Im}(z)\neq 0$ 时, $z=iy$ 称为**纯虚数**.

定义 1.1.2 (两复数相等)　对于两个复数 $z_1=x_1+iy_1$ 和 $z_2=x_2+iy_2$, 当且仅当 $\mathrm{Re}(z_1)=\mathrm{Re}(z_2)$, $\mathrm{Im}(z_1)=\mathrm{Im}(z_2)$ 时, 称 z_1 与 z_2 **相等**, 即

$$z_1=z_2 \Leftrightarrow x_1=x_2,\ y_1=y_2. \tag{1.1.1}$$

注　$z=0\Leftrightarrow x=0,\ y=0$.

1.1.2　复数四则运算与共轭复数

1. 四则运算

设复数 $z_1=x_1+iy_1$, $z_2=x_2+iy_2$, 则有以下运算规则.

(1) 加减法

$$z_1\pm z_2=(x_1+iy_1)\pm(x_2+iy_2)=(x_1\pm x_2)+i(y_1\pm y_2). \tag{1.1.2}$$

结果仍是复数, 分别称作复数 z_1 与 z_2 的和与差.

说明　复数的加法遵守交换律与结合律, 而且减法是加法的逆运算.

(2) 乘法

$$z_1z_2=(x_1+iy_1)(x_2+iy_2)=(x_1x_2-y_1y_2)+i(x_1y_2+x_2y_1). \tag{1.1.3}$$

结果仍是复数, 称作复数 z_1 与 z_2 的积.

说明　两个复数相乘, 可按多项式乘法进行, 并将 i^2 换成 -1 即可. 复数的乘法遵守交换律与结合律, 而且遵守乘法对加法的分配律.

例 1.1.1　确定实数 x,y, 使等式 $(2-i)x+(3+5i)y=2-3i$ 成立.

解　等式转化为

$$(2x+3y)+(5y-x)i=2-3i,$$

由复数相等的定义, 比较等式两端的实部和虚部, 得

$$\begin{cases}2x+3y=2,\\-x+5y=-3\end{cases}\Rightarrow\begin{cases}x=\dfrac{19}{13},\\ y=-\dfrac{4}{13}.\end{cases}$$

(3) 除法　两个复数 $z_1=x_1+iy_1$ 及 $z_2=x_2+iy_2$ 相除($z_2\neq 0$), 可定义为满足

$z_2 z = z_1$ 的复数 $z = x + \mathrm{i}y$，称为 z_1 除以 z_2 的商，记作 $z = \dfrac{z_1}{z_2}$.

由 $z_2 z = z_1$ 及 $z_2 z = (x_2 + \mathrm{i}y_2)(x + \mathrm{i}y) = (x_2 x - y_2 y) + \mathrm{i}(y_2 x + x_2 y)$，再根据两个复数相等的定义，有

$$\begin{cases} x_2 x - y_2 y = x_1, \\ y_2 x + x_2 y = y_1, \end{cases}$$

又因为 $z_2 \neq 0$，故 $x_2^2 + y_2^2 \neq 0$，故此时线性方程组有唯一解

$$\begin{cases} x = \dfrac{x_1 x_2 + y_1 y_2}{x_2^{\ 2} + y_2^{\ 2}}, \\ y = \dfrac{x_2 y_1 - x_1 y_2}{x_2^{\ 2} + y_2^{\ 2}}. \end{cases}$$

因此两个复数 $z_1 = x_1 + \mathrm{i}y_1$ 及 $z_2 = x_2 + \mathrm{i}y_2$ 的商($z_2 \neq 0$)定义为

$$\frac{z_1}{z_2} = \frac{x_1 + \mathrm{i}y_1}{x_2 + \mathrm{i}y_2} = \frac{x_1 x_2 + y_1 y_2}{x_2^2 + y_2^2} + \mathrm{i}\frac{x_2 y_1 - x_1 y_2}{x_2^2 + y_2^2}. \tag{1.1.4}$$

引进共轭复数后，可根据共轭复数性质运算复数除法更方便.

定义 1.1.3 (复数域)　全体复数并引进上述相等关系及代数运算后称为**复数域**，记为 **C**.

说明　(1) 在复数域中，两个复数一般是不能比较大小的，例如不能说 $3\mathrm{i} > 2\mathrm{i}$，也不能说 $3\mathrm{i} < 2\mathrm{i}$ (留为课后思考). 这是复数与实数的一个不同之处.

(2) 在复数域内，我们所熟知的代数恒等式仍成立，如

$$z_1^2 - z_2^2 = (z_1 + z_2)(z_1 - z_2).$$

2. 共轭复数

定义 1.1.4 (共轭复数)　与复数 $z = x + \mathrm{i}y$ 实部相同而虚部相反的数，称为 z 的**共轭复数**. 记作 $\overline{z} = x - \mathrm{i}y$.

例如，$z = -3 + 2\mathrm{i}$，则 $\overline{z} = -3 - 2\mathrm{i}$.

说明　(1) 实部相同、虚部相反的两个复数互为共轭;

(2) 复数 $z = x + \mathrm{i}y$ 为实数，当且仅当 $z = \overline{z}$.

共轭复数的性质　(1) $\overline{\overline{z}} = z$;

(2) $\overline{z_1 \pm z_2} = \overline{z_1} \pm \overline{z_2}$，$\overline{z_1 \cdot z_2} = \overline{z_1} \cdot \overline{z_2}$，$\overline{\left(\dfrac{z_1}{z_2}\right)} = \dfrac{\overline{z_1}}{\overline{z_2}} (z_2 \neq 0)$;

(3) $z + \overline{z} = 2\mathrm{Re}(z)$，$z - \overline{z} = 2\mathrm{i}\,\mathrm{Im}(z)$;

(4) $z\bar{z}=\left[\operatorname{Re}(z)\right]^2+\left[\operatorname{Im}(z)\right]^2$.

熟练、灵活地运用这些简单性质，可以简化计算并方便解答问题. 如利用共轭复数性质(4)可简化除法运算，$\bar{z}$ 相当于复数 z 的实数化因子.

$$\frac{z_1}{z_2}=\frac{z_1\overline{z_2}}{z_2\overline{z_2}}=\frac{(x_1+\mathrm{i}y_1)(x_2-\mathrm{i}y_2)}{x_2^2+y_2^2}\quad(z_2\neq 0).\tag{1.1.5}$$

例 1.1.2　化简 $\mathrm{i}^6\dfrac{1+\mathrm{i}}{1-\mathrm{i}}$.

解　由 $\mathrm{i}^6=-1$，$\dfrac{1+\mathrm{i}}{1-\mathrm{i}}=\dfrac{(1+\mathrm{i})^2}{(1-\mathrm{i})(1+\mathrm{i})}=\dfrac{2\mathrm{i}}{2}=\mathrm{i}$ 可得

$$\mathrm{i}^6\frac{1+\mathrm{i}}{1-\mathrm{i}}=-\mathrm{i}.$$

例 1.1.3　设 $z=\dfrac{1}{1+\mathrm{i}}+\dfrac{1-2\mathrm{i}}{\mathrm{i}}$，求 $\operatorname{Re}(z)$，$\operatorname{Im}(z)$，$z\bar{z}$.

解

$$\begin{aligned}z&=\frac{1}{1+\mathrm{i}}+\frac{1-2\mathrm{i}}{\mathrm{i}}=\frac{1-\mathrm{i}}{(1+\mathrm{i})(1-\mathrm{i})}+\frac{(1-2\mathrm{i})(-\mathrm{i})}{\mathrm{i}(-\mathrm{i})}\\&=\frac{1-\mathrm{i}}{2}+(-\mathrm{i}-2)=\frac{1}{2}-\frac{\mathrm{i}}{2}-\mathrm{i}-2=-\frac{3}{2}-\frac{3}{2}\mathrm{i},\end{aligned}$$

所以

$$\operatorname{Re}(z)=-\frac{3}{2};\quad \operatorname{Im}(z)=-\frac{3}{2};\quad z\bar{z}=\left[\operatorname{Re}(z)\right]^2+\left[\operatorname{Im}(z)\right]^2=\frac{9}{2}.$$

1.1.3　复数的表示

1. 复平面

由于复数 $z=x+\mathrm{i}y$ 可由一对有序实数 (x,y) 唯一确定，故可借助于横坐标为 x，纵坐标为 y 的点来表示复数 $z=x+\mathrm{i}y$，于是建立平面直角坐标系上全部的点与全体复数间一一对应的关系. 表示复数 z 的平面称为**复平面**或 z 平面.

由于 x 轴上的点对应着实数，故 x 轴称为**实轴**；而 y 轴上的非原点的点对应着纯虚数，故 y 轴称为**虚轴**；复数与复平面上的点一一对应，以后在研究复变函数时，不再区分“数 z”和“点 z”.

2. 复数的向量表示

在复平面上，复数 $z=x+\mathrm{i}y$ 与从原点指向点 z 的平面向量一一对应，因此复数 z 也能用向量 $\overrightarrow{Oz}$ 来表示，如图 1.1.1 所示.

1) 复数的模

定义 1.1.5 (复数的模)　向量 $\overrightarrow{Oz}$ 的长度称为复数 z 的**模**, 记作 $r=|z|$.对复数 $z=x+\mathrm{i}y$, 有

$$|z|=\sqrt{x^2+y^2} \tag{1.1.6}$$

复数的模的性质　(1) 对任意复数 z, $|z|\geqslant 0$, 且 $|z|=0 \Leftrightarrow z=0$;

(2) 对任意复数 z, 有 $z\overline{z}=|z|^2$, $|z|=|\overline{z}|$;

(3) 对任意复数 $z=x+\mathrm{i}y$, 有 $|x|\leqslant|z|$, $|y|\leqslant|z|$, $|z|\leqslant|x|+|y|$;

(4) 对于任意两个复数 z_1, z_2, 有 $||z_1|-|z_2||\leqslant|z_1\pm z_2|\leqslant|z_1|+|z_2|$.

此性质与平面几何中"三角形的两边之和大于第三边"以及"三角形的两边之差小于第三边"一致, 因此被称为三角不等式. 复数的加、减法运算和相应向量的加、减法运算是一致的, 如图 1.1.2 所示. 式中等号成立的几何意义是: 复数 z_1, z_2 所表示的两个向量共线且同向.

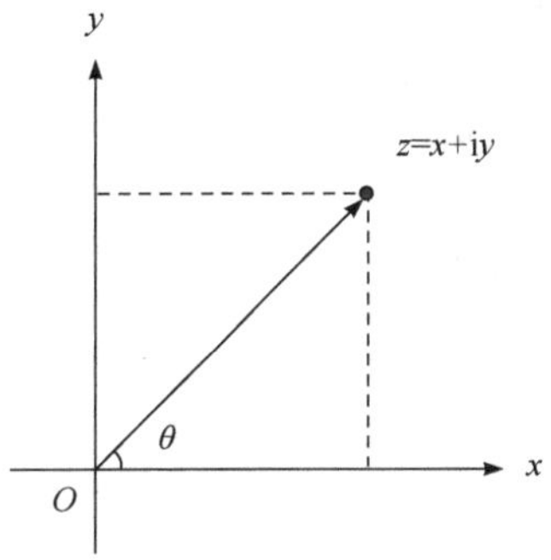

图 1.1.1　复数的向量表示

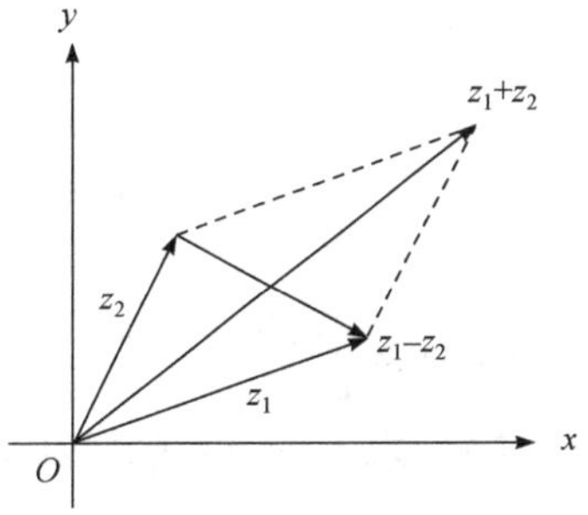

图 1.1.2　复数加减运算的几何表示

例 1.1.4　证明: $|z_1\pm z_2|^2=|z_1|^2+|z_2|^2\pm 2\operatorname{Re}\left(z_1\overline{z_2}\right)$.

证明

$$\begin{aligned}|z_1+z_2|^2&=(z_1+z_2)\overline{(z_1+z_2)}\\&=(z_1+z_2)(\overline{z_1}+\overline{z_2})\\&=z_1\overline{z_1}+z_2\overline{z_1}+z_1\overline{z_2}+z_2\overline{z_2}\\&=|z_1|^2+\overline{z_1\overline{z_2}}+z_1\overline{z_2}+|z_2|^2\\&=|z_1|^2+|z_2|^2+2\operatorname{Re}\left(z_1\overline{z_2}\right).\end{aligned}$$

同理, $|z_1-z_2|^2=|z_1|^2+|z_2|^2-2\operatorname{Re}\left(z_1\overline{z_2}\right)$.

2) 复数的辐角

定义 1.1.6　实轴正向到非零复数 $z = x + \mathrm{i}y$ 所对应的向量 $\overrightarrow{Oz}$ 间的夹角称为复数 z 的**辐角**，记作 $\mathrm{Arg}z$．满足 $-\pi < \theta \leqslant \pi$ 的辐角值称为**辐角主值**，记为 $\arg z$．

说明　任一非零复数有无穷多个辐角，任意两个辐角相差 2π 的整数倍.

复数 z 的全体辐角可以表示为

$$\theta = \mathrm{Arg}z = \arg z + 2k\pi \quad (k = 0, \pm 1, \pm 2, \cdots). \tag{1.1.7}$$

注　当 $z = 0$ 时，辐角无意义，或者说辐角为任意.

辐角主值 $\arg z\,(z \neq 0)$ 与 $\arctan\dfrac{y}{x}$ 有如下关系:

$$\arg z = \begin{cases} \arctan\dfrac{y}{x}, & x > 0, \\ \arctan\dfrac{y}{x} + \pi, & x < 0, y \geqslant 0, \\ \arctan\dfrac{y}{x} - \pi, & x < 0, y < 0, \\ \dfrac{\pi}{2}, & x = 0, y > 0, \\ -\dfrac{\pi}{2}, & x = 0, y < 0, \end{cases} \tag{1.1.8}$$

其中 $-\dfrac{\pi}{2} < \arctan\dfrac{y}{x} < \dfrac{\pi}{2}$.

例 1.1.5　求下列复数的模和辐角.

(1) $-2 + 2\mathrm{i}$；(2) $3 - 4\mathrm{i}$.

解　(1) $|-2 + 2\mathrm{i}| = \sqrt{(-2)^2 + 2^2} = 2\sqrt{2}$．由于 $x = -2 < 0$，$y = 2 > 0$，所以

$$\arg(-2 + 2\mathrm{i}) = \arctan\left(\frac{2}{-2}\right) + \pi = -\frac{\pi}{4} + \pi = \frac{3}{4}\pi;$$

$$\mathrm{Arg}(-2 + 2\mathrm{i}) = \arg(-2 + 2\mathrm{i}) + 2k\pi = \frac{3\pi}{4} + 2k\pi \quad (k = 0, \pm 1, \pm 2, \cdots).$$

(2) $|3 - 4\mathrm{i}| = \sqrt{(3)^2 + (-4)^2} = 5$．由于 $x = 3 > 0$，所以

$$\arg(3 - 4\mathrm{i}) = \arctan\left(\frac{-4}{3}\right) = -\arctan\left(\frac{4}{3}\right),$$

$$\mathrm{Arg}(3 - 4\mathrm{i}) = \arg(3 - 4\mathrm{i}) + 2k\pi = -\arctan\frac{4}{3} + 2k\pi \quad (k = 0, \pm 1, \pm 2, \cdots).$$

例 1.1.6　某物体受到平面力 $\boldsymbol{F} = 1 + \mathrm{i}$ 的作用，求力的大小和方向.

解　力的大小: $|\boldsymbol{F}|=\sqrt{1^2+1^2}=\sqrt{2}$;

力的方向: $\arg\boldsymbol{F}=\arctan\left(\frac{1}{1}\right)=\frac{\pi}{4}$.

3. 复数的三角形式和指数形式

由直角坐标与极坐标的关系 $\begin{cases}x=r\cos\theta,\\ y=r\sin\theta,\end{cases}$ 复数 $z=x+\mathrm{i}y$ 可以表示成

$$z=r(\cos\theta+\mathrm{i}\sin\theta), \tag{1.1.9}$$

该表达形式称为**复数的三角形式**.

再由著名的欧拉公式 $\mathrm{e}^{\mathrm{i}\theta}=\cos\theta+\mathrm{i}\sin\theta$, 可以得到复数的指数形式:

$$z=r\mathrm{e}^{\mathrm{i}\theta}. \tag{1.1.10}$$

说明　(1) $\mathrm{e}^{\mathrm{i}\theta_1}\mathrm{e}^{\mathrm{i}\theta_2}=\mathrm{e}^{\mathrm{i}(\theta_1+\theta_2)}$, $\frac{\mathrm{e}^{\mathrm{i}\theta_1}}{\mathrm{e}^{\mathrm{i}\theta_2}}=\mathrm{e}^{\mathrm{i}(\theta_1-\theta_2)}$;

(2)　复数的代数形式 $z=x+\mathrm{i}y$、三角形式 $z=r(\cos\theta+\mathrm{i}\sin\theta)$ 和指数形式 $z=r\mathrm{e}^{\mathrm{i}\theta}$ 这三种表示法可以互相转换, 以适应讨论不同问题的需要, 其中代数形式进行加减运算比较简单, 而乘除及次幂与方根运算用三角或指数形式更方便.

例 1.1.7　将下列复数化为三角表示式和指数表示式.

(1) $z=-\sqrt{3}-\mathrm{i}$; (2) $z=\sin\frac{2\pi}{7}+\mathrm{i}\cos\frac{2\pi}{7}$.

解　(1) $r=|z|=\sqrt{\left(-\sqrt{3}\right)^2+(-1)^2}=\sqrt{4}=2$.

$$\theta=\arg z=\arctan\left(\frac{-1}{-\sqrt{3}}\right)-\pi=\arctan\frac{\sqrt{3}}{3}-\pi=-\frac{5\pi}{6},$$

因此 $z=-\sqrt{3}-\mathrm{i}$ 的三角表示式为

$$z=2\left[\cos\left(-\frac{5\pi}{6}\right)+\mathrm{i}\sin\left(-\frac{5\pi}{6}\right)\right],$$

指数表示式为 $z=2\mathrm{e}^{-\frac{5\pi}{6}\mathrm{i}}$.

(2) $r=|z|=\sqrt{\left(\sin\frac{2\pi}{7}\right)^2+\left(\cos\frac{2\pi}{7}\right)^2}=1$.

$$\theta=\arg z=\arctan\left(\frac{\cos\frac{2\pi}{7}}{\sin\frac{2\pi}{7}}\right)=\arctan\left(\cot\frac{2\pi}{7}\right)=\arctan\left[\tan\left(\frac{\pi}{2}-\frac{2\pi}{7}\right)\right]$$

$$=\arctan\left(\tan\frac{3\pi}{14}\right)=\frac{3\pi}{14},$$

因此 $z=\sin\frac{2\pi}{7}+\mathrm{i}\cos\frac{2\pi}{7}$ 的三角表示式为

$$z=\cos\frac{3\pi}{14}+\mathrm{i}\sin\frac{3\pi}{14},$$

指数表示式为 $z=\mathrm{e}^{\frac{3\pi}{14}\mathrm{i}}$.

例 1.1.8　将复数 $z=1-\cos\varphi+\mathrm{i}\sin\varphi(0<\varphi\leqslant\pi)$ 化为指数表示式.

解　$z=1-\cos\varphi+\mathrm{i}\sin\varphi$

$$=2\sin^2\frac{\varphi}{2}+2\mathrm{i}\sin\frac{\varphi}{2}\cos\frac{\varphi}{2}$$

$$=2\sin\frac{\varphi}{2}\left[\sin\frac{\varphi}{2}+\mathrm{i}\cos\frac{\varphi}{2}\right]$$

$$=2\sin\frac{\varphi}{2}\left[\cos\left(\frac{\pi}{2}-\frac{\varphi}{2}\right)+\mathrm{i}\sin\left(\frac{\pi}{2}-\frac{\varphi}{2}\right)\right]$$

$$=2\sin\frac{\varphi}{2}\mathrm{e}^{\left(\frac{\pi}{2}-\frac{\varphi}{2}\right)\mathrm{i}}.$$

1.1.4　复数的乘幂与方根

利用复数的三角或指数形式，可得如下乘除法和乘幂方根运算的结论.

1. 乘积与商

定理 1.1.1　两个复数乘积的模等于它们模的乘积；两个复数乘积的辐角等于它们辐角的和.

证明　设 $z_1=r_1(\cos\theta_1+\mathrm{i}\sin\theta_1)$，$z_2=r_2(\cos\theta_2+\mathrm{i}\sin\theta_2)$，则

$$\begin{aligned}z_1\cdot z_2&=r_1\cdot r_2(\cos\theta_1+\mathrm{i}\sin\theta_1)(\cos\theta_2+\mathrm{i}\sin\theta_2)\\&=r_1r_2[(\cos\theta_1\cos\theta_2-\sin\theta_1\sin\theta_2)+\mathrm{i}(\cos\theta_1\sin\theta_2+\sin\theta_1\cos\theta_2)]\\&=r_1r_2[\cos(\theta_1+\theta_2)+\mathrm{i}\sin(\theta_1+\theta_2)],\end{aligned}$$

从而有

$$|z_1.z_2| = |z_1|\cdot|z_2|, \tag{1.1.11}$$

且

$$\mathrm{Arg}(z_1z_2) = \theta_1 + \theta_2 + 2k\pi = \mathrm{Arg}(z_1) + \mathrm{Arg}(z_2). \tag{1.1.12}$$

说明 (1) 由于辐角的多值性, 上述关于辐角的等式应理解为集合相等, 即对于左端的任一个值, 右端必有一个值和它对应, 反之亦然.

(2) z_1z_2 的几何描述: 把 z_1 所对应的向量伸缩 $|z_2|$ 倍, 然后再逆时针旋转一个角度 $\theta_2 = \arg z_2$ 得到的向量. 如图 1.1.3.

特别地, 当 $|z_2| = 1$ 时, 只需旋转一个角度 $\theta_2 = \arg z_2$, 如 iz 相当于将 z 逆时针旋转 $90°$, $-z$ 相当于将 z 旋转 $180°$; 另外, 当 $\arg z_2 = 0$ 时, z_1z_2 所对应的向量仅是把 z_1 所对应的向量伸缩 $|z_2|$ 倍而得到的向量.

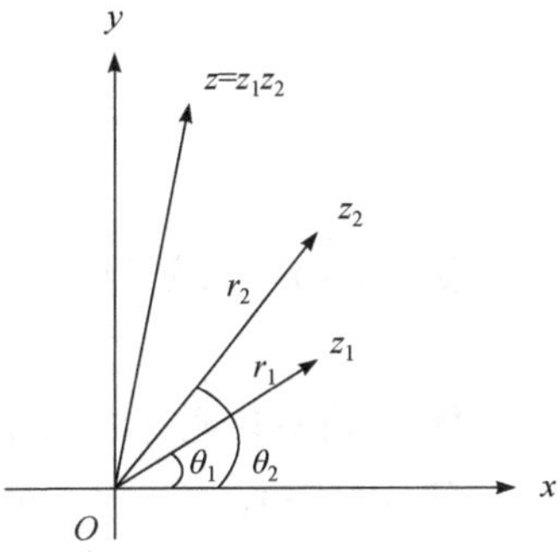

图 1.1.3　复数乘法几何意义

利用复数的指数表示形式, 设 $z_1 = r_1\mathrm{e}^{\mathrm{i}\theta_1}$, $z_2 = r_2\mathrm{e}^{\mathrm{i}\theta_2}$, 则 $z_1z_2 = r_1r_2\mathrm{e}^{\mathrm{i}(\theta_1+\theta_2)}$, 结论可推广到有限个复数相乘.

推论 1.1.1 有限多个复数乘积的模等于它们模的乘积, 乘积的辐角等于它们辐角的和.

证明 设 $z_k = r_k(\cos\theta_k + \mathrm{i}\sin\theta_k) = r_k\mathrm{e}^{\mathrm{i}\theta_k}\ (k = 1,2,\cdots,n)$, 则

$$z_1z_2\cdots z_n = r_1\mathrm{e}^{\mathrm{i}\theta_1}r_2\mathrm{e}^{\mathrm{i}\theta_2}\cdots r_n\mathrm{e}^{\mathrm{i}\theta_n} = r_1r_2\cdots r_n\mathrm{e}^{\mathrm{i}(\theta_1+\theta_2+\cdots+\theta_n)}.$$

从而

$$|z_1z_2\cdots z_n| = r_1r_2\cdots r_n, \tag{1.1.13}$$

$$\mathrm{Arg}(z_1z_2\cdots z_n) = \mathrm{Arg}z_1 + \mathrm{Arg}z_2 + \cdots + \mathrm{Arg}z_n. \tag{1.1.14}$$

例 1.1.9 若两个复数 z_1, z_2 满足 $z_1z_2 = 0$, 则 $z_1 = 0$ 或 $z_2 = 0$.

证明 由于 $\forall z, |z| \geqslant 0$, 且 $|z| = 0 \Leftrightarrow z = 0$, 从而由 $z_1z_2 = 0 \Leftrightarrow |z_1z_2| = 0$, 进而 $|z_1|\cdot|z_2| = 0 \Rightarrow |z_1| = 0$ 或 $|z_2| = 0 \Leftrightarrow z_1 = 0$ 或 $z_2 = 0$.

定理 1.1.2 两个复数的商的模等于它们模的商; 两个复数的商的辐角等于被除数与除数的辐角之差(除数不为零).

证明 当 $z_2 \neq 0$ 时, 有 $z_1 = \dfrac{z_1}{z_2}\cdot z_2$, 从而有 $|z_1| = \left|\dfrac{z_1}{z_2}\right|\cdot|z_2|$ ($|z_2| \neq 0$)及

$$\mathrm{Arg}z_1 = \mathrm{Arg}\frac{z_1}{z_2} + \mathrm{Arg}z_2 .$$

于是有

$$\left|\frac{z_1}{z_2}\right| = \frac{|z_1|}{|z_2|}, \qquad \mathrm{Arg}\frac{z_1}{z_2} = \mathrm{Arg}z_1 - \mathrm{Arg}z_2 , \tag{1.1.15}$$

即

$$\frac{z_1}{z_2} = \frac{r_1}{r_2}\mathrm{e}^{\mathrm{i}(\theta_1-\theta_2)} \qquad (r_2 \neq 0) . \tag{1.1.16}$$

例 1.1.10　求复数 $z = \dfrac{(1+\mathrm{i})(2-3\mathrm{i})}{(1-\mathrm{i})(2+3\mathrm{i})}$ 的模和辐角主值.

解　利用共轭复数和复数乘除法运算.

令 $z_1 = 1+\mathrm{i}$，$z_2 = 2-3\mathrm{i}$，则

$$\overline{z_1} = 1-\mathrm{i}, \qquad \overline{z_2} = 2+3\mathrm{i} .$$

由　$|\overline{z_1}| = |z_1|$，$|\overline{z_2}| = |z_2|$，得

$$|z| = \left|\frac{1+\mathrm{i}}{1-\mathrm{i}}\right|\left|\frac{2-3\mathrm{i}}{2+3\mathrm{i}}\right| = \frac{|1+\mathrm{i}|}{|1-\mathrm{i}|}\cdot\frac{|2-3\mathrm{i}|}{|2+3\mathrm{i}|} = 1 ,$$

且

$$\mathrm{Arg}z_1 = \arctan 1 + 2k_1\pi = \frac{\pi}{4} + 2k_1\pi , \quad \mathrm{Arg}z_2 = -\arctan\frac{3}{2} + 2k_2\pi .$$

由

$$\arg\overline{z_1} = -\arg z_1 , \quad \arg\overline{z_2} = -\arg z_2 ,$$

得

$$\mathrm{Arg}(z) = \mathrm{Arg}z_1 + \mathrm{Arg}z_2 - \mathrm{Arg}\overline{z_1} - \mathrm{Arg}\overline{z_2} = \frac{\pi}{2} - 2\arctan\frac{3}{2} + 2k\pi ,$$

辐角主值为 $\arg z = \dfrac{\pi}{2} - 2\arctan\dfrac{3}{2}$.

2. 复数的乘幂与方根

1) 乘幂

设 n 为一个正整数，n 个相同的非零复数 z 的乘积称为 z 的 n 次幂，记作 z^n，即

$$z^n = \underbrace{z \cdot z \cdots z}_{n}.$$

设$z = r(\cos\theta + \mathrm{i}\sin\theta)$，将有限个复数乘法运算中的$z_k\ (k = 1,\cdots,n)$都取作$z$，得

$$z^n = r^n(\cos n\theta + \mathrm{i}\sin n\theta). \tag{1.1.17}$$

结论　$|z^n| = |z|^n$，$\mathrm{Arg}(z^n) = n\arg z + 2k\pi, k \in \mathbf{Z}$.

特别地，当$r = |z| = 1$，即$z = \cos\theta + \mathrm{i}\sin\theta$时，有**棣莫弗(De Moivre)公式**

$$(\cos\theta + \mathrm{i}\sin\theta)^n = \cos n\theta + \mathrm{i}\sin n\theta. \tag{1.1.18}$$

定义$z^{-n} = \dfrac{1}{z^n}$，那么当n为正整数时，有

$$\begin{aligned} z^{-n} &= \frac{1}{z^n} = \frac{\cos 0 + \mathrm{i}\sin 0}{r^n(\cos n\theta + \mathrm{i}\sin n\theta)} = \frac{1}{r^n}\left[\cos(0 - n\theta) + \mathrm{i}\sin(0 - n\theta)\right] \\ &= r^{-n}\left[\cos(-n\theta) + \mathrm{i}\sin(-n\theta)\right]. \end{aligned}$$

规定　$z^0 = 1$.

例 1.1.11　计算$\left(\dfrac{-1-\sqrt{3}\mathrm{i}}{2}\right)^8$.

解　设$z = \dfrac{-1-\sqrt{3}\mathrm{i}}{2}$，则

$$|z| = \sqrt{\left(-\frac{1}{2}\right)^2 + \left(-\frac{\sqrt{3}}{2}\right)^2} = 1,$$

$$\arg z = \arg\left(\frac{-1-\sqrt{3}\mathrm{i}}{2}\right) = \frac{\pi}{3} - \pi = -\frac{2\pi}{3}.$$

故

$$z = \frac{-1-\sqrt{3}\mathrm{i}}{2} = \cos\left(-\frac{2\pi}{3}\right) + \mathrm{i}\sin\left(-\frac{2\pi}{3}\right),$$

所以

$$\begin{aligned} z^8 &= \cos\left(-\frac{16\pi}{3}\right) + \mathrm{i}\sin\left(-\frac{16\pi}{3}\right) \\ &= \cos\left(\frac{2\pi}{3}\right) + \mathrm{i}\sin\left(\frac{2\pi}{3}\right) = \frac{-1+\sqrt{3}\mathrm{i}}{2}. \end{aligned}$$

2) 方根

对于非零复数 z 及正整数 $n(\geqslant 2)$，把满足方程 $w^n = z$ 的复数 w 称为复数 z 的 n **次方根**，记其根的总体为 $\sqrt[n]{z}$ 或 $z^{\frac{1}{n}}$.

求复数 z 的 n 次方根 w，就相当于解方程 $w^n = z$.

设 $z = r(\cos\theta + \mathrm{i}\sin\theta)$，$w = \rho(\cos\varphi + \mathrm{i}\sin\varphi)$，则

$$\rho^n(\cos n\varphi + \mathrm{i}\sin n\varphi) = r(\cos\theta + \mathrm{i}\sin\theta).$$

根据两复数相等的定义，知

$$\rho^n = r, \quad n\varphi = \theta + 2k\pi \quad (k \in \mathbf{Z}),$$

解得

$$\rho = \sqrt[n]{r}, \quad \varphi = \frac{\theta + 2k\pi}{n} \quad (k \in \mathbf{Z}).$$

因此 z 的 n 次方根为

$$w_k = \left(\sqrt[n]{z}\right)_k = \sqrt[n]{r}\left(\cos\frac{\theta + 2k\pi}{n} + \mathrm{i}\sin\frac{\theta + 2k\pi}{n}\right) \quad (k \in \mathbf{Z}). \tag{1.1.19}$$

由于三角函数的周期性，对任意整数 m，有 $w_{n+m} = w_m$，即

$$w_n = w_0, \quad w_{n+1} = w_1, \quad \cdots, \quad w_{2n-1} = w_{n-1}, \quad \cdots.$$

只要取 $k = 0, 1, 2, \cdots, n-1$ 就可得到非零复数 z 的全部互异的 n 次方根，共 n 个，依次记为

$$w_0 = \sqrt[n]{r}\left(\cos\frac{\theta}{n} + \mathrm{i}\sin\frac{\theta}{n}\right),$$

$$w_1 = \sqrt[n]{r}\left(\cos\frac{\theta + 2\pi}{n} + \mathrm{i}\sin\frac{\theta + 2\pi}{n}\right),$$

$$\cdots\cdots$$

$$w_{n-1} = \sqrt[n]{r}\left(\cos\frac{\theta + 2(n-1)\pi}{n} + \mathrm{i}\sin\frac{\theta + 2(n-1)\pi}{n}\right),$$

即

$$w_k = \left(\sqrt[n]{z}\right)_k = \sqrt[n]{r}\left(\cos\frac{\theta + 2k\pi}{n} + \mathrm{i}\sin\frac{\theta + 2k\pi}{n}\right) \quad (k = 0, 1, 2, \cdots, n-1).$$

而当 k 取其他整数时，得到的一定是上述 n 个根中的某一个.

例 1.1.12　计算 $\sqrt[4]{1+\mathrm{i}}$ 的值.

解　因为 $1+\mathrm{i}=\sqrt{2}\left(\cos\frac{\pi}{4}+\mathrm{i}\sin\frac{\pi}{4}\right)$，故

$$\sqrt[4]{1+\mathrm{i}}=\sqrt[8]{2}\left(\cos\frac{\frac{\pi}{4}+2k\pi}{4}+\mathrm{i}\sin\frac{\frac{\pi}{4}+2k\pi}{4}\right)\quad(k=0,1,2,3),$$

即

$$w_0=\sqrt[8]{2}\left(\cos\frac{\pi}{16}+\mathrm{i}\sin\frac{\pi}{16}\right),$$

$$w_1=\sqrt[8]{2}\left(\cos\frac{9\pi}{16}+\mathrm{i}\sin\frac{9\pi}{16}\right),$$

$$w_2=\sqrt[8]{2}\left(\cos\frac{17\pi}{16}+\mathrm{i}\sin\frac{17\pi}{16}\right),$$

$$w_3=\sqrt[8]{2}\left(\cos\frac{25\pi}{16}+\mathrm{i}\sin\frac{25\pi}{16}\right).$$

根的分布如图 1.1.4. 四个根均匀分布在以原点为圆心、以 $\sqrt[8]{2}$ 为半径的圆周上.

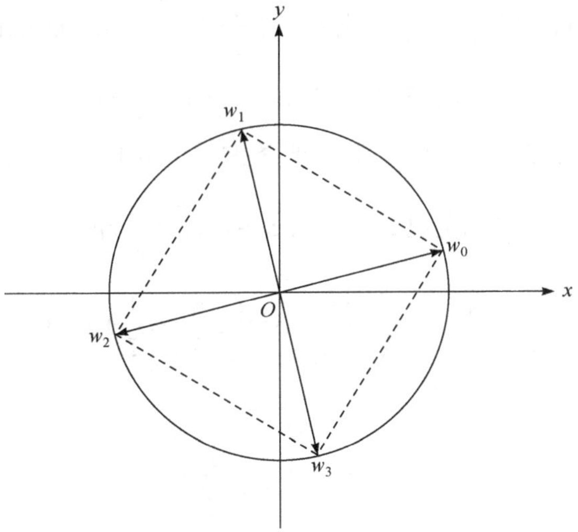

图 1.1.4

事实上，若令 $w_0=\sqrt[n]{r}\mathrm{e}^{\mathrm{i}\frac{\theta}{n}}$，则

$$w_k = \sqrt[n]{r}\mathrm{e}^{\mathrm{i}\frac{\theta+2k\pi}{n}} = \sqrt[n]{r}\mathrm{e}^{\mathrm{i}\frac{\theta}{n}} \cdot \mathrm{e}^{\mathrm{i}\frac{2k\pi}{n}} = w_0 \cdot \mathrm{e}^{\mathrm{i}\frac{2k\pi}{n}} \quad (k = 0,1,2,\cdots,n-1).$$

当 k 依次往后或往前连续取 n 个相邻整数时，w_k 的值就在 $w_0, w_1, \cdots, w_{n-1}$ 这 n 个数之间循环一遍. 即由 w_0 依次绕原点旋转 $\frac{2\pi}{n}, 2\cdot\frac{2\pi}{n}, 3\cdot\frac{2\pi}{n}, \cdots, (n-1)\cdot\frac{2\pi}{n}$，对应得到 $w_1, \cdots, w_{n-1}$，当 k 取 n 时，w_n 与 w_0 重合. 由此可见，z 的 n 个互异的 n 次方根均匀分布在以原点为圆心、以 $\sqrt[n]{r}$ 为半径的圆周上，它们是内接于该圆周的正 n 边形的 n 个顶点.

利用棣莫弗公式，可推导出三角函数倍角公式.

例 1.1.13　试用 $\sin\theta$ 和 $\cos\theta$ 表示 $\sin 3\theta$ 和 $\cos 3\theta$.

解　由棣莫弗公式，有 $(\cos\theta + \mathrm{i}\sin\theta)^3 = \cos 3\theta + \mathrm{i}\sin 3\theta$，即

$$\begin{aligned}\cos 3\theta + \mathrm{i}\sin 3\theta &= \cos^3\theta + 3\cos^2\theta(\mathrm{i}\sin\theta) + 3\cos\theta(\mathrm{i}\sin\theta)^2 + (\mathrm{i}\sin\theta)^3 \\ &= \left(\cos^3\theta - 3\cos\theta\sin^2\theta\right) + \mathrm{i}\left(3\cos^2\theta\sin\theta - \sin^3\theta\right).\end{aligned}$$

由复数相等的定义，有

$$\cos 3\theta = \left(\cos^3\theta - 3\cos\theta\sin^2\theta\right), \qquad \sin 3\theta = 3\cos^2\theta\sin\theta - \sin^3\theta,$$

由三角函数关系 $\cos^2\theta + \sin^2\theta = 1$，进一步可得

$$\cos 3\theta = 4\cos^3\theta - 3\cos\theta, \qquad \sin 3\theta = 3\sin\theta - 4\sin^3\theta .$$

例 1.1.14　求证：复数 z_1, z_2, z_3 成为一个等边三角形的充要条件是满足

$$z_1^2 + z_2^2 + z_3^2 = z_2 z_3 + z_3 z_1 + z_1 z_2 .$$

证明　$\triangle z_1 z_2 z_3$ 是等边三角形的充要条件是：向量 $\overrightarrow{z_1 z_2}$ 绕 z_1 逆时针或顺时针旋转 $\frac{\pi}{3}$ 即得向量 $\overrightarrow{z_1 z_3}$，也就是说 $z_3 - z_1 = (z_2 - z_1)\mathrm{e}^{\pm\frac{\pi}{3}\mathrm{i}}$，即

$$\frac{z_3 - z_1}{z_2 - z_1} = \cos\left(\pm\frac{\pi}{3}\right) + \mathrm{i}\sin\left(\pm\frac{\pi}{3}\right) = \frac{1}{2} \pm \frac{\sqrt{3}}{2}\mathrm{i},$$

变形为

$$\frac{z_3 - z_1}{z_2 - z_1} - \frac{1}{2} = \pm\frac{\sqrt{3}}{2}\mathrm{i},$$

两边平方，得

$$\frac{(z_3 - z_1)^2}{(z_2 - z_1)^2} - \frac{z_3 - z_1}{z_2 - z_1} = -1,$$

上式两边同乘以$(z_2-z_1)^2$，得

$$(z_3-z_1)^2-(z_3-z_1)(z_2-z_1)=-(z_2-z_1)^2,$$

化简即得

$$z_1^2+z_2^2+z_3^2=z_2z_3+z_3z_1+z_1z_2.$$

1.2 复平面上的曲线和区域

1.2.1 复平面上的曲线

1. 一般曲线的复数形式

根据$z=x+yi$，$\bar{z}=x-yi$或$x=\dfrac{z+\bar{z}}{2}$，$y=\dfrac{z-\bar{z}}{2i}$的关系，平面曲线C: $F(x,y)=0$可用复数形式$F\left(\dfrac{z+\bar{z}}{2},\dfrac{z-\bar{z}}{2i}\right)=0$表示，从而许多平面图形能用复数形式的方程或不等式来表示. 另一方面，由复数模长、辐角及运算的几何意义，如$|z_1-z_2|$表示z_1，z_2两点之间的距离，由复数形式的方程或不等式可以确定它所表示的平面图形.

下面给出几种常见的简单曲线及方程.

(1) $|z-z_0|=a$ 表示以z_0为圆心、a为半径的圆的方程；特别地，$|z|=a$ 表示以原点为圆心，a为半径的圆的方程.

(2) $\mathrm{Re}(z)=1$表示直线$x=1$；$\mathrm{Im}(z)=-2$表示直线$y=-2$.

(3) $\mathrm{Arg}(z)=\theta$表示从原点出发与实半轴夹角为θ的射线.

理解模长、辐角、实部和虚部的几何含义，方程所代表的曲线也就明确了.

例 1.2.1 求下列方程所表示的曲线.

(1) $|z+i|=2$； (2) $|z-2i|=|z+2|$； (3) $\mathrm{Im}(i+\bar{z})=4$.

解 (1) $|z+i|=2$，即$|z-(-i)|=2$. 由复数减法运算模长的几何意义，方程表示所有与点$-i$距离为2的点的轨迹. 即方程表示圆心为$-i$、半径为2的圆.

下面用代数方法求出该圆的直角坐标方程.

设$z=x+iy$，则

$$|z+i|=2\ \Rightarrow |x+(y+1)i|=2\Rightarrow\sqrt{x^2+(y+1)^2}=2,$$

即

$$x^2+(y+1)^2=4.$$

(2) 在几何上，方程 $|z-2\mathrm{i}|=|z+2|$，即 $|z-2\mathrm{i}|=|z-(-2)|$，表示到点 2i 和点 −2 距离相等的点的轨迹，所以方程表示的曲线就是连接点 2i 和点 −2 的线段的垂直平分线. 下面用代数方法求出该垂直平分线的直角坐标方程.

设 $z=x+\mathrm{i}y$，则

$$|z-2\mathrm{i}|=|z+2|\Rightarrow|x+(y-2)\mathrm{i}|=|(x+2)+y\mathrm{i}|,$$

也就是

$$\sqrt{x^2+(y-2)^2}=\sqrt{(x+2)^2+y^2}.$$

化简得 $y=-x$.

(3) 设 $z=x+\mathrm{i}y$，则

$$\mathrm{Im}\left[x+(1-y)\mathrm{i}\right]=4,$$

也就是

$$1-y=4.$$

化简得 $y=-3$. 方程表示一条平行于 x 轴的直线.

例 1.2.2　用复数形式表示过两点 $z_1=x_1+\mathrm{i}y_1$ 与 $z_2=x_2+\mathrm{i}y_2$ 的直线的方程.

解　通过两点 (x_1,y_1) 与 (x_2,y_2) 的直线的参数方程为

$$\begin{cases}x=x_1+t(x_2-x_1),\\ y=y_1+t(y_2-y_1)\end{cases}\quad(-\infty<t<+\infty),$$

设 $z=x+\mathrm{i}y$，$z_1=x_1+\mathrm{i}y_1$，$z_2=x_2+\mathrm{i}y_2$，则上述直线方程为

$$z=z_1+t(z_2-z_1)\quad(-\infty<t<+\infty).$$

特别地，由 z_1 到 z_2 的线段的参数方程可以写成

$$z=z_1+t(z_2-z_1)\quad(0\leqslant t\leqslant 1).$$

线段 $\overline{z_1z_2}$ 的中点为 $\left(t=\dfrac{1}{2}\right)$：$z=\dfrac{z_1+z_2}{2}$.

说明　三点 z_1，z_2，z_3 共线的充要条件是存在非零实数 t，使得

$$\frac{z_3 - z_1}{z_2 - z_1} = t .$$

2. 连续曲线和光滑曲线

设平面曲线 $C: z = z(t) = x(t) + \mathrm{i}y(t)$，$\alpha \leqslant t \leqslant \beta$.

定义 1.2.1 当 $x(t)$ 和 $y(t)$ 在 $\alpha \leqslant t \leqslant \beta$ 都连续时，称曲线 C 为**连续曲线**.

定义 1.2.2 当 $x'(t)$ 和 $y'(t)$ 在 $\alpha \leqslant t \leqslant \beta$ 连续且不全为 0 时，曲线 C 称为**光滑曲线**. 若曲线 C 由几段光滑曲线首尾连接而成，则称 C 为**按段光滑**或**分段光滑**.

定义 1.2.3 起点与终点重合的曲线称为**闭曲线**，即 $z(\alpha) = z(\beta)$.

定义 1.2.4 设 $C: z = z(t) (\alpha \leqslant t \leqslant \beta)$ 为一条连续曲线，对于 $\alpha \leqslant t_1 \leqslant \beta$，$\alpha < t_2 < \beta$，当 $t_1 \neq t_2$ 时有 $z(t_1) \neq z(t_2)$，则称曲线 C 为**简单曲线**.

简单闭曲线也称**若尔当**(Jordan)**曲线**. 关于简单闭曲线,有如下性质.

定理 1.2.1 (Jordan 定理) 任意一条简单闭曲线 C 将复平面唯一地分成三部分. 除了 C 外，其中一个是有界区域，称为 C 的内部；另一个是无界区域，称为 C 的外部，C 为内部和外部的公共边界，如图 1.2.1 所示.

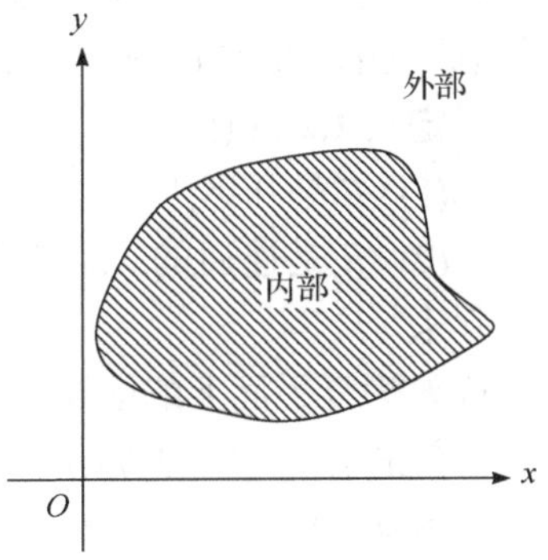

图 1.2.1

1.2.2 复平面上的点集

与高等数学中二维平面点集类似，可定义复平面点集的概念.

定义 1.2.5 (邻域) 设 z_0 是复平面上一点，δ 是任意的正数，称点集

$$\{z \| z - z_0 | < \delta\}$$

为以 z_0 为中心、以 δ 为半径的**邻域**，记为 $U_\delta(z_0)$ 或 $U(z_0, \delta)$.

去心邻域 $U_\delta^\circ(z_0) = \{z \mid 0 < |z - z_0| < \delta\}$.

定义 1.2.6 (内点) 设 E 为复平面上的点集，若存在 z_0 的一个邻域，满足该邻域内所有的点都属于 E，则称 z_0 为 E 的**内点**，即 $\exists U(z_0, \delta)$，使得 $U(z_0, \delta) \subset E$.

定义 1.2.7 (边界点) 若点 z_0 的任一邻域内既有属于 E 的点，又有不属于 E 的点，则称 z_0 为 E 的**边界点**.

点集 E 的全部边界点所组成的集合，称为点集 E 的**边界**，记为 ∂E.

定义 1.2.8 (聚点) 若点 z_0 的任一邻域内除了 z_0 外都有属于 E 的点，则称 z_0 为 E 的**聚点**.

定义 1.2.9 (开集)　若点集 E 的每一个点都是内点, 则称 E 为**开集**.

定义 1.2.10 (闭集)　若点集 E 的聚点全属于 E, 则称 E 为**闭集**.

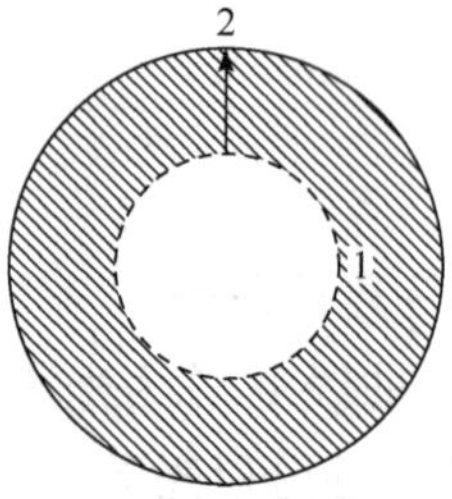

图 1.2.2

说明　(1) 点集的内点一定属于点集; 边界点可以属于点集, 也可以不属于.

(2) 内点一定是聚点; 聚点可以是内点, 也可以是边界点; 聚点不一定属于点集.

例 1.2.3　指出集合 $E=\{z|1<|z|\leqslant 2\}$ (图 1.2.2)的内点、边界点和聚点, 并说明该集合是开集还是闭集.

解　内点的集合为 $\{z|1<|z|<2\}$;

边界点的集合为 $\{z||z|=1\}$ 和 $\{z||z|=2\}$;

聚点的集合为 $\{z|1\leqslant|z|\leqslant 2\}$.

集合 E 为非开非闭集合. 因为既不符合开集 (所有点是内点) 的定义, 也不符合闭集 (聚点都在集合内)的定义.

定义 1.2.11 (区域)　设 E 为复平面上的一个点集, 若 E 满足以下两个条件:

(1) E 是开集;

(2) E 是连通的, 即 E 内的任意两点都可以用一条完全属于 E 内的折线段连接起来.

则称 E 为复平面上的**区域**. 简单地说, 连通的开集称为区域.

区域 E 与它的边界 ∂E 一起所组成的集合称为**闭区域**, 记为 $\overline{E}$.

例如, $\{z||z|<R\}$ 是区域; $\{z||z|\leqslant R\}$ 是闭区域.

定义 1.2.12　如果在区域内任作一条闭曲线, 曲线的内部总属于区域, 该区域称为**单连通区域**, 即区域内任一闭曲线可连续收缩为一点, 可以简单而形象地用“区域内没有洞或裂缝”来理解.

不满足单连通的区域, 称为**多连通区域**或**复连通区域**. 即至少有一条闭曲线不能连续收缩为一点, 区域内有“洞”, 如图 1.2.3 所示.

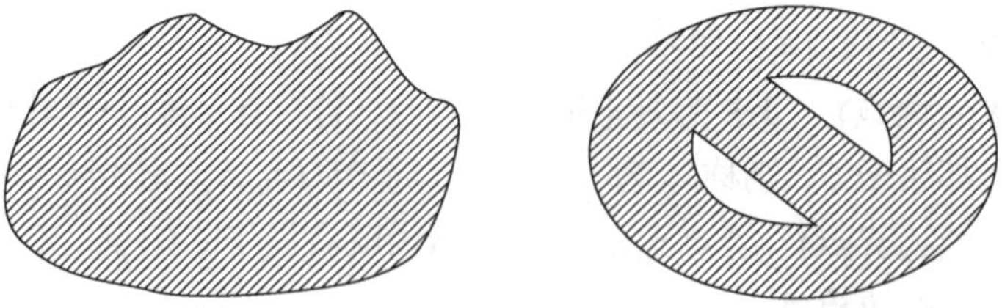

(a) 单连通区域　　(b) 多连通区域

图 1.2.3

定义 1.2.13 (有界集)　若点集 E 可以被以原点为圆心的、以有限值为半径的圆

包含，即存在某个正数 M，使得对于任何的 $z\in E$ 都有 $|z|\leqslant M$，则称 E 为**有界集**；否则称 E 为无界集.

复平面上有界的区域和无界的区域分别称为有界域和无界域.

例如，圆形域 $\{z||z-z_0|<R\}$ 及圆环形区域 $\{z|r<|z-z_0|<R\}$ 都是有界域；而上半平面 $\{z\mid \mathrm{Im}(z)>0\}$ 和带形区域 $\{z\mid y_1<\mathrm{Im}(z)<y_2\}$ 及角形区域 $\{z\mid \alpha<\arg z<\beta\}$ 等都是无界域.

例 1.2.4 画出下列表达式所确定的区域或闭区域，指出是有界还是无界的，单连通域还是多连通域.

(1) 圆环域：$r_1<|z-z_0|<r_2$.

(2) 角形域：$\theta_1<\mathrm{Arg}z<\theta_2$.

(3) 带形域：$a<\mathrm{Im}\,z<b$.

(4) $\left|\dfrac{1}{z}\right|<3$.

(5) $|z-1|+|z+1|<4$.

(6) $\mathrm{Re}(z^2)\leqslant 1$.

解 如图 1.2.4 所示.

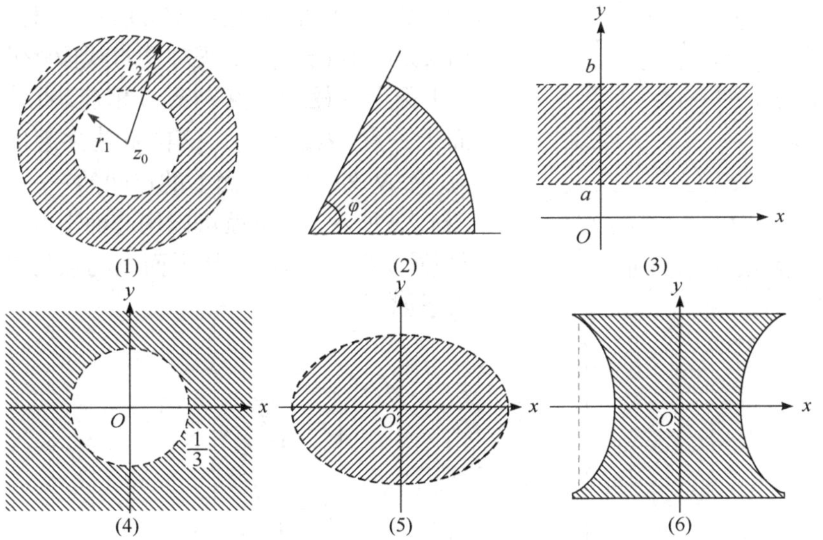

图 1.2.4

(1) 有界的多连通域；

(2) 无界的单连通域；

(3) 无界的单连通域；

(4) $\left|\frac{1}{z}\right| < 3 \Rightarrow |z| > \frac{1}{3}$，无界的多连通域;

(5) 表示椭圆内部，为有界的单连通域;

(6) $\forall z = x + \mathrm{i}y$，$\mathrm{Re}(z^2) = x^2 - y^2$，$x^2 - y^2 \leqslant 1$ 为无界的单连通域.

1.2.3* 扩充复平面与复球面

复数除了可以用平面内的点或向量来表示外，还可以用球面上的点来表示，这是复数的另外一种几何表示方法.

例如，在地图制图学中要考虑球面与平面上点的对应关系，即把地球投影到平面上去研究，这种方法叫做测地投影法或球极投影法. 设想把地球放在平面上，接触点设为南极 S，从北极 N 发出的射线会将球面上的点投影到平面上，即过球面上任意一点 M (除 N 外)，有且仅有一条从北极 N 出发的射线过 M 且与平面相交于一点 P，P 点即为球表面的 M 点在平面上的球极投影. 球极投影把球表面(除 N 外)投影到整个平面上，且把地球经线映射为过点南极 S 的直线；把地球纬线映射为以南极 S 为中心的圆周.

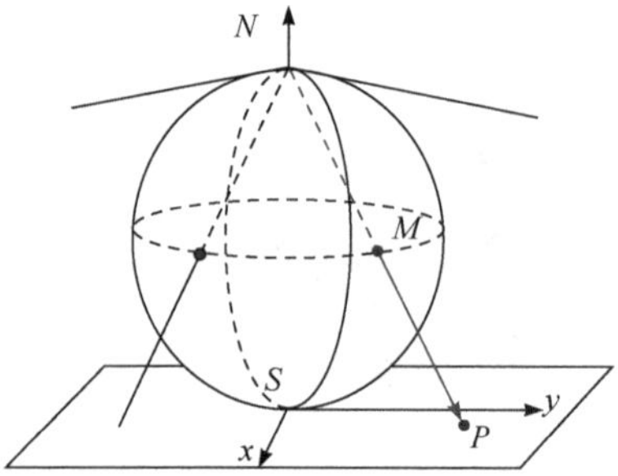

图 1.2.5　复球面

反之，取一个在原点 O 与复平面相切的直径为 1 的球面，通过 O 点作一个垂直于 z 平面的直线与球面交于点 $N(0,0,1)$，N 称为北极，$O(0,0,0)$相当于南极. 现在用直线段将北极 N 与 z 平面上的任意一点 $P(x, y)$ 相连，此线段交球面于一点 $M(\xi,\eta,\zeta)$. 这样就建立起球面上的点(除 N 外)与复平面上的点间的一一对应，如图 1.2.5 所示. 于是就可以用球面上的点来表示复数. 球面上的点与复平面上的点的坐标对应关系如下:

$$\begin{cases} \xi = \dfrac{x}{x^2 + y^2 + 1}, \\ \eta = \dfrac{y}{x^2 + y^2 + 1}, \\ \zeta = \dfrac{x^2 + y^2}{x^2 + y^2 + 1}, \end{cases} \qquad \begin{cases} x = \dfrac{\xi}{1-\zeta}, \\ y = \dfrac{\eta}{1-\zeta}. \end{cases}$$

考虑 z 平面上一个以原点为圆心的圆周 C，在球面上对应的也是一个圆周 Γ (纬线). 当圆周 C 的半径越大，圆周 Γ 就越趋于北极 N. 复平面可以覆盖在有孔球面上，因此北极 N 可以看作与 z 平面上的一个模为无穷大的假想点相对应，这个假想点称为**无穷远点**，记为∞. 复平面加上∞后称为扩充复平面，与它对应的就是整个球面，称为**复球面**，也称**黎曼球面**.

简单说来，扩充复平面的一个几何模型就是复球面.

关于∞需要作如下几点规定.

(1) ∞的实部、虚部及辐角都无意义，$|\infty| = +\infty$.

(2) $\alpha + \infty = \infty + \alpha = \infty$；$\alpha - \infty = \infty - \alpha = \infty$；$\alpha \cdot \infty = \infty \cdot \alpha = \infty$（$\alpha \neq 0$）；

$$\frac{\alpha}{\infty} = 0 \text{；} \quad \frac{\infty}{\alpha} = \infty \text{（} \alpha \neq 0 \text{）}.$$

(3) 复平面上每一条直线都通过点∞，同时，没有一个半平面包含点∞.

1.3 复变函数的极限和连续性

1.3.1 复变函数的概念

1．函数的定义

定义 1.3.1 设D是复平面上一个非空点集，若对于D中任意一个复数z，按照某一法则f，总有确定的(一个或多个)复数w与之对应，则称w是**变量**z**的函数**，记作$w = f(z)$，即**复变函数**或**复函数**.

点集D称为函数$f(z)$的定义域，点集$D^* = \{w \mid w = f(z), z \in D\}$称为函数$f(z)$的**值域**.

说明 (1) 如果对于D内每一个复数z，都有唯一确定的复数w与之对应，则称函数$w = f(z)$为D上的**单值函数**；如果对于D内每一个复数z，都有两个或两个以上的w与之对应，则称函数$w = f(z)$为D上的**多值函数**.

例如，$w = |z|$，$w = \bar{z}$，$w = z^2$是单值函数；而$w = \mathrm{Arg}z\,(z \neq 0)$和$w = \sqrt[n]{z}$ $(z \neq 0, n \geqslant 2)$是多值函数.

(2) 若令$z = x + \mathrm{i}y$，$w = u + \mathrm{i}v$，w随z的变化可体现在u, v随x, y的变化上，因而$w = f(z)$又常写成

$$w = u(x, y) + \mathrm{i}v(x, y),$$

其中$u(x, y)$及$v(x, y)$是二元实函数. 所以，对复变函数的研究可转化为一对二元实函数的探讨. 例如，函数$w = z^2$可以表示成$w = x^2 - y^2 + 2xy\mathrm{i}$，相当于

$$u(x, y) = x^2 - y^2, \quad v(x, y) = 2xy.$$

(3) 如果将z表示成指数形式$z = r\mathrm{e}^{\mathrm{i}\theta}$，则函数$w = f(z)$又可写成

$$w = P(r,\theta) + \mathrm{i}Q(r,\theta).$$

2. 映射

在研究实函数时，常常把函数用直观的几何图形表示出来. 对于复变函数，要描述 $w = f(z)$，需要同时描述 $u(x,y)$ 和 $v(x,y)$，无法借助于一个二维平面或一个三维空间来表示，必须采用四维空间，也就是 (x,y,u,v) 空间. 为了解决此问题，取两张复平面，分别称为 z 平面和 w 平面(为了方便，有时也可以将它们叠成一张平面). 从而，复变函数可理解为两个复平面上的点集间的映射(或变换). 为方便起见，以后不再区分函数、映射和变换.

具体地说，复变函数 $w = f(z)$ 给出了从 z 平面上点集 D 到 w 平面上点集 D^* 间的一个对应关系.与点 $z \in D$ 对应的点 $w = f(z)$ 称为点 z 的像；点 z 称为点 $w = f(z)$ 的原像，如图 1.3.1 所示.

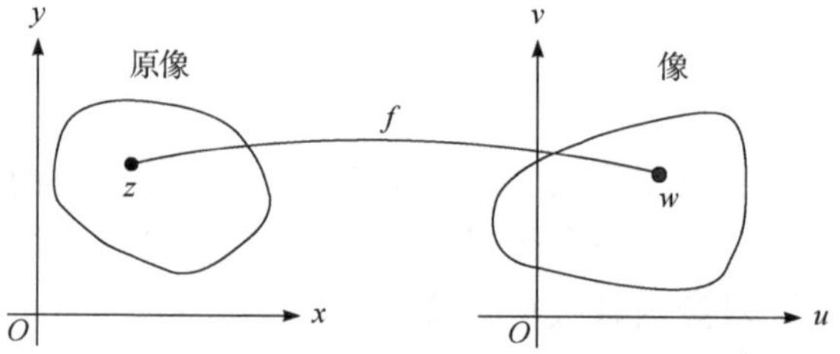

图 1.3.1

定义 1.3.2　设 $w = f(z)$ 是点集 D 到 E 的映射，如果对于 D 内每一个复数 z，都有唯一确定的复数 w 与之对应，则该映射称为**单射**.

定义 1.3.3　若 $w = f(z)$ 是点集 D 到 E 的映射，且对 E 的每一点 w，在 D 中有一个 (或多个)点与之对应，则称 $w = f(z)$ 是点集 D 到 E 的**满射**.

定义 1.3.4　当 $w = f(z)$ 是点集 D 到 E 的满射时，则在 E 上确定了一个(单值或多值)函数，记作 $z = f^{-1}(w)$，称为函数 $w = f(z)$ 的**反函数**，或称为变换 $w = f(z)$ 的**逆变换**.

若 $w = f(z)$ 和 $z = f^{-1}(w)$ 都是单值变换，则称 $w = f(z)$ 是 D 到 E 的**一一变换**.

说明　(1) 单值函数即为单射.

(2) 满射存在反函数.

(3) 当 $w = f(z)$ 为单值函数时，对于任意的 $w \in E$，有 $w = f\left[f^{-1}(w)\right]$；当反函数也是单值函数时，对于任意的 $z \in D$，有 $z = f^{-1}\left[f(z)\right]$.

下面考察两个特殊函数对应的映射.

(1) 函数 $w=\bar{z}$ 构成的映射　将 z 平面上 $z=a+ib$ 映射成 w 平面上的 $w=a-ib$. 当将两个复平面坐标轴重合时，像点与原像点关于实轴对称，如图 1.3.2 所示.

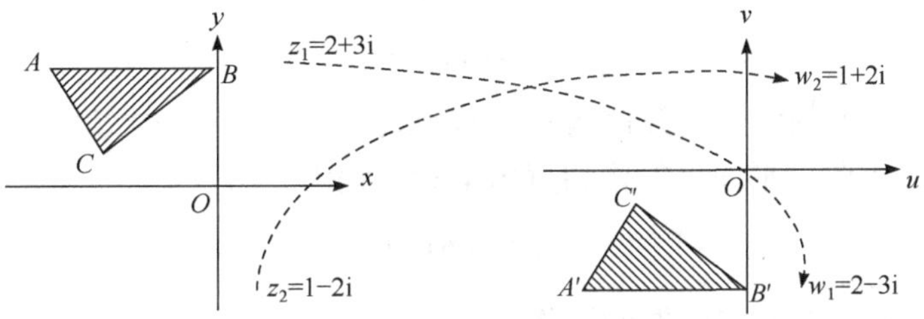

图 1.3.2　函数 $w=\bar{z}$ 构成的映射

(2) 函数 $w=z^2$ 构成的映射　可从如下两个角度分析函数 $w=z^2$.

一方面，设 $z=x+iy$，$w=u+iv$，所以 $\begin{cases}u(x,y)=x^2-y^2,\\ v(x,y)=2xy.\end{cases}$ 另一方面，对于 $z=r(\cos\theta+i\sin\theta)$，有 $w=z^2=\rho(\cos\varphi+i\sin\varphi)$，所以 $\rho=r^2,\varphi=2\theta$. 即 $w=z^2$ 将任意点 z 的模拉伸到 $|z|^2$，辐角扩大到 2 倍.

例 1.3.1　设函数 $w=z^2$，试问它把 z 平面上下列曲线分别变成 w 平面上的何种曲线？

(1) 以原点为圆心，2 为半径的上半圆周；

(2) 直线 $x=1$ 与 $y=1$；

(3) 双曲线：$x^2-y^2=1$, $x^2-y^2=4$, $xy=1$, $xy=2$ 所围成的区域.

解　(1) 设 $z=r(\cos\theta+i\sin\theta)$，$w=\rho(\cos\varphi+i\sin\varphi)$，则

$$\rho=r^2,\quad \varphi=2\theta,$$

即 $w=z^2$ 将任意点 z 的模拉伸到 $|z|^2$，所以当 z 的模为 2，对应的 w 的模为 4；上半圆周曲线的辐角由 0 变至 π，像曲线辐角由 0 变至 2π. 故在 w 平面上的对应图形为：以原点为圆心，4 为半径的圆周.

(2) 设 $z=x+iy$，则 $w=u+iv=x^2-y^2+2xyi$，所以

$$\begin{cases}u(x,y)=x^2-y^2,\\ v(x,y)=2xy.\end{cases}$$

将 $x=1$ 代入，得

$$\begin{cases} u(x,y)=1-y^2, \\ v(x,y)=2y, \end{cases}$$

消去参数 y，得 $x=1$ 在 w 平面上的像的直角坐标方程为

$$v^2=4(1-u),$$

其在 w 平面上映射的图形为开口向左的抛物线.

同理，$y=1$ 在 w 平面上的像的直角坐标方程为

$$v^2=4(1+u),$$

在 w 平面上的图形为开口向右的抛物线.

(3) 设 $z=x+\mathrm{i}y$，$w=z^2=x^2-y^2+2xy\mathrm{i}$，所以

$$\begin{cases} u(x,y)=x^2-y^2, \\ v(x,y)=2xy. \end{cases}$$

于是 z 平面上的双曲线：$x^2-y^2=1,\ x^2-y^2=4,\ xy=1,\ xy=2$ 在 w 平面上的像的直角坐标方程分别为

$$u=1, \quad u=4, \quad v=2, \quad v=4.$$

在 w 平面上的图形为矩形区域.

1.3.2 复变函数的极限

定义 1.3.5 设函数 $w=f(z)$ 在点 z_0 的某去心邻域 $0<|z-z_0|<\rho$ 内有定义，A 是一个确定的复常数. 若对于任意给定的 $\varepsilon>0$，总存在相应的正数 $\delta(\leqslant\rho)$，使得当 $0<|z-z_0|<\delta$ 时，恒有 $|f(z)-A|<\varepsilon$，则称 A 为函数 $f(z)$ 当 z 趋于 z_0 时的极限，记为

$$\lim_{z\to z_0} f(z)=A,$$

或简记为

$$f(z)\to A \quad (z\to z_0).$$

说明 复变函数极限的定义在形式上与微积分中一元实值函数极限的定义完全相同，但本质上却与实二元函数极限的关系更密切.

对于一元实值函数的极限 $\lim\limits_{x\to x_0} f(x)=A$ 来说，点 x 只能沿 x 轴从 x_0 的左右趋近于点 x_0；而 $\lim\limits_{z\to z_0} f(z)=A$，意味着复变量 z 在复平面上沿任意方向以任意方式趋近点 z_0，$f(z)$ 的值都要趋于同一个常数 A，这比一元函数极限的定义要求要

严得多，相当于二元函数极限. 关于复变函数的极限的存在性判别和计算有下面两个定理.

定理 1.3.1 设函数 $f(z)=u(x,y)+\mathrm{i}v(x,y)$，$A=u_0+\mathrm{i}v_0$，$z_0=x_0+\mathrm{i}y_0$，则 $\lim\limits_{z\to z_0}f(z)=A$ 的充要条件是

$$\lim_{\substack{x\to x_0\\y\to y_0}}u(x,y)=u_0,\quad \lim_{\substack{x\to x_0\\y\to y_0}}v(x,y)=v_0. \tag{1.3.1}$$

证明 *必要性* 设 $\lim\limits_{z\to z_0}f(z)=A$，则依据复变函数极限的定义，对于任意给定的 $\varepsilon>0$，总存在相应的正数 δ，使得当

$$0<|z-z_0|=|(x-x_0)+\mathrm{i}(y-y_0)|=\sqrt{(x-x_0)^2+(y-y_0)^2}<\delta$$

时，恒有

$$|f(z)-A|=|(u-u_0)+\mathrm{i}(v-v_0)|=\sqrt{(u-u_0)^2+(v-v_0)^2}<\varepsilon.$$

因此，当 $0<\sqrt{(x-x_0)^2+(y-y_0)^2}<\delta$ 时，有

$$|u-u_0|\leqslant\sqrt{(u-u_0)^2+(v-v_0)^2}<\varepsilon.$$

这就是说

$$\lim_{\substack{x\to x_0\\y\to y_0}}u(x,y)=u_0.$$

同理，可证明 $\lim\limits_{\substack{x\to x_0\\y\to y_0}}v(x,y)=v_0$.

充分性 设 $\lim\limits_{\substack{x\to x_0\\y\to y_0}}u(x,y)=u_0$，且 $\lim\limits_{\substack{x\to x_0\\y\to y_0}}v(x,y)=v_0$. 依据实值二元函数极限的定义，对于任意给定的 $\varepsilon>0$，总存在相应的正数 δ，使得当

$$0<\sqrt{(x-x_0)^2+(y-y_0)^2}<\delta$$

时，恒有

$$|u(x,y)-u_0|<\frac{\varepsilon}{\sqrt{2}},\quad |v(x,y)-v_0|<\frac{\varepsilon}{\sqrt{2}},$$

因此当 $0<|z-z_0|=\sqrt{(x-x_0)^2+(y-y_0)^2}<\delta$ 时，恒有

$$|f(z)-A|=|(u-u_0)+\mathrm{i}(v-v_0)|=\sqrt{(u-u_0)^2+(v-v_0)^2}$$

$$< \sqrt{\left(\frac{\varepsilon}{\sqrt{2}}\right)^2 + \left(\frac{\varepsilon}{\sqrt{2}}\right)^2} = \varepsilon,$$

即 $\lim\limits_{z \to z_0} f(z) = A$.

例 1.3.2　证明函数 $f(z) = \dfrac{\operatorname{Re}(z)}{|z|}$ 当 $z \to 0$ 时的极限不存在.

证明　方法一　令 $z = x + \mathrm{i}y$, 则

$$f(z) = \frac{\operatorname{Re}(z)}{|z|} = \frac{x}{\sqrt{x^2 + y^2}},$$

得

$$u(x, y) = \frac{x}{\sqrt{x^2 + y^2}}, \quad v(x, y) = 0.$$

下面证明 $\lim\limits_{\substack{x \to 0 \\ y \to 0}} u(x, y) = \lim\limits_{\substack{x \to 0 \\ y \to 0}} \dfrac{x}{\sqrt{x^2 + y^2}}$ 不存在.

事实上, 让 z 沿直线 $y = kx$ 趋于零, 则有

$$\lim_{\substack{x \to 0 \\ y = kx}} \frac{x}{\sqrt{x^2 + y^2}} = \lim_{x \to 0} \frac{x}{\sqrt{x^2 + k^2 x^2}} = \pm \frac{1}{\sqrt{1 + k^2}}.$$

显然, 它随 k 的不同而不同, 所以 $\lim\limits_{\substack{x \to 0 \\ y \to 0}} u(x, y)$ 不存在. 虽然 $\lim\limits_{\substack{x \to 0 \\ y \to 0}} v(x, y) = 0$, 但根据定理 1.3.1 知道, $\lim\limits_{z \to 0} f(z)$ 不存在.

方法二　令 $z = r(\cos\theta + \mathrm{i}\sin\theta)$, 则

$$f(z) = \frac{r\cos\theta}{r} = \cos\theta.$$

当 z 沿不同的射线 $\arg z = \theta$ 趋于零时, $f(z)$ 趋于不同的值.例如, 当 z 沿射线 $\arg z = 0$ 趋于零时, $f(z) \to \cos 0 = 1$; 但当 z 沿射线 $\arg z = \dfrac{\pi}{2}$ 趋于零时, $f(z) \to \cos\dfrac{\pi}{2} = 0$, 故 $\lim\limits_{z \to 0} f(z)$ 不存在.

定理 1.3.2　如果 $\lim\limits_{z \to z_0} f(z) = A$, $\lim\limits_{z \to z_0} g(z) = B$, 则

(1) $\lim\limits_{z \to z_0} [f(z) \pm g(z)] = A \pm B$;

(2) $\lim\limits_{z \to z_0} [f(z) g(z)] = AB$;

(3) $\lim\limits_{z\to z_0}\left[\dfrac{f(z)}{g(z)}\right]=\dfrac{A}{B}(B\neq 0)$.

证明 设 $z=x+\mathrm{i}y, z_0=x_0+\mathrm{i}y_0$, $A=u_1+\mathrm{i}v_1, B=u_2+\mathrm{i}v_2$. 并设

$$f(z)=u_1(x,y)+\mathrm{i}v_1(x,y),\quad g(z)=u_2(x,y)+\mathrm{i}v_2(x,y),$$

则

$$f(z)+g(z)=\left[u_1(x,y)+u_2(x,y)\right]+\mathrm{i}\left[v_1(x,y)+v_2(x,y)\right],$$

$$A+B=(u_1+u_2)+\mathrm{i}(v_1+v_2).$$

因为 $\lim\limits_{z\to z_0}f(z)=A$, 故由极限存在的定理知

$$\lim_{\substack{x\to x_0\\ y\to y_0}}u_1(x,y)=u_1,\quad \lim_{\substack{x\to x_0\\ y\to y_0}}v_1(x,y)=v_1.$$

同理, $\lim\limits_{z\to z_0}g(z)=B \Rightarrow \lim\limits_{\substack{x\to x_0\\ y\to y_0}}u_2(x,y)=u_2$, $\lim\limits_{\substack{x\to x_0\\ y\to y_0}}v_2(x,y)=v_2$. 从而

$$\lim_{\substack{x\to x_0\\ y\to y_0}}\left[u_1(x,y)+u_2(x,y)\right]=u_1+u_2,$$

$$\lim_{\substack{x\to x_0\\ y\to y_0}}\left[v_1(x,y)+v_2(x,y)\right]=v_1+v_2,$$

故由定理 1.3.1 知

$$\lim_{\substack{x\to x_0\\ y\to y_0}}\left\{\left[u_1(x,y)+u_2(x,y)\right]+\mathrm{i}\left[v_1(x,y)+v_2(x,y)\right]\right\}=(u_1+u_2)+\mathrm{i}(v_1+v_2),$$

即

$$\lim_{z\to z_0}\left[f(z)\pm g(z)\right]=A\pm B.$$

(2) 和 (3) 的证明方法完全类似.

推论 1.3.1 设 $\lim\limits_{z\to z_0}f(z)=A$, c 为任意常数, 则

$$\lim_{z\to z_0}\left[c\cdot f(z)\right]=c\cdot\lim_{z\to z_0}f(z)=c\cdot A,$$

$$\lim_{z\to z_0}f^k(z)=\left[\lim_{z\to z_0}f(z)\right]^k=A^k.$$

1.3.3 复变函数的连续性

定义 1.3.6 设函数 $w=f(z)$ 在点 z_0 的某邻域内有定义, 如果 $\lim\limits_{z\to z_0}f(z)=$

$f(z_0)$，则称函数 $f(z)$ 在 z_0 处**连续**，点 z_0 称为 $f(z)$ 的连续点.

如果 $f(z)$ 在区域 D 内处处连续，则称 $f(z)$ 在 D 内连续.

关于复变函数连续性与实函数连续性的关系，有如下定理.

定理 1.3.3　函数 $f(z)=u(x,y)+\mathrm{i}v(x,y)$ 在点 $z_0=x_0+\mathrm{i}y_0$ 处连续的充要条件是：$u(x,y)$ 和 $v(x,y)$ 均在点 (x_0,y_0) 处连续.

证明　必要性　设函数 $f(z)=u(x,y)+\mathrm{i}v(x,y)$ 在点 $z_0=x_0+\mathrm{i}y_0$ 处连续，则依据函数连续的定义，有

$$\lim_{z\to z_0} f(z)=f(z_0)=u(x_0,y_0)+\mathrm{i}v(x_0,y_0).$$

故由定理 1.3.1 知

$$\lim_{\substack{x\to x_0\\ y\to y_0}} u(x,y)=u(x_0,y_0),\qquad \lim_{\substack{x\to x_0\\ y\to y_0}} v(x,y)=v(x_0,y_0).$$

说明 $u(x,y)$ 和 $v(x,y)$ 均在点 (x_0,y_0) 处连续.

充分性　设 $u(x,y)$ 和 $v(x,y)$ 均在点 (x_0,y_0) 处连续，即

$$\lim_{\substack{x\to x_0\\ y\to y_0}} u(x,y)=u_0,\quad \text{且}\quad \lim_{\substack{x\to x_0\\ y\to y_0}} v(x,y)=v_0.$$

则由定理 1.3.1 知

$$\lim_{z\to z_0} f(z)=u(x_0,y_0)+\mathrm{i}v(x_0,y_0)=f(z_0).$$

所以 $f(z)$ 在 z_0 处连续.

例 1.3.3　证明：如果 $f(z)$ 在 z_0 连续，则 $\overline{f(z)}$ 在 z_0 也连续.

证明　设 $f(z)=u(x,y)+\mathrm{i}v(x,y)$，则 $\overline{f(z)}=u(x,y)-\mathrm{i}v(x,y)$，

$$\begin{aligned} f(z)\text{ 在 } z_0 \text{ 连续} &\Rightarrow u(x,y),v(x,y)\text{ 在 }(x_0,y_0)\text{ 处连续}\\ &\Rightarrow u(x,y),-v(x,y)\text{ 在 }(x_0,y_0)\text{ 处连续}\\ &\Rightarrow \overline{f(z)}=u(x,y)-\mathrm{i}v(x,y)\text{ 在 } z_0 \text{ 连续}. \end{aligned}$$

由定理 1.3.2 及定理 1.3.3，可以得到下面的结论

定理 1.3.4　(1) 在 z_0 处连续的两个函数 $f(z)$ 与 $g(z)$ 的和、差、积、商(分母在 z_0 处不为零)在点 z_0 处仍然连续；

(2) 如果函数 $h=g(z)$ 在 z_0 处连续，且函数 $w=f(h)$ 在 $h_0=g(z_0)$ 处也连续，那么复合函数 $w=f(g(z))$ 在点 z_0 处连续.

推论 1.3.2　有理整函数 (多项式)

$$w=P(z)=a_0+a_1z+a_2z^2+\cdots+a_nz^n$$

在复平面内所有的 z 处都是连续的.

推论 1.3.3 有理分式函数 $w=\dfrac{P(z)}{Q(z)}$ 在复平面内使分母不为零的点 z 处都是连续的, 其中 $P(z)$ 和 $Q(z)$ 都是多项式.

例 1.3.4 试证 $\arg z$ 在原点与负实轴上不连续.

证明 (1) 由于 $f(z)=\arg z$ 在原点处无定义, 故不连续.

(2) 设 $z_0=x_0+0\mathrm{i}=x_0$ 为负实轴上任意一点, 其中 x_0 为负实数. 由辐角 $\arg z$ 的定义, 当 z 从上半平面内趋于 x_0 时, $\arg z\to\pi$; 但当 z 从下半平面内趋于 x_0 时, $\arg z\to-\pi$, 故 $f(z)$ 在 $z_0=x_0+0\mathrm{i}=x_0$ 处无极限, 从而不连续.由于 $z_0=x_0+0\mathrm{i}=x_0$ 为负实轴上任意一点, 故 $\arg z$ 在原点与负实轴上不连续.

例 1.3.5 设函数 $f(z)$ 在 z_0 处连续, 且 $f(z_0)\neq 0$, 那么可找到 z_0 的小邻域, 使在这个小邻域内 $f(z)\neq 0$.

证明 由 $\lim\limits_{z\to z_0}f(z)=f(z_0)\neq 0$ 知, 对 $\varepsilon=\dfrac{|f(z_0)|}{2}>0$, 存在 $\delta_0>0$, 使得当 $|z-z_0|<\delta_0$ 时, 恒有

$$|f(z)-f(z_0)|<\varepsilon=\frac{|f(z_0)|}{2},$$

又

$$|f(z_0)|-|f(z)|\leqslant\big||f(z)|-|f(z_0)|\big|\leqslant|f(z)-f(z_0)|,$$

所以有

$$|f(z)|>|f(z_0)|-\frac{|f(z_0)|}{2}=\frac{|f(z_0)|}{2}>0.$$

因此找到了 z_0 的小邻域, 使在这个小邻域内 $f(z)\neq 0$.

下面是关于在曲线上函数连续的概念和结论.

定义 1.3.7 如果 $\lim\limits_{z\to z_0}f(z)=f(z_0), z\in C$, C 为复平面上的连续曲线, 则称函数 $f(z)$ 在点 z_0 处沿曲线 C 连续.

定义 1.3.8 如果存在一正数 M, 使得

$$|f(z)|\leqslant M,\quad \forall z\in C, \tag{1.3.2}$$

称函数 $f(z)$ 在曲线 C 上有界.

定理 1.3.5　在包括曲线端点的曲线段上或闭曲线上连续的函数 $f(z)$，在曲线 C 上有界.

复变函数论的发展简况

复变函数论产生于 18 世纪. 为复变函数论的创建做了早期工作的是欧拉(Euler, 1707～1783)和达朗贝尔(J. D'Alembert, 1717～1783)，随后，法国的拉普拉斯(Laplace)也研究过复变函数的积分，他们都是创建这门学科的先驱. 后来为这门学科的发展做了大量奠基性工作的要推柯西(Cauchy, 1789～1857)、黎曼(Riemann, 1826～1866)和德国数学家魏尔斯特拉斯(Weierstrass, 1815～1897).

1774 年，欧拉在他的一篇论文中考虑了由复变函数的积分导出的两个方程. 而比他更早时，法国数学家达朗贝尔于 1752 年在他的论文中从流体力学的设想出发，就已经得到了它们. 因此，后来人们提到这两个方程，把它们叫做"达朗贝尔-欧拉方程". 到了 19 世纪，上述两个方程在柯西和黎曼研究流体力学时，作了更详细的研究，论证了复变函数论的几何问题及其应用，所以这两个方程也被叫做"柯西-黎曼条件".

复变函数论的全面发展是在 19 世纪，就像微积分的直接扩展统治了 18 世纪的数学那样，复变函数这个新的分支是 19 世纪最丰饶的数学分支，有人称赞它是抽象科学中最和谐的理论之一.

20 世纪初，复变函数论又有了很大的进展，魏尔斯特拉斯的学生、瑞典数学家列夫勒以及法国数学家庞加莱和阿达马等都做了大量的研究工作，开拓了复变函数论更广阔的研究领域，为这门学科的发展做出了贡献.

复变函数论的内容主要包括单值解析函数理论、黎曼曲面理论、几何函数论、留数理论、广义解析函数等方面的内容. 复变函数论应用深入到数学领域的许多分支，对微分方程、积分方程、概率论和数论等学科的发展很有影响.

复变函数论在实际工程应用方面涉及的领域也很广，有很多复杂的计算都是用它来解决的. 例如，物理学上有很多不同的稳定平面场的计算就是通过复变函数来解决的. 再如，俄国的茹科夫斯基在设计飞机的时候，就用复变函数论解决了飞机机翼的结构问题，他在运用复变函数论解决流体力学和航空力学方面的问题上也做出了贡献.

复变函数论以其完美的理论与精湛的技巧成为数学的一个重要组成部分. 它曾经推动过一些学科的发展，并且常常作为一个有力的工具被应用在实际问题中，它的基础内容已成为理工科很多专业的必修课程. 现在，复变函数论中仍然有不少尚待研究的课题，所以它将继续向前发展，并将取得更多应用.

本 章 小 结

重点 复数的表示及复数的运算.

复变函数的极限和连续性与实函数的极限和连续的关系.

难点 多值复变函数.

要求 熟练掌握复数运算, 并能灵活运用.

基本概念 设复数 $z=x+\mathrm{i}y$.

1. 虚单位 i: $\mathrm{i}^2=-1$; 电工学中用 j 来表示虚单位.

2. 复数实部: $\operatorname{Re}(z)=x$; 虚部: $\operatorname{Im}(z)=y$ (实部和虚部都是实数).

3. 复数的模: $|z|=\sqrt{x^2+y^2}$.

4. 复数四则运算: 设 $z_1=x_1+\mathrm{i}y_1, z_2=x_2+\mathrm{i}y_2$, 有

$$z_1\pm z_2=(x_1\pm x_2)+\mathrm{i}(y_1\pm y_2);$$

$$z_1z_2=(x_1+\mathrm{i}y_1)(x_2+\mathrm{i}y_2)=(x_1x_2-y_1y_2)+\mathrm{i}(x_1y_2+x_2y_1);$$

$$\frac{z_1}{z_2}=\frac{z_1.\overline{z_2}}{z_2.\overline{z_2}}=\frac{(x_1+\mathrm{i}y_1)(x_2-\mathrm{i}y_2)}{x_2^2+y_2^2}\quad (z_2\neq 0).$$

5. 共轭复数: 设 $z=x+\mathrm{i}y$, 则 $\overline{z}=x-\mathrm{i}y$, 且有

(1) $z+\overline{z}=2x$, $z-\overline{z}=2y\mathrm{i}$ 或 $x=\dfrac{z+\overline{z}}{2}$, $y=\dfrac{z-\overline{z}}{2\mathrm{i}}$;

(2) $z\overline{z}=x^2+y^2=|z|^2=|\overline{z}|^2$;

(3) $\overline{z_1\pm z_2}=\overline{z_1}\pm\overline{z_2}$, $\overline{z_1z_2}=\overline{z_1}\,\overline{z_2}$, $\overline{\left(\dfrac{z_1}{z_2}\right)}=\dfrac{\overline{z_1}}{\overline{z_2}}\ (z_2\neq 0)$;

(4) $\overline{\overline{z}}=z$.

6. 复数的模: $r=|z|=\sqrt{x^2+y^2}$.

辐角: $\theta=\operatorname{Arg}z=\arg z+2k\pi$.

7. 复数表示: $z=x+\mathrm{i}y=r(\cos\theta+\mathrm{i}\sin\theta)=r\mathrm{e}^{\mathrm{i}\theta}$.

基本结论 (1) $z_1=z_2\Leftrightarrow \operatorname{Re}(z_1)=\operatorname{Re}(z_2),\operatorname{Im}(z_1)=\operatorname{Im}(z_2)$;

$$z=0\Leftrightarrow \operatorname{Re}(z)=0,\operatorname{Im}(z)=0.$$

(2) z 为实数 $\Leftrightarrow z=\overline{z}$.

(3) 复数域 **C** 内, $z_1z_2=0\Rightarrow z_1,z_2$ 至少有一个为零.

(4) $z_1z_2=r_1r_2[\cos(\theta_1+\theta_2)+\mathrm{i}\sin(\theta_1+\theta_2)]=r_1r_2\mathrm{e}^{\mathrm{i}(\theta_1+\theta_2)}$.

$$\frac{z_1}{z_2}=\frac{r_1}{r_2}\left[\cos(\theta_1-\theta_2)+\mathrm{i}\sin(\theta_1-\theta_2)\right]=\frac{r_1}{r_2}\mathrm{e}^{\mathrm{i}(\theta_1-\theta_2)}(r_2\neq 0).$$

(5) $(\cos\theta+\mathrm{i}\sin\theta)^n=(\cos n\theta+\mathrm{i}\sin n\theta)$.

(6) 复变函数 $f(z)=u(x,y)+\mathrm{i}v(x,y)$ 在点 $z_0=x_0+\mathrm{i}y_0$ 处连续的充要条件是: $u(x,y)$ 和 $v(x,y)$ 均在点 (x_0,y_0) 处连续.

思 考 题

(1) 复数能比较大小吗？为什么？

(2) 在保持运算律等一般特征下, 复数域能进一步扩大吗？

习 题 1

1. 选择题

(1) 当 $z=\dfrac{1+\mathrm{i}}{1-\mathrm{i}}$ 时, $z^{100}+z^{75}+z^{50}$ 的值等于(　　).

A. 1　　B. -1　　C. i　　D. $-\mathrm{i}$

(2) $\left|\dfrac{(1-\mathrm{i})^n}{(1+\mathrm{i})^{n-2}}\right|=$(　　).

A. 1　　B. 2　　C. $\dfrac{1}{2}$　　D. 4

(3) $\dfrac{(\sqrt{3}+\mathrm{i})^3}{(1+\mathrm{i})^{10}}=$(　　).

A. $\dfrac{1}{4}$　　B. $-\dfrac{1}{4}$　　C. $\dfrac{\mathrm{i}}{4}$　　D. $-\dfrac{\mathrm{i}}{4}$

(4) $\mathrm{Re}(\mathrm{i}z)=$(　　).

A. $-\mathrm{Re}(z)$　　B. $\mathrm{Im}(z)$　　C. $-\mathrm{Im}(z)$　　D. $\mathrm{Im}(\mathrm{i}z)$

(5) 若 $z^2=\overline{z}^2$, 则(　　).

A. $z=0$　　B. $\mathrm{Re}(z)=0$　　C. $\mathrm{Im}(z)=0$　　D. $\mathrm{Re}(z)\cdot\mathrm{Im}(z)=0$

(6) 设 $z=a\cos t+\mathrm{i}b\sin t(a>b>0)$, 则其表示的曲线为(　　).

A. 双曲线　　B. 圆　　C. 椭圆　　D. 抛物线

(7) 方程 $|z+2-3\mathrm{i}|=2$ 所代表的曲线是(　　).

A. 中心为 $2-3\mathrm{i}$, 半径为 $\sqrt{2}$ 的圆周

B. 中心为 $-2+3\mathrm{i}$, 半径为 2 的圆周

C. 中心为 $-2+3\mathrm{i}$, 半径为 $\sqrt{2}$ 的圆周

D. 中心为 $2-3\mathrm{i}$, 半径为 2 的圆周

(8) 下列极限存在的是(　　).

A. $\lim\limits_{z\to 0}\dfrac{z}{|z|}$ B. $\lim\limits_{z\to 0}\dfrac{[\operatorname{Re} z]^2}{|z|}$ C. $\lim\limits_{z\to 0}\dfrac{\operatorname{Re} z}{|z|^2}$ D. $\lim\limits_{z\to 0}\dfrac{\operatorname{Im} z}{|z|}$

2. 确定实数 x, y，使表达式 $(5-3\mathrm{i})x+(2+5\mathrm{i})y=7+2\mathrm{i}$ 成立.

3. 计算下列复数的模长和辐角.

(1) $z=2\mathrm{i}$； (2) $z=-3$；

(3) $z=1+\mathrm{i}$； (4) $z=1-\mathrm{i}$；

(5) $z=-3+4\mathrm{i}$； (6) $z=-3-4\mathrm{i}$.

4. 将下列复数化为复指数 $r\mathrm{e}^{\mathrm{i}\theta}(r\geqslant 0)$ 形式.

(1) $z=1+\mathrm{i}$； (2) $z=-1+\sqrt{3}\mathrm{i}$；

(3) $-\cos\varphi+\mathrm{i}\sin\varphi$； (4) $\sin\varphi+\mathrm{i}\cos\varphi$；

(5) $z=1-\cos 2+\mathrm{i}\sin 2$； (6) $z=1+\cos 4-\mathrm{i}\sin 4$.

5. 将下列复数写成 $a+\mathrm{i}b\ (a,b\in\mathbf{R})$ 的形式.

(1) $\dfrac{2}{1+3\mathrm{i}}$； (2) $(1-\mathrm{i})(1+\mathrm{i})^2$；

(3) $\dfrac{1-\mathrm{i}}{(1+\mathrm{i})^2}$； (4) $\dfrac{1-\mathrm{i}\tan x}{1+\mathrm{i}\tan x}\left(0<x<\dfrac{\pi}{2}\right)$；

(5) $\dfrac{(\sqrt{3}-\mathrm{i})^5}{(1+\mathrm{i})^6}$； (6) $\dfrac{(\cos 3\varphi-\mathrm{i}\sin 3\varphi)^2}{(\sin 2\varphi+\mathrm{i}\sin 2\varphi)^3}$；

(7) $\left(\dfrac{-1+\sqrt{3}\mathrm{i}}{2}\right)^{3n}+\left(\dfrac{-1-\sqrt{3}\mathrm{i}}{2}\right)^{3n}$； (8) $\sqrt[3]{\mathrm{i}}$.

6. 设 $|z|=1$，试证：$\left|\dfrac{az+b}{\bar{b}z+\bar{a}}\right|=1$.

7. 若 $|z_1|<1, |z_2|<1$，试证：$\left|\dfrac{z_1-z_2}{1-\bar{z}_1 z_2}\right|<1$.

8. 试利用 $(5-\mathrm{i})^4(1+\mathrm{i})$ 证明：

$$4\arctan\frac{1}{5}-\arctan\frac{1}{239}=\frac{\pi}{4}. \quad \text{(Machin 公式)}$$

9. 已知正方形 $z_1z_2z_3z_4$ 的相对顶点 $z_1(0,-1)$ 和 $z_3(2,5)$，求顶点 z_2 和 z_4 的坐标.

10. 求解方程 $z^4+8=0$.

11. 证明 $\dfrac{z}{1+z^2}$ 是实数的充要条件为 $|z|=1(z\neq\pm\mathrm{i})$ 或 $\operatorname{Im} z=0$.

(提示：z 为实数 $\Leftrightarrow z=\bar{z}$).

12. 设复数 $z=a+\mathrm{i}b$ 的模为 1，$b\neq 0$，则它可表示为 $z=\dfrac{c+\mathrm{i}}{c-\mathrm{i}}$ (c 是实数).

(思考：能否表示成 $z=\dfrac{c-\mathrm{i}}{c+\mathrm{i}}$ 的形式呢？ c 如何取?)

13. 设复数 $z=\alpha+\mathrm{i}\beta$ 的模为 1，$z\neq -1$，则可表示为 $z=\dfrac{1+\mathrm{i}t}{1-\mathrm{i}t}$ (t 是实数).

$\left(提示：z=\cos\theta+\mathrm{i}\sin\theta，令 t=\tan\dfrac{\theta}{2}\right)$.

14. 已知 $|z|=1$，$\theta=\arg z$，证明:

$$z^n+\frac{1}{z^n}=2\cos(n\theta)\ ,\quad z^n-\frac{1}{z^n}=2\mathrm{i}\sin(n\theta)\ .$$

15. 写出圆周方程 $x^2+4x+y^2=5$ 的复数形式.

16. 说明下列关系式的几何意义.

(1) $|z-1+2\mathrm{i}|=4$;　　(2) $|z-1|=|z+2\mathrm{i}|$;

(3) $|z-\mathrm{i}|+|z+\mathrm{i}|=5$;　　(4) $\left|\dfrac{z-1}{z+1}\right|\leqslant 1$;

(5) $0<\arg(z+\mathrm{i})<\dfrac{\pi}{2}$;　　(6) $1\leqslant \mathrm{Im}(\bar{z})<2$.

17. 证明函数 $w=\dfrac{z-\mathrm{i}}{z+\mathrm{i}}$ 把 z 平面的直线 $x=0$ 映射成 w 平面上的直线 $v=0$，$y=-1$ 映射成 $u=1$. 且将以 $(0,-1)$ 为心的圆周族映射成 w 平面上的圆周族.

18. 计算下列极限.

(1) $\lim\limits_{z\to \mathrm{i}}\dfrac{z-2\mathrm{i}}{z+\mathrm{i}}$;　　(2) $\lim\limits_{z\to 1+\mathrm{i}}\dfrac{z^2-\mathrm{i}z-1-\mathrm{i}}{z^2-2\mathrm{i}}$.

19. 设 $f(z)=\begin{cases}\dfrac{xy}{x^2+y^2}+2xy\mathrm{i}, & z\neq 0,\\ 0, & z=0,\end{cases}$ 问: $f(z)$ 在 $(0,0)$ 点是否连续?

20. 设 $f(z)$ 在点 $z_0=x_0+\mathrm{i}y_0$ 连续, 证明:

(1) $\overline{f(z)}$ 在点 z_0 连续;　　(2) $|f(z)|$ 在点 z_0 连续.

21. 设 $|z_1|=|z_2|=|z_3|=1$，证明: 若 z_1,z_2,z_3 是等边三角形的顶点, 当且仅当 $z_1+z_2+z_3=0$.

22. 证明:

$$\cos(\alpha+\beta)=\cos\alpha\cos\beta-\sin\alpha\sin\beta\ ,\quad \sin(\alpha+\beta)=\sin\alpha\cos\beta+\cos\alpha\sin\beta\ .$$

23. 证明:

$$1+2\cos\theta+2\cos 2\theta+\cdots+2\cos n\theta=\frac{\sin(2n+1)\dfrac{\theta}{2}}{\sin\dfrac{\theta}{2}}=\frac{\cos n\theta-\cos(n+1)\theta}{1-\cos\theta}\ .$$

Chapter

第2章 解析函数

本章要点：

1. 掌握复变函数解析的定义，区别函数解析与可导.
2. 掌握复变函数可导和解析的判别条件.
3. 熟悉复初等函数的定义、运算、性质.

2.1 解析函数的定义

解析函数是复变函数研究的主要对象，其研究具有里程碑意义，复变函数论也称解析函数论.解析函数的定义是从复变函数的导数与微分出发的. 当把复数 z 看成整体一元变量时，复变函数 $f(z)$ 就是 z 的一元函数，复变函数导数与微分的定义，形式上与实函数中一元函数的导数和微分定义一致.

2.1.1 复变函数的导数与微分

定义 2.1.1 (导数) 设函数 $w=f(z)$ 在区域 D 内有定义，z_0 为 D 内的一点，$z_0+\Delta z \in U_\delta(z_0)\subset D$，如果极限 $\lim\limits_{\Delta z\to 0}\dfrac{f(z_0+\Delta z)-f(z_0)}{\Delta z}$ 存在，则称 $w=f(z)$ 在点 z_0 可导，极限值为函数在该点的导数，记为 $f'(z_0)$ 或 $\left.\dfrac{\mathrm{d}f}{\mathrm{d}z}\right|_{z=z_0}$ 或 $\left.\dfrac{\mathrm{d}w}{\mathrm{d}z}\right|_{z=z_0}$，即

$$f'(z_0)=\lim_{\Delta z\to 0}\frac{\Delta w}{\Delta z}=\lim_{\Delta z\to 0}\frac{f(z_0+\Delta z)-f(z_0)}{\Delta z}. \tag{2.1.1}$$

下面利用导数的定义分析函数的可导性，计算导数值.

例 2.1.1 证明：函数 $f(z)=z^n$ (n 为正整数)在 z 平面上处处可导，且有

$$\frac{\mathrm{d}}{\mathrm{d}z}z^n = nz^{n-1}.$$

证明　设 $\forall z \in \mathbf{C}$，有

$$\begin{aligned}\lim_{\Delta z\to 0}\frac{f(z+\Delta z)-f(z)}{\Delta z} &= \lim_{\Delta z\to 0}\frac{(z+\Delta z)^n - z^n}{\Delta z}\\ &= \lim_{\Delta z\to 0}\left[nz^{n-1}+\frac{n(n-1)}{2}z^{n-2}\cdot\Delta z+\cdots+(\Delta z)^{n-1}\right]=nz^{n-1}.\end{aligned}$$

由导数的定义和 z 的任意性，得函数 $f(z)=z^n$ 处处可导且 $\frac{\mathrm{d}}{\mathrm{d}z}z^n = nz^{n-1}$.

推广　对 $f(z)=z^\alpha$（α 为任意数）在 $z\neq 0$ 处可导，且 $\frac{\mathrm{d}}{\mathrm{d}z}z^\alpha=\alpha z^{\alpha-1}$.

例 2.1.2　分析函数 $f(z)=\left(\mathrm{Re}(z)\right)^2$ 在 $z=0$ 处的可导性.

解　设 $z_0=0$，$w=f(z)$，$\Delta z=\Delta x+\mathrm{i}\Delta y$，则

$$\Delta w = f(z_0+\Delta z)-f(z_0)=f(0+\Delta z)-f(0)=(\Delta x)^2.$$

$$\begin{aligned}\lim_{\Delta z\to 0}\frac{\Delta w}{\Delta z} &= \lim_{\Delta z\to 0}\frac{f(z_0+\Delta z)-f(z_0)}{\Delta z}\\ &= \lim_{\substack{\Delta x\to 0\\ \Delta y\to 0}}\frac{(\Delta x)^2}{\Delta x+\mathrm{i}\Delta y}=\lim_{\substack{\Delta x\to 0\\ \Delta y\to 0}}\frac{(\Delta x)^2}{(\Delta x)^2+(\Delta y)^2}(\Delta x-\mathrm{i}\Delta y).\end{aligned}$$

由 $\left|\frac{(\Delta x)^2}{(\Delta x)^2+(\Delta y)^2}\right|\leqslant 1$，有

$$\lim_{\substack{\Delta x\to 0\\ \Delta y\to 0}}\frac{(\Delta x)^2}{(\Delta x)^2+(\Delta y)^2}\Delta x=0,\quad \lim_{\substack{\Delta x\to 0\\ \Delta y\to 0}}\frac{(\Delta x)^2}{(\Delta x)^2+(\Delta y)^2}\Delta y=0.$$

从而 $\lim\limits_{\Delta z\to 0}\frac{\Delta w}{\Delta z}=0$. 所以函数 $f(z)=\left(\mathrm{Re}(z)\right)^2$ 在 $z=0$ 处可导，且 $f'(0)=0$.

例 2.1.3　分析函数 $f(z)=\bar{z}$ 的连续性和可导性.

解　连续性　设 $z=x+\mathrm{i}y$，$f(z)=\bar{z}=u(x,y)+\mathrm{i}v(x,y)$，则 $u(x,y)=x$，$v(x,y)=-y$. 由 $u(x,y),v(x,y)$ 连续，得 $f(z)=\bar{z}$ 是复平面上的连续函数.

可导性　任取复平面上一点 $z_0=x_0+\mathrm{i}y_0$，设 $\Delta z=\Delta x+\mathrm{i}\Delta y$，则

$$\Delta w = f(z_0+\Delta z)-f(z_0)=\overline{z_0+\Delta z}-\overline{z_0}=\left(\overline{z_0}+\overline{\Delta z}\right)-\overline{z_0}=\Delta x-\mathrm{i}\Delta y,$$

$$\lim_{\Delta z\to 0}\frac{\Delta w}{\Delta z}=\lim_{\Delta z\to 0}\frac{f(z_0+\Delta z)-f(z_0)}{\Delta z}=\lim_{\Delta z\to 0}\frac{\Delta x-\mathrm{i}\Delta y}{\Delta x+\mathrm{i}\Delta y}.$$

令 Δz 沿直线 $\Delta y = k\Delta x$ 趋于零，其中 k 为实常数，于是

$$\lim_{\Delta z\to 0}\frac{\Delta x - \mathrm{i}\Delta y}{\Delta x + \mathrm{i}\Delta y} = \lim_{\substack{\Delta x\to 0\\ \Delta y=k\Delta x}}\frac{\Delta x - \mathrm{i}k\Delta x}{\Delta x + \mathrm{i}k\Delta x} = \frac{1-\mathrm{i}k}{1+\mathrm{i}k},$$

结果随 k 变化，$\lim\limits_{\Delta z\to 0}\dfrac{\Delta x - \mathrm{i}\Delta y}{\Delta x + \mathrm{i}\Delta y}$ 不存在，即 $f(z)$ 在 z_0 不可导.

再由 z_0 的任意性，得 $f(z)=\bar{z}$ 在复平面内处处不可导.

函数 $f(z)=\bar{z}$ 在复平面内处处连续，但处处不可导. 这样的函数在实函数中不容易构造，但在复变函数中很常见，如 $f(z)=2x+y\mathrm{i}$. 关于可导和连续的关系，与实函数类似，有下面结论.

定理 2.1.1 若函数 $w=f(z)$ 在点 z_0 处可导，则 $f(z)$ 在点 z_0 处必连续.

证明 设 $f(z)$ 在点 z_0 可导，由导数定义，$\forall\varepsilon>0$, $\exists\delta>0$，当 $0<|\Delta z|<\delta$ 时，有

$$\left|\frac{f(z_0+\Delta z)-f(z_0)}{\Delta z} - f'(z_0)\right| < \varepsilon .$$

令 $\rho = \dfrac{f(z_0+\Delta z)-f(z_0)}{\Delta z} - f'(z_0)$，则

$$f(z_0+\Delta z)-f(z_0) = f'(z_0)\Delta z + \rho\Delta z ,$$

其中 $\lim\limits_{\Delta z\to 0}\rho = 0$，所以

$$\lim_{\Delta z\to 0} f(z_0+\Delta z) = f(z_0),$$

即 $w=f(z)$ 在点 z_0 处连续.

函数可导要求 Δz 以任意方式按任意方向趋于零时，比值 $\Delta w/\Delta z$ 的极限都存在，且值相等. 如果函数 $f(z)$ 在区域 D 内每一点都可导，则称 $f(z)$ 在区域 D 内可导.

定义 2.1.2 (微分) 若函数 $w=f(z)$ 在点 z_0 处的增量可以表示为

$$\Delta w = f(z_0+\Delta z) - f(z_0) = A\cdot\Delta z + o(\Delta z), \tag{2.1.2}$$

则称函数 $w=f(z)$ 在点 z_0 处可微，其中 A 为不依赖于 Δz 的复数，$o(\Delta z)$ 为 Δz 的高阶无穷小，即 $\lim\limits_{\Delta z\to 0}\dfrac{o(\Delta z)}{\Delta z}=0$. 函数增量的线性主部 $A\cdot\Delta z$ 称为 $w=f(z)$ 在点 z_0 处的微分，记为

$$\mathrm{d}f(z_0) = A\cdot\Delta z . \tag{2.1.3}$$

定理 2.1.2 复变函数 $f(z)$ 在点 z_0 处的可导性与 $f(z)$ 在点 z_0 处的可微性是等价的，且有 $\mathrm{d}f(z_0)=f'(z_0)\Delta z$. (仿照一元实函数的方法可证明.)

2.1.2　解析函数的定义

在复变函数理论中, 重要的不是在个别点可导的函数, 而是所谓的解析函数.

定义 2.1.3　设函数 $f(z)$ 在区域 D 内有定义, $z_0 \in D$. 如果存在 z_0 的某邻域 $U(z_0) \subset D$, 使得函数 $f(z)$ 在点 z_0 及该邻域内处处可导, 则称 $f(z)$ **在点** z_0 **解析**; 若函数 $f(z)$ 在点 z_0 不解析, 则称点 z_0 为函数 $f(z)$ 的**奇点**.

定义 2.1.4　如果 $f(z)$ 在区域 D 内每一点解析, 那么称 $f(z)$ 在区域 D 内解析, 或称 $f(z)$ 是区域 D 内的一个**解析函数**(也称**全纯函数**或**正则函数**).

说明　(1) 函数在一点解析, 则在该点可导; 但在一点可导, 不一定在该点解析.

(2) 函数在区域内解析与区域内可导是等价的.

例 2.1.4　分析函数 $f(z)=z^2, g(z)=x+2y\mathrm{i}$ 和 $h(z)=|z|^2$ 的解析性.

解　(1) $f(z)=z^2$: 对于任意的复数 z_0, 有

$$\lim_{\Delta z\to 0}\frac{f(z_0+\Delta z)-f(z_0)}{\Delta z}=\lim_{\Delta z\to 0}\frac{(z_0+\Delta z)^2-{z_0}^2}{\Delta z}=\lim_{\Delta z\to 0}(2z_0+\Delta z)=2z_0.$$

由定义, $f(z)=z^2$ 在点 z_0 可导, 且有 $f'(z_0)=2z_0$.

再由 z_0 的任意性, 知函数 $f(z)=z^2$ 在复平面内处处可导, 从而处处解析.

该题还可以直接由例 2.1.1, 取 $n=2$, 得 $f'(z)=2z$, 即函数 $f(z)=z^2$ 在复平面内处处可导, 所以处处解析.

(2) $g(z)=x+2y\mathrm{i}$: 任取复平面上一点 $z=x+\mathrm{i}y$, 设 $\Delta z=\Delta x+\mathrm{i}\Delta y$, 则

$$g(z+\Delta z)-g(z)=\left[(x+\Delta x)+2(y+\Delta y)\mathrm{i}\right]-(x+2y\mathrm{i})=\Delta x+2\Delta y\mathrm{i},$$

$$\lim_{\Delta z\to 0}\frac{g(z+\Delta z)-g(z)}{\Delta z}=\lim_{\Delta z\to 0}\frac{\Delta x+2\Delta y\mathrm{i}}{\Delta x+\mathrm{i}\Delta y},$$

令 Δz 沿着平行于 x 轴的直线趋于 0 (即 $\Delta y=0$), 有

$$\lim_{\Delta z\to 0}\frac{\Delta x+2\Delta y\mathrm{i}}{\Delta x+\mathrm{i}\Delta y}=\lim_{\Delta x\to 0}\frac{\Delta x}{\Delta x}=1,$$

再令 Δz 沿着平行于 y 轴的直线趋于 0(即 $\Delta x=0$), 这时有

$$\lim_{\Delta z\to 0}\frac{\Delta x+2\Delta y\mathrm{i}}{\Delta x+\mathrm{i}\Delta y}=\lim_{\Delta y\to 0}\frac{2\Delta y\mathrm{i}}{\Delta y\mathrm{i}}=2,$$

即沿着两个方向极限不一致, 所以 $g(z)=x+2y\mathrm{i}$ 在点 z 不可导.

由 z 的任意性, 得函数 $f(z)=x+2y\mathrm{i}$ 在复平面处处不可导, 处处不解析.

(3) $h(z)=|z|^2$: 任取复平面上一点 $z_0=x_0+\mathrm{i}y_0$, 设 $\Delta z=\Delta x+\mathrm{i}\Delta y$, 则

$$h(z_0+\Delta z)-h(z_0)=|z_0+\Delta z|^2-|z_0|^2$$

$$\begin{aligned}\lim_{\Delta z\to 0}\frac{h(z_0+\Delta z)-h(z_0)}{\Delta z}&=\lim_{\Delta z\to 0}\frac{|z_0+\Delta z|^2-|z_0|^2}{\Delta z}\\&=\lim_{\Delta z\to 0}\frac{(z_0+\Delta z)(\overline{z}_0+\overline{\Delta z})-z_0\overline{z}_0}{\Delta z},\\&=\lim_{\Delta z\to 0}\left(\overline{z}_0+\overline{\Delta z}+z_0\frac{\overline{\Delta z}}{\Delta z}\right),\end{aligned}$$

当 $z_0=0$ 时，有 $\lim\limits_{\Delta z\to 0}\overline{z}_0=0$，$\lim\limits_{\Delta z\to 0}\overline{\Delta z}=0$，$\lim\limits_{\Delta z\to 0}z_0\dfrac{\overline{\Delta z}}{\Delta z}=0\left(\because\left|\dfrac{\overline{\Delta z}}{\Delta z}\right|=1\right)$. 从而

$$\lim_{\Delta z\to 0}\left(\overline{z}_0+\overline{\Delta z}+z_0\frac{\overline{\Delta z}}{\Delta z}\right)=0，\quad 即 h'(0)=0 .$$

但当 $z_0\neq 0$ 时，令 Δz 沿着直线 $\Delta y=k\Delta x$ 趋于 0 时，有

$$\lim_{\Delta z\to 0}\frac{\overline{\Delta z}}{\Delta z}=\lim_{\Delta z\to 0}\frac{\Delta x-\Delta y\mathrm{i}}{\Delta x+\Delta y\mathrm{i}}=\frac{1-k\mathrm{i}}{1+k\mathrm{i}},$$

结果随 k 变化，极限 $\lim\limits_{\Delta z\to 0}\dfrac{\overline{\Delta z}}{\Delta z}$ 不存在，从而 $\lim\limits_{\Delta z\to 0}\left(\overline{z_0}+\overline{\Delta z}+z_0\dfrac{\overline{\Delta z}}{\Delta z}\right)$ 也不存在，$h(z)=|z|^2$ 在点 $z_0\neq 0$ 处不可导.

综上所述，$h(z)=|z|^2$ 仅在 $z=0$ 处可导，在复平面处处不解析.

说明 (1)函数可能在复平面(或某个区域)内处处可导，处处解析，如 $f(z)=z^2$；也可能处处不可导，处处不解析，如 $g(z)=x+2y\mathrm{i}$；也可能只在某点可导，处处不解析，如 $h(z)=|z|^2$.

(2) 解析函数是复变函数研究的主要对象，泛指的解析函数允许有奇点，如 $w=\dfrac{1}{z}$，当 $z=0$ 时无定义，不连续，从而不可导；在除了 $z=0$ 外处处解析，原点是该函数的唯一奇点. 工程实践中最常遇到的不解析情况有两种：包含 $\overline{z}$ 的函数成分，或 $\lim\limits_{z\to z_0}f(z)=\infty$.

2.1.3 求导运算法则

实函数中的有关求导法则可推广到复变函数.

定理 2.1.3 如果函数 $f(z)$，$g(z)$ 在区域 D 内解析，则其和、差、积、商(要求分母在 D 内不为零)也在 D 内解析，并且

(1) $\left[f(z)\pm g(z)\right]'=f'(z)\pm g'(z)$;

(2) $\left[f(z)\cdot g(z)\right]'=f'(z)g(z)+f(z)\cdot g'(z)$;

(3) $\left[\dfrac{f(z)}{g(z)}\right]'=\dfrac{f'(z)g(z)-f(z)g'(z)}{g^2(z)}$.

设 $P(z)=a_0z^n+a_1z^{n-1}+\cdots+a_{n-1}z+a_n\ (a_0\neq 0)$，则 $P(z)$ 在 z 平面上解析，且 $P'(z)=na_0z^{n-1}+(n-1)a_1z^{n-2}+\cdots+a_{n-1}$.

有理分式函数 $\dfrac{P(z)}{Q(z)}=\dfrac{a_0z^n+a_1z^{n-1}+\cdots+a_n}{b_0z^m+b_1z^{m-1}+\cdots+b_m}(a_0\neq 0,b_0\neq 0)$，在 z 平面上除了分母 $Q(z)=0$ 的点外解析，多项式 $Q(z)$ 的零点是有理分式函数的奇点.

定理 2.1.4 (复合函数求导链式法则)　如果函数 $\zeta=f(z)$ 在区域 D 内解析，$w=g(\zeta)$ 在区域 G 内解析，且 $f(D)\subset G$，则函数 $w=g\left[f(z)\right]$ 在 D 内解析，且有

$$\frac{\mathrm{d}w}{\mathrm{d}z}=\frac{\mathrm{d}w}{\mathrm{d}\zeta}\cdot\frac{\mathrm{d}\zeta}{\mathrm{d}z},\quad \text{即}\ \frac{\mathrm{d}w}{\mathrm{d}z}=g'(\zeta)\cdot f'(z). \tag{2.1.4}$$

证明　对于 $\forall z_0\in D$，存在 $\zeta_0=f(z_0)\in G$，且 $g(\zeta)$ 在点 ζ_0 处可微，故有

$$\Delta w=g(\zeta)-g(\zeta_0)=g'(\zeta_0)\cdot\Delta\zeta+\rho(\Delta\zeta)\cdot\Delta\zeta,$$

其中 $\Delta\zeta=\zeta-\zeta_0=\Delta f$，$\lim\limits_{\Delta\zeta\to 0}\rho(\Delta\zeta)=0$，即

$$\Delta w=g'\left[f(z_0)\right]\cdot\left(f(z)-f(z_0)\right)+\rho(\Delta f)\cdot\Delta f,$$

两边同时除以 Δz ($\Delta z\neq 0$，当 $\Delta z=0$ 时，上式也成立)，得

$$\frac{\Delta w}{\Delta z}=g'\left[f(z_0)\right]\cdot\frac{f(z)-f(z_0)}{\Delta z}+\rho(\Delta f)\cdot\frac{\Delta f}{\Delta z}.$$

当 $\Delta z\to 0$ 时，由 $f(z)$ 在 z_0 点可导，有 $\Delta f\to 0$，进而有

$$\rho(\Delta f)\to 0,\quad \rho(\Delta f)\cdot\frac{\Delta f}{\Delta z}\to 0,\quad \lim_{\Delta z\to 0}\frac{f(z)-f(z_0)}{\Delta z}=f'(z_0).$$

从而

$$\left.\frac{\mathrm{d}w}{\mathrm{d}z}\right|_{z=z_0}=\lim_{\Delta z\to 0}\frac{\Delta w}{\Delta z}=g'\left[f(z_0)\right]\cdot f'(z_0).$$

定理 2.1.5　设 $w=f(z)$ 与 $z=\varphi(w)$ 互为反函数，若 $z=\varphi(w)$ 在 w 平面的区域 G 内解析，且 $\varphi'(w)\neq 0$，则 $f(z)$ 为定义域 $D(f(D)\subset G)$ 内的解析函数，且有 $f'(z)=1/\varphi'(w)$.

2.2 函数解析性判别

当把复数 z 看成整体一元变量时, 复变函数 $f(z)$ 就是 z 的一元函数, 根据上节可导的定义, 可以判断给定函数在点和区域的可导性, 再由解析的定义, 可进一步判断函数在一点和某区域的解析性, 但比较繁琐.

当把 $z=x+\mathrm{i}y$ 看成 x, y 的二元变量时, $f(z)=u(x,y)+\mathrm{i}v(x,y)$, 可从一对二元实函数微分的角度分析复变函数的可导性和解析性. 本节主要工作就是探求实函数的可微性与复变函数的解析性的关系, 推导复变函数解析性判别条件.

2.2.1 可导和解析的条件

关于复变函数的连续性, 我们有 $f(z)=u(x,y)+\mathrm{i}v(x,y)$ 在点 $z_0=x_0+\mathrm{i}y_0$ 连续 $\Leftrightarrow$ $u(x,y)$ 和 $v(x,y)$ 在点 (x_0,y_0) 连续. 问题: $f(z)$ 在点 $z_0=x_0+\mathrm{i}y_0$ 可导是否与 $u(x,y)$ 和 $v(x,y)$ 在点 (x_0,y_0) 可导等价?

从 2.1 节例子可以看到, 函数 $f(z)=\bar{z}$ 的实部 $u(x,y)=x$ 和虚部 $v(x,y)=-y$ 偏导数处处存在, 但复变函数 $f(z)=\bar{z}$ 却处处不可导. 由此可见, 复变函数的可导性不能简单地与实部函数和虚部函数的可导性等价. 那又如何根据实部和虚部两个二元实函数判断给定的复变函数的可导性? 事实上, $f(z)$ 可导不仅要求 $u(x,y),v(x,y)$ 可导, 更要满足可微, 且还需满足各偏导数间的约束关系, 具体结论如下.

定理 2.2.1 (可导的充要条件) 设函数 $f(z)=u(x,y)+\mathrm{i}v(x,y)$ 定义在区域 D 内, 则 $f(z)$ 在 D 内一点 $z=x+\mathrm{i}y$ 可导的充要条件是 $u(x,y),v(x,y)$ 在点 (x,y) 可微, 且在该点满足

$$\frac{\partial u}{\partial x}=\frac{\partial v}{\partial y},\quad \frac{\partial u}{\partial y}=-\frac{\partial v}{\partial x}, \tag{2.2.1}$$

该方程组称为**柯西-黎曼方程**, 简称 **C.-R.方程**或 **C.-R 条件**.

证明 必要性 已知 $f(z)=u(x,y)+\mathrm{i}v(x,y)$ 在点 $z=x+\mathrm{i}y$ 可导, 则

$$\frac{f(z+\Delta z)-f(z)}{\Delta z}=f'(z)+\alpha,\quad \text{其中} \lim_{\Delta z\to 0}\alpha=0.$$

从而 $f(z+\Delta z)-f(z)=f'(z)\Delta z+\alpha\Delta z$, 令 $\Delta z=\Delta x+\mathrm{i}\Delta y$, $\Delta f=\Delta u+\mathrm{i}\Delta v$, $f'(z)=a+\mathrm{i}b$, $\alpha=\alpha_1+\mathrm{i}\alpha_2$, 则 $\Delta u+\mathrm{i}\Delta v=(a+\mathrm{i}b)(\Delta x+\mathrm{i}\Delta y)+(\alpha_1+\mathrm{i}\alpha_2)(\Delta x+\mathrm{i}\Delta y)$, 比较实部和虚部, 得

$$\Delta u = a\Delta x - b\Delta y + \alpha_1\Delta x - \alpha_2\Delta y\,, \tag{2.2.2}$$

$$\Delta v = b\Delta x + a\Delta y + \alpha_2\Delta x + \alpha_1\Delta y\,, \tag{2.2.3}$$

其中 $\lim\limits_{\substack{\Delta x\to 0\\ \Delta y\to 0}} \alpha_1 = \lim\limits_{\substack{\Delta x\to 0\\ \Delta y\to 0}} \alpha_2 = 0$.

由(2.2.2)式及二元函数微分的定义，得 $u(x,y)$ 在点 (x,y) 可微，且有 $\dfrac{\partial u}{\partial x}=a$，$\dfrac{\partial u}{\partial y}=-b$；由 (2.2.3) 式得 $v(x,y)$ 点 (x,y) 可微，且有 $\dfrac{\partial v}{\partial x}=b$，$\dfrac{\partial v}{\partial y}=a$. 满足 $\dfrac{\partial u}{\partial x}=\dfrac{\partial v}{\partial y},\dfrac{\partial u}{\partial y}=-\dfrac{\partial v}{\partial x}$.

充分性　设 $u(x,y), v(x,y)$ 在点 (x,y) 可微，且在该点满足柯西-黎曼方程，则有

$$\Delta u = \frac{\partial u}{\partial x}\Delta x + \frac{\partial u}{\partial y}\Delta y + \varepsilon_1\Delta x + \varepsilon_2\Delta y\,,$$

$$\Delta v = \frac{\partial v}{\partial x}\Delta x + \frac{\partial v}{\partial y}\Delta y + \varepsilon_3\Delta x + \varepsilon_4\Delta y\,,$$

其中 $\lim\limits_{\substack{\Delta x\to 0\\ \Delta y\to 0}} \varepsilon_k = 0\ (k=1,2,3,4)$. 因此

$$\begin{aligned}
\Delta f &= f(z+\Delta z) - f(z)\\
&= [u(x+\Delta x, y+\Delta y) - u(x,y)] + \mathrm{i}[v(x+\Delta x, y+\Delta y) - v(x,y)]\\
&= \Delta u + \mathrm{i}\Delta v\\
&= \left(\frac{\partial u}{\partial x} + \mathrm{i}\frac{\partial v}{\partial x}\right)\Delta x + \left(\frac{\partial u}{\partial y} + \mathrm{i}\frac{\partial v}{\partial y}\right)\Delta y + (\varepsilon_1 + \mathrm{i}\varepsilon_3)\Delta x + (\varepsilon_2 + \mathrm{i}\varepsilon_4)\Delta y.
\end{aligned}$$

根据柯西-黎曼方程知

$$\frac{\partial u}{\partial y} = -\frac{\partial v}{\partial x} = \mathrm{i}^2\frac{\partial v}{\partial x}, \quad \frac{\partial v}{\partial y} = \frac{\partial u}{\partial x},$$

所以

$$\begin{aligned}
\Delta f &= \left(\frac{\partial u}{\partial x} + \mathrm{i}\frac{\partial v}{\partial x}\right)\Delta x + \left(\mathrm{i}^2\frac{\partial v}{\partial x} + \mathrm{i}\frac{\partial u}{\partial x}\right)\Delta y + (\varepsilon_1 + \mathrm{i}\varepsilon_3)\Delta x + (\varepsilon_2 + \mathrm{i}\varepsilon_4)\Delta y\\
&= \left(\frac{\partial u}{\partial x} + \mathrm{i}\frac{\partial v}{\partial x}\right)\cdot(\Delta x + \mathrm{i}\Delta y) + (\varepsilon_1 + \mathrm{i}\varepsilon_3)\Delta x + (\varepsilon_2 + \mathrm{i}\varepsilon_4)\Delta y\,,
\end{aligned}$$

从而

$$\frac{\Delta f}{\Delta z} = \frac{\partial u}{\partial x} + \mathrm{i}\frac{\partial v}{\partial x} + (\varepsilon_1 + \mathrm{i}\varepsilon_3)\frac{\Delta x}{\Delta z} + (\varepsilon_2 + \mathrm{i}\varepsilon_4)\frac{\Delta y}{\Delta z}.$$

因$\left|\dfrac{\Delta x}{\Delta z}\right|\leqslant 1$，$\left|\dfrac{\Delta y}{\Delta z}\right|\leqslant 1$，故当$\Delta z\to 0$时，上式右端最后两项都趋于零. 因此

$$f'(z)=\lim_{\Delta z\to 0}\frac{\Delta f}{\Delta z}=\frac{\partial u}{\partial x}+\mathrm{i}\frac{\partial v}{\partial x}. \tag{2.2.4}$$

说明 定理的意义体现在

(1) 将复变函数的可导性的判别转化为对实二元函数的分析;

(2) 得到$f(z)=u(x,y)+\mathrm{i}v(x,y)$在点$z=x+\mathrm{i}y$处的导数公式:

$$f'(z)=\frac{\partial u}{\partial x}+\mathrm{i}\frac{\partial v}{\partial x}=\frac{\partial u}{\partial x}-\mathrm{i}\frac{\partial u}{\partial y}=\frac{\partial v}{\partial y}+\mathrm{i}\frac{\partial v}{\partial x}=\frac{\partial v}{\partial y}-\mathrm{i}\frac{\partial u}{\partial y}. \tag{2.2.5}$$

根据函数在区域D内解析的定义及定理 2.2.1，可直接得到判断函数在区域D解析的充要条件.

定理 2.2.2 函数$f(z)=u(x,y)+\mathrm{i}v(x,y)$在其定义域$D$解析的充要条件是$u(x,y),v(x,y)$在区域$D$内可微，且满足柯西–黎曼方程.

定理中的可微条件比较难于验证，通常用偏导数连续得出可微，从而有下面的推论.

推论 2.2.1 设函数$f(z)=u(x,y)+\mathrm{i}v(x,y)$定义在区域$D$内，则$f(z)$在$D$内一点$z=x+\mathrm{i}y$可导的充分条件是

(i) $u(x,y),v(x,y)$在点(x,y)存在连续偏导数;

(ii) $u(x,y),v(x,y)$在点$z=x+\mathrm{i}y$满足柯西–黎曼方程$\dfrac{\partial u}{\partial x}=\dfrac{\partial v}{\partial y}$，$\dfrac{\partial u}{\partial y}=-\dfrac{\partial v}{\partial x}$.

例 2.2.1 试证函数$f(z)=\mathrm{e}^x(\cos y+\mathrm{i}\sin y)$在$z$平面上解析且其导数$f'(z)=f(z)$.

证明 设$u(x,y)=\mathrm{e}^x\cos y$，$v(x,y)=\mathrm{e}^x\sin y$，则有

$$\frac{\partial u}{\partial x}=\mathrm{e}^x\cos y,\quad \frac{\partial u}{\partial y}=-\mathrm{e}^x\sin y,$$

$$\frac{\partial v}{\partial x}=\mathrm{e}^x\sin y,\quad \frac{\partial v}{\partial y}=\mathrm{e}^x\cos y.$$

四个偏导数在z平面上处处连续，且满足 C.-R.方程$\dfrac{\partial u}{\partial x}=\dfrac{\partial v}{\partial y}$，$\dfrac{\partial u}{\partial y}=-\dfrac{\partial v}{\partial x}$. 由推论 2.2.1 知，$f(z)$在$z$平面上解析，并且有

$$f'(z)=\frac{\partial u}{\partial x}+\mathrm{i}\frac{\partial v}{\partial x}=\mathrm{e}^x\cos y+\mathrm{i}\mathrm{e}^x\sin y=f(z).$$

例 2.2.2 设$f(z)=x^2+axy+by^2+\mathrm{i}(cx^2+dxy+y^2)$为解析函数，试确定实数

a,b,c,d 的值.

解　设 $u(x,y)=x^2+axy+by^2$，$v(x,y)=cx^2+dxy+y^2$，则

$$\frac{\partial u}{\partial x}=2x+ay, \quad \frac{\partial u}{\partial y}=ax+2by,$$

$$\frac{\partial v}{\partial x}=2cx+dy, \quad \frac{\partial v}{\partial y}=dx+2y.$$

由 C.- R.方程, 得

$$\begin{cases}2x+ay=dx+2y,\\ -2cx-dy=ax+2by,\end{cases}$$

所以

$$a=2, \quad b=-1, \quad c=-1, \quad d=2.$$

例 2.2.3　证明：若函数 $f(z)=u(x,y)+\mathrm{i}v(x,y)$ 在区域 D 内解析，且 $f'(z)\neq 0(z\in D)$，则 $u(x,y)=c_1$，$v(x,y)=c_2$ (c_1,c_2 为常数)是 D 内两组正交曲线族.

证明　因 $f'(z)=\dfrac{\partial u}{\partial x}+\mathrm{i}\dfrac{\partial v}{\partial x}\neq 0$，故在点 (x,y) 处 $\dfrac{\partial u}{\partial x}$ 与 $\dfrac{\partial v}{\partial x}$ 必不全为零.

(i) 设在点 (x,y) 处，$\dfrac{\partial u}{\partial x}\neq 0$ 且 $\dfrac{\partial v}{\partial x}\neq 0$. 由隐函数求导法则知，曲线族 $u(x,y)=c_1$ 的斜率为 $k_1=-\dfrac{\partial u}{\partial x}\Big/\dfrac{\partial u}{\partial y}$，曲线族 $v(x,y)=c_2$ 的斜率为 $k_2=-\dfrac{\partial v}{\partial x}\Big/\dfrac{\partial v}{\partial y}$. 利用 C.- R.方程得

$$k_1\cdot k_2=\left(-\frac{\partial u}{\partial x}\Big/\frac{\partial u}{\partial y}\right)\cdot\left(-\frac{\partial v}{\partial x}\Big/\frac{\partial v}{\partial y}\right)=\left(-\frac{\partial v}{\partial y}\Big/\frac{\partial u}{\partial y}\right)\left(\frac{\partial u}{\partial y}\Big/\frac{\partial v}{\partial y}\right)=-1,$$

因此，曲线族 $u(x,y)=c_1$，$v(x,y)=c_2$ 必正交.

(ii) 设在点 (x,y) 处，$\dfrac{\partial u}{\partial x}=0$ 但 $\dfrac{\partial v}{\partial x}\neq 0$. 由 C.- R.方程得 $\dfrac{\partial v}{\partial y}=0$，$\dfrac{\partial u}{\partial y}\neq 0$. 根据 $\dfrac{\partial u}{\partial x}=0$ 且 $\dfrac{\partial u}{\partial y}\neq 0$，可知 $u(x,y)$ 其实是关于 y 的一元函数 $\phi(y)$；根据 $\dfrac{\partial v}{\partial y}=0$ 且 $\dfrac{\partial v}{\partial x}\neq 0$，可知 $v(x,y)$ 其实是关于 x 的一元函数 $\psi(x)$. 从而曲线族 $u(x,y)=c_1$ 是水平直线族，曲线族 $v(x,y)=c_2$ 则是铅直直线族，因此，曲线族 $u(x,y)=c_1$，$v(x,y)=c_2$ 必正交.

(iii) 设在点(x,y)处, $\dfrac{\partial v}{\partial x}=0$但$\dfrac{\partial u}{\partial x}\neq 0$. 与情形(ii)证明思想完全类似.

例 2.2.4 试证: 如果函数$f(z)=u(x,y)+\mathrm{i}v(x,y)$在区域$D$内解析, 并满足下列条件之一, 那么$f(z)$是常数.

(i) $f(z)$恒取实值;

(ii) $\overline{f}(z)$在区域D内解析;

(iii) $|f(z)|$在区域D内是个常数;

(iv) $\arg f(z)$在区域D内是个常数;

(v) $au+bv=c$, 其中a,b,c为不全为零的实常数.

证明 (i) 设$f(z)=u(x,y)+\mathrm{i}v(x,y)\equiv$实值, 则$v(x,y)\equiv 0$, 且$\dfrac{\partial v}{\partial x}=\dfrac{\partial v}{\partial y}=0$.

因为$f(z)$在区域D内解析, 所以$f(z)$满足 C.-R.方程:

$$\frac{\partial u}{\partial x}=\frac{\partial v}{\partial y},\quad \frac{\partial u}{\partial y}=-\frac{\partial v}{\partial x}.$$

于是

$$\frac{\partial u}{\partial x}=\frac{\partial u}{\partial y}=0\Rightarrow u\text{ 是常数, 设为 }C.$$

所以

$$f(z)=u(x,y)+\mathrm{i}v(x,y)=C+\mathrm{i}0\equiv C.$$

(ii) 由函数$f(z)=u(x,y)+\mathrm{i}v(x,y)$在区域$D$内解析, 有

$$\frac{\partial u}{\partial x}=\frac{\partial v}{\partial y},\quad \frac{\partial u}{\partial y}=-\frac{\partial v}{\partial x},$$

又由$\overline{f}(z)=u(x,y)-\mathrm{i}v(x,y)$也在区域$D$内解析, 有

$$\frac{\partial u}{\partial x}=-\frac{\partial v}{\partial y},\quad \frac{\partial u}{\partial y}=\frac{\partial v}{\partial x},$$

比较两式得

$$\frac{\partial u}{\partial x}=\frac{\partial u}{\partial y}=\frac{\partial v}{\partial x}=\frac{\partial v}{\partial y}=0,$$

所以u,v均为常数, 从而$f(z)=u(x,y)+\mathrm{i}v(x,y)$为常函数.

(iii) 设$f(z)$在区域D内解析, 且$|f(z)|\equiv C$.

方法一 由$|f(z)|^2\equiv u^2+v^2\equiv C^2$, 两边分别对$x,y$求偏导数, 得

$$\begin{cases} u\dfrac{\partial u}{\partial x}+v\dfrac{\partial v}{\partial x}\equiv 0, \\ u\dfrac{\partial u}{\partial y}+v\dfrac{\partial v}{\partial y}\equiv 0. \end{cases}$$

因为 $f(z)$ 在区域 D 内解析，所以 $f(z)$ 满足 C.-R.方程：$\dfrac{\partial u}{\partial x}=\dfrac{\partial v}{\partial y}, \dfrac{\partial u}{\partial y}=-\dfrac{\partial v}{\partial x}$，代入上式，得

$$\begin{cases} u\dfrac{\partial u}{\partial x}+v\dfrac{\partial v}{\partial x}\equiv 0, \\ -u\dfrac{\partial v}{\partial x}+v\dfrac{\partial u}{\partial x}\equiv 0 \end{cases} \Rightarrow \begin{cases} (u^2+v^2)\dfrac{\partial u}{\partial x}\equiv 0, \\ (u^2+v^2)\dfrac{\partial v}{\partial x}\equiv 0. \end{cases}$$

若 $(u^2+v^2)\equiv 0$，则 $|f(z)|\equiv 0$，$f(z)\equiv 0$ 是常数；

若 $(u^2+v^2)\neq 0$，则 $\dfrac{\partial u}{\partial x}=\dfrac{\partial v}{\partial x}\equiv 0$，同理可得 $\dfrac{\partial u}{\partial y}=\dfrac{\partial v}{\partial y}\equiv 0$，所以 u,v 是常数.

方法二　若 $|f(z)|\equiv 0$，则显然 $f(z)\equiv 0$，是常数；

若 $|f(z)|\equiv C\neq 0$，则 $f(z)\neq 0$，于是 $\dfrac{1}{f(z)}$ 在区域 D 内解析，并且有 $f(z)\cdot\overline{f(z)}=|f(z)|^2\equiv C^2$，即 $\overline{f(z)}\equiv\dfrac{C^2}{f(z)}$. 从而 $\overline{f(z)}$ 在区域 D 解析. 由已证明的 (ii)，知 $f(z)$ 是常数.

(iv) 设 $\theta=\arg f(z)\equiv C_1$，则

$$\tan\theta=\frac{v(x,y)}{u(x,y)}\equiv\tan C_1,$$

即

$$v(x,y)=\tan C_1\cdot u(x,y)=C\cdot u(x,y)\quad (\text{其中 } C=\tan C_1).$$

上式两边分别对 x 及 y 求偏导，并再利用 C.-R.方程，得

$$\frac{\partial v}{\partial x}=C\frac{\partial u}{\partial x}=C\frac{\partial v}{\partial y},\qquad \frac{\partial v}{\partial y}=C\frac{\partial u}{\partial y}=-C\frac{\partial v}{\partial x},$$

即

$$\begin{cases} \dfrac{\partial v}{\partial x}-C\dfrac{\partial v}{\partial y}=0, \\ \dfrac{\partial v}{\partial y}+C\dfrac{\partial v}{\partial x}=0, \end{cases}$$

由 $C=\tan C_1$ 为实数 $\Rightarrow \dfrac{\partial v}{\partial x}=\dfrac{\partial v}{\partial x}=0$，故 $v(x,y)$ 为常数.

同理，可证明 $u(x,y)$ 也为常数，从而 $f(z)=u(x,y)+\mathrm{i}v(x,y)$ 为常数.

(v) 若 $a\neq 0$，则由 $au+bv=c$，得

$$u=\frac{c}{a}-\frac{b}{a}v,$$

上式两边分别对 x 及 y 求偏导，并再利用 C.-R.方程得

$$\frac{\partial u}{\partial x}=-\frac{b}{a}\frac{\partial v}{\partial x}=\frac{b}{a}\frac{\partial u}{\partial y},$$

$$\frac{\partial u}{\partial y}=-\frac{b}{a}\frac{\partial v}{\partial y}=-\frac{b}{a}\frac{\partial u}{\partial x},$$

即

$$\begin{cases}\dfrac{\partial u}{\partial x}-\dfrac{b}{a}\dfrac{\partial u}{\partial y}=0,\\[2mm] \dfrac{\partial u}{\partial y}+\dfrac{b}{a}\dfrac{\partial u}{\partial x}=0\end{cases}\Rightarrow\left(1+\frac{b^2}{a^2}\right)\frac{\partial u}{\partial x}=0,\quad\left(1+\frac{b^2}{a^2}\right)\frac{\partial u}{\partial y}=0,$$

所以有，$\dfrac{\partial u}{\partial x}=0$，$\dfrac{\partial u}{\partial y}=0$，故 $u(x,y)$ 为常数.

同理，可证明 $v(x,y)$ 也为常数，则 $f(z)=u(x,y)+\mathrm{i}v(x,y)$ 为常数.

2.2.2 柯西-黎曼条件的极坐标形式

由直角坐标与极坐标转换公式 $\begin{cases}x=r\cos\theta,\\ y=r\sin\theta\end{cases}$ 及复合函数求导，得

$$\frac{\partial u}{\partial r}=\frac{\partial u}{\partial x}\cdot\frac{\partial x}{\partial r}+\frac{\partial u}{\partial y}\cdot\frac{\partial y}{\partial r}=\cos\theta\cdot\frac{\partial u}{\partial x}+\sin\theta\cdot\frac{\partial u}{\partial y},$$

$$\begin{aligned}\frac{\partial u}{\partial \theta}&=\frac{\partial u}{\partial x}\cdot\frac{\partial x}{\partial \theta}+\frac{\partial u}{\partial y}\cdot\frac{\partial y}{\partial \theta}=-r\sin\theta\cdot\frac{\partial u}{\partial x}+r\cos\theta\cdot\frac{\partial u}{\partial y}\\&=-r\left(\sin\theta\cdot\frac{\partial u}{\partial x}-\cos\theta\cdot\frac{\partial u}{\partial y}\right),\end{aligned}$$

$$\frac{\partial v}{\partial r}=\frac{\partial v}{\partial x}\cdot\frac{\partial x}{\partial r}+\frac{\partial v}{\partial y}\cdot\frac{\partial y}{\partial r}=\cos\theta\cdot\frac{\partial v}{\partial x}+\sin\theta\cdot\frac{\partial v}{\partial y},$$

$$\frac{\partial v}{\partial \theta}=\frac{\partial v}{\partial x}\cdot\frac{\partial x}{\partial \theta}+\frac{\partial v}{\partial y}\cdot\frac{\partial y}{\partial \theta}=-r\sin\theta\cdot\frac{\partial v}{\partial x}+r\cos\theta\cdot\frac{\partial v}{\partial y}$$

$$= r\left(-\sin\theta\cdot\frac{\partial v}{\partial x}+\cos\theta\cdot\frac{\partial v}{\partial y}\right).$$

C.-R.方程 $\frac{\partial u}{\partial x}=\frac{\partial v}{\partial y}$，$\frac{\partial u}{\partial y}=-\frac{\partial v}{\partial x}$ 可化为

$$\frac{\partial u}{\partial r}=\frac{1}{r}\frac{\partial v}{\partial \theta},\quad \frac{\partial v}{\partial r}=-\frac{1}{r}\frac{\partial u}{\partial \theta}. \tag{2.2.6}$$

另外，式(2.2.6)也可由下面的关系推出

$$\begin{cases} r=\sqrt{x^2+y^2}, \\ \theta=\arctan\frac{y}{x} \end{cases}$$

可得

$$\frac{\partial r}{\partial x}=\frac{2x}{2\sqrt{x^2+y^2}}=\frac{x}{r},\quad \frac{\partial r}{\partial y}=\frac{2y}{2\sqrt{x^2+y^2}}=\frac{y}{r},$$

$$\frac{\partial \theta}{\partial x}=\frac{1}{1+\left(\frac{y}{x}\right)^2}\cdot\left(-\frac{y}{x^2}\right)=-\frac{y}{x^2+y^2}=-\frac{y}{r^2},\quad \frac{\partial \theta}{\partial y}=\frac{1}{1+\left(\frac{y}{x}\right)^2}\cdot\left(\frac{1}{x}\right)=\frac{x}{r^2}.$$

再由复合函数求导法则

$$\frac{\partial u}{\partial x}=\frac{\partial u}{\partial r}\cdot\frac{\partial r}{\partial x}+\frac{\partial u}{\partial \theta}\cdot\frac{\partial \theta}{\partial x}=\frac{\partial u}{\partial r}\cdot\frac{x}{r}+\frac{\partial u}{\partial \theta}\cdot\left(-\frac{y}{r^2}\right),$$

$$\frac{\partial u}{\partial y}=\frac{\partial u}{\partial r}\cdot\frac{\partial r}{\partial y}+\frac{\partial u}{\partial \theta}\cdot\frac{\partial \theta}{\partial y}=\frac{\partial u}{\partial r}\cdot\frac{y}{r}+\frac{\partial u}{\partial \theta}\cdot\left(\frac{x}{r^2}\right),$$

$$\frac{\partial v}{\partial x}=\frac{\partial v}{\partial r}\cdot\frac{\partial r}{\partial x}+\frac{\partial v}{\partial \theta}\cdot\frac{\partial \theta}{\partial x}=\frac{\partial v}{\partial r}\cdot\frac{x}{r}+\frac{\partial v}{\partial \theta}\cdot\left(-\frac{y}{r^2}\right),$$

$$\frac{\partial v}{\partial y}=\frac{\partial v}{\partial r}\cdot\frac{\partial r}{\partial y}+\frac{\partial v}{\partial \theta}\cdot\frac{\partial \theta}{\partial y}=\frac{\partial v}{\partial r}\cdot\frac{y}{r}+\frac{\partial v}{\partial \theta}\cdot\left(\frac{x}{r^2}\right).$$

C.-R.方程 $\frac{\partial u}{\partial x}=\frac{\partial v}{\partial y}$ 可化为

$$\frac{\partial u}{\partial r}\cdot\frac{x}{r}+\frac{\partial u}{\partial \theta}\cdot\left(-\frac{y}{r^2}\right)=\frac{\partial v}{\partial r}\cdot\frac{y}{r}+\frac{\partial v}{\partial \theta}\cdot\left(\frac{x}{r^2}\right),$$

即

$$x\frac{\partial u}{\partial r}-y\frac{\partial v}{\partial r}=\frac{x}{r}\cdot\frac{\partial v}{\partial \theta}+\frac{y}{r}\cdot\frac{\partial u}{\partial \theta}.$$

再由 C.-R.方程 $\dfrac{\partial u}{\partial y}=-\dfrac{\partial v}{\partial x}$，得

$$\frac{\partial u}{\partial r}\cdot\frac{y}{r}+\frac{\partial u}{\partial \theta}\cdot\left(\frac{x}{r^2}\right)=-\frac{\partial v}{\partial r}\cdot\frac{x}{r}+\frac{\partial v}{\partial \theta}\cdot\left(\frac{y}{r^2}\right),$$

即

$$y\frac{\partial u}{\partial r}+x\frac{\partial v}{\partial r}=\frac{y}{r}\cdot\frac{\partial v}{\partial \theta}-\frac{x}{r}\cdot\frac{\partial u}{\partial \theta},$$

联立得式(2.2.6).

说明 极坐标下 $f(z)$ 的导数为

$$f'(z)=(\cos\theta-\mathrm{i}\sin\theta)\left(\frac{\partial u}{\partial r}+\mathrm{i}\frac{\partial v}{\partial r}\right). \tag{2.2.7}$$

分析 由

$$\frac{\partial u}{\partial x}=\frac{\partial u}{\partial r}\cdot\frac{x}{r}+\frac{\partial u}{\partial \theta}\cdot\left(-\frac{y}{r^2}\right),\quad \frac{\partial v}{\partial x}=\frac{\partial v}{\partial r}\cdot\frac{x}{r}+\frac{\partial v}{\partial \theta}\cdot\left(-\frac{y}{r^2}\right)$$

得

$$\begin{aligned}
f'(z)&=\frac{\partial u}{\partial x}+\mathrm{i}\frac{\partial v}{\partial x}\\
&=\frac{\partial u}{\partial r}\cdot\frac{x}{r}+\frac{\partial u}{\partial \theta}\cdot\left(-\frac{y}{r^2}\right)+\mathrm{i}\left[\frac{\partial v}{\partial r}\cdot\frac{x}{r}+\frac{\partial v}{\partial \theta}\cdot\left(-\frac{y}{r^2}\right)\right]\\
&=\frac{x}{r}\cdot\left(\frac{\partial u}{\partial r}+\mathrm{i}\frac{\partial v}{\partial r}\right)+\left(-\frac{y}{r^2}\right)\left(\frac{\partial u}{\partial \theta}+\mathrm{i}\frac{\partial v}{\partial \theta}\right)\\
&=\frac{x}{r}\cdot\left(\frac{\partial u}{\partial r}+\mathrm{i}\frac{\partial v}{\partial r}\right)-\left(\frac{y}{r}\right)\left(\frac{1}{r}\frac{\partial u}{\partial \theta}+\mathrm{i}\left(\frac{1}{r}\frac{\partial v}{\partial \theta}\right)\right)
\end{aligned}$$

$$\left(\text{由}\frac{\partial u}{\partial r}=\frac{1}{r}\frac{\partial v}{\partial \theta},\frac{\partial v}{\partial r}=-\frac{1}{r}\frac{\partial u}{\partial \theta}\text{及}\begin{cases}x=r\cos\theta\\ y=r\sin\theta\end{cases}\right)$$

$$\begin{aligned}
&=\cos\theta\left(\frac{\partial u}{\partial r}+\mathrm{i}\frac{\partial v}{\partial r}\right)-\sin\theta\left(-\frac{\partial v}{\partial r}+\mathrm{i}\frac{\partial u}{\partial r}\right)\\
&=\cos\theta\left(\frac{\partial u}{\partial r}+\mathrm{i}\frac{\partial v}{\partial r}\right)-\sin\theta\left(\mathrm{i}^2\frac{\partial v}{\partial r}+\mathrm{i}\frac{\partial u}{\partial r}\right)\\
&=\cos\theta\left(\frac{\partial u}{\partial r}+\mathrm{i}\frac{\partial v}{\partial r}\right)-\sin\theta\left(\frac{\partial u}{\partial r}+\mathrm{i}\frac{\partial v}{\partial r}\right)\mathrm{i}\\
&=(\cos\theta-\mathrm{i}\sin\theta)\cdot\left(\frac{\partial u}{\partial r}+\mathrm{i}\frac{\partial v}{\partial r}\right).
\end{aligned}$$

2.2.3 解析函数的性质

上面给出直角坐标和极坐标下函数解析的必要条件和充分条件. 下面进一步阐明解析函数的性质.

对于一般的函数 $f(z)=u(x,y)+\mathrm{i}v(x,y)$, 可表示成复变量 z 和 $\bar{z}$ 的形式, 对于解析函数, 可单独用 z 表示而与 $\bar{z}$ 无关.

性质 2.2.1 若 $f(z)=u(x,y)+\mathrm{i}v(x,y)$ 为解析函数, 则 $f(z)$ 必能单独用 z 来表示.

证明 由 $z=x+\mathrm{i}y,\bar{z}=x-\mathrm{i}y$, 可知

$$x=\frac{z+\bar{z}}{2},\qquad y=\frac{z-\bar{z}}{2\mathrm{i}}=\frac{\bar{z}-z}{2}\mathrm{i},$$

于是

$$f(z)=u\left(\frac{z+\bar{z}}{2},\frac{\bar{z}-z}{2}\mathrm{i}\right)+\mathrm{i}v\left(\frac{z+\bar{z}}{2},\frac{\bar{z}-z}{2}\mathrm{i}\right),$$

故

$$\begin{aligned}\frac{\partial f}{\partial \bar{z}}&=\frac{\partial u}{\partial \bar{z}}+\mathrm{i}\frac{\partial v}{\partial \bar{z}}=\left(\frac{\partial u}{\partial x}\cdot\frac{\partial x}{\partial \bar{z}}+\frac{\partial u}{\partial y}\cdot\frac{\partial y}{\partial \bar{z}}\right)+\mathrm{i}\left(\frac{\partial v}{\partial x}\cdot\frac{\partial x}{\partial \bar{z}}+\frac{\partial v}{\partial y}\cdot\frac{\partial y}{\partial \bar{z}}\right)\\&=\frac{\partial u}{\partial x}\cdot\frac{1}{2}+\frac{\partial u}{\partial y}\cdot\frac{\mathrm{i}}{2}+\mathrm{i}\left(\frac{\partial v}{\partial x}\cdot\frac{1}{2}+\frac{\partial v}{\partial y}\cdot\frac{\mathrm{i}}{2}\right)\\&=\frac{1}{2}\left(\frac{\partial u}{\partial x}-\frac{\partial v}{\partial y}\right)+\frac{\mathrm{i}}{2}\cdot\left(\frac{\partial u}{\partial y}+\frac{\partial v}{\partial x}\right).\end{aligned}$$

又因为 $f(z)=u(x,y)+\mathrm{i}v(x,y)$ 为解析函数, 故满足 C.-R.方程

$$\frac{\partial u}{\partial x}=\frac{\partial v}{\partial y},\qquad \frac{\partial u}{\partial y}=-\frac{\partial v}{\partial x}.$$

因此

$$\frac{\partial f}{\partial \bar{z}}=0,\tag{2.2.8}$$

从而 $f(z)$ 与 $\bar{z}$ 无关, 即 $f(z)$ 必能单独用 z 来表示.

函数解析不仅要求函数连续, 偏导数存在, 而且有如下命题.

性质 2.2.2 解析函数的导数仍是解析函数.

该结论需要利用第 3 章解析函数的积分理论证明, 并由此可得解析函数存在任意阶导数.

性质 2.2.3 (解析函数的唯一性定理) 设函数 $f(z),g(z)$ 在区域 D 内解析, 若在 D 内某一个子区域(或某有一曲线弧段上)二者相等, 则在 D 内 $f(z)\equiv g(z)$.

该命题需要利用第 4 章解析函数的级数理论证明.

2.3 初等解析函数

本节介绍复变函数的基本初等函数, 它们可以看作是实变量初等函数在复数域内的推广. 这些函数经过有限次的四则运算和有限次的复合, 得到了所有的初等函数. 当基本初等函数推广到复数范围时, 有许多重要的性质需要注意, 如指数函数的周期性; 对数函数的多值性; 正、余弦函数的无界性等. 除了初等性质, 更主要的是对复变函数的初等函数的解析性进行分析.

2.3.1 指数函数

在微积分中指数函数 e^x 对任何实数 x 都是可导的, 且 $\left(\mathrm{e}^x\right)'=\mathrm{e}^x$. 为了将它推广到复变数的情形, 很自然地想到在复平面内定义一个函数 $f(z)$, 满足下列三个条件:

(1) $f(z)$ 在复平面上处处解析;

(2) $f'(z)=f(z)$;

(3) 当 $\mathrm{Im}(z)=0$ 时, $f(z)=\mathrm{e}^x$, 其中 $x=\mathrm{Re}(z)$.

在例 2.2.1 中, 已经证明过函数 $f(z)=\mathrm{e}^x(\cos y+\mathrm{i}\sin y)$ 在 z 平面上解析且 $f'(z)=f(z)$. 现引入如下定义.

定义 2.3.1 设 $z=x+\mathrm{i}y$, 称函数 $w=\mathrm{e}^x(\cos y+\mathrm{i}\sin y)$ 为**指数函数**, 记为 $\exp z$, 或简记为 e^z, 即

$$\mathrm{e}^z=\exp z=\mathrm{e}^x(\cos y+\mathrm{i}\sin y). \tag{2.3.1}$$

说明 (1) 这里记号 e^z 没有幂的意义, 即它与 $\mathrm{e}=2.718\cdots$ 的乘方不同, 仅仅作为代替 $\exp z$ 的记号使用.

(2) 当 $z=x+\mathrm{i}y$ 为实数, 即 $y=0,z=x$ 时, $\mathrm{e}^z=\mathrm{e}^x$. 因此 e^z 可以看作实变量指数函数 e^x 的推广; 当 $z=\mathrm{i}y$, 即 $x=0,z=\mathrm{i}y$ 时, 有

$$\mathrm{e}^{\mathrm{i}y}=\cos y+\mathrm{i}\sin y \quad \text{(欧拉公式)}.$$

(3) $\begin{cases} \left|e^{z}\right| = e^{x}, \\ \operatorname{Arg}\left(e^{z}\right) = y + 2k\pi \quad (k = 0, \pm 1, \cdots). \end{cases}$

(4) 对于任意的复数 z，都有 $\left|e^{z}\right| = e^{x} > 0$，从而 $e^{z} \neq 0$.

定理 2.3.1 指数函数具有以下主要性质.

(1) 解析性: e^{z} 在整个复平面上处处解析, 且 $\left(e^{z}\right)' = e^{z}$.

(2) 加法定理成立: 对于任意的 z_1, z_2，有 $e^{z_1} \cdot e^{z_2} = e^{z_1 + z_2}$.

(3) 周期性: e^{z} 以 $2k\pi i$ 为周期(k 是非零整数), 即 $e^{z+2k\pi i} = e^{z}$.

(4) 极限 $\lim\limits_{z \to \infty} e^{z}$ 不存在.

证明 (1) 解析性在例 2.2.1 中已经得到证明.

(2) 设 $z_1 = x_1 + iy_1, z_2 = x_2 + iy_2$，则 $z_1 + z_2 = (x_1 + x_2) + i(y_1 + y_2)$. 按指数函数的定义, 有

$$
\begin{aligned}
e^{z_1} \cdot e^{z_2} &= \left[e^{x_1}\left(\cos y_1 + i \sin y_1\right)\right] \cdot \left[e^{x_2}\left(\cos y_2 + i \sin y_2\right)\right] \\
&= e^{x_1 + x_2}\left[\cos\left(y_1 + y_2\right) + i \sin\left(y_1 + y_2\right)\right] \\
&= e^{z_1 + z_2}.
\end{aligned}
$$

(3) 对于任意的非零整数 k，据加法定理, 有

$$
e^{z+2k\pi i} = e^{z} \cdot e^{2k\pi i} = e^{z}\left(\cos 2k\pi + i \sin 2k\pi\right) = e^{z}.
$$

说明 指数函数的周期性这个性质是实指数函数不具备的. 由于 $|2\pi i| = 2\pi$ 是 e^{z} 的周期的模的最小值, 所以也称 $2\pi i$ 为 e^{z} 的基本周期.

(4) 因为当 z 沿实轴正向趋于无穷大时, 有

$$
\lim_{\substack{z \to \infty \\ z = x > 0}} e^{z} = \lim_{x \to +\infty} e^{x} = +\infty,
$$

而当 z 沿实轴负向趋于无穷大时, 有

$$
\lim_{\substack{z \to \infty \\ z = x < 0}} e^{z} = \lim_{x \to -\infty} e^{x} = 0,
$$

所以极限 $\lim\limits_{z \to \infty} e^{z}$ 不存在.

推论 2.3.1 (1) $e^{-z} = \dfrac{1}{e^{z}}$； (2) $\dfrac{e^{z_1}}{e^{z_2}} = e^{z_1 - z_2}$.

证明 (1) 因为 $e^{z} \cdot e^{-z} = e^{0} = 1$，所以 $e^{-z} = \dfrac{1}{e^{z}}$.

(2) 因为 $e^{z_1-z_2}\cdot e^{z_2}=e^{z_1}$，故 $\dfrac{e^{z_1}}{e^{z_2}}=e^{z_1-z_2}$.

例 2.3.1 计算 $e^{-2+\frac{\pi}{4}i}$.

解 根据指数函数的定义，有

$$e^{-2+\frac{\pi}{4}i}=e^{-2}\left(\cos\frac{\pi}{4}+i\sin\frac{\pi}{4}\right)=e^{-2}\left(\frac{\sqrt{2}}{2}+i\frac{\sqrt{2}}{2}\right).$$

例 2.3.2 证明：若对于任意的复数 z，有 $e^{z+\omega}=e^z$，则必有 $\omega=2k\pi i$ (k 为整数).

证明 由 $e^{z+\omega}=e^z$ 对任意的复数 z 都成立，特别对 $z=0$ 有

$$e^{\omega}=e^0=1,$$

令 $\omega=a+ib$，则 $e^a(\cos b+i\sin b)=1$，于是

$$\left|e^{\omega}\right|=e^a=1,\ \cos b=1,\ \sin b=0\Rightarrow a=0,\ b=2k\pi.$$

故

$$\omega=a+ib=2k\pi i\quad(k\text{ 为整数}).$$

2.3.2 对数函数

和实函数一样，对数函数定义为指数函数的反函数.

定义 2.3.2 对于复数 $z\neq 0$，把满足方程

$$e^{\omega}=z\quad(z\neq 0)$$

的函数 $\omega=f(z)$ 称为复数 z 的**对数函数**，记为

$$\omega=\mathrm{Ln}\,z.$$

下面给出对数函数的具体表达式.

设 $z=re^{i\theta}(r>0)$，$\omega=u+iv\ (u,v\in\mathbf{R})$，则

$$e^{\omega}=z\quad\Rightarrow e^{u+iv}=re^{i\theta},$$

即

$$e^u\cdot e^{iv}=re^{i\theta}.$$

由两复数相等的定义，有

$$\begin{cases}e^u=r,\\ v=\theta+2k\pi\end{cases}\quad\Rightarrow\begin{cases}u=\ln r,\\ v=\theta+2k\pi,\end{cases}$$

即

$$u=\ln|z|, \quad v=\operatorname{Arg}z.$$

从而

$$\omega=\operatorname{Ln} z=\ln|z|+\mathrm{i}\operatorname{Arg} z=\ln|z|+\mathrm{i}(\arg z+2k\pi) \quad (k\text{ 为整数}). \tag{2.3.2}$$

说明　(1) $\omega=\operatorname{Ln} z$ 是多值函数，每两个值之间相差 $2\pi\mathrm{i}$ 的整数倍.

(2) 如果规定 $\operatorname{Arg} z$ 取主值 $\arg z$，那么 $\operatorname{Ln} z$ 为单值函数，记

$$\ln z=\ln|z|+\mathrm{i}\arg z \quad (\text{主值分支}),$$

其余各个值可由

$$\operatorname{Ln} z=\ln z+2k\pi\mathrm{i}, \quad k=\pm1,\pm2,\cdots$$

表达，对于每一个固定的 k，其为一单值函数，称为 $\operatorname{Ln} z$ 的一个分支.

(3) $\operatorname{Ln} z$ 是 $\ln x$ 的推广. 当变量 z 为正实数时，$\ln z$ 即为实变量对数函数 $\ln x$；当变量 z 为负实数时，$\ln z=\ln|x|+\mathrm{i}\pi$.无论 x 为正实数还是负实数 $\operatorname{Ln} x$ 都有意义，其结果是多值的，按式(2.3.2)计算.

(4) 复变量对数函数 $\operatorname{Ln} z$ 的定义域为 $\{z|z\neq0\}$.

定理 2.3.2　对数函数具有以下主要性质.

(i) 解析性：对数函数的主值 $\ln z$ 在除原点及负实轴的复平面内解析，且

$$(\ln z)'=\frac{1}{z}.$$

(ii) 对于任意的 $z_1,z_2\neq0$，有

$$\operatorname{Ln}(z_1z_2)=\operatorname{Ln} z_1+\operatorname{Ln} z_2, \quad \operatorname{Ln}\frac{z_1}{z_2}=\operatorname{Ln} z_1-\operatorname{Ln} z_2.$$

证明　(i) 因为

$$\ln z=\ln|z|+\mathrm{i}\arg z \quad (-\pi<\arg z\leqslant\pi),$$

$\ln z$ 的实部在除原点外的复平面上连续；其虚部 $\arg z\in(-\pi,\pi]$ 在原点与负实轴上不连续.

令 $|z|=r$, $\arg z=\theta \quad (r>0,-\pi<\theta<\pi)$，则 $\ln z=\ln r+\mathrm{i}\theta$. 于是 $u(r,\theta)=\ln r$ 及 $v(r,\theta)=\theta$ 都在点 (r,θ) 可微，且满足极坐标形式下的 C.-R.方程

$$\frac{\partial u}{\partial r}=\frac{1}{r}\frac{\partial v}{\partial\theta}, \quad \frac{\partial v}{\partial r}=-\frac{1}{r}\frac{\partial u}{\partial\theta},$$

且有

$$f'(z)=(\cos\theta-\mathrm{i}\sin\theta)\left(\frac{\partial u}{\partial r}+\mathrm{i}\frac{\partial v}{\partial r}\right)$$
$$=(\cos\theta-\mathrm{i}\sin\theta)\left(\frac{1}{r}-0\right)$$
$$=\frac{\cos\theta-\mathrm{i}\sin\theta}{r}$$
$$=\frac{1}{r(\cos\theta+\mathrm{i}\sin\theta)}=\frac{1}{z},$$

所以 $\ln z$ 在除原点及负实轴的复平面内解析. 又由于 $\mathrm{Ln}\, z=\ln z+2k\pi\mathrm{i}$ (k 为整数), 因此 $\mathrm{Ln}\, z$ 的各分支在除原点及负实轴的复平面内解析, 且有相同的导数值,

$$(\mathrm{Ln}\, z)'=\frac{1}{z}.$$

(ii) 对于任意的 $z_1,z_2\neq 0$, 有

$$\mathrm{Ln}(z_1z_2)=\ln|z_1z_2|+\mathrm{i}\mathrm{Arg}(z_1z_2)$$
$$=\ln|z_1|+\ln|z_2|+\mathrm{i}(\mathrm{Arg}\, z_1+\mathrm{Arg}\, z_2)$$
$$=(\ln|z_1|+\mathrm{i}\mathrm{Arg}\, z_1)+(\ln|z_2|+\mathrm{i}\mathrm{Arg}\, z_2)=\mathrm{Ln}\, z_1+\mathrm{Ln}\, z_2,$$

$$\mathrm{Ln}\frac{z_1}{z_2}=\ln\left|\frac{z_1}{z_2}\right|+\mathrm{i}\mathrm{Arg}\left(\frac{z_1}{z_2}\right)$$
$$=\ln|z_1|-\ln|z_2|+\mathrm{i}(\mathrm{Arg}\, z_1-\mathrm{Arg}\, z_2)$$
$$=(\ln|z_1|+\mathrm{i}\mathrm{Arg}\, z_1)-(\ln|z_2|+\mathrm{i}\mathrm{Arg}\, z_2)=\mathrm{Ln}\, z_1-\mathrm{Ln}\, z_2.$$

说明 等式应该理解为集合意义下相等,即对于左端的多值函数任意取定一值, 一定有右端的两个多值函数独立地各取一值, 使其和(或差)与该值相对应.

例 2.3.3 求 $\mathrm{Ln}2,\mathrm{Ln}(-1),\mathrm{Ln}(1+\mathrm{i})$ 及与它们相应的主值.

解 $\mathrm{Ln}z=\ln|z|+\mathrm{i}\mathrm{Arg}z=\ln|z|+\mathrm{i}(\arg z+2k\pi)$.

(1) $\mathrm{Ln}2=\ln|2|+\mathrm{i}(\arg 2+2k\pi)=\ln 2+\mathrm{i}(0+2k\pi)=\ln 2+2k\pi\mathrm{i}$ (k 为整数);

其主值是 $\ln 2=\ln|2|+\mathrm{i}\cdot\arg 2=\ln 2$.

(2) $\mathrm{Ln}(-1)=\ln|-1|+\mathrm{i}\arg(-1)+2k\pi\mathrm{i}=0+\mathrm{i}\pi+2k\pi\mathrm{i}=(2k+1)\pi\mathrm{i}$ (k 为整数);

其主值是 $\ln(-1)=\ln|-1|+\mathrm{i}\cdot\arg(-1)=0+\mathrm{i}\cdot\pi=\pi\mathrm{i}$.

(3) $\mathrm{Ln}(1+\mathrm{i})=\ln|1+\mathrm{i}|+\mathrm{i}\arg(1+\mathrm{i})+2k\pi\mathrm{i}=\ln\sqrt{2}+\mathrm{i}\cdot\frac{\pi}{4}+2k\pi\mathrm{i}$

$$=\frac{1}{2}\ln 2+\left(2k+\frac{1}{4}\right)\pi\mathrm{i}\quad (k\text{ 为整数});$$

其主值是 $\ln(1+\mathrm{i})=\ln|1+\mathrm{i}|+\mathrm{i}\cdot\arg(1+\mathrm{i})=\dfrac{1}{2}\ln 2+\dfrac{\pi}{4}\mathrm{i}$.

注意　对于对数函数的主值，下列式子不一定成立.

$$\ln(z_1z_2)=\ln z_1+\ln z_2;\quad \ln\frac{z_1}{z_2}=\ln z_1-\ln z_2.$$

$$\ln\left(z^n\right)=n\ln z;\quad \ln\left(\sqrt[n]{z}\right)=\frac{1}{n}\ln z.$$

例如，取 $z_1=1$，$z_2=-1$，则

$$\begin{aligned}
&\ln z_1=\ln 1=\ln|1|+\mathrm{i}\arg 1=0+\mathrm{i}\cdot 0=0,\\
&\ln z_2=\ln(-1)=\ln|-1|+\mathrm{i}\arg(-1)=0+\mathrm{i}\cdot\pi=\pi\mathrm{i},\\
&\ln z_1-\ln z_2=0-\pi\mathrm{i}=-\pi\mathrm{i},\\
&\ln\frac{z_1}{z_2}=\ln\frac{1}{-1}=\ln(-1)=\pi\mathrm{i},
\end{aligned}$$

所以

$$\ln\frac{z_1}{z_2}\neq\ln z_1-\ln z_2.$$

另外，$\ln(-1)^2=\ln 1\neq 2\ln(-1)$.

2.3.3　幂函数

在实微积分中，我们知道，如果 a 为正数，b 为实数，那么乘幂 a^b 可以表示为 $a^b=\mathrm{e}^{b\ln a}$. 现在将它推广到复数的情形.

定义 2.3.3　设 α 是复常数，函数 $\omega=z^\alpha\ (z\neq 0)$ 定义为

$$\omega=z^\alpha=\mathrm{e}^{\alpha\mathrm{Ln}z},\tag{2.3.3}$$

称为复数 z 的**幂函数**.

注意　由于 Lnz 是多值函数，因此 $\omega=z^\alpha$ 一般也是多值函数，即

$$\omega=z^\alpha=\mathrm{e}^{\alpha\mathrm{Ln}z}=\mathrm{e}^{\alpha\left[\ln|z|+\mathrm{i}(\arg z+2k\pi)\right]}=\mathrm{e}^{\alpha\ln z}\cdot\mathrm{e}^{2k\pi\alpha\mathrm{i}}\quad(k\text{ 为整数}).$$

定理 2.3.3　幂函数具有以下主要性质:

(1) 当 α 是整数时，$\omega=z^\alpha$ 是单值函数.

当 α 是正整数时，z^α 在整个复平面上解析，且 $(z^\alpha)'=\alpha z^{\alpha-1}$；

当 α 是负整数时，z^α 在除原点外的复平面上解析，且 $(z^\alpha)'=\alpha z^{\alpha-1}$.

(2) 当 $\alpha=\dfrac{m}{n}$ 是有理数(其中 $\dfrac{m}{n}$ 为既约分数)时，$\omega=z^\alpha$ 是 n 值函数，各个分支在除原点及负实轴的复平面上解析.

(3) 当 α 是无理数或复数时，z^α 是无穷多值的，各个分支在除原点及负实轴的复平面上解析.

证明 (1) 设 α 是整数，则 $e^{2k\pi\alpha i}=1$.

$$\omega=z^\alpha=e^{\alpha\mathrm{Ln}z}=e^{\alpha\ln z}e^{2k\pi\alpha i}=e^{\alpha\ln z},$$

与整数 k 为无关，故 $\omega=z^\alpha$ 是单值函数.

当 $\alpha=n$ 是正整数时，函数 $\omega=z^n$ 在 z 平面上处处可微，且 $(z^n)'=nz^{n-1}$，即 $(z^\alpha)'=\alpha z^{\alpha-1}$.

当 $\alpha=-n$ 是负整数时，$\omega=z^{-n}=\dfrac{1}{z^n}$ 在 z 平面上除原点外处处可微，且 $(z^{-n})'=-nz^{-n-1}$，即 $(z^\alpha)'=\alpha z^{\alpha-1}$.

(2) 当 $\alpha=\dfrac{m}{n}$ 是有理数(其中 $\dfrac{m}{n}$ 为既约分数)时，

$$\omega=z^{\frac{m}{n}}=e^{\frac{m}{n}\mathrm{Ln}z}=e^{\frac{m}{n}(\ln z+2k\pi i)}=e^{\frac{m}{n}\ln z}\left(e^{2k\pi mi}\right)^{\frac{1}{n}}.$$

当 $k=0,1,2,\cdots,n-1$ 时，$\omega=z^\alpha$ 有 n 个不同的值.当 k 再取其他整数值时，将重复出现上述 n 个值之一. 故 $\omega=z^\alpha$ 是 n 值函数，有 n 个不同的分支. 由于 $\mathrm{Ln}\,z$ 的各个分支在除原点及负实轴的复平面上解析，所以 $\omega=z^\alpha$ 的各个分支在除原点及负实轴的复平面上解析.

特别地，当 $\alpha=\dfrac{1}{n}$，n 为正整数时，设 $z=re^{i\theta}$，

$$z^{\frac{1}{n}}=e^{\frac{1}{n}(\ln z+2k\pi i)}=e^{\frac{1}{n}\left[\ln|z|+i\arg z+2k\pi i\right]}=\sqrt[n]{|z|}e^{\frac{\arg z+2k\pi}{n}i}$$
$$=\sqrt[n]{r}\left[\cos\frac{\theta+2k\pi}{n}+i\sin\frac{2k\pi}{n}\right]=\sqrt[n]{z}.$$

这就是第 1 章中讨论过的复数 z 的 n 次方根.

(3) 当 α 是除去(1)和(2)所述的其他复数时，$e^{2k\pi\alpha i}$ 的所有的值各不相同，所以 z^α 是无穷多值的，并且 z^α 的各个分支在除原点及负实轴的复平面上解析.

例 2.3.4 求 $i^i,(-1)^{1+i}$ 和 $1^{\sqrt{2}}$ 的值.

解 (1) $i^i=e^{i\mathrm{Ln}i}=e^{i\left[\ln|i|+i(\arg i+2k\pi)\right]}=e^{-\left(\frac{\pi}{2}+2k\pi\right)}$ (k 为任意整数)；

(2) $(-1)^{1+i}=e^{(1+i)\mathrm{Ln}(-1)}=e^{(1+i)(\pi i+2k\pi i)}=e^{i(2k+1)\pi}e^{-(2k+1)\pi}=-e^{-(1+2k)\pi}$ ($k\in\mathbf{Z}$)；

(3) $1^{\sqrt{2}}=e^{\sqrt{2}\mathrm{Ln}1}=e^{\sqrt{2}\left[\ln 1+i\arg 1+2k\pi i\right]}=e^{2\sqrt{2}k\pi i}$ ($k\in\mathbf{Z}$).

2.3.4　三角函数

由欧拉公式, 有

$$\mathrm{e}^{\mathrm{i}y}=\cos y+\mathrm{i}\sin y,\quad \mathrm{e}^{-\mathrm{i}y}=\cos y-\mathrm{i}\sin y,$$

两式相减与相加, 分别得到

$$\sin y=\frac{\mathrm{e}^{\mathrm{i}y}-\mathrm{e}^{-\mathrm{i}y}}{2\mathrm{i}},\quad \cos y=\frac{\mathrm{e}^{\mathrm{i}y}+\mathrm{e}^{-\mathrm{i}y}}{2},$$

对于任意的实数 y 成立. 用任意复数 z 代替式中的 y 后, 于是给出如下的定义.

定义 2.3.4　定义

$$\sin z=\frac{\mathrm{e}^{\mathrm{i}z}-\mathrm{e}^{-\mathrm{i}z}}{2\mathrm{i}},\quad \cos z=\frac{\mathrm{e}^{\mathrm{i}z}+\mathrm{e}^{-\mathrm{i}z}}{2},\tag{2.3.4}$$

分别称为复数 z 的**正弦函数**与**余弦函数**.

说明　对于复数 z, 欧拉公式仍然成立, 即 $\mathrm{e}^{\mathrm{i}z}=\cos z+\mathrm{i}\sin z$.

例 2.3.5　求 $\sin(2-3\mathrm{i})$.

解　*方法一*　由定义

$$\begin{aligned}\sin(2-3\mathrm{i})&=\frac{\mathrm{e}^{\mathrm{i}(2-3\mathrm{i})}-\mathrm{e}^{-\mathrm{i}(2-3\mathrm{i})}}{2\mathrm{i}}=\frac{\mathrm{e}^{3+2\mathrm{i}}-\mathrm{e}^{-3-2\mathrm{i}}}{2\mathrm{i}}\\&=\frac{\mathrm{e}^{3}(\cos 2+\mathrm{i}\sin 2)-\mathrm{e}^{-3}(\cos 2-\mathrm{i}\sin 2)}{2\mathrm{i}}\\&=\frac{\left(\mathrm{e}^{3}-\mathrm{e}^{-3}\right)\cos 2+\mathrm{i}\left(\mathrm{e}^{3}+\mathrm{e}^{-3}\right)\sin 2}{2\mathrm{i}}\\&=\frac{\mathrm{e}^{3}+\mathrm{e}^{-3}}{2}\sin 2-\mathrm{i}\frac{\mathrm{e}^{3}-\mathrm{e}^{-3}}{2}\cos 2\\&=\operatorname{ch}3\cdot\sin 2-\mathrm{i}\cdot\operatorname{sh}3\cdot\cos 2.\end{aligned}$$

方法二　由公式

$$\sin(x+\mathrm{i}y)=\sin x\cdot\cos\mathrm{i}y+\cos x\cdot\sin\mathrm{i}y=\sin x\cdot\operatorname{ch}y+\mathrm{i}\cos x\cdot\operatorname{sh}y.$$

方法二中用到了三角函数的运算和关系公式.

定理 2.3.4　正弦函数、余弦函数具有以下主要性质:

(1) $\sin z$ 为奇函数, $\cos z$ 为偶函数.

(2) 周期性: $\sin z,\cos z$ 均以 2π 为基本周期, 即

$$\sin(z+2\pi)=\sin z,\quad \cos(z+2\pi)=\cos z.$$

(3) 对于任意的 z_1,z_2, 有

$$\begin{cases}\sin(z_1 \pm z_2) = \sin z_1 \cdot \cos z_2 \pm \cos z_1 \cdot \sin z_2, \\ \cos(z_1 \pm z_2) = \cos z_1 \cdot \cos z_2 \mp \sin z_1 \cdot \sin z_2.\end{cases}$$

(4) 当 z 取实数 x 时，$\sin z, \cos z$ 即为实三角函数 $\sin x, \cos x$；当 z 取纯虚数 $\mathrm{i}y$ 时，有 $\sin \mathrm{i}y = \mathrm{i} \cdot \operatorname{sh} y$，$\cos \mathrm{i}y = \operatorname{ch} y$.

(5) 在复数域内 $\sin z$，$\cos z$ 无界. $\sin^2 z + \cos^2 z = 1$ 仍成立，但 $|\sin z| \leqslant 1$，$|\cos z| \leqslant 1$ 在复数域内不再成立.

(6) 解析性：$\sin z, \cos z$ 在整个复平面上处处解析，且

$$(\sin z)' = \cos z; \quad (\cos z)' = -\sin z.$$

注 $\sin z$，$\cos z$ 虽然保持了与其对应的实三角函数的一些基本性质，但由于复数的特点，$\sin^2 z \geqslant 0$，$|\sin z| \leqslant 1$，$|\cos z| \leqslant 1$ 在复数域内不再成立.

例 2.3.6 解方程 $\sin(\mathrm{i}z) = \mathrm{i}$.

解 由定义，有

$$\sin(\mathrm{i}z) = \frac{\mathrm{e}^{\mathrm{i}(\mathrm{i}z)} - \mathrm{e}^{-\mathrm{i}(\mathrm{i}z)}}{2\mathrm{i}} = \frac{\mathrm{e}^{-z} - \mathrm{e}^{z}}{2\mathrm{i}} = \frac{\mathrm{e}^{z} - \mathrm{e}^{-z}}{2}\mathrm{i},$$

原方程即化为

$$\frac{\mathrm{e}^{z} - \mathrm{e}^{-z}}{2}\mathrm{i} = \mathrm{i} \Rightarrow \mathrm{e}^{z} - \mathrm{e}^{-z} - 2 = 0,$$

化简，得

$$\mathrm{e}^{2z} - 2\mathrm{e}^{z} - 1 = 0,$$

解方程可得

$$\mathrm{e}^{z} = 1 \pm \sqrt{2},$$

所以有

$$z_1 = \mathrm{Ln}(1+\sqrt{2}) = \ln|1+\sqrt{2}| + 2k\pi\mathrm{i},$$
$$z_2 = \mathrm{Ln}(1-\sqrt{2}) = \ln|1-\sqrt{2}| + (\pi + 2k\pi)\mathrm{i} \quad (k \text{ 为任意整数}).$$

例 2.3.7 证明：$\sin z$ 的所有零点为 $z = k\pi$（k 为整数).

证明 考虑方程 $\sin z = 0$ 的根.

$$\sin z = 0 \Leftrightarrow \frac{\mathrm{e}^{\mathrm{i}z} - \mathrm{e}^{-\mathrm{i}z}}{2\mathrm{i}} = 0 \quad \Rightarrow \mathrm{e}^{2\mathrm{i}z} = 1.$$

设 $z = a + \mathrm{i}b$，有 $\mathrm{e}^{2\mathrm{i}(a+\mathrm{i}b)} = 0$，即

$$\mathrm{e}^{2\mathrm{i}a} \cdot \mathrm{e}^{-2b} = 1 = \mathrm{e}^{2k\pi\mathrm{i}},$$

所以

$$\begin{cases} e^{-2b}=1, \\ 2ia=2k\pi i \end{cases} \Rightarrow a=k\pi, b=0 \Rightarrow z=a+bi=k\pi \quad (k \text{ 为整数}).$$

于是证明了 $\sin z$ 的所有零点为 $z=k\pi$.

同理可证 $\cos z$ 的所有零点为 $z=k\pi+\dfrac{\pi}{2}$ (k 为整数).

定义 2.3.5　规定

$$\tan z=\frac{\sin z}{\cos z}, \quad \cot z=\frac{\cos z}{\sin z}, \quad \sec z=\frac{1}{\cos z}, \quad \csc z=\frac{1}{\sin z},$$

并分别称为复数 z 的正切函数、余切函数、正割函数与余割函数.

说明　(1) 上述四个三角函数均在分母不为零的点处解析, 且有

$$(\tan z)'=\sec^2 z, \quad (\cot z)'=-\csc^2 z,$$

$$(\sec z)'=\sec z\cdot\tan z, \quad (\csc z)'=-\csc z\cdot\cot z.$$

(2) $\tan z, \cot z$ 的基本周期为 π ; $\sec z, \csc z$ 的基本周期为 2π .

例 2.3.8　证明: 若对于任意的复数 z , 有 $\tan(z+\omega)=\tan z$, 则必有 $\omega=k\pi$ (k 为整数).

证明　$$\tan z=\frac{\sin z}{\cos z}=\frac{e^{iz}-e^{-iz}}{2i}\Big/\frac{e^{iz}+e^{-iz}}{2}=\frac{e^{iz}-e^{-iz}}{i\left(e^{iz}+e^{-iz}\right)}=\frac{e^{2iz}-1}{i\left(e^{2iz}+1\right)},$$

$$\tan(z+\omega)=\frac{e^{2iz+2i\omega}-1}{i\left(e^{2iz+2i\omega}+1\right)},$$

$$\tan(z+\omega)=\tan z \Rightarrow e^{2iz}(e^{2i\omega}-1)=0,$$

对任意复数 z 都成立. 故有

$$e^{2i\omega}=1=e^{2k\pi i} \Rightarrow 2i\omega=2k\pi i,$$

故必有

$$\omega=k\pi \quad (k \text{ 为整数}).$$

2.3.5　反三角函数

反三角函数定义为三角函数的反函数. 由于三角函数可由指数函数表示, 而指数函数的反函数是对数函数, 所以反三角函数可用对数函数来表示.

定义 2.3.6　对于复数 z , 把满足方程 $\cos w=z$ 的函数 $w=f(z)$ 称为复数 z 的**反余弦函数**, 记作

$$w = \operatorname{Arccos} z .$$

下面给出反余弦函数的具体表达式.

由 $\cos w = z \Leftrightarrow \dfrac{e^{iw}+e^{-iw}}{2} = z$ 可得

$$e^{2iw} - 2ze^{iw} + 1 = 0 ,$$

解关于 e^{iw} 的二次方程, 得

$$e^{iw} = z + \sqrt{z^2-1} ,$$

其中 $\sqrt{z^2-1}$ 应理解为双值函数, 两端取对数, 得

$$w = -i\operatorname{Ln}(z + \sqrt{z^2-1}) ,$$

即

$$\operatorname{Arccos} z = -i\operatorname{Ln}(z + \sqrt{z^2-1}) . \tag{2.3.5}$$

$\operatorname{Arccos} z$ 是一个多值函数, 它的多值性正是 $\cos w = z$ 周期性的反映.

用完全类似的方法, 可以定义反正弦函数:

$$\operatorname{Arcsin} z = -i\operatorname{Ln}(iz + \sqrt{1-z^2}) , \tag{2.3.6}$$

例 2.3.9 求 $\operatorname{Arcsin} i$.

解
$$\begin{aligned}\operatorname{Arcsin} i &= -i\operatorname{Ln}\left(i\cdot i + \sqrt{1-(i)^2}\right)\\ &= -i\operatorname{Ln}\left(-1 \pm \sqrt{2}\right)\\ &= \begin{cases} -i\left[\ln\left|\left(-1+\sqrt{2}\right)\right| + 2k\pi i\right], \\ -i\left[\ln\left|\left(-1-\sqrt{2}\right)\right| + \pi i + 2k\pi i\right] \end{cases}\\ &= \begin{cases} 2k\pi - i\ln\left(\sqrt{2}-1\right), \\ (2k+1)\pi - i\ln\left(\sqrt{2}+1\right) \end{cases} \quad (k \text{ 为整数}).\end{aligned}$$

注 反三角函数的多值性来自根式函数和对数函数的多值性.

2.3.6 双曲函数与反双曲函数

1. 双曲函数

与三角函数密切相关的还有下面将要定义的四种双曲函数.

定义 2.3.7 由关系式

$$\operatorname{sh} z=\frac{\mathrm{e}^{z}-\mathrm{e}^{-z}}{2},\quad \operatorname{ch} z=\frac{\mathrm{e}^{z}+\mathrm{e}^{-z}}{2},\quad \operatorname{th} z=\frac{\operatorname{sh} z}{\operatorname{ch} z},\quad \operatorname{coth} z=\frac{\operatorname{ch} z}{\operatorname{sh} z} \tag{2.3.7}$$

确定的函数，分别称为复数 z 的**双曲正弦**、**双曲余弦**、**双曲正切**和**双曲余切函数**.

当 z 为实数 x 时，与实双曲函数一致. 双曲函数与三角函数有某些相似性质，下面以双曲正弦和双曲余弦为例说明.

双曲正余弦函数性质　(1) $\operatorname{sh} z$ 为奇函数，$\operatorname{ch} z$ 为偶函数.

(2) $\operatorname{sh} z$ 与 $\operatorname{ch} z$ 都是以 $2\pi\mathrm{i}$ 为基本周期的周期函数.

(3) 双曲函数与三角函数有如下的关系:

$$\operatorname{sh} z=-\mathrm{i}\sin \mathrm{i}z,\qquad \operatorname{ch} z=\cos \mathrm{i}z,$$
$$\sin z=-\mathrm{i}\operatorname{sh} \mathrm{i}z,\qquad \cos z=\operatorname{ch} \mathrm{i}z.$$

(4) 在复平面上下列等式仍恒成立:

$$\operatorname{ch}^2 z-\operatorname{sh}^2 z=1,\quad \operatorname{sh}^2 z+\operatorname{ch}^2 z=\operatorname{ch}2z$$
$$\operatorname{sh}(z_1+z_2)=\operatorname{sh} z_1\operatorname{ch} z_2+\operatorname{ch} z_1\operatorname{sh} z_2,$$
$$\operatorname{ch}(z_1+z_2)=\operatorname{ch} z_1\operatorname{ch} z_2+\operatorname{sh} z_1\operatorname{sh} z_2.$$

(5) 双曲函数 $\operatorname{sh} z$ 与 $\operatorname{ch} z$ 在复平面内单值解析，且有

$$(\operatorname{ch} z)'=\operatorname{sh} z,\quad (\operatorname{sh} z)'=\operatorname{ch} z.$$

证明　性质(1)和(2)显然，下面对性质(3)~(5)给出证明.

(3) 由于

$$\sin \mathrm{i}z=\frac{\mathrm{e}^{\mathrm{i}(\mathrm{i}z)}-\mathrm{e}^{-\mathrm{i}(\mathrm{i}z)}}{2\mathrm{i}}=\frac{1}{\mathrm{i}}\frac{\mathrm{e}^{-z}-\mathrm{e}^{z}}{2}=\mathrm{i}\operatorname{sh} z,$$

故

$$\operatorname{sh} z=\frac{1}{\mathrm{i}}\sin \mathrm{i}z=-\mathrm{i}\sin \mathrm{i}z,$$

同理

$$\cos \mathrm{i}z=\frac{\mathrm{e}^{\mathrm{i}(\mathrm{i}z)}+\mathrm{e}^{-\mathrm{i}(\mathrm{i}z)}}{2}=\frac{\mathrm{e}^{-z}+\mathrm{e}^{z}}{2}=\operatorname{ch} z,\quad \text{即}\quad \operatorname{ch} z=\cos \mathrm{i}z.$$

$$\operatorname{sh} \mathrm{i}z=\frac{\mathrm{e}^{\mathrm{i}z}-\mathrm{e}^{-\mathrm{i}z}}{2}=\mathrm{i}\cdot\left[\frac{\mathrm{e}^{\mathrm{i}z}-\mathrm{e}^{-\mathrm{i}z}}{2\mathrm{i}}\right]=\mathrm{i}\sin z,$$

$$\operatorname{ch} \mathrm{i}z=\frac{\mathrm{e}^{\mathrm{i}z}+\mathrm{e}^{-\mathrm{i}z}}{2}=\cos z.$$

(4) $$\mathrm{ch}^2 z-\mathrm{sh}^2 z=\left(\frac{\mathrm{e}^z+\mathrm{e}^{-z}}{2}\right)^2-\left(\frac{\mathrm{e}^z-\mathrm{e}^{-z}}{2}\right)^2$$

$$=\frac{\mathrm{e}^{2z}+\mathrm{e}^{-2z}+2}{4}-\frac{\mathrm{e}^{2z}+\mathrm{e}^{-2z}-2}{4}=1,$$

$$\mathrm{sh}^2 z+\mathrm{ch}^2 z=\left(\frac{\mathrm{e}^z-\mathrm{e}^{-z}}{2}\right)^2+\left(\frac{\mathrm{e}^z+\mathrm{e}^{-z}}{2}\right)^2$$

$$=\frac{\mathrm{e}^{2z}+\mathrm{e}^{-2z}-2}{4}+\frac{\mathrm{e}^{2z}+\mathrm{e}^{-2z}+2}{4}$$

$$=\frac{\mathrm{e}^{2z}+\mathrm{e}^{-2z}}{2}=\mathrm{ch}2z,$$

$$\mathrm{sh}\, z_1\mathrm{ch}\, z_2+\mathrm{ch}\, z_1\mathrm{sh}\, z_2=\frac{\mathrm{e}^{z_1}-\mathrm{e}^{-z_1}}{2}\cdot\frac{\mathrm{e}^{z_2}+\mathrm{e}^{-z_2}}{2}+\frac{\mathrm{e}^{z_1}+\mathrm{e}^{-z_1}}{2}\cdot\frac{\mathrm{e}^{z_2}-\mathrm{e}^{-z_2}}{2}$$

$$=\frac{\mathrm{e}^{z_1+z_2}+\mathrm{e}^{z_1-z_2}-\mathrm{e}^{z_2-z_1}-\mathrm{e}^{-z_1-z_2}}{4}+\frac{\mathrm{e}^{z_1+z_2}-\mathrm{e}^{z_1-z_2}+\mathrm{e}^{z_2-z_1}-\mathrm{e}^{-z_1-z_2}}{4}$$

$$=\frac{\mathrm{e}^{z_1+z_2}-\mathrm{e}^{-z_1-z_2}}{2}=\mathrm{sh}(z_1+z_2).$$

类似可证 $\mathrm{ch}(z_1+z_2)=\mathrm{ch}\, z_1\mathrm{ch}\, z_2+\mathrm{sh}\, z_1\mathrm{sh}\, z_2$.

(5) 由于 e^z 和 e^{-z} 均在整个复平面上处处解析，故 $\mathrm{sh}\, z=\dfrac{\mathrm{e}^z-\mathrm{e}^{-z}}{2}$ 也在整个复平面上处处解析，且

$$(\mathrm{sh}\, z)'=\frac{(\mathrm{e}^z)'-(\mathrm{e}^{-z})'}{2}=\frac{\mathrm{e}^z+\mathrm{e}^{-z}}{2}=\mathrm{ch}\, z,$$

$$(\mathrm{ch}\, z)'=\frac{(\mathrm{e}^z)'+(\mathrm{e}^{-z})'}{2}=\frac{\mathrm{e}^z-\mathrm{e}^{-z}}{2}=\mathrm{sh}\, z.$$

此外，可证明 $\mathrm{sh}\, z=0$ 的根为 $z=k\pi\mathrm{i}$； $\mathrm{ch}\, z=0$ 的根为 $z=k\pi\mathrm{i}+\dfrac{1}{2}\pi\mathrm{i}$ (k 为整数).

2. 反双曲函数

反双曲函数定义为双曲函数的反函数，与求反三角函数类似，可以得到

反双曲正弦函数 $\mathrm{Arsh}\, z=\mathrm{Ln}\left(z+\sqrt{z^2+1}\right)$;

反双曲余弦函数 $\mathrm{Arch}\, z=\mathrm{Ln}\left(z+\sqrt{z^2-1}\right)$;

反双曲正切函数 $\text{Arth}\, z = \dfrac{1}{2}\text{Ln}\dfrac{1+z}{1-z}$;

反双曲余切函数 $\text{Arcoth}\, z = \dfrac{1}{2}\text{Ln}\dfrac{1+z}{z-1}$.

2.3.7* 初等多值函数的解析性

前面介绍的根式函数与对数函数, 一般幂指数函数和反三角函数具有多值性, 在复数域中对于多值函数的研究具有特殊的重要意义. 主要方法是采用限制辐角或割破平面的方法, 来分出单值解析分支, 下面只对根式变换作初步介绍.

定义 2.3.8 设函数 $f(z)$ 在区域 D 内有定义, 且对 D 内任意两个不同的点 z_1 及 z_2, 都有 $f(z_1) \neq f(z_2)$, 则称函数 $f(z)$ 在区域 D 内是单叶的, 并且称 D 为 $f(z)$ 的**单叶性区域**.

区域 D 到区域 G 单叶满变换 $w = f(z)$ 就是 D 到 G 的一一变换.

根式函数 $w = \sqrt[n]{z}$ 单值解析分支 前面已经讲过, 函数 $z = w^n$ 在 w 平面上单值解析, 它把扩充 w 平面变成扩充 z 平面, 且 $z = 0, \infty$ 分别对应于 $w = 0, \infty$. 由

$$w = \sqrt[n]{z} = \sqrt[n]{|z|}\left(\cos\frac{\arg z + 2k\pi}{n} + \mathrm{i}\sin\frac{\arg z + 2k\pi}{n}\right) \quad (k = 0, 1, \cdots, n-1)$$

知道, 每一个不为零或 ∞ 的 z, 在 w 平面上有 n 个像.

函数 $w = \sqrt[n]{z}$ 出现多值性的原因是 z 确定后, 其辐角并不唯一确定(可以相差 2π 的整数倍). 在 z 平面上从原点 O 到点 ∞ 任意引一条射线 (或一条无界简单曲线), 将 z 平面割破, 割线通常取从原点起沿负实轴, 割破了的 z 平面构成了一个以此割线为边界的区域, 记为 G.

在 G 内任意指定一点 z_0, 曲线 C 是 G 内过点 z_0 的任意一条简单闭曲线, 即 C 不穿过负实轴, 它的内部不包含原点. 则当 z 从 z_0 起绕 C 一周时, z 的像点 $w_k = \left(\sqrt[n]{z}\right)_k$ 各画出一条闭曲线 Γ_k, 由于 Γ_k 内部也不包含原点, w_k 辐角不产生增减, 回到起始值. 因此在区域 G 内可以得到 $\sqrt[n]{z}$ 的 n 个单值连续分支函数, w_k 是 $\sqrt[n]{z}$ 的第 k 个分支函数, 可证明这 n 个单值连续分支函数都是解析函数, 并有

$$\frac{\mathrm{d}}{\mathrm{d}z}\left(\sqrt[n]{z}\right) = \frac{1}{n}\cdot\frac{\left(\sqrt[n]{z}\right)_k}{z} \quad (z \in G) \quad (k = 0, 1, \cdots, n-1). \tag{2.3.8}$$

本 章 小 结

1. 常见的求导公式和求导法则:

(1) $(c)' = 0$;

(2) $(z^n)' = nz^{n-1}$;

(3) $[f(z) \pm g(z)]' = f'(z) \pm g'(z)$, $[f(z)g(z)]' = f'(z)g(z) + f(z)g'(z)$,

$$\left[\frac{f(z)}{g(z)}\right]' = \frac{f'(z)g(z) - f(z)g'(z)}{g^2(z)} \quad (g(z) \neq 0);$$

(4) $\{f[g(z)]\}' = f'(w)g'(z)$，其中 $w = g(z)$；

(5) $f'(z) = \dfrac{1}{\varphi'(w)}$，其中 $w = f(z)$ 与 $z = \varphi(w)$ 互为反函数，且 $\varphi'(w) \neq 0$.

2. C.-R.方程: $\dfrac{\partial u}{\partial x} = \dfrac{\partial v}{\partial y}$, $\dfrac{\partial u}{\partial y} = -\dfrac{\partial v}{\partial x}$.

极坐标形式: $\dfrac{\partial u}{\partial r} = \dfrac{1}{r}\dfrac{\partial v}{\partial \theta}$, $\dfrac{\partial v}{\partial r} = -\dfrac{1}{r}\dfrac{\partial u}{\partial \theta}$.

3. 解析函数计算导数公式: $f'(z) = \dfrac{\partial u}{\partial x} + \mathrm{i}\dfrac{\partial v}{\partial x}$.

极坐标下 $f(z)$ 的导数: $f'(z) = (\cos\theta - \mathrm{i}\sin\theta)\left(\dfrac{\partial u}{\partial r} + \mathrm{i}\dfrac{\partial v}{\partial r}\right)$.

4. 设 $f(z) = u(x,y) + \mathrm{i}v(x,y)$，$z = x + \mathrm{i}y$，则

$f(z)$ 在点 z 解析 $\Rightarrow$ $f(z)$ 在点 z 可导 $\Rightarrow$ $f(z)$ 在点 z 连续;

$f(z)$ 在点 z 可导 $\Leftrightarrow$ $u(x,y)$ 和 $v(x,y)$ 在点 (x,y) 可微，且满足 C.-R.方程.

思 考 题

1. z 满足什么条件时，e^z 为实数？z 满足什么条件时，e^z 为纯虚数？
2. $\ln(z_1 z_2) = \ln(z_1) + \ln(z_2)$ 成立吗？在什么条件下成立？

习 题 2

1. 选择题

(1) 函数 $f(z)$ 在点 z 可导是 $f(z)$ 在点 z 解析的 ( ).

A. 充分不必要条件　　B. 必要不充分条件

C. 充分必要条件　　D. 既非充分条件也非必要条件

(2) 函数 $f(z) = 3|z|^2$ 在点 $z = 0$ 处是 ( ).

A. 可导但不解析　　B. 解析

C. 连续但不可导　　　　D. 不连续

(3) 下列函数中，为解析函数的是（　　）.

A. x^2-y^2-2xyi　　　　B. x^2+xyi

C. $2(x-1)y+i(y^2-x^2+2x)$　　　　D. x^3+iy^3

(4) 若函数 $f(z)=x^2+2xy-y^2+i(y^2+axy-x^2)$ 在复平面内处处解析，那么实常数 $a=$（　　）.

A. 0　　B. 1　　C. 2　　D. −2

(5) 设函数 $f(z)$ 在区域 D 内有定义，则下列命题中，正确的是（　　）.

A. 若 $|f(z)|$ 在 D 内是一常数，则 $f(z)$ 在 D 内是一常数

B. 若 $\mathrm{Re}(f(z))$ 在 D 内是一常数，则 $f(z)$ 在 D 内是一常数

C. 若 $\arg f(z)$ 在 D 内是一常数，则 $f(z)$ 在 D 内是一常数

D. 若 $f(z)$ 与 $\overline{f(z)}$ 在 D 内解析，则 $f(z)$ 在 D 内是一常数

(6) 设 $f(z)=\sin z$，则下列命题中，不正确的是（　　）.

A. $f(z)$ 是奇函数　　　　B. $f(z)$ 以 2π 为周期

C. $\sin^2 z+\cos^2 z=1$　　　　D. $|f(z)|\leqslant 1$

2. 填空题

(1) 设 $f(0)=1$，$f'(0)$ 存在，则 $\lim\limits_{z\to 0}\dfrac{f(z)-1}{2z}=$________.

(2) 函数 $f(z)=x^3+y^3+ix^2y^2$，导数存在的点集是__________，在导数存在的点 $f'(z)=$________.

(3) 设 $f(z)=\dfrac{1}{5}z^5-(1+i)z$，则方程 $f'(z)=0$ 的所有根为________.

(4) 复数 e^{3+4i} 的模长是________；辐角主值是________.

(5) $\mathrm{Im}\left[\ln(1-\sqrt{3}i)\right]=$________.

(6) 方程 $1-e^{-z}=0$ 的全部解为__________.

3. 断下列命题的真假，并说明理由.

(1) 若 $f(z)=u(x,y)+iv(x,y)$ 在点 $z_0=x_0+iy_0$ 可导，则 $u(x,y)$ 和 $v(x,y)$ 一定都在点 (x_0,y_0) 可导.

(2) 若 $u(x,y)$ 和 $v(x,y)$ 在点 (x_0,y_0) 可导，则 $f(z)=u(x,y)+iv(x,y)$ 一定在点 $z_0=x_0+iy_0$ 可导.

(3) 如果 $f'(z_0)$ 存在，那么 $f(z)$ 在 z_0 解析.

(4) 复变函数的实部和虚部在一点可导且该点导数满足柯西-黎曼方程，则对应的复变函数在该点解析.

(5) 若 $f(z)=u(x,y)+iv(x,y)$ 在区域 D 内解析,则 $g(z)=v(x,y)-iu(x,y)$ 一定也在区域 D 内解析.

(6) 若 z_0 是 $f(z)$ 的奇点，则 $f'(z_0)$ 不存在.

4. 试证下列函数在 z 平面上解析，并分别求出其导数.

(1) $f(z)=\cos x\,\mathrm{ch}\,y-i\sin x\,\mathrm{sh}\,y$；

(2) $f(z)=e^x(x\cos y-y\sin y)+ie^x(y\cos y+x\sin y)$.

5. 求实常数 a，b，c 使函数 $f(z)=ay^3+bx^2y+\mathrm{i}(x^3+cxy^2)$ 解析，并求其导函数.

6. 分析下列函数在何处可导，何处解析？

(1) $f(z)=(x^2-y^2-x)+\mathrm{i}(2xy-y^2)$；　(2) $f(z)=xy^2+\mathrm{i}x^2y$；

(3) $f(z)=x^2-y^2+\mathrm{i}2xy$；　(4) $f(z)=z\,\mathrm{Im}(z)-\mathrm{Re}(z)$；

(5) $f(z)=z^2\overline{z}$；　(6) $f(z)=\dfrac{x+y}{x^2+y^2}+\mathrm{i}\dfrac{x-y}{x^2+y^2}$；

(7) $f(z)=\sin z\ln(2z)+z^3-2$；　(8) $f(z)=\sin x\,\mathrm{ch}y+\mathrm{i}\cos x\,\mathrm{sh}y$.

7. 计算化简下列各式，并指出其主值.

(1) $\mathrm{Ln}(3-\sqrt{3}\mathrm{i})$；　(2) $\mathrm{Ln}(-1+\mathrm{i})^2$；

(3) i^{i}；　(4) $(1+\mathrm{i})^{1-\mathrm{i}}$.

8. 计算下列函数值:

(1) $\mathrm{e}^{3-\frac{\pi}{2}\mathrm{i}}$；　(2) $\cos(1+\mathrm{i})$；　(3) $\tan\mathrm{i}$；　(4) $\arcsin\dfrac{\mathrm{i}}{2}$.

9. 求解方程 $\sin z+\mathrm{i}\cos z=4\mathrm{i}$.

10. 设 $f(z)=u(x,y)+\mathrm{i}v(x,y)$，$z_0=x_0+\mathrm{i}y_0$，若函数 $f(z)$ 在点 z_0 处可导，证明：$u(x,y),v(x,y)$ 在点 (x_0,y_0) 处必连续.

11. 若 $f(z)$ 是解析函数，试证 $\overline{\mathrm{i}\overline{f(z)}}$ 也是解析函数.

12. 设 $f(z)=u+\mathrm{i}v$ 在区域 D 内解析，如果 $u+v$ 是实常数，证明 $f(z)$ 在 D 内是常函数.

13. 已知 $u-v=x^2-y^2$，试确定解析函数 $f(z)=u+\mathrm{i}v$.

14. 证明：$f(z)=\sqrt{|xy|}$ 的实部和虚部在 $z=0$ 偏导数存在且满足 C.-R.方程，但 $f(z)$ 在 $z=0$ 不可导. 此题结论与定理 2.2.1 是否矛盾？为什么？

15. 证明：$\sin\left(\dfrac{\pi}{2}-z\right)=\cos z$.

16. 证明：若对于任意的复数 z，有 $\sin(z+\omega)=\sin z$，则必有 $\omega=2k\pi$.

17. 证明：在复数域内余弦函数无界；且对 $\forall z=x+\mathrm{i}y$，有 $|\cos z|\geqslant|y|$.

Chapter

第3章 复变函数的积分

本章要点:

1. 复变函数积分的定义、可积的条件.
2. 复变函数积分与实积分的关系及复积分的计算.
3. 柯西定理、柯西公式、柯西高阶导数公式.
4. 应用柯西系列公式计算闭曲线积分.
5. 利用调和函数构造解析函数.

与高等数学中实函数研究内容平行, 微积分也是复变函数研究的核心问题. 微分内容在第 2 章已给出, 本章将对具有一定解析性的复变函数沿光滑曲线积分进行理论分析和应用, 尤其是针对闭曲线积分问题, 柯西定理和柯西公式不仅为计算复变函数的积分提供有效方法和工具, 而且深刻地描述了解析函数所具有的独特性质. 首先介绍复积分的概念、性质和计算方法; 然后重点讨论解析函数沿闭曲线积分的柯西积分定理、柯西积分公式和高阶导数公式; 最后利用导函数的解析性推出复解析函数与实调和函数的关系.

3.1 复变函数积分的定义和性质

3.1.1 复变函数积分的定义

定义 3.1.1 (有向曲线) 设 C 为平面上给定的一条光滑(或者按段光滑)曲线, 如果选定 C 的两个可能方向中的一个作为正方向, 那么就把 C 理解为带有方向的曲线, 称为有向曲线.

定义 3.1.2(复曲线积分) 设函数$f(z)$在区域D内有定义，C为D内以A为起点，B为终点的一条光滑有向曲线，在C上任取一系列分点$A=z_0$，z_1，$\cdots$，z_{n-1}，$z_n=B$把曲线C分为n段，在每一小段$\overparen{z_{k-1}z_k}$上任取一点ζ_k，如图 3.1.1 所示，作和式$\sum\limits_{k=1}^{n}f(\zeta_k)(z_k-z_{k-1})$，令$\Delta z_k=z_k-z_{k-1}$，$\lambda=\max\limits_{1\leqslant k\leqslant n}\{|\Delta z_k|\}$.如果$\lambda\to 0$时对任意的分割和任意取点，极限$\lim\limits_{\lambda\to 0}\sum\limits_{k=1}^{n}f(\zeta_k)\Delta z_k$都存在，则称函数$f(z)$沿曲线$C$可积，该极限值为函数$f(z)$沿曲线$C$从$A$到$B$的积分，记作$\int_C f(z)\mathrm{d}z$，即

$$\int_C f(z)\mathrm{d}z=\lim_{\lambda\to 0}\sum_{k=1}^{n}f(\zeta_k)\Delta z_k,$$

C称为积分路径.

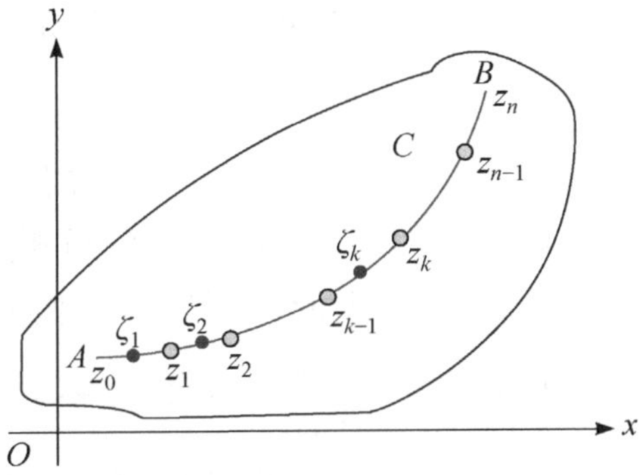

图 3.1.1

说明 (1) 分割具有任意性(分点个数n及分点z_k的选择都是任意的).

(2) ζ_k点的选取也具有任意性.

(3) $\lambda\to 0$是比$n\to\infty$更严格的极限过程.

(4) 复变函数的积分不仅与积分端点有关，还与积分路径和方向有关.

(5) 若C为简单闭曲线，则积分记为$\oint_C f(z)\mathrm{d}z$，也称围道积分. 不做特殊规定时，逆时针方向为闭曲线积分路径的正方向.

(6) 当曲线C是x轴上的区间$a\leqslant x\leqslant b$，而$f(z)=u(x)$时，这个积分定义就是一元实函数的定积分.

3.1.2 积分存在的条件

分析 设$\zeta_k=\xi_k+\mathrm{i}\eta_k$，$\Delta z_k=\Delta x_k+\mathrm{i}\Delta y_k$，有

$$\begin{aligned}\sum_{k=1}^{n}f(\zeta_k)\Delta z_k&=\sum_{k=1}^{n}[u(\xi_k,\eta_k)+\mathrm{i}v(\xi_k,\eta_k)](\Delta x_k+\mathrm{i}\Delta y_k)\\&=\sum_{k=1}^{n}[u(\xi_k,\eta_k)\Delta x_k-v(\xi_k,\eta_k)\Delta y_k]\\&\quad+\mathrm{i}\sum_{k=1}^{n}[v(\xi_k,\eta_k)\Delta x_k+u(\xi_k,\eta_k)\Delta y_k].\end{aligned}$$

若使左端和式极限存在，则需右端两个和式的极限都存在；反之，右端两个和式的

极限都存在, 则左端和式极限存在.

定理 3.1.1 (复变函数可积与实函数可积的关系)　复变函数 $f(z)=u(x,y)+\mathrm{i}v(x,y)$ 沿有向曲线 C 可积的充要条件是函数 $u(x,y)$ 和 $v(x,y)$ 沿曲线 C 可积. 且有

$$\int_C f(z)\mathrm{d}z=\int_C u\mathrm{d}x-v\mathrm{d}y+\mathrm{i}\int_C v\mathrm{d}x+u\mathrm{d}y\ . \tag{3.1.1}$$

证明　记 $\zeta_k=\xi_k+\mathrm{i}\eta_k$, $\Delta z_k=\Delta x_k+\mathrm{i}\Delta y_k$, 则

$$\begin{aligned}\sum_{k=1}^{n}f(\zeta_k)\Delta z_k&=\sum_{k=1}^{n}[u(\xi_k,\eta_k)\Delta x_k-v(\xi_k,\eta_k)\Delta y_k]\\&\quad+\mathrm{i}\sum_{k=1}^{n}\left[v(\xi_k,\eta_k)\Delta x_k+u(\xi_k,\eta_k)\Delta y_k\right].\end{aligned} \tag{3.1.2}$$

必要性　设 $f(z)$ 沿曲线 C 可积, 由复变函数积分的定义, 任取 n 个分点 $z_k(k=0,1,\cdots,n)$ 对曲线 C 做分割, 取点 $\zeta_k\in\widehat{z_{k-1}z_k}$, 当 n 无限增大且最长弧段长度 λ 趋于零时, 即 $\lim\limits_{\lambda\to0}\sum\limits_{k=1}^{n}f(\zeta_k)\Delta z_k$ 存在.

由(3.1.2)式及复变函数极限存在的等价定理, 得

$$\lim_{\lambda\to0}\sum_{k=1}^{n}[u(\xi_k,\eta_k)\Delta x_k-v(\xi_k,\ \eta_k)\Delta y_k],\quad \lim_{\lambda\to0}\sum_{k=1}^{n}\left[v(\xi_k,\eta_k)\Delta x_k+u(\xi_k,\eta_k)\Delta y_k\right]$$

存在, 再由实二元函数曲线积分定义, 得 $u(x,y)$ 和 $v(x,y)$ 沿曲线 C 可积.

充分性　设 $u(x,y)$ 和 $v(x,y)$ 沿曲线 C 的可积, 则由实二元函数曲线积分定义, 对曲线 C 进行任意分割, 任取点 $\zeta_k\in\widehat{z_{k-1}z_k}$, 当最大弧段长度 λ 趋于零时有

$$\lim_{\lambda\to0}\sum_{k=1}^{n}[u(\xi_k,\eta_k)\Delta x_k-v(\xi_k,\eta_k)\Delta y_k]=\int_C u\mathrm{d}x-v\mathrm{d}y\ ,$$

$$\lim_{\lambda\to0}\sum_{k=1}^{n}\left[v(\xi_k,\eta_k)\Delta x_k+u(\xi_k,\eta_k)\Delta y_k\right]=\int_C v\mathrm{d}x+u\mathrm{d}y\ ,$$

由(3.1.2)式得 $\lim\limits_{\lambda\to0}\sum\limits_{k=1}^{n}f(\zeta_k)\Delta z_k$ 存在, 所以 $f(z)$ 沿曲线 C 可积. 且有(3.1.1)成立, 即

$$\int_C f(z)\mathrm{d}z=\int_C u\mathrm{d}x-v\mathrm{d}y+\mathrm{i}\int_C v\mathrm{d}x+u\mathrm{d}y\,.$$

说明　(1) 可利用实部和虚部两个二元实函数的可积性判别复变函数的可积性;

(2) 复变函数积分的计算可转化成实函数的曲线积分计算或直接化为定积分;

(3) 若 $u(x,y)$ 及 $v(x,y)$ 为连续函数, 则 $f(z)=u(x,y)+\mathrm{i}v(x,y)$ 沿光滑曲线必可积.

定理 3.1.2 (可积的充分条件) 如果 $f(z)$ 为连续函数, 曲线 C 为光滑或按段光滑曲线, 则积分 $\int_C f(z)\mathrm{d}z$ 一定存在.

3.1.3 复变函数积分性质

设曲线 C 为光滑曲线, $f_1(z)$ 和 $f_2(z)$ 为 C 上可积函数, 则

(1) $\int_C \mathrm{d}z = z - z_0$, z_0 和 z 分别为曲线 C 的起点和终点.

(2) (线性性质) $\int_C [\alpha f_1(z) + \beta f_2(z)]\mathrm{d}z = \alpha\int_C f_1(z)\mathrm{d}z + \beta\int_C f_2(z)\mathrm{d}z$, α, β 为复常数.

(3) (积分路径可加性) $\int_C f(z)\mathrm{d}z = \int_{C_1} f(z)\mathrm{d}z + \int_{C_2} f(z)\mathrm{d}z$, 其中积分路径 C 由路径 C_1, C_2 顺序连接而成.

(4) $\int_{C^-} f(z)\mathrm{d}z = -\int_C f(z)\mathrm{d}z$, C^- 表示与 C 方向相反的同一曲线.

(5) (估值性质) $\left|\int_C f(z)\mathrm{d}z\right| \leqslant \int_C |f(z)|\mathrm{d}s \leqslant M \cdot L$, 其中 M 为 $|f(z)|$ 沿曲线 C 的最大值, L 为积分曲线 C 的长度.

证明 设 $|\Delta z_k|$ 为 z_{k-1} 与 z_k 两点间的距离, Δs_k 是弧段 $\widehat{z_{k-1}z_k}$ 的长度, 则 $|\Delta z_k| \leqslant \Delta s_k$, 再由 $\left|\sum_{k=1}^{n} f(\zeta_k)\Delta z_k\right| \leqslant \sum_{k=1}^{n}|f(\zeta_k)\Delta z_k| = \sum_{k=1}^{n}|f(\zeta_k)||\Delta z_k|$, 且 $|f(z)| \leqslant M$, 有

$$\left|\sum_{k=1}^{n} f(\zeta_k)\Delta z_k\right| \leqslant \sum_{k=1}^{n}|f(\zeta_k)|\Delta s_k \leqslant M\sum_{k=1}^{n} \Delta s_k = M \cdot L,$$

两边取极限, 得证.

说明 关于性质(1) 注意区别 $\int_C \mathrm{d}z$ 与 $\int_C |\mathrm{d}z|$.

关于性质(2) 可推广到有限个可积函数的线性组合. 设 $f_i(z)(i=1,2,\cdots,k)$ 沿光滑曲线 C 可积, $\alpha_i(i=1,2,\cdots,k)$ 为复常数, 则

$$\int_C \sum_{i=1}^{k}\alpha_i f_i(z)\mathrm{d}z = \sum_{i=1}^{k}\alpha_i\int_C f_i(z)\mathrm{d}z.$$

关于性质(3) 可推广到有限段积分路径. 设积分路径 C 由路径 C_1, $C_2,\cdots,C_m$ 首尾连接而成. $f(z)$ 沿曲线 $C_i(i=1,2,\cdots,m)$ 可积, 则有

$$\int_C f(z)\mathrm{d}z = \int_{C_1} f(z)\mathrm{d}z + \int_{C_2} f(z)\mathrm{d}z + \cdots + \int_{C_m} f(z)\mathrm{d}z.$$

关于性质(4) 当曲线 C 为闭曲线且方向为逆时针方向时, 则 C^- 代表顺时针

方向；反之，若 C 为顺时针方向则 C^- 为逆时针方向.

关于性质(5)　通常用来估算积分值，例如 $\left|\int_C \mathrm{e}^{\mathrm{i}z}\mathrm{d}z\right|<\pi$，其中 C 为圆周 $|z|=1$ 的上半圆周.

注意　实函数中的积分中值定理不能直接推广到复积分.

3.1.4　复变函数积分的计算例题

设 $z=x+\mathrm{i}y$，$f(z)=u(x,y)+\mathrm{i}v(x,y)$，则 $\mathrm{d}z=\mathrm{d}x+\mathrm{i}\mathrm{d}y$，一方面，可通过两个二元实函数的积分计算复积分，即

$$\int_C f(z)\mathrm{d}z=\left[\int_C u(x,y)\mathrm{d}x-v(x,y)\mathrm{d}y\right]+\mathrm{i}\left[\int_C v(x,y)\mathrm{d}x+u(x,y)\mathrm{d}y\right];$$

另一方面，可用复变函数积分的参数表示. 设积分曲线的参数方程为

$$C:\begin{cases}x=x(t),\\ y=y(t),\end{cases}\quad \alpha\leqslant t\leqslant\beta,$$

则 $z=z(t)=x(t)+\mathrm{i}y(t)$，$z_0=z(\alpha)$，$z_1=z(\beta)$.

记 $u[x(t),y(t)]=u(t)$，$v[x(t),y(t)]=v(t)$，$f(z(t))=u(t)+\mathrm{i}v(t)$，于是

$$\mathrm{d}x=x'(t)\mathrm{d}t,\quad \mathrm{d}y=y'(t)\mathrm{d}t,\quad \mathrm{d}z=z'(t)\mathrm{d}t=\left[x'(t)+\mathrm{i}y'(t)\right]\mathrm{d}t,$$

则

$$\begin{aligned}\int_c f(z)\mathrm{d}z&=\int_\alpha^\beta\left[u(t)+\mathrm{i}v(t)\right]\left[x'(t)+\mathrm{i}y'(t)\right]\mathrm{d}t\\&=\int_\alpha^\beta f\left[z(t)\right]z'(t)\mathrm{d}t.\end{aligned}\tag{3.1.3}$$

例 3.1.1　计算 $\int_C z\mathrm{d}z$，其中 C 为

(1) 由原点到点 $3+4\mathrm{i}$ 的直线段；

(2) 由原点到点 $3+4\mathrm{i}$ 的折线，如图 3.1.2 所示.

解　(1) 积分路径有向线段方程为 $\begin{cases}x=3t,\\ y=4t,\end{cases}$ $0\leqslant t\leqslant 1$.

在曲线 C 上，$z=(3+4\mathrm{i})t$，$\mathrm{d}z=(3+4\mathrm{i})\mathrm{d}t$，

$$\int_C z\mathrm{d}z=\int_0^1(3+4\mathrm{i})^2t\mathrm{d}t=(3+4\mathrm{i})^2\int_0^1t\mathrm{d}t=\frac{(3+4\mathrm{i})^2}{2}=-\frac{7}{2}+12\mathrm{i}.$$

(2) $\int_C z\mathrm{d}z=\int_{C_1}z\mathrm{d}z+\int_{C_2}z\mathrm{d}z$，其中 $C_1: z=t$，$0\leqslant t\leqslant 3$；$C_2: z=3+\mathrm{i}t$，$0\leqslant t\leqslant 4$.

$$\int_C z\mathrm{d}z = \int_0^3 t\mathrm{d}t + \int_0^4 (3+\mathrm{i}t)\mathrm{i}\mathrm{d}t = -\frac{7}{2}+12\mathrm{i}.$$

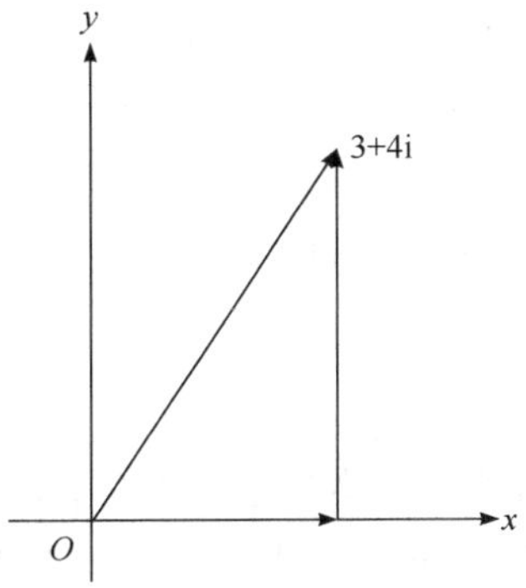

图 3.1.2

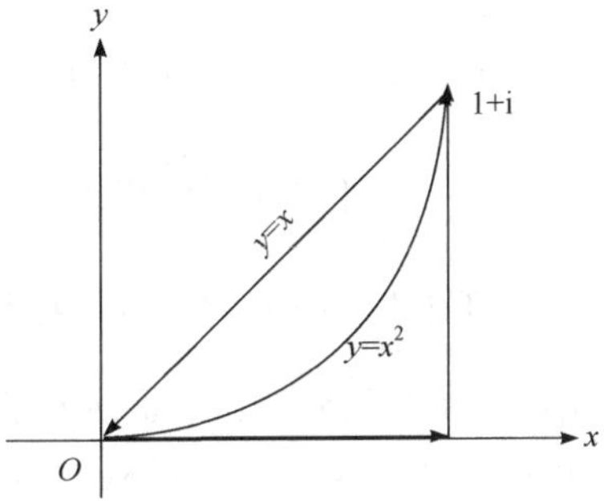

图 3.1.3

问题 是否所有函数积分均与积分路径无关？看下面例 3.1.2.

例 3.1.2 计算 $\int_C \bar{z}\mathrm{d}z$，其中 C 为

(1) 从原点到点 $z_0=1+\mathrm{i}$ 的直线段;

(2) 从原点到点 $z_0=1+\mathrm{i}$ 的抛物线段 $y=x^2$；

(3) 从原点到点 $z_1=1$ 的直线段，再从 z_1 到 $z_0=1+\mathrm{i}$ 的直线段，最后从 z_0 沿直线回到坐标原点的闭合折线. 如图 3.1.3 所示.

解 $f(z)=\bar{z}=x-\mathrm{i}y$ 在复平面内沿曲线 C 可积.

(1) *方法一* 积分曲线 $C: y=x$，$0\leqslant x\leqslant 1$，由式(3.1.1)有

$$\begin{aligned}\int_C \bar{z}\mathrm{d}z &= \int_C x\mathrm{d}x + y\mathrm{d}y + \mathrm{i}\int_C x\mathrm{d}y - y\mathrm{d}x \\ &= \int_0^1 x\mathrm{d}x + \int_0^1 y\mathrm{d}y + \mathrm{i}\left[\int_0^1 y\mathrm{d}y - \int_0^1 x\mathrm{d}x\right] = 1.\end{aligned}$$

方法二 积分曲线的参数方程为 $C: \begin{cases} x=t, \\ y=t, \end{cases}$ $0\leqslant t\leqslant 1$，在曲线 C 上，$z=z(t)=(1+\mathrm{i})t$，$0\leqslant t\leqslant 1$，

$$f(z)=\bar{z}=(1-\mathrm{i})t, \quad \mathrm{d}z=(1+\mathrm{i})\mathrm{d}t,$$

由式(3.1.3)有

$$\int_C \bar{z}\mathrm{d}z = \int_0^1 (1-\mathrm{i})t(1+\mathrm{i})\mathrm{d}t = \int_0^1 2t\mathrm{d}t = 1.$$

(2) 积分曲线参数方程为：$C: z(t)=t+\mathrm{i}t^2$，$0\leqslant t\leqslant 1$，

$$\int_C \bar{z}\mathrm{d}z = \int_0^1 (t-\mathrm{i}t^2)(1+2\mathrm{i}t)\mathrm{d}t = \int_0^1 t+\mathrm{i}t^2+2t^3\mathrm{d}t = 1+\frac{1}{3}\mathrm{i}.$$

(3) $\int_C \bar{z}\mathrm{d}z = \int_{C_1} \bar{z}\mathrm{d}z + \int_{C_2} \bar{z}\mathrm{d}z + \int_{C_3} \bar{z}\mathrm{d}z$，其中 $C_1 : z = t$，$0 \leqslant t \leqslant 1$；$C_2 : z = 1+\mathrm{i}t$，$0 \leqslant t \leqslant 1$；$C_3 :\ z = t+\mathrm{i}t,\quad t:1\to 0$.

$$\int_C \bar{z}\mathrm{d}z = \int_0^1 t\mathrm{d}t + \int_0^1 (1-\mathrm{i}t)\mathrm{i}\mathrm{d}t + \int_1^0 (t-\mathrm{i}t)(1+\mathrm{i})\mathrm{d}t = \mathrm{i}.$$

另外由(1)可知$\int_{C_3} \bar{z}\mathrm{d}z = -1$，可直接代入.

由例 3.1.2 可看出, 不是所有的积分都与路径无关. 那么什么条件下积分与路径是无关的呢？这个问题可从下节内容得到答案. 下面我们再来看一下圆周曲线积分的例子.

例 3.1.3　计算$\oint_C |z|\mathrm{d}z$，其中 C 为圆周$|z| = R\ (R>0)$.

解　积分曲线 C 的参数方程为 $z = R\mathrm{e}^{\mathrm{i}\theta}\ (0 \leqslant \theta \leqslant 2\pi)$，则 $\mathrm{d}z = \mathrm{i}R\mathrm{e}^{\mathrm{i}\theta}\mathrm{d}\theta$.

$$\oint_C |z|\mathrm{d}z = \int_0^{2\pi} R\cdot \mathrm{i}R\mathrm{e}^{\mathrm{i}\theta}\mathrm{d}\theta = R^2\mathrm{i}\int_0^{2\pi}(\cos\theta+\mathrm{i}\sin\theta)\mathrm{d}\theta = 0.$$

例 3.1.4　计算$\oint_C \dfrac{\mathrm{d}z}{(z-z_0)^n}$，其中 C 是 $z = z_0$ 为圆心，$r>0$ 为半径的正向圆周.

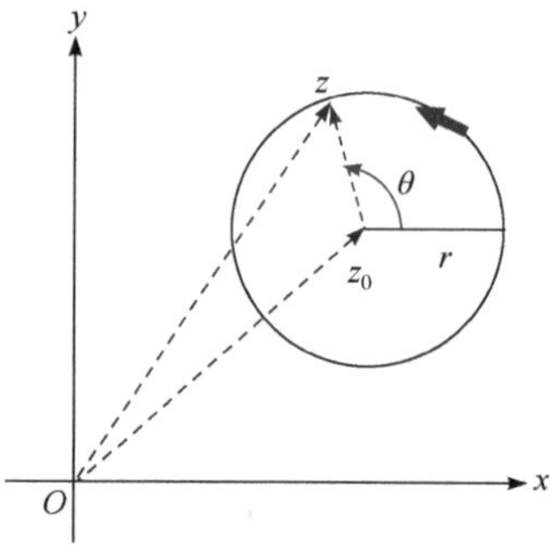

图 3.1.4

解　圆周 C 的参数方程为 $z = z_0 + r\mathrm{e}^{\mathrm{i}\theta}\ (-\pi \leqslant \theta \leqslant \pi)$，如图 3.1.4 所示，则 $\mathrm{d}z = \mathrm{i}r\mathrm{e}^{\mathrm{i}\theta}\mathrm{d}\theta$，

$$\oint_C \frac{\mathrm{d}z}{(z-z_0)^n} = \int_{-\pi}^{\pi} \frac{\mathrm{i}r\mathrm{e}^{\mathrm{i}\theta}\mathrm{d}\theta}{r^n\mathrm{e}^{\mathrm{i}n\theta}} = \frac{\mathrm{i}}{r^{n-1}}\int_{-\pi}^{\pi}\mathrm{e}^{-\mathrm{i}(n-1)\theta}\mathrm{d}\theta$$

$$= \frac{\mathrm{i}}{r^{n-1}}\int_{-\pi}^{\pi}\left[\cos(n-1)\theta - \mathrm{i}\sin(n-1)\theta\right]\mathrm{d}\theta.$$

当 n 为不等于 1 的整数时，$\oint_C \dfrac{\mathrm{d}z}{(z-z_0)^n} = 0$.

当 $n=1$ 时，$\oint_C \dfrac{\mathrm{d}z}{z-z_0} = \int_{-\pi}^{\pi}\dfrac{\mathrm{i}r\mathrm{e}^{\mathrm{i}\theta}\mathrm{d}\theta}{r\mathrm{e}^{\mathrm{i}\theta}} = \mathrm{i}\int_{-\pi}^{\pi}\mathrm{d}\theta = 2\pi\mathrm{i}$.

综上可得$\oint_C \dfrac{\mathrm{d}z}{(z-z_0)^n} = \begin{cases} 2\pi\mathrm{i}, & n=1, \\ 0, & n\neq 1. \end{cases}$

说明　(1) 此例具有一般性，只要求积分曲线 C 是以 z_0 为圆心，r 为半径的圆

周, 不要求圆心 z_0 的具体位置和半径 r 的大小. 例如 $\oint_{|z-\mathrm{i}|=2}\dfrac{\mathrm{d}z}{(z-\mathrm{i})^3}=0$.

(2) 如果圆周曲线为顺时针方向, 则结果需加个负号.

3.2 柯西定理及其推广

柯西定理讨论的是函数沿闭曲线积分与函数值之间的关系, 积分结果与函数的解析性和闭曲线围成的区域属性有关.

区域分单连通区域和多连通区域, 即如果在区域内任作一条简单闭曲线, 曲线的内部总属于区域, 则该区域为单连通区域, 否则为多连通区域.

先来探讨一下单连通区域内的闭曲线积分.

定义 3.2.1 (单连通区域边界正方向) 对单连通有界区域, 边界为简单闭曲线, 其正方向按左手法则规定: 沿边界正向行走时, 左手指向区域内部. 即逆时针方向为**简单闭曲线正方向**.

3.2.1 柯西定理

定理 3.2.1 (柯西定理) 若 $f(z)=u(x,y)+\mathrm{i}v(x,y)$ 在单连通区域 B 内处处解析, 那么函数 $f(z)$ 沿 B 内任意一条封闭曲线 C 的积分为零, 即

$$\oint_C f(z)\mathrm{d}z=0. \tag{3.2.1}$$

证明 设 $f(z)=u(x,y)+\mathrm{i}v(x,y)$, 曲线 C 围成的区域记为 D (图 3.2.1), 则 $f(z)$ 在 D 内解析, 所以 $f'(z)$ 在 D 上各点均存在.

假设 $f'(z)$ 在 D 上连续(这点假设是为了证明简单而提出的, 利用后面解析函数高阶导数知识可得到证明), 即 $\dfrac{\partial u}{\partial x}$, $\dfrac{\partial v}{\partial x}$, $\dfrac{\partial u}{\partial y}$, $\dfrac{\partial v}{\partial y}$ 在 D 上连续, 满足实积分的格林公式, 有

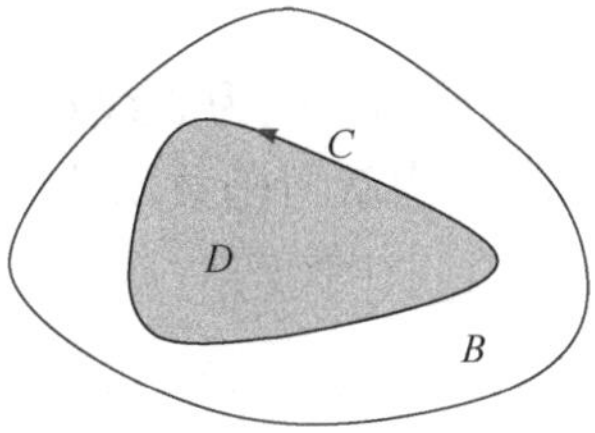

图 3.2.1

$$\oint_C(u\mathrm{d}x-v\mathrm{d}y)=-\iint_D\left(\frac{\partial v}{\partial x}+\frac{\partial u}{\partial y}\right)\mathrm{d}x\mathrm{d}y,$$

$$\oint_C(v\mathrm{d}x+u\mathrm{d}y)=\iint_D\left(\frac{\partial u}{\partial x}-\frac{\partial v}{\partial y}\right)\mathrm{d}x\mathrm{d}y,$$

其中 D 为 C 所围单连通区域.

由解析函数的 C.-R.条件 $\dfrac{\partial u}{\partial x}=\dfrac{\partial v}{\partial y}$，$\dfrac{\partial u}{\partial y}=-\dfrac{\partial v}{\partial x}$ 及

$$\oint_C f(z)\mathrm{d}z=\oint_C(u\mathrm{d}x-v\mathrm{d}y)+\mathrm{i}\oint_C(v\mathrm{d}x+u\mathrm{d}y)$$

得

$$\oint_C f(z)\mathrm{d}z=0\,.$$

该定理由柯西于1825年提出，古尔萨于1900年给出了不附加导数连续条件的严格证明，故该定理也称**柯西–古尔萨**(Cauchy-Goursat)**定理**，古尔萨的具体证明过程在附录中给出.

说明 (1) 定理中的积分曲线 C 可以不是简单曲线，如图 3.2.2 所示.

(2) 柯西定理中只要求 $f(z)$ 在闭曲线 C 及内部解析，且条件可放宽为函数在积分曲线上连续，曲线围成的内部解析，结论 $\oint_C f(z)\mathrm{d}z=0$ 仍然成立.

例 3.2.1 设 C 为单位圆周 $|z|=1$ 正向，计算 $\oint_C\dfrac{\mathrm{d}z}{z+2}$.

解 令 $f(z)=\dfrac{1}{z+2}$，则 $z=-2$ 为函数的奇点，但 $z=-2$ 在积分曲线 C 外，由柯西定理，得 $\oint_C\dfrac{\mathrm{d}z}{z+2}=0$.

推论 3.2.1 (积分与路径无关) 若函数 $f(z)$ 在单连通区域 B 内解析，C_1，C_2 是 B 内有相同端点的任意两条曲线，则

$$\int_{C_1} f(z)\mathrm{d}z=\int_{C_2} f(z)\mathrm{d}z\,. \tag{3.2.2}$$

证明 因为曲线 C_1，C_2 的端点相同，所以 C_1 与 C_2^- 组成封闭围线，如图 3.2.3 所示. 由解析函数闭曲线积分的柯西定理，有

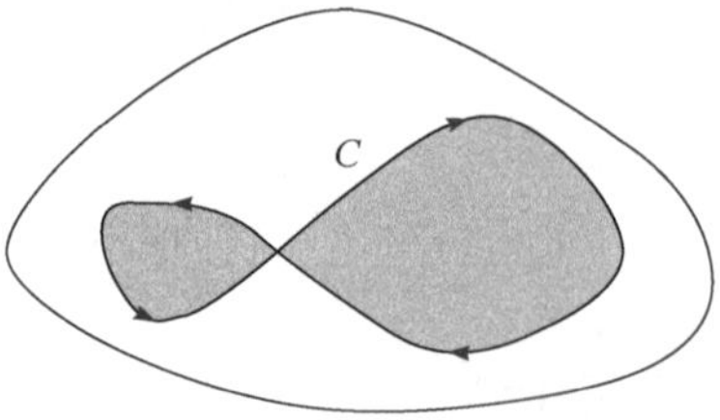

图 3.2.2

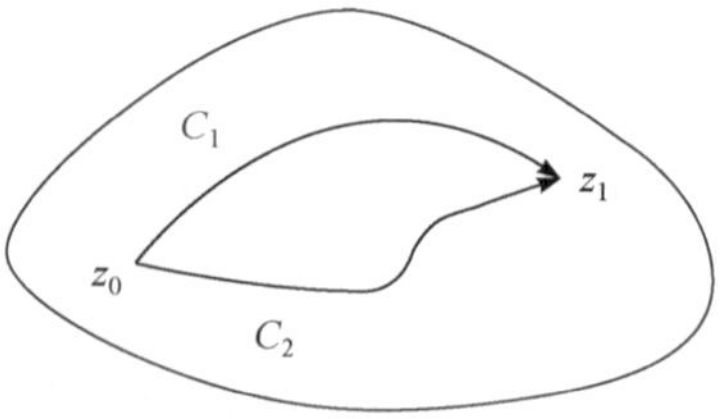

图 3.2.3

$$\int_{C_1+C_2^-} f(z)\mathrm{d}z = 0 \Rightarrow \int_{C_1} f(z)\mathrm{d}z = -\int_{C_2^-} f(z)\mathrm{d}z = \int_{C_2} f(z)\mathrm{d}z.$$

定理说明在$f(z)$解析的单连通区域内，$f(z)$沿任一曲线C的积分，只依赖于曲线的起点和终点，而与曲线的具体形状无关.

3.2.2 原函数

定义 3.2.2 设函数$f(z)$在单连通区域 B 内有定义，若存在函数$F(z)$，满足$F'(z)=f(z)$，则称$F(z)$是$f(z)$的**原函数**.

设$f(z)$是单连通区域B内的解析函数，由柯西定理知：$f(z)$沿B内任一路径的积分只与起点和终点有关，而与积分路径无关，因此当起点$z_0 \in B$固定时，该积分就定义了一个关于终点z的单值函数:

$$F(z) = \int_{z_0}^{z} f(\zeta)\mathrm{d}\zeta \ . \tag{3.2.3}$$

定理 3.2.2 如果函数$f(z)$在单连通区域B内解析，则函数$F(z)=\int_{z_0}^{z} f(\zeta)\mathrm{d}\zeta$为$B$内的解析函数，且$F'(z)=f(z)$.

证明 利用导数的定义来证. 设$\forall z \in B$，以z为圆心作包含于区域B内的小圆K，取$|\Delta z|$充分小，使得$z+\Delta z \in K$，如图 3.2.4 所示，由于积分与路径无关，则有

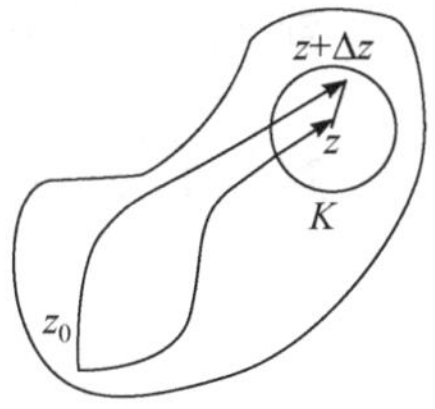

图 3.2.4

$$\begin{aligned} F(z+\Delta z) - F(z) &= \int_{z_0}^{z+\Delta z} f(\zeta)\mathrm{d}\zeta - \int_{z_0}^{z} f(\zeta)\mathrm{d}\zeta \\ &= \int_{z}^{z+\Delta z} f(\zeta)\mathrm{d}\zeta, \end{aligned}$$

其中z到$z+\Delta z$的路径为连接两点的直线段.

$$\begin{aligned} \frac{F(z+\Delta z)-F(z)}{\Delta z} - f(z) &= \frac{1}{\Delta z}\int_{z}^{z+\Delta z} f(\zeta)\mathrm{d}\zeta - f(z) \\ &= \frac{1}{\Delta z}\int_{z}^{z+\Delta z} [f(\zeta)-f(z)]\mathrm{d}\zeta. \end{aligned}$$

由$f(z)$在区域 B 内解析，从而连续，即当$|\xi - z| \leqslant |\Delta z| < \delta$时，有$|f(\zeta)-f(z)| < \varepsilon$，代入上式，利用积分性质得

$$\left|\frac{F(z+\Delta z)-F(z)}{\Delta z} - f(z)\right| \leqslant \frac{1}{|\Delta z|}\int_{z}^{z+\Delta z} |f(\zeta)-f(z)||\mathrm{d}\zeta| < \varepsilon,$$

从而有

$$\lim_{\Delta z \to 0} \frac{F(z+\Delta z)-F(z)}{\Delta z} = f(z),$$

对任意 $z \in B$ 都成立, 所以 $F(z)$ 处处可导, 从而在区域解析, 且有 $F'(z)=f(z)$.

推论 3.2.2 (原函数存在性)　设 $f(z)$ 是单连通区域 B 内的解析函数, 则 $f(z)$ 存在原函数.

说明　(1) 原函数不唯一.

(2) 任意两个原函数间最多相差一个常数.

设 $F(z)$ 是 $f(z)$ 的一个原函数, 由于 $\int_{z_0}^{z} f(\zeta)\mathrm{d}\zeta$ 也是 $f(z)$ 的原函数, 所以有

$$\int_{z_0}^{z} f(\zeta)\mathrm{d}\zeta = F(z)+C.$$

令 $z=z_0$, 则有 $F(z_0)+C=0$, 即 $C=-F(z_0)$, 从而有

$$\int_{z_0}^{z} f(\zeta)\mathrm{d}\zeta = F(z)-F(z_0). \tag{3.2.4}$$

解析函数的积分公式, 与一元实函数定积分的牛顿-莱布尼茨公式一致.

例 3.2.2　计算 $\int_0^{\pi i} z\cos z^2 \mathrm{d}z$.

解　$\int_0^{\pi i} z\cos z^2 \mathrm{d}z = \frac{1}{2}\int_0^{\pi i} \cos z^2 \mathrm{d}z^2$

$$= \frac{1}{2}\sin z^2 \Big|_0^{\pi i} = \frac{1}{2}\sin(-\pi^2) = -\frac{1}{2}\sin \pi^2.$$

一元实函数中的凑微分、换元和分部积分方法都可以用在解析函数积分的计算中.

思考　当积分闭曲线 C 所围区域内有 $f(z)$ 的奇点, 结果又如何呢? $f(z)$ 在去掉奇点的多连通区域内解析, 关于多连通区域内解析函数的围道积分, 有如下的推广定理.

3.2.3　多连通区域的柯西定理

首先对多连通区域的边界曲线的方向给出规定. 设多连通有界区域的边界为 Γ, Γ 是由几条简单闭曲线形成的复合闭路, 其正向按左手法则规定: 沿边界正向行走时, 左手指向区域内部. 即区域外边界曲线为逆时针方向, 内边界曲线为顺时针方向. 例如 $\Gamma = C \cup C_1 \cup C_2$, 如图 3.2.5 所示, C 为多连通区域外边界曲线, 方向为逆时针方向, C_1, C_2 为区域内边界曲线, 方向为顺时针方向.

作辅助连线 l_1,l_2,l_3 使复连通区域分成两个单连通区域 D_1 和 D_2. D_1 的边界为 Γ_1，D_2 的边界为 Γ_2，方向如图 3.2.5 所示.

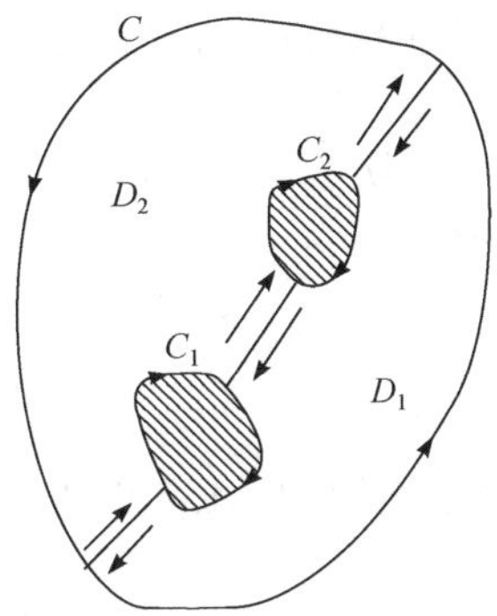

图 3.2.5

由于 $f(z)$ 在单连通区域 D_1，D_2 内解析，由柯西定理有

$$\oint_{\Gamma_1} f(z)\mathrm{d}z=0,\quad \oint_{\Gamma_2} f(z)\mathrm{d}z=0.$$

辅助线 l_1,l_2,l_3 在区域 D_1，D_2 的边界上方向恰好相反，从而

$$\begin{aligned}\oint_{\Gamma_1+\Gamma_2} f(z)\mathrm{d}z&=\oint_{\Gamma_1} f(z)\mathrm{d}z+\oint_{\Gamma_2} f(z)\mathrm{d}z\\&=\oint_{C} f(z)\mathrm{d}z+\oint_{C_1} f(z)\mathrm{d}z+\oint_{C_2} f(z)\mathrm{d}z=0.\end{aligned}$$

该结论可推广到内部有 n 个洞的多连通区域.

定理 3.2.3 设函数 $f(z)$ 在多连通区域 D 内解析，Γ 为多连通区域的复合边界，正方向按左手法则，则

$$\oint_{\Gamma} f(z)\mathrm{d}z=0. \tag{3.2.5}$$

该定理称复合闭路定理，也称多连通区域的柯西定理.

推论 3.2.3 (闭路变形原理) 设函数 $f(z)$ 在多连通区域 D 内解析，D 的边界为复合闭曲线 $\Gamma=C_0\cup C_k^-$，其中 C_0 为外边界闭曲线，$C_k(k=1,2,\cdots,n)$ 为内边界闭曲线，C_0,C_k 方向都为逆时针方向，则

$$\begin{aligned}\oint_{C} f(z)\mathrm{d}z&=\oint_{C_1} f(z)\mathrm{d}z+\oint_{C_2} f(z)\mathrm{d}z+\cdots+\oint_{C_n} f(z)\mathrm{d}z\\&=\sum_{k=1}^{n}\oint_{C_k} f(z)\mathrm{d}z,\end{aligned} \tag{3.2.6}$$

即多连通区域内解析函数的外边界曲线积分等于其沿所有内边界积分之和.

例 3.2.3 计算 $\oint_C \dfrac{\mathrm{d}z}{(z-z_0)^n}$，$C$ 为不通过点 z_0 的围线.

解 $z=z_0$ 是 $f(z)=\dfrac{1}{(z-z_0)^n}$ 的一个奇点.

(1) 若闭曲线 C 不包围点 z_0，则被积函数 $f(z)=\dfrac{1}{(z-z_0)^n}$ 在 C 上及所包围的

区域内解析，由柯西定理，有 $\oint_C \frac{\mathrm{d}z}{(z-z_0)^n}=0$（$C$ 不包围 $z=z_0$）.

(2) 若 C 包围 z_0，在闭曲线 C 内部作以 z_0 为圆心的圆周 C_1，由闭路变形原理得

$$\oint_C \frac{\mathrm{d}z}{(z-z_0)^n}=\oint_{C_1}\frac{\mathrm{d}z}{(z-z_0)^n},$$

由前面的例 3.1.4 可得

$$\oint_{C_1}\frac{\mathrm{d}z}{(z-z_0)^n}=\begin{cases}2\pi\mathrm{i}, & n=1,\\ 0, & n\text{为}n\neq 1\text{的整数},\end{cases}$$

所以

$$\oint_C\frac{\mathrm{d}z}{(z-z_0)^n}=\begin{cases}2\pi\mathrm{i}, & C\text{包围}z=z_0\text{，且}n=1,\\ 0, & n\text{为}n\neq 1\text{的整数，或}C\text{不包围}z_0.\end{cases}$$

例 3.2.4 计算 $\oint_C\frac{\mathrm{d}z}{(z^2-z)}$ 的值，C 为圆周 $|z|=2$ 正向简单闭曲线.

解 在圆周 $|z|=2$ 内分别以 $z=0$ 和 $z=1$ 为圆心，画出两个辅助圆 C_1 和 C_2，它们完全包含于圆周 $|z|=2$ 内且互不相交，方向取逆时针为正方向，则被积函数在曲线 C,C_1,C_2 围成的多连通区域内解析，由闭路变形原理，有

$$\begin{aligned}\oint_C\frac{\mathrm{d}z}{(z^2-z)}&=\oint_{C_1}\frac{\mathrm{d}z}{(z^2-z)}+\oint_{C_2}\frac{\mathrm{d}z}{(z^2-z)}\\&=\oint_{C_1}\frac{\mathrm{d}z}{z-1}\mathrm{d}z-\oint_{C_1}\frac{1}{z}\mathrm{d}z+\oint_{C_2}\frac{1}{z-1}\mathrm{d}z-\oint_{C_2}\frac{1}{z}\mathrm{d}z\\&=0-2\pi\mathrm{i}+2\pi\mathrm{i}-0=0.\end{aligned}$$

例 3.2.5 设 C 为单位圆周 $|z|=1$ 顺时针方向，计算积分 $\oint_C\frac{\mathrm{d}z}{2z^2+3z-2}$.

解 被积函数 $f(z)=\frac{1}{2z^2+3z-2}=\frac{1}{(2z-1)(z+2)}$ 有奇点 $z_1=\frac{1}{2}$ 和 $z_2=-2$，由于 $|z_1|=\frac{1}{2}<1$，$|z_2|=2>1$，奇点 $z_2=-2$ 在积分曲线 C 外，所以

$$\begin{aligned}\oint_C\frac{\mathrm{d}z}{2z^2+3z-2}&=\oint_C\frac{\mathrm{d}z}{(2z-1)(z+2)}\\&=\frac{1}{5}\oint_C\left(\frac{1}{z-\frac{1}{2}}-\frac{1}{z+2}\right)\mathrm{d}z=\frac{1}{5}\cdot(-2\pi\mathrm{i})=-\frac{2}{5}\pi\mathrm{i}.\end{aligned}$$

思考 如何计算$\oint_{|z|=1}\frac{e^z}{z}dz$.

3.3 柯西积分公式

3.3.1 单连通区域的柯西公式

定理 3.3.1 (柯西公式) 设复变函数$f(z)$在单连通闭区域$\bar{D}(=D\cup C)$上解析(C是区域D的边界曲线), 则$f(z)$在区域D内任一点z_0的值可由沿边界的闭曲线积分确定,

$$f(z_0)=\frac{1}{2\pi i}\oint_C\frac{f(z)}{z-z_0}dz, \tag{3.3.1}$$

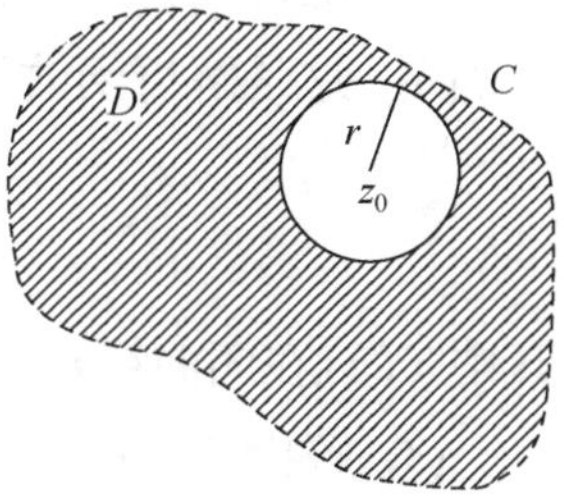

图 3.3.1

其中积分路径C的方向为区域边界的正方向.

证明 由$f(z)$在z_0解析, 从而$f(z)$在z_0连续, 则$\forall\varepsilon>0,\exists\delta(\varepsilon)>0$, 当$|z-z_0|<\delta$时, 有$|f(z)-f(z_0)|<\varepsilon$.

在C的内部作以z_0为圆心, $r(r<\delta)$为半径的圆周$C_r:|z-z_0|=r$, 如图 3.3.1 所示. 由闭路变形原理, 有

$$\begin{aligned}\oint_C\frac{f(z)}{z-z_0}dz&=\oint_{C_r}\frac{f(z)}{z-z_0}dz\\&=\oint_{C_r}\frac{f(z_0)}{z-z_0}dz+\oint_{C_r}\frac{f(z)-f(z_0)}{z-z_0}dz\\&=f(z_0)\oint_{C_r}\frac{1}{z-z_0}dz+\oint_{C_r}\frac{f(z)-f(z_0)}{z-z_0}dz,\end{aligned}$$

由例 3.2.3 有$\oint_{C_r}\frac{1}{z-z_0}dz=2\pi i$, 代入上式, 得

$$\oint_C\frac{f(z)}{z-z_0}dz=2\pi if(z_0)+\oint_{C_r}\frac{f(z)-f(z_0)}{z-z_0}dz. \tag{3.3.2}$$

下面证明$\oint_{C_r}\frac{f(z)-f(z_0)}{z-z_0}dz=0$.

因为$\oint_{C_r}\frac{f(z)-f(z_0)}{z-z_0}dz=\lim_{r\to 0}\oint_{C_r}\frac{f(z)-f(z_0)}{z-z_0}dz$, 且有

$$\left|\oint_{C_r}\frac{f(z)-f(z_0)}{z-z_0}dz\right|\leqslant\oint_{C_r}\left|\frac{f(z)-f(z_0)}{z-z_0}\right||dz|$$

$$=\frac{1}{r}\oint_{C_r}\left|f(z)-f(z_0)\right|\left|\mathrm{d}z\right|\leqslant 2\pi\varepsilon,$$

由 ε 的任意性，得 $\oint_{C_r}\frac{f(z)-f(z_0)}{z-z_0}\mathrm{d}z=0$，代入式(3.3.2)，结论得证. 即

$$f(z_0)=\frac{1}{2\pi\mathrm{i}}\oint_C\frac{f(z)}{z-z_0}\mathrm{d}z,$$

该公式称为**柯西公式**.

说明　(1) 利用公式等价形式 $\oint_C\frac{f(z)}{z-z_0}\mathrm{d}z=2\pi\mathrm{i}f(z_0)$，可计算闭曲线积分.

(2) 解析函数在其解析区域内任一点的函数值可由函数在该区域边界上的值来确定，这是解析函数的重要性质之一. 一般地，记为

$$f(z)=\frac{1}{2\pi\mathrm{i}}\oint_C\frac{f(\zeta)}{\zeta-z}\mathrm{d}\zeta,\tag{3.3.3}$$

其中 $f(z)$ 在闭曲线 C 围成的单连通闭区域上解析.

(3) 解析函数在圆心的值等于圆周上的平均值，

$$f(z_0)=\frac{1}{2\pi}\int_0^{2\pi}f(z_0+R\cdot\mathrm{e}^{\mathrm{i}\theta})\mathrm{d}\theta.$$

例 3.3.1　计算 $\oint_{|z|=4}\frac{\sin z}{z}\mathrm{d}z$，积分方向取沿圆周正向——逆时针方向.

解　设 $f(z)=\sin z$，$z_0=0$，由柯西公式 $\oint_C\frac{f(z)}{z-z_0}\mathrm{d}z=2\pi\mathrm{i}f(z_0)$，得

$$\oint_{|z|=4}\frac{\sin z}{z-0}\mathrm{d}z=2\pi\mathrm{i}\cdot\sin z\Big|_{z=0}=0.$$

例 3.3.2　计算 $\oint_{|z|=4}\left(\frac{2z}{z-1}+\frac{z^2}{z+3}\right)\mathrm{d}z$.

解　未指明积分曲线方向时，可默认沿圆周正向.

由柯西积分公式 $\oint_C\frac{f(z)}{z-z_0}\mathrm{d}z=2\pi\mathrm{i}f(z_0)$，得

$$\oint_{|z|=4}\left(\frac{2z}{z-1}+\frac{z^2}{z+3}\right)\mathrm{d}z=\oint_{|z|=4}\frac{2z}{z-1}\mathrm{d}z+\oint_{|z|=4}\frac{z^2}{z+3}\mathrm{d}z$$

$$=2\pi\mathrm{i}\cdot 2z\big|_{z=1}+2\pi\mathrm{i}\cdot z^2\big|_{z=-3}=22\pi\mathrm{i}.$$

例 3.3.3 计算$\oint_C \frac{z+6}{z^2-4}\mathrm{d}z$，其中曲线$C$分别是下列圆周正向.

(1) C：圆周$x^2+y^2=1$.

(2) C：圆周$(x-2)^2+y^2=1$.

(3) C：圆周$(x+2)^2+y^2=1$.

解 设$F(z)=\frac{z+6}{z^2-4}$，则$F(z)=\frac{z+6}{(z+2)(z-2)}$的奇点为$z_1=2$及$z_2=-2$.

(1) 当C是圆周$x^2+y^2=1$时，$z_1=2$及$z_2=-2$均在圆外，$F(z)$在圆内解析. 由柯西定理，得$\oint_C \frac{z+6}{(z+2)(z-2)}\mathrm{d}z=0$.

(2) 当C是圆周$(x-2)^2+y^2=1$时，奇点$z_1=2$在圆内，$z_2=-2$在圆外. 由柯西积分公式，得

$$\oint_C \frac{z+6}{(z+2)(z-2)}\mathrm{d}z=\oint_C \frac{\frac{z+6}{z+2}}{(z-2)}\mathrm{d}z=2\pi\mathrm{i}\left.\frac{z+6}{z+2}\right|_{z=2}=2\pi\mathrm{i}\times 2=4\pi\mathrm{i}.$$

(3) 当C是圆周$(x+2)^2+y^2=1$时，仅$z_2=-2$在圆内，由柯西积分公式，得

$$\oint_C \frac{z+6}{(z+2)(z-2)}\mathrm{d}z=2\pi\mathrm{i}\left.\frac{z+6}{z-2}\right|_{z=-2}=2\pi\mathrm{i}\times(-1)=-2\pi\mathrm{i}.$$

例 3.3.4 设$F(z)=\oint_C \frac{3\zeta^2+\sin\zeta+\mathrm{e}^{\zeta}}{\zeta-z}\mathrm{d}\zeta$，$C$代表正向圆周$x^2+y^2=R^2$ $(R>0)$，计算$F'(z)$（z为圆周内的任意点）.

解 当z为圆周内的点时，由柯西积分公式$\oint_C \frac{f(\zeta)}{\zeta-z}\mathrm{d}\zeta=2\pi\mathrm{i}f(z)$，有

$$F(z)=\oint_C \frac{3\zeta^2+\sin\zeta+\mathrm{e}^{\zeta}}{\zeta-z}\mathrm{d}\zeta=2\pi\mathrm{i}\left(3z^2+\sin z+\mathrm{e}^z\right),$$

所以$F'(z)=2\pi\mathrm{i}\left(6z+\cos z+\mathrm{e}^z\right)$.

3.3.2 多连通区域的柯西公式

定理 3.3.2 设函数$f(z)$在多连通闭区域$\overline{D}$上解析，多连通区域$\overline{D}$的边界Γ由外边界闭曲线C和内边界闭曲线$C_1,C_2,\cdots,C_n$组成，其中C沿逆时针方向，$C_k(k=1,2\cdots,n)$沿顺时针方向.则 $\forall z_0\in D$，有

$$f(z_0)=\frac{1}{2\pi i}\oint_{\Gamma}\frac{f(z)}{z-z_0}dz. \tag{3.3.4}$$

证明　$\Gamma=C+C_1^-+C_2^-+\ldots+C_n^-$，在 D 内作小圆 $C_0:|z-z_0|<r$，则 $\frac{f(z)}{z-z_0}$ 在以 Γ 和 C_0 为边界的区域上解析，从而有 $\oint_{\Gamma\cup C_0^-}\frac{f(z)}{z-z_0}dz=0$.再由 $\oint_{C_0}\frac{f(z)}{z-z_0}dz=2\pi i f(z_0)$，得 $f(z_0)=\frac{1}{2\pi i}\oint_{\Gamma}\frac{f(z)}{z-z_0}dz$.

定理表明解析函数 $f(z)$ 在多连通区域 D 内任意一点的函数值仍可以用它在边界上的积分表示出来.实际应用中，常将柯西积分公式与复合闭路定理结合计算闭曲线积分.

例 3.3.5　计算 $\oint_C\frac{\sin\frac{\pi}{4}z}{z^2-1}dz$，其中积分曲线 C 为圆周 $|z|=2$ 的逆时针方向.

解　被积函数 $\frac{\sin\frac{\pi}{4}z}{z^2-1}$ 有两个奇点 $z_1=1, z_2=-1$，且都在 $C:|z|=2$ 内.

方法一 (函数分解法)

$$\frac{\sin\frac{\pi}{4}z}{z^2-1}=\sin\frac{\pi}{4}z\cdot\frac{1}{2}\left(\frac{1}{z-1}-\frac{1}{z+1}\right),$$

$$\oint_C\frac{\sin\frac{\pi}{4}z}{z^2-1}dz=\frac{1}{2}\oint_C\sin\frac{\pi}{4}z\left(\frac{1}{z-1}-\frac{1}{z+1}\right)dz$$

$$=\frac{1}{2}\oint_C\frac{\sin\frac{\pi}{4}z}{z-1}dz-\frac{1}{2}\oint_C\frac{\sin\frac{\pi}{4}z}{z+1}dz,$$

由柯西公式，所以

$$\oint_C\frac{\sin\frac{\pi}{4}z}{z^2-1}dz=\frac{1}{2}\cdot 2\pi i\cdot\sin\frac{\pi}{4}z\Big|_{z=1}-\frac{1}{2}\cdot 2\pi i\cdot\sin\frac{\pi}{4}z\Big|_{z=-1}=\sqrt{2}\pi i .$$

方法二 (复合闭路定理)　在 $|z|=2$ 内分别围绕 $z_1=-1$，$z_2=1$ 作两个互不相交的小圆，$C_1:|z+1|=r_1$，$C_2:|z-1|=r_2$，如图 3.3.2 所示.

$\frac{\sin\frac{\pi}{4}z}{z^2-1}$ 在 C,C_1,C_2 围成的多连通区域内解析，由多连通区域的柯西定理或闭

路变形原理, 有

$$\oint_C \frac{\sin\frac{\pi}{4}z}{z^2-1}\mathrm{d}z = \oint_{C_1} \frac{\sin\frac{\pi}{4}z}{z^2-1}\mathrm{d}z + \oint_{C_2} \frac{\sin\frac{\pi}{4}z}{z^2-1}\mathrm{d}z$$

$$= \oint_{C_1} \frac{\frac{\sin\frac{\pi}{4}z}{z-1}}{z+1}\mathrm{d}z + \oint_{C_2} \frac{\frac{\sin\frac{\pi}{4}z}{z+1}}{z-1}\mathrm{d}z.$$

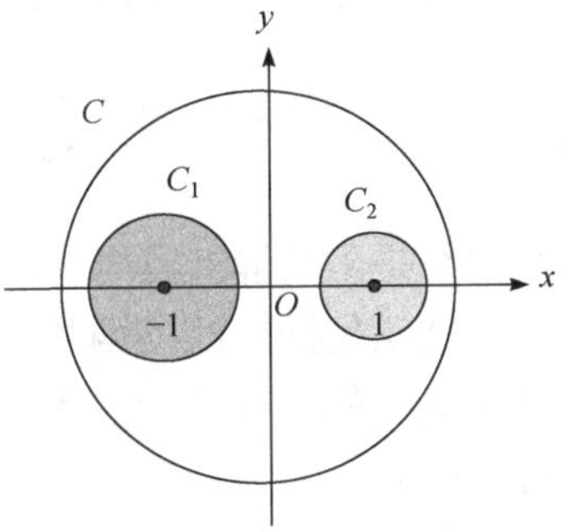

图 3.3.2

由柯西积分公式, 得

$$\oint_C \frac{\sin\frac{\pi}{4}z}{z^2-1}\mathrm{d}z = 2\pi\mathrm{i}\left.\frac{\sin\frac{\pi}{4}z}{z-1}\right|_{z=-1} + 2\pi\mathrm{i}\left.\frac{\sin\frac{\pi}{4}z}{z+1}\right|_{z=1} = \sqrt{2}\pi\mathrm{i}.$$

3.4 解析函数的高阶导数

当 $f(z)$ 解析时, 柯西公式给出函数的积分表示, 这一节内容要进一步理解解析函数的导数的积分表示, 并证明解析函数的导数仍然为解析函数.

3.4.1 高阶导数公式

设曲线 C 是包含 z_0 的任意简单闭曲线, $f(z)$ 在曲线 C 上和 C 围成的区域 D 内解析. 将柯西公式 $f(z_0)=\frac{1}{2\pi\mathrm{i}}\oint_C \frac{f(z)}{z-z_0}\mathrm{d}z$ 改写为 $f(z)=\frac{1}{2\pi\mathrm{i}}\oint_C \frac{f(\zeta)}{\zeta-z}\mathrm{d}\zeta$, 其中 $z\in D$, 而 $\zeta\in C$, 所以 $\zeta-z\neq 0$, 从而被积函数 $\frac{f(\zeta)}{\zeta-z}$ 在曲线 C 上和区域 D 内处处连续. 若可在积分号下对 z 求导, 得一阶导数为

$$f'(z)=\frac{1}{2\pi\mathrm{i}}\oint_C \frac{f(\zeta)}{(\zeta-z)^2}\mathrm{d}\zeta \quad (z\in D), \tag{3.4.1}$$

同样被积函数 $\frac{f(\zeta)}{(\zeta-z)^2}$ 也是连续的, 若可在积分号下对 z 继续求导, 得二阶导数

$$f''(z)=\frac{2!}{2\pi\mathrm{i}}\oint_C \frac{f(\zeta)}{(\zeta-z)^3}\mathrm{d}\zeta \quad (z\in D), \tag{3.4.2}$$

继续求 n 次导数, 有如下结论.

定理 3.4.1　设函数 $f(z)$ 在区域 D 内解析, 则 $f'(z)$ 仍在区域 D 内解析. 即解析函数的导数仍为解析函数, 且其 n 阶导数可表示为

$$f^{(n)}(z)=\frac{n!}{2\pi\mathrm{i}}\oint_C\frac{f(\zeta)}{(\zeta-z)^{n+1}}\mathrm{d}\zeta\quad(z\in D),\quad n=0,1,2,\cdots,\tag{3.4.3}$$

其中 C 是函数解析域内包含 z 的任意闭曲线, 方向取正方向.

这就是推广的柯西积分公式, 称为**柯西积分高阶导数公式**. 上述推理过程假设闭曲线积分可求导, 且导数与积分运算可换序, 下面采用导数的定义和归纳法进行论证.

证明　先证明结论关于 $n=1$ 时成立. 设 $z+\Delta z\in D$, 则由柯西积分公式 $f(z)=\dfrac{1}{2\pi\mathrm{i}}\oint_C\dfrac{f(\zeta)}{\zeta-z}\mathrm{d}\zeta$, 有

$$\frac{f(z+\Delta z)-f(z)}{\Delta z}=\frac{1}{2\pi\mathrm{i}\Delta z}\left[\oint_C\frac{f(\zeta)}{\zeta-(z+\Delta z)}\mathrm{d}\zeta-\oint_C\frac{f(\zeta)}{\zeta-z}\mathrm{d}\zeta\right]$$

$$=\frac{1}{2\pi\mathrm{i}}\oint_C\frac{f(\zeta)}{[\zeta-(z+\Delta z)](\zeta-z)}\mathrm{d}\zeta,$$

$$\frac{f(z+\Delta z)-f(z)}{\Delta z}-\frac{1}{2\pi\mathrm{i}}\oint_C\frac{f(\zeta)}{(\zeta-z)^2}\mathrm{d}z=\frac{\Delta z}{2\pi\mathrm{i}}\oint_C\frac{f(\zeta)}{(\zeta-z-\Delta z)(\zeta-z)^2}\mathrm{d}\zeta.$$

现在估计上式右边的积分.

$$|I|=\left|\frac{\Delta z}{2\pi\mathrm{i}}\oint_C\frac{f(\zeta)}{(\zeta-z-\Delta z)(\zeta-z)^2}\mathrm{d}\zeta\right|\leqslant\frac{|\Delta z|}{2\pi}\oint_C\frac{|f(\zeta)|}{|\zeta-z-\Delta z||\zeta-z|^2}|\mathrm{d}\zeta|.$$

设 z 到曲线 C 的最短距离为 $d>0$, 当 $\zeta\in C$ 时, $|\zeta-z|>d$. 作以 z 为心, d 为半径的圆, 取 $0<|\Delta z|<d/2$, 则 $z+\Delta z$ 在圆盘内, 且有 $|\zeta-(z+\Delta z)|>d/2$.

由 $f(z)$ 解析, 从而 $|f(z)|$ 在 C 上有界, 存在 M, 使 $|f(z)|\leqslant M$, 设曲线 C 的长度为 L, 有

$$|I|\leqslant\frac{ML}{\pi d^3}|\Delta z|\to 0\quad(\Delta z\to 0),$$

因此

$$\lim_{\Delta z\to 0}\frac{f(z+\Delta z)-f(z)}{\Delta z}=\frac{1}{2\pi\mathrm{i}}\oint_C\frac{f(\zeta)}{(\zeta-z)^2}\mathrm{d}\zeta.$$

设$n=k$结论成立，即$f^{(k)}(z)=\dfrac{k!}{2\pi i}\oint_C\dfrac{f(\zeta)}{(\zeta-z)^{k+1}}d\zeta$，则

$$\frac{f^{(k)}(z+\Delta z)-f^{(k)}(z)}{\Delta z}-\frac{(k+1)!}{2\pi i}\oint_C\frac{f(\zeta)}{(\zeta-z)^{k+2}}d\zeta$$

$$=\frac{1}{\Delta z}\left[\frac{k!}{2\pi i}\oint_C\frac{f(\zeta)}{(\zeta-z-\Delta z)^{k+1}}d\zeta-\frac{k!}{2\pi i}\oint_C\frac{f(\zeta)}{(\zeta-z)^{k+1}}d\zeta\right]-\frac{(k+1)!}{2\pi i}\oint_C\frac{f(\zeta)}{(\zeta-z)^{k+2}}d\zeta$$

$$=\frac{k!}{2\pi i}\frac{1}{\Delta z}\oint_C\frac{(\zeta-z)^{k+1}-(\zeta-z-\Delta z)^{k+1}}{(\zeta-z-\Delta z)^{k+1}(\zeta-z)^{k+1}}f(\zeta)d\zeta-\frac{(k+1)!}{2\pi i}\oint_C\frac{f(\zeta)}{(\zeta-z)^{k+2}}d\zeta$$

$$=\frac{(k+1)!}{2\pi i}\oint_C\left[\frac{(\zeta-z)^k+O(\Delta z)}{(\zeta-z-\Delta z)^{k+1}(\zeta-z)^{k+1}}-\frac{1}{(\zeta-z)^{k+2}}\right]f(\zeta)d\zeta$$

$$=\frac{(k+1)!}{2\pi i}\oint_C\left[\frac{1}{(\zeta-z-\Delta z)^{k+1}(\zeta-z)}-\frac{1}{(\zeta-z)^{k+2}}\right]f(\zeta)d\zeta+O(\Delta z)\to 0\quad(\Delta z\to 0),$$

即

$$f^{(k+1)}(z)=\lim_{\Delta z\to 0}\frac{f^{(k)}(z+\Delta z)-f^{(k)}(z)}{\Delta z}=\frac{(k+1)!}{2\pi i}\oint_C\frac{f(\zeta)}{(\zeta-z)^{k+2}}d\zeta,$$

说明定理结论对$n=k+1$也成立.

说明 (1) 解析函数在解析域内任意阶导数都存在，这是解析函数的重要特点，且任意阶导数均可以写成沿区域边界曲线的积分形式.

(2) 对复连通区域，高阶导数公式依然成立(积分曲线为多连通区域复合边界).

(3) 公式也可写成

$$\oint_C\frac{f(z)}{(z-z_0)^{n+1}}dz=\frac{2\pi i}{n!}f^{(n)}(z_0)\quad(z_0\in D,n=1,2,3,\cdots),\tag{3.4.4}$$

其中C是函数$f(z)$解析域D内包含z_0的任意闭曲线，方向取正方向，该公式在求积分时常用到.

例 3.4.1 设C代表圆周$|z|=2$的正向，计算积分$\oint_C\dfrac{3z^2+z-1}{(z-1)^3}dz$.

解 令$f(z)=3z^2+z-1$，$n=2,z_0=1,C:|z|=2$，且C包含点z_0，由柯西积分高阶导数公式$\oint_C\dfrac{f(z)}{(z-z_0)^{n+1}}dz=\dfrac{2\pi i}{n!}f^{(n)}(z_0)$，得

$$\oint_C \frac{3z^2+z-1}{(z-1)^3}\mathrm{d}z = \frac{2\pi \mathrm{i}}{2!}\left[\frac{\mathrm{d}^2}{\mathrm{d}z^2}(3z^2+z-1)\right]\Bigg|_{z=1} = 6\pi \mathrm{i}.$$

拓展　积分曲线$|z|=2$可以是$|z|=R(R>1)$，积分结果不变；更一般地，积分曲线C是任意包含$z_0=1$的简单闭曲线，分子函数在曲线C上及内部解析，由多连通区域的柯西公式(闭路变形原理)，积分结果都不变.

说明　当积分曲线C是$|z|=R(R<1)$或是一般的不包含$z_0=1$的简单闭曲线，则由柯西定理，积分结果等于零.

例 3.4.2　计算积分$I=\oint_C \frac{3z^2-z+1}{(z-a)^4}\mathrm{d}z$，其中$C$为包围$z=a$($a$为任意复数)的任意简单闭曲线.

解　根据柯西积分高阶导数公式

$$\oint_C \frac{f(z)}{(z-z_0)^{n+1}}\mathrm{d}z = \frac{2\pi \mathrm{i}}{n!}f^{(n)}(z_0).$$

令$f(z)=3z^2-z+1$，$n=3$，得

$$\oint_C \frac{3z^2-z+1}{(z-a)^4}\mathrm{d}z = \frac{2\pi \mathrm{i}}{3!}\left[\frac{\mathrm{d}^3}{\mathrm{d}z^3}(3z^2-z+1)\right]\Bigg|_{z=a} = 0.$$

例 3.4.3　计算$\oint_C \frac{\cos \pi z}{(z-1)^5}\mathrm{d}z$　其中C为圆周: $|z|=r>1$顺时针方向.

解　根据公式$\oint_C \frac{f(z)}{(z-z_0)^{n+1}}\mathrm{d}z = -\frac{2\pi \mathrm{i}}{n!}f^{(n)}(z_0)$，令$f(z)=\cos \pi z$，$n=4$，可得

$$\oint_C \frac{\cos \pi z}{(z-1)^5}\mathrm{d}z = -\frac{2\pi \mathrm{i}}{4!}\left(\frac{\mathrm{d}^4}{\mathrm{d}z^4}\cos \pi z\right)\Bigg|_{z=1} = \frac{\pi^5 \mathrm{i}}{12}.$$

例 3.4.4　由积分$\int_C \frac{\mathrm{d}z}{z+2}$之值，证明$\int_0^{\pi} \frac{1+2\cos\theta}{5+4\cos\theta}\mathrm{d}\theta = 0$，其中，$C$为单位圆周$|z|=1$.

证明　$\frac{1}{z+2}$在圆周$|z|=1$所围区域内解析，由柯西定理得

$$\oint_C \frac{\mathrm{d}z}{z+2} = 0. \tag{3.4.5}$$

另一方面，在单位圆上令$z=\mathrm{e}^{\mathrm{i}\theta}$，$-\pi \leqslant \theta \leqslant \pi$，则$\mathrm{d}z=\mathrm{i}\mathrm{e}^{\mathrm{i}\theta}\mathrm{d}\theta$，

$$\oint_C \frac{dz}{z+2} = \oint_C \frac{\overline{z}+2}{(z+2)(\overline{z}+2)}dz = \int_{-\pi}^{\pi} \frac{e^{-i\theta}+2}{\left(e^{i\theta}+2\right)\left(e^{-i\theta}+2\right)} ie^{i\theta} d\theta$$

$$= i\int_{-\pi}^{\pi} \frac{1+2e^{i\theta}}{1+2\left(e^{i\theta}+e^{-i\theta}\right)+4}d\theta = i\int_{-\pi}^{\pi} \frac{1+2\cos\theta+2i\sin\theta}{5+4\cos\theta}d\theta$$

$$= i\int_{-\pi}^{\pi} \frac{1+2\cos\theta}{5+4\cos\theta}d\theta - 2\int_{-\pi}^{\pi} \frac{\sin\theta}{5+4\cos\theta}d\theta, \tag{3.4.6}$$

因为 $\dfrac{\sin\theta}{5+4\cos\theta}$ 为 θ 的奇函数, 所以 $\displaystyle\int_{-\pi}^{\pi} \frac{\sin\theta}{5+4\cos\theta}d\theta = 0$.

综合式(3.4.5)和式(3.4.6), 得 $\displaystyle\int_{-\pi}^{\pi} \frac{1+2\cos\theta}{5+4\cos\theta}d\theta = 0$.

再由 $\dfrac{1+2\cos\theta}{5+4\cos\theta}$ 为 θ 的偶函数, 有 $\displaystyle\int_{-\pi}^{\pi} \frac{1+2\cos\theta}{5+4\cos\theta}d\theta = 2\int_0^{\pi} \frac{1+2\cos\theta}{5+4\cos\theta}d\theta$, 于是

$$\int_0^{\pi} \frac{1+2\cos\theta}{5+4\cos\theta}d\theta = 0 .$$

例 3.4.5 计算 $\displaystyle\oint_C \frac{1}{(z-1)^2 z^3}dz$, 其中 $C:|z|=2$.

解 被积函数有两个奇点 $z_1=0, z_2=1$, 且都在 $C:|z|=2$ 内. 在 $|z|=2$ 内分别围绕 $z_1=0, z_2=1$ 作两个互不相交的小圆, $C_1:|z|=r_1$, $C_2:|z-1|=r_2$, 则被积函数在 C, C_1, C_2 围成的区域内解析, 由闭路变形原理, 有

$$\oint_C \frac{1}{(z-1)^2 z^3}dz = \oint_{C_1} \frac{1}{(z-1)^2 z^3}dz + \oint_{C_2} \frac{1}{(z-1)^2 z^3}dz$$

$$= \oint_{C_1} \frac{\frac{1}{(z-1)^2}}{z^3}dz + \oint_{C_2} \frac{\frac{1}{z^3}}{(z-1)^2}dz. \tag{3.4.7}$$

令 $f(z)=\dfrac{1}{(z-1)^2}, g(z)=\dfrac{1}{z^3}$, 则 $f(z)$ 在 C_1 围成的闭区域解析, 由柯西积分高阶导数公式, 有

$$\oint_{C_1} \frac{\frac{1}{(z-1)^2}}{z^3}dz = \frac{2\pi i}{2!}\cdot\frac{d^2}{dz^2}\left(\frac{1}{(z-1)^2}\right)\Bigg|_{z=0} = 6\pi i . \tag{3.4.8}$$

同理, $g(z)$ 在 C_2 围成的闭区域内解析, 由柯西积分高阶导数公式, 有

$$\oint_{C_2} \frac{\frac{1}{z^3}}{(z-1)^2} dz = 2\pi i \cdot \frac{d}{dz}\left(\frac{1}{z^3}\right)\bigg|_{z=1} = -6\pi i . \tag{3.4.9}$$

将式(3.4.8)和式(3.4.9)代入到式(3.4.7)，得

$$\int_C \frac{1}{(z-1)^2 z^3} dz = 0 .$$

3.4.2* 柯西公式和高阶导数公式理论应用

定理 3.4.2 (莫雷拉(Morera)定理)　设函数 $f(z)$ 在单连通区域 B 内连续，且对 B 内任意简单闭曲线 C，都有 $\oint_C f(z)dz = 0$，则 $f(z)$ 在单连通区域 B 内解析.

证明　由任意闭曲线 $\oint_C f(z)dz = 0$，得积分与路径无关. 设 $z_0 \in B$，任取 $z \in B$，考虑函数 $F(z) = \int_{z_0}^{z} f(z)dz$.

当 $f(z)$ 在单连通区域 B 内连续，有 $F(z)$ 可导，且有 $F'(z) = f(z)$. 即 $f(z)$ 是解析函数 $F(z)$ 的导函数，由定理 3.4.1，得 $f(z)$ 是解析函数.

定理 3.4.3 (刘维尔(Liouville)定理)　全平面有界的解析函数必为常数.

证明　对复平面上任一点 z，存在 $C_R = \{|\zeta| = R\}$，使得点 z 在闭曲线 C_R 内部. 由 $f(z)$ 的解析性及高阶导数公式，有 $f'(z) = \frac{1}{2\pi i}\oint_{C_R} \frac{f(\zeta)}{(\zeta - z)^2} d\zeta$.

再由 $f(z)$ 的有界性，即 $\exists M > 0, \forall z, |f(z)| \leqslant M$ ，

$$0 \leqslant |f'(z)| \leqslant \frac{1}{2\pi}\oint_{C_R} \frac{|f(\zeta)|}{|\zeta - z|^2}|d\zeta| \leqslant \frac{M}{2\pi}\frac{2\pi R}{(R-|z|)^2} \to 0 \quad (R \to +\infty)$$

$$\Rightarrow f'(z) \equiv 0 \quad \Rightarrow f(z) \text{ 为常函数.}$$

定理 3.4.4 (最大模原理)　设 D 为有界单连通或复闭路多连通区域，$f(z)$ 在 D 内解析，在 $\bar{D} = D \cup \partial D$ 上连续，则 $|f(z)|$ 在边界 ∂D 上取得最大值.

证明　由 $f(z)$ 在 D 内解析，$\bar{D}$ 上连续，有 $(f(z))^n$ 在 D 内解析，$\bar{D}$ 上连续.

$\forall z_0 \in D$，由柯西公式，有

$$(f(z_0))^n = \frac{1}{2\pi i}\oint_{\partial D} \frac{(f(z))^n}{z - z_0} dz ,$$

$$|f(z_0)|^n \leqslant \frac{1}{2\pi}\oint_{\partial D} \frac{|f(z)|^n}{|z - z_0|}|dz| \leqslant \frac{1}{2\pi}\frac{M^n}{d} L ,$$

其中 $d=\text{dist}\{z_0,\partial D\}>0$，$M=\max\limits_{\partial D}|f(z)|$，$L$ 为区域边界长度. 所以可得

$$|f(z_0)|\leqslant M\left(\frac{L}{2\pi\cdot d}\right)^{1/n}\to M\quad(n\to+\infty)$$

$$\Rightarrow |f(z_0)|\leqslant M,$$

由 z_0 的任意性及 M 的定义, 结论得证.

说明 当 $f(z)\not\equiv\text{const}$ 时, $|f(z)|$ 在且只在边界 ∂D 上取得最大值.

3.5 解析函数与调和函数的关系

3.5.1 调和函数的定义

定义 3.5.1 如果二元实函数 $\varphi(x,y)$ 在区域 D 内有二阶连续偏导数, 且满足拉普拉斯方程

$$\frac{\partial^2\varphi}{\partial x^2}+\frac{\partial^2\varphi}{\partial y^2}=0, \tag{3.5.1}$$

则称 $\varphi(x,y)$ 为区域 D 内的**调和函数**. 常记作

$$\Delta\varphi=0,$$

其中 $\Delta=\dfrac{\partial^2}{\partial x^2}+\dfrac{\partial^2}{\partial y^2}$ 是一种微分运算符号, 称为**拉普拉斯算子**.

3.4 节已经证明: 若 $f(z)=u(x,y)+\mathrm{i}v(x,y)$ 在区域 D 内解析, 则其导数 $f'(z)$ 也在区域 D 内解析. 因此, 在区域 D 内解析的函数 $f(z)$ 的实部 $u(x,y)$ 和虚部 $v(x,y)$ 均在 D 内具有任意阶的连续偏导数, 且有如下结论.

定理 3.5.1 (解析函数与调和函数的关系) 设函数 $f(z)=u(x,y)+\mathrm{i}v(x,y)$ 在区域 D 内解析, 则 $f(z)$ 的实部 $u(x,y)$ 和虚部 $v(x,y)$ 均为 D 内的调和函数.

证明 因为 $f(z)=u(x,y)+\mathrm{i}v(x,y)$ 在区域 D 内解析, 则 $u(x,y)$ 和 $v(x,y)$ 在 D 内满足 C.-R.方程

$$\frac{\partial u}{\partial x}=\frac{\partial v}{\partial y},\quad \frac{\partial u}{\partial y}=-\frac{\partial v}{\partial x}.$$

又因 $f'(z)=\dfrac{\partial u}{\partial x}+\mathrm{i}\dfrac{\partial v}{\partial x}=\dfrac{\partial v}{\partial y}-\mathrm{i}\dfrac{\partial u}{\partial y}$ 也在区域 D 内解析, 因此其实部和虚部也应在 D 内满足 C.-R.方程, 故有

$$\frac{\partial}{\partial x}\left(\frac{\partial u}{\partial x}\right)=\frac{\partial}{\partial y}\left(\frac{\partial v}{\partial x}\right),\quad 即\ \frac{\partial^2 u}{\partial x^2}=\frac{\partial^2 v}{\partial x\partial y},$$

$$\frac{\partial}{\partial x}\left(\frac{\partial v}{\partial y}\right)=\frac{\partial}{\partial y}\left(-\frac{\partial u}{\partial y}\right),\quad 即\ \frac{\partial^2 v}{\partial x\partial y}=-\frac{\partial^2 u}{\partial y^2},$$

比较两式，有 $\frac{\partial^2 u}{\partial x^2}=-\frac{\partial^2 u}{\partial y^2}$，即 $\frac{\partial^2 u}{\partial x^2}+\frac{\partial^2 u}{\partial y^2}=0$.

同理可证：$\frac{\partial^2 v}{\partial x^2}+\frac{\partial^2 v}{\partial y^2}=0$.

结论　解析函数的实部和虚部均为解析域 D 内的调和函数.

思考　设 $f(z)=u(x,y)+\mathrm{i}v(x,y)$，若 $u(x,y)$ 和 $v(x,y)$ 均为调和函数，$f(z)$ 是否一定解析？

定理的逆命题并不成立. 即对于区域 D 内任意两个调和函数 $u(x,y)$ 和 $v(x,y)$ 构成的复变函数 $f(z)=u(x,y)+\mathrm{i}v(x,y)$，不一定是解析函数.例如 $f(z)=\overline{z}$. $u(x,y)=x$ 和 $v(x,y)=-y$ 均是调和函数，但 $f(z)=x-\mathrm{i}y$ 不是解析函数，因为 $u(x,y)$，$v(x,y)$ 不满足 C.-R.方程.

定义 3.5.2 (共轭调和函数)　设二元实函数 $u(x,y)$，$v(x,y)$ 均为 D 内的调和函数，且 $u(x,y)+\mathrm{i}v(x,y)$ 是 D 内的解析函数，则称 $v(x,y)$ 是 $u(x,y)$ 的**共轭调和函数**.

等价定义　设二元实函数 $u(x,y)$，$v(x,y)$ 为 D 内满足 C.-R.方程的调和函数，则称虚部 $v(x,y)$ 是实部 $u(x,y)$ 的共轭调和函数.

定理 3.5.2　函数 $f(z)=u(x,y)+\mathrm{i}v(x,y)$ 在区域 D 内解析的充要条件是在区域 D 内 $f(z)$ 的虚部 $v(x,y)$ 是实部 $u(x,y)$ 的共轭调和函数.

问题　给定调和函数，能否以该函数为实部或虚部，构造解析函数？下面通过具体的例题，学习解析函数的构造.

3.5.2　利用调和函数构造解析函数

例 3.5.1　验证 $u(x,y)=x^3-3xy^2$ 是调和函数，并求以 $u(x,y)$ 为实部的解析函数 $f(z)$.

解　先验证 $u(x,y)=x^3-3xy^2$ 是调和函数. 因为

$$\frac{\partial u}{\partial x}=3x^2-3y^2,\qquad \frac{\partial u}{\partial y}=-6xy,\qquad \frac{\partial^2 u}{\partial x^2}=6x,\qquad \frac{\partial^2 u}{\partial y^2}=-6x.$$

可见 $u(x,y)$ 的二阶偏导数连续，并且满足 $\frac{\partial^2 u}{\partial x^2}+\frac{\partial^2 u}{\partial y^2}=0$. 所以 $u(x,y)$ 为调和

函数.

下面求以$u(x,y)$为实部的解析函数$f(z)$.

方法一 (偏积分法) 求出解析函数的虚部$v(x,y)$.

设$v(x,y)$是$u(x,y)$的共轭调和函数, 则$u(x,y)$, $v(x,y)$应满足 C.-R.方程, 即

$$\frac{\partial v}{\partial y}=\frac{\partial u}{\partial x}=3x^2-3y^2$$

$$\Rightarrow v(x,y)=\int\left(3x^2-3y^2\right)\mathrm{d}y=3x^2y-y^3+\varphi(x), \tag{3.5.2}$$

再由$\dfrac{\partial v}{\partial x}=-\dfrac{\partial u}{\partial y}\Rightarrow 6xy+\varphi'(x)=6xy$, 得 $\varphi'(x)=0$, 从而$\varphi(x)=C$, 代入式(3.5.2), 可得

$$v(x,y)=3x^2y-y^3+C,$$

所求解析函数为

$$f(z)=u(x,y)+\mathrm{i}v(x,y)=\left(x^3-3xy^2\right)+\mathrm{i}\left(3x^2y-y^3+C\right),$$

该函数可表示成$f(z)=z^3+\mathrm{i}C$ (C为实常数).

说明 以已知调和函数为实部的解析函数不唯一; 也可先对$\dfrac{\partial v}{\partial x}$关于 x 积分, 再关于y求导.

方法二 (线积分法) 求出解析函数的虚部$v(x,y)$.

设所求的解析函数为$f(z)=u(x,y)+\mathrm{i}v(x,y)$, 则$v(x,y)$是$u(x,y)$的共轭调和函数, 满足 C.-R.方程

$$\frac{\partial v}{\partial y}=\frac{\partial u}{\partial x},\quad \frac{\partial v}{\partial x}=-\frac{\partial u}{\partial y}.$$

因此

$$\mathrm{d}v=\frac{\partial v}{\partial x}\mathrm{d}x+\frac{\partial v}{\partial y}\mathrm{d}y=-\frac{\partial u}{\partial y}\mathrm{d}x+\frac{\partial u}{\partial x}\mathrm{d}y, \tag{3.5.3}$$

令$P(x,y)=\dfrac{\partial v}{\partial x}=-\dfrac{\partial u}{\partial y}$, $Q(x,y)=\dfrac{\partial v}{\partial y}=\dfrac{\partial u}{\partial x}$, 由$u(x,y)$是调和函数, 有

$$\frac{\partial}{\partial y}\left(-\frac{\partial u}{\partial y}\right)=\frac{\partial}{\partial x}\left(\frac{\partial u}{\partial x}\right),\ \text{即}\ \frac{\partial P}{\partial y}=\frac{\partial Q}{\partial x},$$

从而线积分 $\displaystyle\int-\frac{\partial u}{\partial y}\mathrm{d}x+\frac{\partial u}{\partial x}\mathrm{d}y=\int P\mathrm{d}x+Q\mathrm{d}y$ 与路径无关, 有

$$v(x,y)=\int_{(x_0,y_0)}^{(x,y)}-\frac{\partial u}{\partial y}\mathrm{d}x+\frac{\partial u}{\partial x}\mathrm{d}y+C, \tag{3.5.4}$$

其中, (x_0,y_0) 为区域 D 内的任意一点.

不妨取 $(x_0,y_0)=(0,0)$, 积分路径取先水平再竖直的折线.

$$\begin{aligned}v(x,y)&=\int_{(0,0)}^{(x,y)}6xy\mathrm{d}x+\left(3x^2-3y^2\right)\mathrm{d}y+C\\&=\int_0^x 6x\cdot 0\mathrm{d}x+\int_0^y\left(3x^2-3y^2\right)\mathrm{d}y+C=0+\left(3x^2y-y^3\right)\Big|_0^y+C\\&=3x^2y-y^3+C.\end{aligned}$$

下面步骤与方法一相同.

方法三 (原函数法)　设所求解析函数为 $f(z)$, 则

$$f'(z)=\frac{\partial u}{\partial x}-\mathrm{i}\frac{\partial u}{\partial y}=3x^2-3y^2+6xy\mathrm{i}=3z^2\Rightarrow f(z)=z^3+C.$$

由于 $f(z)$ 的实部 $u(x,y)$ 已经给定, 所以常数 C 只能是纯虚数.

例 3.5.2　已知调和函数 $v(x,y)=\arctan\dfrac{y}{x}(x>0)$, 求解析函数 $f(z)=u+\mathrm{i}v$, 满足 $f(1)=0$.

解　*方法一* (偏积分法)　因为 $\dfrac{\partial v}{\partial x}=\dfrac{-y}{x^2+y^2}$, $\dfrac{\partial v}{\partial y}=\dfrac{x}{x^2+y^2}$ 及 $\dfrac{\partial u}{\partial x}=\dfrac{\partial v}{\partial y}$, 所以解析函数实部

$$u(x,y)=\int\frac{x}{x^2+y^2}\mathrm{d}x=\frac{1}{2}\ln\left(x^2+y^2\right)+\varphi(y). \tag{3.5.5}$$

上式两端对 y 求偏导, 得 $\dfrac{\partial u}{\partial y}=\dfrac{y}{x^2+y^2}+\varphi'(y)$, 与 C.-R.方程 $\dfrac{\partial u}{\partial y}=-\dfrac{\partial v}{\partial x}=\dfrac{y}{x^2+y^2}$ 比较, 得

$$\varphi'(y)=0\Rightarrow\varphi(y)=C\quad(C\text{ 为常数}),$$

代入式(3.5.5), 得 $u(x,y)=\dfrac{1}{2}\ln\left(x^2+y^2\right)+C$, 可得

$$f(z)=u(x,y)+\mathrm{i}v(x,y)=\frac{1}{2}\ln\left(x^2+y^2\right)+\mathrm{i}\arctan\frac{y}{x}+C,$$

可写成

$$f(z)=\ln z+C.$$

由 $f(1)=0$, 得 $C=0$, 从而

$$f(z)=\ln z .$$

方法二 (原函数法)

$$f'(z)=\frac{\partial v}{\partial y}+\mathrm{i}\frac{\partial v}{\partial x}=\frac{x}{x^2+y^2}-\frac{y}{x^2+y^2}\mathrm{i}=\frac{1}{z}$$

$$\Rightarrow f(z)=\ln z+C .$$

由 $f(1)=0$，得 $C=0$，代入上式得 $f(z)=\ln z$.

例 3.5.3 已知 $u-v=(x+y)(x^2-4xy+y^2)-2(x-y)$，试确定解析函数 $f(z)=u(x,y)+\mathrm{i}v(x,y)$.

解 方程两边对 x 求导, 得

$$u_x-v_x=(x^2-4xy+y^2)+(x+y)(2x-4y)-2 ,$$

对 y 求导, 得

$$u_y-v_y=(x^2-4xy+y^2)+(x+y)(-4x+2y)+2 ,$$

两式相加, 得

$$u_y=-v_x=-6xy ,$$

两式相减, 得

$$u_x=v_y=3x^2-3y^2-2 .$$

由

$$f'(z)=u_x+\mathrm{i}v_x=3x^2-3y^2-2+6xy\mathrm{i}=3z^2-2 ,$$

得

$$f(z)=\int(3z^2-2)\mathrm{d}z=z^3-2z+c \quad (c \text{ 为任意复常数}).$$

3.5.3* 利用解析函数的导数求调和函数的稳定点

问题 求二元实函数 $u(x,y)$ 的稳定点.

解法 设 $u(x,y)$ 是全平面上的调和函数，$f(z)=u(x,y)+\mathrm{i}v(x,y)$ 为解析函数. 设 (x_0,y_0) 为 $u(x,y)$ 的稳定点，则 $u_x(x_0,y_0)=0$，$u_y(x_0,y_0)=0$. 此时，$f'(z)=u_x+\mathrm{i}v_x=u_x-\mathrm{i}u_y$. 令 $z_0=x_0+\mathrm{i}y_0$，则 $f'(z_0)=u_x(x_0,y_0)-\mathrm{i}u_y(x_0,y_0)=0$. 于是求调和函数 $u(x,y)$ 的稳定点的问题转化为求方程 $f'(z)=0$ 的根.

例 3.5.4 求 $u(x,y)=4x^3y-4xy^3+x+1$ 的稳定点.

解 方程组

$$\begin{cases}\dfrac{\partial u}{\partial x}=12x^2y-4y^3+1=0,\\[2mm] \dfrac{\partial u}{\partial y}=4x^3-12xy^2=0,\end{cases}$$

为非线性方程组, 不易求解.

$$\frac{\partial^2 u}{\partial x^2}=24xy\ ,\quad \frac{\partial^2 u}{\partial y^2}=-24xy\ .$$

满足 $\dfrac{\partial^2 u}{\partial x^2}+\dfrac{\partial^2 u}{\partial y^2}=0$, 故 $u(x,y)$ 为调和函数.

设 $f(z)=u(x,y)+\mathrm{i}v(x,y)$ 是以 $u(x,y)$ 为实部的解析函数, 则

$$f'(z)=u_x-\mathrm{i}u_y=\left(12x^2y-4y^3+1\right)-\mathrm{i}\left(4x^3-12xy^2\right)=1-4\mathrm{i}z^3\ ,$$

令 $f'(z)=0$, 得

$$z^3=\frac{1}{4\mathrm{i}}=-\frac{\mathrm{i}}{4}=\frac{1}{4}\left(\cos\frac{3\pi}{2}+\mathrm{i}\sin\frac{3\pi}{2}\right)$$

$$\Rightarrow z_k=\sqrt[3]{\frac{1}{4}}\left(\cos\frac{\frac{3\pi}{2}+2k\pi}{3}+\mathrm{i}\sin\frac{\frac{3\pi}{2}+2k\pi}{3}\right)\quad (k=0,1,2).$$

三个根分别是

$$z_0=\sqrt[3]{\frac{1}{4}}\left(\cos\frac{\pi}{2}+\mathrm{i}\sin\frac{\pi}{2}\right)=\sqrt[3]{\frac{1}{4}}(0+\mathrm{i})=\mathrm{i}\frac{1}{\sqrt[3]{4}}\ ,$$

$$z_1=\sqrt[3]{\frac{1}{4}}\left(\cos\frac{7\pi}{6}+\mathrm{i}\sin\frac{7\pi}{6}\right)=\sqrt[3]{\frac{1}{4}}\left(-\frac{\sqrt{3}}{2}-\mathrm{i}\frac{1}{2}\right)=\frac{-\sqrt{3}}{2\sqrt[3]{4}}-\mathrm{i}\frac{1}{2\sqrt[3]{4}}\ ,$$

$$z_2=\sqrt[3]{\frac{1}{4}}\left(\cos\frac{11\pi}{6}+\mathrm{i}\sin\frac{11\pi}{6}\right)=\sqrt[3]{\frac{1}{4}}\left(\frac{\sqrt{3}}{2}-\frac{1}{2}\mathrm{i}\right)=\frac{\sqrt{3}}{2\sqrt[3]{4}}-\mathrm{i}\frac{1}{2\sqrt[3]{4}}\ .$$

所以 $u(x,y)$ 的稳定点为 $P_0\left(0,\dfrac{1}{\sqrt[3]{4}}\right)$, $P_1\left(\dfrac{-\sqrt{3}}{2\sqrt[3]{4}},\dfrac{-1}{2\sqrt[3]{4}}\right)$, $P_3\left(\dfrac{\sqrt{3}}{2\sqrt[3]{4}},\dfrac{-1}{2\sqrt[3]{4}}\right)$.

说明　此方法对于 $\begin{cases}u_x(x,y)=0,\\ u_y(x,y)=0\end{cases}$ 为高次方程组的情形, 显得相当简便.

附录 A　柯西-古尔萨定理的证明

预备定理　设 $f(z)$ 是区域 G 内的连续函数，Γ 是区域 G 内的任意一条逐段光滑的曲线，则对于任意 $\varepsilon(\varepsilon>0)$，都存在一条内接于 Γ 并完全在 Γ 内的折线 P 使

$$\left|\int_{\Gamma} f(z)\mathrm{d}z-\int_{P} f(z)\mathrm{d}z\right|<\varepsilon. \tag{1}$$

换句话说，积分 $\int_{\Gamma} f(z)\mathrm{d}z$ 的值，可以用沿着在区域 G 内的内接于 Γ 的折线所取积分的值来逼近到任何精确的程度.

证明　考虑区域 G 内包含曲线 Γ 的一个闭区域 $\bar{D}$. 根据假设，函数 $f(z)$ 在区域 $\bar{D}$ 上每一点都连续，所以一致连续，即 $\forall\varepsilon>0$，$\exists\delta=\delta(\varepsilon)$，当 $|z'-z''|<\delta$ 时，有

$$|f(z')-f(z'')|<\varepsilon \quad (z',\ z''\in\bar{D}).$$

用 $z_0,z_1,\cdots,z_n$ 分曲线 Γ 成 n 段长度都小于 δ 的弧 $s_0,s_1,s_2,\cdots,s_{n-1}$，连接分点的线段 $l_0,l_1,\cdots,l_{n-1}$ 形成折线 P，并且内接于 Γ，如图 A1.

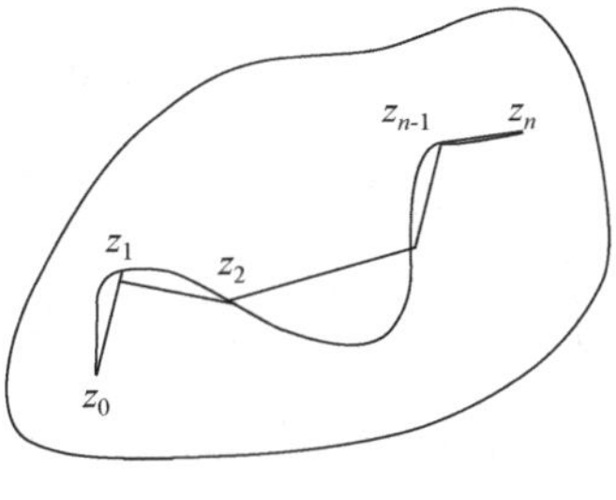

图 A1

因为每一段弧 s_k 的长度都小于 δ，所以同一段弧上任何两点的距离小于 δ. 比较 $\int_{\Gamma} f(z)\mathrm{d}z$ 的值与沿折线 P 的积分值. 设

$$S=f(z_0)\Delta z_0+f(z_1)\Delta z_1+\cdots+f(z_{n-1})\Delta z_{n-1}. \tag{2}$$

它是 $\int_{\Gamma} f(z)\mathrm{d}z$ 的一个近似值.由于 $\Delta z_k=\int_{s_k}\mathrm{d}z$，表达式(2)写成下列形式:

$$S=\int_{s_0} f(z_0)\mathrm{d}z+\int_{s_1} f(z_1)\mathrm{d}z+\cdots+\int_{s_{n-1}} f(z_{n-1})\mathrm{d}z. \tag{3}$$

另一方面，积分 $\int_{\Gamma} f(z)\mathrm{d}z$ 可以表示为在弧 s_k 上所取的积分之和

$$\int_{\Gamma} f(z)\mathrm{d}z=\int_{s_0} f(z)\mathrm{d}z+\int_{s_1} f(z)\mathrm{d}z+\cdots+\int_{s_{n-1}} f(z)\mathrm{d}z. \tag{4}$$

等式(4)与(3)逐项相减，得到

$$\begin{aligned}\int_{\Gamma} f(z)\mathrm{d}z-S=&\int_{s_0}(f(z)-f(z_0))\mathrm{d}z+\int_{s_1}(f(z)-f(z_1))\mathrm{d}z+\cdots\\&+\int_{s_{n-1}}(f(z)-f(z_{n-1}))\mathrm{d}z.\end{aligned}$$

由于在每一段弧 s_k 上都有 $\left|f(z)-f(z_k)\right|<\varepsilon$，得到

$$\left|\int_\Gamma f(z)\mathrm{d}z - S\right| < \varepsilon s_0+\varepsilon s_1+\varepsilon s_2+\cdots+\varepsilon s_{n-1}=\varepsilon l, \tag{5}$$

其中 l 是曲线 Γ 的全长.

同样，可以估计 $\int_P f(z)\mathrm{d}z - S$ 的模. 由于 $\Delta z_k=\int_{l_k}\mathrm{d}z$，可以把表达式(2)写成以下形式:

$$S=\int_{l_0} f(z_0)\mathrm{d}z+\int_{l_1} f(z_1)\mathrm{d}z+\cdots+\int_{l_{n-1}} f(z_{n-1})\mathrm{d}z. \tag{6}$$

另一方面，积分 $\int_P f(z)\mathrm{d}z$ 可以表示为在线段 l_k 上所取的积分之和

$$\int_P f(z)\mathrm{d}z=\int_{l_0} f(z)\mathrm{d}z+\int_{l_1} f(z)\mathrm{d}z+\cdots+\int_{l_{n-1}} f(z)\mathrm{d}z. \tag{7}$$

逐项从式(7)中减去式(6)，得到

$$\int_P f(z)\mathrm{d}z-S=\int_{l_0}\left(f(z)-f(z_0)\right)\mathrm{d}z+\int_{l_1}\left(f(z)-f(z_1)\right)\mathrm{d}z+\cdots+\int_{l_{n-1}}\left(f(z)-f(z_{n-1})\right)\mathrm{d}z.$$

因为在每段 l_k 上都有 $\left|f(z)-f(z_k)\right|<\varepsilon$，可得

$$\begin{aligned}\left|\int_P f(z)\mathrm{d}z-S\right| &< \varepsilon l_0+\varepsilon l_1+\varepsilon l_2+\cdots+\varepsilon l_{n-1}\\ &=\varepsilon\left(l_0+l_1+l_2+\cdots+l_{n-1}\right)<\varepsilon l\end{aligned} \tag{8}$$

从不等式(5)与(8)直接得出

$$\left|\int_\Gamma f(z)\mathrm{d}z-\int_P f(z)\mathrm{d}z\right| \leqslant \left|\int_\Gamma f(z)\mathrm{d}z-S\right|+\left|S-\int_P f(z)\mathrm{d}z\right|<\varepsilon l+\varepsilon l=2\varepsilon l.$$

因此，可以内接于曲线 Γ 作折线 P，使积分 $\int f(z)\mathrm{d}z$ 沿 Γ 与沿 P 的值之差的模小于任意小的正数.

柯西定理证明的简化　柯西定理可以这样叙述: 假如 $f(z)$ 是某一个单连通区域 G 内的解析函数，则沿 G 内任意一条闭路所取的积分 $\oint f(z)\mathrm{d}z$ 都等于零.

若柯西定理对于区域 G 内任意一条闭折线 P 成立，则对于任一条逐段光滑的闭曲线 Γ 定理也成立. 事实上，当任意给定一个 $\varepsilon(\varepsilon>0)$ 时，根据前段中的预备定理，可以内接于闭路 Γ 作一条闭折线 P，使

$$\left|\oint_\Gamma f(z)\mathrm{d}z-\oint_P f(z)\mathrm{d}z\right|<\varepsilon.$$

按假定，若 $\int_P f(z)\mathrm{d}z=0$，则 $\left|\oint_\Gamma f(z)\mathrm{d}z\right|<\varepsilon$，也就是 $\left|\oint_\Gamma f(z)\mathrm{d}z\right|=0$.

因此，柯西定理证明的第一步，就在于把它化简成积分路线是闭折线的情形，还可以进一步简化成积分路线是三角形周界的情形．事实上，用对角线把以 P 为周界的多角形 $ABCDE$ 分成三角形，就可以把积分 $\int_P f(z)\mathrm{d}z$ 表示为沿这些三角形周界所取的积分之和：

$$\int_P f(z)\mathrm{d}z=\int_{ABCA}+\int_{ACDA}+\int_{ADEA}, \tag{9}$$

沿每一条对角线，积分从彼此正好相反的方向取了两次，因而刚好互相抵消．若柯西定理在积分路线是区域 G 内任意一个三角形周界的情形已经证明，那么根据式(9)，闭折线 P 的情形也就证明了，从而曲线 Γ 的情形也就证明了．

柯西定理的证明　如上所述，柯西定理的证明可转化为下述命题的证明：如果 $f(z)$ 是单连通区域 G 内的一个解析函数，那么沿区域 G 内任意一个三角形周界 Δ 所取的积分 $\int f(z)\mathrm{d}z$ 就都等于零．

假设 $\left|\int_\Delta f(z)\mathrm{d}z\right|=M$，我们来证明 $M=0$．

二等分给定的三角形的每一边，两两连接这些分点，给定的三角形就被分成了四个三角形，它们的周界是 Δ_1，Δ_2，Δ_3，Δ_4．显然有

$$\int_\Delta f(z)\mathrm{d}z=\int_{\Delta_1}+\int_{\Delta_2}+\int_{\Delta_3}+\int_{\Delta_4}, \tag{10}$$

因为在这里沿每一条连接分点的线段的积分从彼此正好相反的方向取了两次，因而刚好互相抵消．因为 $\left|\int_\Delta\right|=M$，根据式(10)，周界 $\Delta_k\ (k=1,2,3,4)$ 中至少有一个积分的模不小于 $\dfrac{M}{4}$，设为 $\Delta^{(1)}$，满足

$$\left|\int_{\Delta^{(1)}} f(z)\mathrm{d}z\right|\geqslant\frac{M}{4}. \tag{11}$$

继续把三角形周界 $\Delta^{(1)}$ 分成四个三角形．于是在以 $\Delta^{(1)}$ 为周界的三角形内又可以找到一个三角形 $\Delta^{(2)}$，使

$$\left|\int_{\Delta^{(2)}} f(z)\mathrm{d}z\right|\geqslant\frac{M}{4^2}. \tag{12}$$

这个做法可以无限地进行下去．得到三角形序列 $\Delta=\Delta^{(0)}$，$\Delta^{(1)}$，$\Delta^{(2)}$，$\Delta^{(3)}$，…，$\Delta^{(n)}$，…，其中 $\Delta^{(n+1)}\subset\Delta^{(n)}(n=1,2,\cdots)$，且有下列不等式：

$$\left|\int_{\Delta^{(n)}} f(z)\mathrm{d}z\right|\geqslant\frac{M}{4^n}\quad(n=0,1,2,\cdots). \tag{13}$$

用U表示周界Δ的长度，于是周界$\Delta^{(1)}$，$\Delta^{(2)}$，$\Delta^{(3)}$，…，$\Delta^{(n)}$，… 相应的长度就是$\frac{U}{2}$，$\frac{U}{2^2}$，…，$\frac{U}{2^n}$，…，下面来估计$\int_{\Delta^{(n)}} f(z)\mathrm{d}z$的模. 由于序列中每一个三角形都包含全部在它后面的三角形，而且它们周界的长度随n的无限增大而趋向于零，根据区间套极限理论，存在点z_0属于这个序列中所有的三角形. 这个点在解析域G内，因此，在z_0点函数$f(z)$存在有限导数. 即对于任给的$\varepsilon(\varepsilon>0)$，都存在正数$\delta=\delta(\varepsilon)$，使$|z-z_0|<\delta$时，有

$$\left|\frac{f(z)-f(z_0)}{z-z_0}-f'(z_0)\right|<\varepsilon, \tag{14}$$

式(14)乘以$|z-z_0|$，有

$$|f(z)-f(z_0)-(z-z_0)f'(z_0)|<\varepsilon|z-z_0|. \tag{15}$$

因此，对于每一个在以z_0为中心，δ为半径的圆内的点z，不等式(15)都成立. 另一方面，从一个足够大的n开始，周界$\Delta^{(n)}$都在上述圆内，因此在估计积分$\int_{\Delta^{(n)}} f(z)\mathrm{d}z$的值时，我们可以利用不等式(15). 由于$\int_{\Delta^{(n)}}\mathrm{d}z=0$，$\int_{\Delta^{(n)}} z\mathrm{d}z=0$，所以

$$\int_{\Delta^{(n)}} f(z)\mathrm{d}z=\int_{\Delta^{(n)}}\left[f(z)-f(z_0)-(z-z_0)f'(z_0)\right]\mathrm{d}z. \tag{16}$$

根据不等式(15)，可得

$$\left|\int_{\Delta^{(n)}} f(z)\mathrm{d}z\right|<\int\limits_{\Delta^{(n)}}\varepsilon|z-z_0||\mathrm{d}z|. \tag{17}$$

因为$|z-z_0|$是三角形周界$\Delta^{(n)}$上任一点z到这个三角形上一点z_0的距离，所以有

$$|z-z_0|<\frac{U}{2^n}.$$

代入式(17)，得

$$\left|\int_{\Delta^{(n)}} f(z)\mathrm{d}z\right|<\varepsilon\frac{U}{2^n}\cdot\frac{U}{2^n}=\varepsilon\frac{U^2}{4^n}. \tag{18}$$

比较不等式(13)和(18)，有

$$\frac{M}{4^n}<\varepsilon\frac{U^2}{4^n}$$

即

$$M<\varepsilon\cdot U^2.$$

由于ε是一个可以任意小的数，由此就得出结论$M=0$.

附注 在柯西定理的证明中，利用了积分$\int \mathrm{d}z$与$\int z\mathrm{d}z$沿任何闭路所取的值都等于零的事实，根据积分定义可直接证明. 因为当$z_n = z_0$时，有$\sum_{k=0}^{n-1}\Delta z_k = 0$及$\lim_{n\to\infty}\sum_{k=0}^{n-1}\left(z_{k+1}^2 - z_k^2\right) = 0$，所以

$$\int \mathrm{d}z = \lim_{n\to\infty}\sum_{k=0}^{n-1}\Delta z_k = 0,$$

由

$$\int z\mathrm{d}z = \lim_{n\to\infty}\sum_{k=0}^{n-1} z_k\Delta z_k = \lim_{n\to\infty}\sum_{k=0}^{n-1} z_{k+1}\Delta z_k,$$

有

$$2\int z\mathrm{d}z = \lim_{n\to\infty}\sum_{k=0}^{n-1}(z_k + z_{k+1})\Delta z_k = \lim_{n\to\infty}\sum_{k=0}^{n-1}\left(z_{k+1}^2 - z_k^2\right) = 0.$$

本 章 小 结

当$f(z)$在闭曲线及内部解析，有如下积分公式:

柯西定理 $\oint_C f(z)\mathrm{d}z = 0$.

柯西积分公式 $\oint_C \dfrac{f(z)}{z - z_0}\mathrm{d}z = 2\pi\mathrm{i}f(z_0)$.

重要公式 $\oint_C \dfrac{1}{(z - z_0)^{n+1}}\mathrm{d}z = \begin{cases} 2\pi\mathrm{i}, & n = 0, \\ 0, & n \neq 0. \end{cases}$

高阶导数公式

$$f^{(n)}(z_0) = \frac{n!}{2\pi\mathrm{i}}\oint_C \frac{f(z)}{(z - z_0)^{n+1}}\mathrm{d}z \quad (z \in D),$$

其中C是函数解析域内包含z_0的任意闭曲线，方向取正方向.

重要结论 解析函数的导函数仍是解析函数.

解析函数与调和函数的关系

(1) 解析函数的实部和虚部都是调和函数.

(2) 解析函数的虚部是实部的共轭调和函数.

给定实部或虚部，可构造解析函数，具体方法主要有三类：偏积分法、线积分法和原函数法.

习　题　3

1. 判断下列命题正误, 并说明理由.

(1) 若 u,v 均为区域 D 内的调和函数, 则 $f(z)=u+\mathrm{i}v$ 在区域 D 内解析.

(2) 若 $f(z)=u+\mathrm{i}v$ 在区域 D 内解析, 则 u,v 均为区域 D 内的调和函数.

(3) 若 $f(z)=u+\mathrm{i}v$ 在区域 D 内解析,则 $g(z)=v+\mathrm{i}u$ 也在区域 D 内解析.

(4) 若 $f(z)=u+\mathrm{i}v$ 在区域 D 内解析, 则 $\dfrac{\partial u}{\partial x}$ 为 D 内的调和函数.

2. 计算下列积分.

(1) $\int_C (x+\mathrm{i}y^2)\mathrm{d}z$, 其中 C 为从原点至 $1+\mathrm{i}$ 的 $y^2=x$ 弧段.

(2) $\int_C z\mathrm{e}^z\mathrm{d}z$, 其中 C 是从 0 到 $1+\dfrac{\pi}{2}\mathrm{i}$ 的直线段.

(3) $\oint_C \dfrac{\overline{z}}{|z|}\mathrm{d}z$, 其中 C 是圆周 $|z|=2$ 沿逆时针方向.

3. 设 C 为从原点到点 $z_0=3+4\mathrm{i}$ 的直线段, 试求积分 $\int_C \dfrac{1}{z-\mathrm{i}}\mathrm{d}z$ 绝对值的一个上界 $\left(\text{提示： } z\right.$ 为从原点到点 $z_0=3+4\mathrm{i}$ 的直线段上任意一点, 易得 $\left.|z-\mathrm{i}|\geqslant\dfrac{3}{5}\right)$.

4. 不用计算, 用观察法得出下列积分的值, 并说明依据, 其中积分曲线 C 均为正向圆周 $|z|=1$.

(1) $\oint_C \dfrac{\mathrm{d}z}{z+2}$;　(2) $\oint_C \dfrac{1}{\cos z}\mathrm{d}z$;　(3) $\oint_C \dfrac{\mathrm{e}^z}{z^2+5z+6}\mathrm{d}z$;

(4) $\oint_C \mathrm{e}^z\left(z^2+1\right)\mathrm{d}z$;　(5) $\oint_C \dfrac{\mathrm{d}z}{z+\dfrac{1}{3}}$;　(6) $\oint_C \dfrac{\mathrm{d}z}{z^2}$.

(提示: 由柯西积分定理或例 3.1.4 结论).

5. 沿指定曲线的正向计算下列各积分.

(1) $\oint_C \dfrac{\mathrm{e}^z}{z-2}\mathrm{d}z$, C : $|z-2|=1$;　(2) $\oint_C \dfrac{\mathrm{e}^z}{z(z^2-1)}\mathrm{d}z$, C : $|z|=2$;

(3) $\oint_C \dfrac{\mathrm{d}z}{\left(z^2+1\right)\left(z^2+4\right)}$, C : $|z|=\dfrac{3}{2}$;　(4) $\oint_C \dfrac{\mathrm{d}z}{z^2-z}$, C : $|z|=2$;

(5) $\oint_C \dfrac{\mathrm{d}z}{(z-\mathrm{i})(z-2)}$, C : $|z|=3$;　(6) $\oint_C \dfrac{\cos \pi z}{z^2-5z+6}\mathrm{d}z$, C : $|z|=4$.

6. 计算下列闭曲线积分, 其中积分曲线取正方向.

(1) $\oint_C \dfrac{z^2-3z+2}{(z-4)^2}\mathrm{d}z$, C : $|z-4|=1$;　(2) $\oint_C \dfrac{\sin \pi z}{(2z-1)^2}\mathrm{d}z$, C: $|z|=1$;

(3) $\oint_C \frac{e^{-z}\sin z}{z^2}dz$ ，C： $|z-i|=2$； (4) $\oint_C \frac{e^z}{z^{2022}}dz$ ，C： $|z|=1$；

(5) $\oint_C \frac{e^z}{(z-1)^3}dz$，$C$： $|z|=2$； (6) $\oint_C \frac{e^{\pi z}}{z(z-i)^2}dz$，$C$： $|z-i|=\frac{1}{2}$；

(7) $\oint_C \frac{\cos z}{z^3}dz$，其中 $C=C_1+C_2^-$，C_1： $|z|=2$，C_2： $|z|=3$；

(8) $\oint_C \frac{e^z}{(z-a)^3}dz$，其中 $|a|\neq 1$，C： $|z|=1$.

7. 计算积分 $I=\oint_C \frac{z dz}{(2z+1)(z-2)}$，其中积分闭曲线 C 分别取下列圆周正向:

(1) $|z|=1$； (2) $|z-2|=1$； (3) $|z-1|=\frac{1}{2}$； (4) $|z|=3$.

8. 设 $g(z)=\oint_C \frac{\zeta^4+2\zeta\cos\zeta}{(\zeta-z)^3}d\zeta$，$C$ 为围绕原点的简单光滑闭曲线，取逆时针方向，围成的有界区域记为 D，$\forall z\in D$，写出 $g(z)$ 和 $g'(z)$ 的表达式，并计算 $g'(0)$.

9. 利用积分 $\oint_C \frac{e^z}{z}dz$（C 为单位圆周 $|z|=1$ 正向闭曲线），证明

$$\int_0^{\pi} e^{\cos\theta}\cos(\sin\theta)d\theta=\pi .$$

10. 设 $f(z)$ 在 $|z|<R\ (R>1)$ 内解析，且 $f(0)=1$，$f'(0)=2$，试计算积分 $\oint_{|z|=1}(z+1)^2\frac{f(z)}{z^2}dz$，并由此得出 $\int_0^{2\pi}\cos^2\frac{\theta}{2}f(e^{i\theta})d\theta$ 之值.

11. 设函数 $f(z)$ 在有界闭区域 $\overline{D}=D\cup\partial D$ 上解析，若 $f(z)$ 在区域边界 ∂D 上为常数，证明 $f(z)$ 在 D 内恒为该常数.

12. 设 $f(z)$ 在以闭曲线 C 为边界的闭区域 $\overline{D}=D\cup C$ 处处解析，且对于 D 内任意一点 z_0 都有

$$\oint_C \frac{f(z)}{(z-z_0)^2}dz=0 ,$$

试证 $f(z)$ 在 D 内为一常数.

13. 设 $f(z)$ 在单连通区域 B 内处处解析，C 为 B 内任何一条正向简单闭曲线，问:

$$\oint_C \mathrm{Re}[f(z)]dz=0,\qquad \oint_C \mathrm{Im}[f(z)]dz=0$$

是否成立，为什么？

14. 设函数 $f(z)$ 在 $0<|z|<1$ 内解析，且沿任何圆周 C: $|z|=r$，$0<r<1$ 的积分等于零，问 $f(z)$ 是否在 $z=0$ 处解析？试举例说明.

15. 证明 $\frac{a^n}{n!}=\frac{1}{2\pi i}\oint_C \frac{e^{a\xi}}{\xi^n}\cdot\frac{d\xi}{\xi}$，其中 C 是包围原点的任意简单闭曲线.

16. 验证下列函数是调和函数，并求出解析函数 $f(z)=u+\mathrm{i}v$.

(1) $u=x$;

(2) $u=x^3-6x^2y-3xy^2+2y^3$;

(3) $u=xy$;

(4) $u=\mathrm{e}^x(y\cos y+x\sin y)+x+y$ ， $f(0)=\mathrm{i}$;

(5) $v=xy$;

(6) $v=2x^2-2y^2+x$;

(7) $v=-\sin x\,\mathrm{sh}y$;

(8) $v=\dfrac{y}{x^2+y^2}$ ， $f(2)=0$.

17. 若函数 $u(x,y)=x^3+axy^2$ 为某一解析函数 $f(z)$ 的实部，

(1) 确定常数 a ;

(2) 求以 $u(x,y)=x^3+axy^2$ 为实部且满足 $f(0)=0$ 的解析函数 $f(z)$.

18. 设 $f(z)=x^2+g(y)+\mathrm{i}v(x,y)$ 解析，且 $f(0)=f'(0)=0$ ，求实函数 $g(y), v(x,y)$.

19. 设函数 $f(z)=u+\mathrm{i}v$ 在区域 D 内解析，证明: $\dfrac{\partial u}{\partial x}$ ， $\dfrac{\partial u}{\partial y}$ ， $\dfrac{\partial v}{\partial x}$ ， $\dfrac{\partial v}{\partial y}$ 是 D 内的调和函数.

Chapter

第4章 复 级 数

解析函数的本质到底是什么？前两章我们分别从复变函数的微分学与积分学角度刻画了什么是解析函数. 对于一个实变量函数 $f(x)$, 若它在点 x_0 某个邻域 (a, b) 内存在各阶导数 $f^{(n)}(x), n=0,1,\cdots$, 则 $f(x)$ 在 (a, b) 内可以展开成关于 $x-x_0$ 的幂级数

$$f(x)=\sum_{n=0}^{\infty}\frac{f^{(n)}(x_0)}{n!}(x-x_0)^n,\quad x\in(a,b).$$

上述公式的意义在于对 $f(x)$ 的性质研究转化为对它的近似多项式函数

$$p_n(x)=a_0+a_1(x-x_0)+a_2(x-x_0)^2+\cdots+a_n(x-x_0)^n$$

(其中 $a_k=\dfrac{f^{(k)}(x_0)}{k!}, k=0,1,\cdots,n$)的研究，而多项式函数属于较简单的一类初等函数，当我们需要提高问题的精确程度时，只需相应增大多项式的项数 n. 因此，在数学上，有时也把由收敛的幂级数给出的函数称为解析函数，例如 $\mathrm{e}^x,\sin x,\cos x,\cdots$，它们在整个实数域可以展开成 x 的幂级数，因此它们是实解析函数.

由第 3 章高阶导数公式可知，解析函数有任意阶导数，我们很自然会问：一个复的解析函数是否也能展开成幂级数？如果可以，其收敛域的结构应该是什么样子的？对给定的解析函数我们如何把它展开成指定点处的幂级数？

本章主要用级数的方法研究解析函数的性质. 首先把实级数的有关概念和性质引入到复数域，得到复数项级数与复变函数项级数相关概念与性质；其次，我们在圆域和环域上分别讨论了泰勒级数与洛朗级数，并建立解析函数展开成泰勒级数与洛朗级数的一般方法.

4.1　复数项级数

4.1.1　复数列

类似实数数列, 我们把按顺序排列的一列复数 $z_1, z_2, \cdots, z_n$, 称为**复数列**, 记作 $\{z_n\}$, 也称为复平面上的点列, 其中 z_n 称为数列的**通项**.

定义 4.1.1　设 $\{z_n\}$ 是一复数列, $\alpha = a + b\mathrm{i}$ 为一个确定的复数, 若对任意的 $\varepsilon > 0$, 总存在自然数 N, 对一切满足不等式 $n > N$ 的自然数 n, 都有 $|z_n - \alpha| < \varepsilon$, 则称 α 是复数列 $\{z_n\}$ 的**极限**, 或称复数列 $\{z_n\}$ **收敛到** α, 记作

$$\lim_{n\to\infty} z_n = \alpha \quad 或 \quad z_n \to \alpha (n \to \infty).$$

若复数列 $\{z_n\}$ 不以任何复数为极限, 则称 $\{z_n\}$ **不收敛**, 或称 $\{z_n\}$ 是**发散数列**.

注　定义 4.1.1 的几何意义: $\lim\limits_{n\to\infty} z_n = \alpha$ 当且仅当对点 α 任何半径为 ε 的领域 $U(\alpha, \varepsilon)$, 至多有有限个点 $z_1, z_2, \cdots, z_N$ 在 $U(\alpha, \varepsilon)$ 之外. 因此, 几何上, α 也称为 $\{z_n\}$ 的**聚点**或**极限点**.

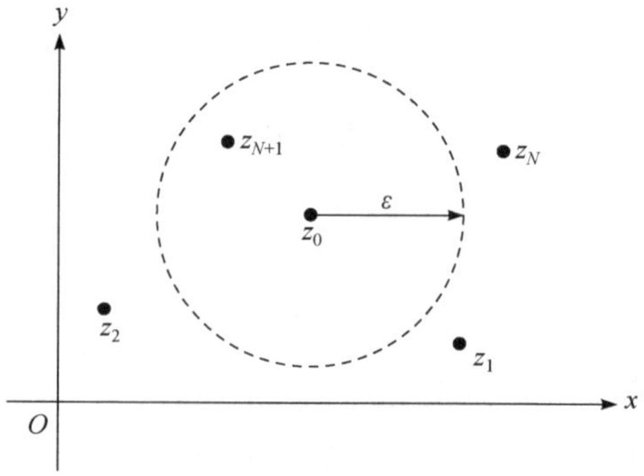

图 4.1.1　复数数列极限的几何意义

类似前面章节的讨论, 复数列敛散性的判断可以化归为它的实部与虚部两个实数列敛散性的判断.

定理 4.1.1　设复数列 $z_n = x_n + \mathrm{i}y_n, n = 1, 2, 3, \cdots$, 复常数 $\alpha = a + b\mathrm{i}$, 则复数列 $\{z_n\}$ 收敛到 α 的充分必要条件是实数列 $\{x_n\}, \{y_n\}$ 都收敛, 且

$$\lim_{n\to\infty} x_n = a, \quad \lim_{n\to\infty} y_n = b.$$

证明　充分性　若 $\lim\limits_{n\to\infty} x_n = a$, $\lim\limits_{n\to\infty} y_n = b$, 则对任意的 $\varepsilon > 0$, 分别存在自然数 N_1, N_2, 使得当 $n > N_1$ 及 $n > N_2$ 时, 有 $|x_n - a| < \varepsilon / 2$, $|y_n - b| < \varepsilon / 2$, 取 $N = \max\{N_1,$

$N_2\}$,从而对一切满足不等式$n>N$的自然数n, 都有

$$|z_n-\alpha|=\sqrt{(x_n-a)^2+(y_n-b)^2}\leqslant|x_n-a|+|y_n-b|<\varepsilon,$$

即 $\lim\limits_{n\to\infty}z_n=\alpha$.

必要性 若 $\lim\limits_{n\to\infty}z_n=\alpha$, 注意到$|x_n-a|$, $|y_n-b|\leqslant|z_n-\alpha|$, 则对任意的$\varepsilon>0$, 存在自然数$N$, 当$n>N$时, $|z_n-\alpha|<\varepsilon$, 故$|x_n-a|<\varepsilon$, $|y_n-b|<\varepsilon$, 即 $\lim\limits_{n\to\infty}x_n=a$, $\lim\limits_{n\to\infty}y_n=b$.

例 4.1.1 下列复数列是否收敛? 若收敛, 求出极限.

(1) $z_n=\sqrt[n]{3}+\mathrm{i}\dfrac{(-1)^n}{n}$; (2) $z_n=\left(\dfrac{\mathrm{i}}{2}\right)^n$; (3) $z_n=\sin(\mathrm{i}n)$.

解 (1) 因为 $\lim\limits_{n\to\infty}\sqrt[n]{3}=1$, $\lim\limits_{n\to\infty}\dfrac{(-1)^n}{n}=0$, 所以由定理 4.1.1 知数列 $\sqrt[n]{3}+\mathrm{i}\dfrac{(-1)^n}{n}$ 收敛, 且

$$\lim_{n\to\infty}\left(\sqrt[n]{3}+\mathrm{i}\frac{(-1)^n}{n}\right)=1.$$

(2) 因为

$$z_n=\left(\frac{\mathrm{i}}{2}\right)^n=\left(\frac{\mathrm{e}^{\frac{\pi}{2}\mathrm{i}}}{2}\right)^n=\frac{\mathrm{e}^{\frac{n\pi}{2}\mathrm{i}}}{2^n}=\frac{\cos\dfrac{n\pi}{2}}{2^n}+\mathrm{i}\frac{\sin\dfrac{n\pi}{2}}{2^n},$$

而

$$\lim_{n\to\infty}\frac{\cos\dfrac{n\pi}{2}}{2^n}=0,\quad \lim_{n\to\infty}\frac{\sin\dfrac{n\pi}{2}}{2^n}=0,$$

所以由定理 4.1.1 可知数列 $z_n=\left(\dfrac{\mathrm{i}}{2}\right)^n$ 收敛, 且 $\lim\limits_{n\to\infty}\left(\dfrac{\mathrm{i}}{2}\right)^n=0$;

(3) 因为 $\sin(\mathrm{i}n)=\mathrm{i}\,\mathrm{sh}\,n=\mathrm{i}\dfrac{\mathrm{e}^n-\mathrm{e}^{-n}}{2}$, 而 $\lim\limits_{n\to\infty}\dfrac{\mathrm{e}^n-\mathrm{e}^{-n}}{2}=+\infty$, 所以由定理 4.1.1, 数列 $z_n=\sin(\mathrm{i}n)$ 发散.

4.1.2 复数项级数

定义 4.1.2 设 $\{z_n\}$ 是复数列, 把它的所有项依次相加后记作

$$\sum_{n=1}^{\infty} z_n = z_1 + z_2 + \cdots + z_n + \cdots, \tag{4.1.1}$$

(4.1.1) 称为**复数项级数**或**复级数**, 其中 z_n 称为复级数(4.1.1)的**一般项**.

定义 4.1.3 对于复数项级数(4.1.1), 记

$$s_n = \sum_{k=1}^{n} z_k = z_1 + z_2 + \cdots + z_n, \tag{4.1.2}$$

称为级数 $\sum_{n=1}^{\infty} z_n$ 的(前 n 项)**部分和**.

若部分和数列 $\{s_n\}$ 收敛于 s, 即 $\lim_{n\to\infty} s_n = s$, 则称级数 $\sum_{n=1}^{\infty} z_n$ **收敛于** s, s 称为级数 $\sum_{n=1}^{\infty} z_n$ 的**和**, 记为 $\sum_{n=1}^{\infty} z_n = s$; 若 $\{s_n\}$ 不收敛, 则称级数 $\sum_{n=1}^{\infty} z_n$ 为**发散级数**.

记 $z_n = x_n + \mathrm{i}y_n$, $s_n = \sum_{k=1}^{n} x_k + \mathrm{i}\sum_{k=1}^{n} y_k = \sigma_n' + \mathrm{i}\sigma_n''$, 其中 $\{\sigma_n'\},\{\sigma_n''\}$ 分别是两个实级数 $\sum_{n=1}^{\infty} x_n, \sum_{n=1}^{\infty} y_n$ 的部分和数列, 由定义 4.1.3 及定理 4.1.1, 我们可推得下述定理.

定理 4.1.2 设 $\sum_{n=1}^{\infty} z_n = \sum_{n=1}^{\infty} x_n + \mathrm{i}\sum_{n=1}^{\infty} y_n$, 其中 x_n, y_n $(n = 1, 2, \cdots)$ 均为实数, 则级数(4.1.1)收敛的充要条件为级数 $\sum_{n=1}^{\infty} x_n$ 与 $\sum_{n=1}^{\infty} y_n$ 均收敛.

利用定理 4.1.2, 复级数的收敛问题可转化为实部和虚部相应两个实数项级数的收敛问题. 因此, 有关实级数的一些性质, 可以不加修改地推广到复数项级数(请读者自行验证).

例 4.1.2 判断级数 $\sum_{n=1}^{\infty} \frac{3\mathrm{i}}{2^n}$ 的敛散性.

解 *方法一* 利用定义, 部分和数列

$$s_n = \sum_{k=1}^{n} \frac{3\mathrm{i}}{2^k} = 3\mathrm{i}\sum_{k=1}^{n} \frac{1}{2^k} = 3\mathrm{i}\left(1 - \frac{1}{2^n}\right),$$

因为 $\lim_{n\to\infty} s_n = 3\mathrm{i}$, 所以由定义 4.1.3, $\sum_{n=1}^{\infty} \frac{3\mathrm{i}}{2^n}$ 收敛, 且和为 $3\mathrm{i}$;

方法二 记 $\sum_{n=1}^{\infty} \frac{3\mathrm{i}}{2^n} = \sum_{n=1}^{\infty} 0 + \mathrm{i}\sum_{n=1}^{\infty} \frac{3}{2^n}$, 其中 $\sum_{n=1}^{\infty} 0 = 0$, $\sum_{n=1}^{\infty} \frac{3}{2^n} = 3$, 故由定理 4.1.2, 级数 $\sum_{n=1}^{\infty} \frac{3\mathrm{i}}{2^n}$ 收敛, 和为 $0 + 3\mathrm{i} = 3\mathrm{i}$.

定理 4.1.3* (柯西收敛准则) 级数 $\sum_{n=1}^{\infty} z_n$ 收敛的充分必要条件是对任意的 $\varepsilon > 0$, 存在自然数 N, 当 $n > N$ 时, 对任意自然数 p, 总有

$$\left|z_{n+1} + \cdots + z_{n+p}\right| < \varepsilon.$$

证明 必要性 若 $\sum_{n=1}^{\infty} z_n$ 收敛, 注意到

$$\left|z_{n+1} + \cdots + z_{n+p}\right| < \left|x_{n+1} + \cdots + x_{n+p}\right| + \left|y_{n+1} + \cdots + y_{n+p}\right|,$$

由定理 4.1.2, 复级数 $\sum_{n=1}^{\infty} z_n$ 收敛⇔实级数 $\sum_{n=1}^{\infty} x_n, \sum_{n=1}^{\infty} y_n$ 同时收敛, 由实级数的柯西收敛准则, 对任意的 $\varepsilon > 0$, 存在自然数 N, 当 $n > N$ 时, 对任意自然数 p, 有

$$\left|x_{n+1} + \cdots + x_{n+p}\right| < \frac{\varepsilon}{2}, \quad \left|y_{n+1} + \cdots + y_{n+p}\right| < \frac{\varepsilon}{2},$$

故当 $n > N$ 时, 有

$$\left|z_{n+1} + \cdots + z_{n+p}\right| < \frac{\varepsilon}{2} + \frac{\varepsilon}{2} = \varepsilon.$$

充分性 若对任意的 $\varepsilon > 0$, 存在自然数 N, 当 $n > N$ 时, 对任意自然数 p, 总有

$$\left|z_{n+1} + \cdots + z_{n+p}\right| < \varepsilon.$$

注意到

$$\left|x_{n+1} + \cdots + x_{n+p}\right|, \left|y_{n+1} + \cdots + y_{n+p}\right| < \left|z_{n+1} + \cdots + z_{n+p}\right| < \varepsilon.$$

由实级数收敛柯西准则, $\sum_{n=1}^{\infty} x_n, \sum_{n=1}^{\infty} y_n$ 收敛, 再由定理 4.1.2, $\sum_{n=1}^{\infty} z_n$ 收敛.

定理 4.1.3 中, 若取 $p = 1$, 则 $\sum_{n=1}^{\infty} z_n$ 收敛⇒ $\forall \varepsilon > 0$, 总存在 N, 当 $n > N$ 时, 有 $\left|z_{n+1}\right| < \varepsilon$, 我们立即得到下述定理:

定理 4.1.4 级数 $\sum_{n=1}^{\infty} z_n$ 收敛的必要条件是 $\lim_{n \to \infty} z_n = 0$.

注 定理的逆命题一般不成立, 如复级数 $\sum_{n=1}^{\infty} \frac{\mathrm{i}}{n}$, 虽然它的一般项 $\frac{\mathrm{i}}{n} \to 0 (n \to \infty)$, 但由定理 4.1.2, 这个级数却是发散的.

我们注意到, 复级数 $\sum_{n=1}^{\infty} z_n$ 各项取模后得到一个实正项级数 $\sum_{n=1}^{\infty} |z_n|$, 一个很自然的问题是, 能否通过判断正项级数的敛散性来判断相应复级数的敛散性?

为此，设 $\sum_{n=1}^{\infty}|z_n|$ 收敛，因为

$$|x_n|,\ |y_n| \leqslant |z_n| = \sqrt{x_n^2 + y_n^2},$$

所以由比较审敛法，正项级数 $\sum_{n=1}^{\infty}|x_n|$，$\sum_{n=1}^{\infty}|y_n|$ 收敛，即实级数 $\sum_{n=1}^{\infty}x_n$，$\sum_{n=1}^{\infty}y_n$ 绝对收敛，因绝对收敛的实级数本身也是收敛的，故 $\sum_{n=1}^{\infty}x_n$，$\sum_{n=1}^{\infty}y_n$ 收敛，由定理 4.1.2，我们得到以下定理.

定理 4.1.5　若复级数 $\sum_{n=1}^{\infty}z_n$ 的各项取模构成的正项级数 $\sum_{n=1}^{\infty}|z_n|$ 收敛，则复级数 $\sum_{n=1}^{\infty}z_n$ 收敛.

为叙述方便，若 $\sum_{n=1}^{\infty}|z_n|$ 收敛，则称原级数 $\sum_{n=1}^{\infty}z_n$ **绝对收敛**. 定理 4.1.5 说明绝对收敛的级数本身也是收敛的，但反过来不一定成立. 如级数 $\sum_{n=1}^{\infty}\frac{(-1)^n}{n}\mathrm{i}$ 不是绝对收敛，但本身是收敛的，我们把这种收敛称为**条件收敛**.

定理 4.1.6　级数 $\sum_{n=1}^{\infty}z_n$ 绝对收敛的充分必要条件是 $\sum_{n=1}^{\infty}x_n$ 和 $\sum_{n=1}^{\infty}y_n$ 都绝对收敛.

证明　注意到

$$|x_n|, |y_n| \leqslant |z_n| \leqslant |x_n| + |y_n|,$$

由正项级数比较判别法即得.

例 4.1.3　下列级数是否收敛？是否绝对收敛？

(1) $\sum_{n=1}^{\infty}\frac{1}{n}\left(1+\frac{\mathrm{i}}{n}\right)$；　(2) $\sum_{n=1}^{\infty}\frac{(8\mathrm{i})^n}{n!}$；　(3) $\sum_{n=1}^{\infty}\left[\frac{(-1)^n}{n}+\frac{\mathrm{i}}{2^n}\right]$.

解　(1) 原级数 $=\sum_{n=1}^{n}\frac{1}{n}+\mathrm{i}\sum_{n=1}^{\infty}\frac{1}{n^2}$，因 $\sum_{n=1}^{n}\frac{1}{n}$ 发散，$\sum_{n=1}^{\infty}\frac{1}{n^2}$ 收敛，由定理 4.1.2，$\sum_{n=1}^{\infty}\frac{1}{n}\left(1+\frac{\mathrm{i}}{n}\right)$ 发散；

(2) 由正项级数的比值判别法，$\sum_{n=1}^{\infty}\frac{|8\mathrm{i}|^n}{n!}=\sum_{n=1}^{\infty}\frac{8^n}{n!}$ 收敛，故 $\sum_{n=1}^{\infty}\frac{(8\mathrm{i})^n}{n!}$ 绝对收敛，由定理 4.1.5，级数 $\sum_{n=1}^{\infty}\frac{(8\mathrm{i})^n}{n!}$ 收敛；

(3) 因级数$\sum_{n=1}^{n}\frac{(-1)^n}{n}$收敛，$\sum_{n=1}^{n}\frac{1}{2^n}$收敛，故级数$\sum_{n=1}^{\infty}\left[\frac{(-1)^n}{n}+\frac{\mathrm{i}}{2^n}\right]$收敛，又$\sum_{n=1}^{n}\frac{1}{n}$发散，由定理 4.1.6，级数$\sum_{n=1}^{\infty}\left[\frac{(-1)^n}{n}+\frac{\mathrm{i}}{2^n}\right]$为条件收敛.

利用定理 4.1.2，绝对收敛实级数的性质可以推广到绝对收敛的复级数.

定理 4.1.7 (绝对收敛级数的性质) (1) 绝对收敛的级数的各项可以按任意次序重排，而不改变其绝对收敛性，也不改变其和；

(2) 设级数$\sum_{n=1}^{\infty}z_n',\sum_{n=1}^{\infty}z_n''$绝对收敛，则它们的乘积级数

$$\sum_{n=1}^{\infty}(z_1'z_n''+z_2'z_{n-1}''+\cdots+z_n'z_1'') \quad \textbf{(柯西乘积)}$$

也绝对收敛，且其和是这两个级数和的乘积，即

$$\sum_{n=1}^{\infty}(z_1'z_n''+z_2'z_{n-1}''+\cdots+z_n'z_1'')=\left(\sum_{n=1}^{\infty}z_n'\right)\cdot\left(\sum_{n=1}^{\infty}z_n''\right).$$

例 4.1.4* (1) 证明：当$|z|<1$时，级数$\sum_{n=0}^{\infty}z^n=1+z+\cdots+z^n+\cdots$绝对收敛；

(2) 当$|z|<1$时，求级数$\sum_{n=1}^{\infty}nz^{n-1}=1+2z+\cdots+nz^{n-1}+\cdots$的和.

(1) **证明** 考察正项级数$\sum_{n=0}^{\infty}|z|^n$，其部分和数列

$$s_n=\sum_{k=0}^{n-1}|z|^k=1+|z|+\cdots+|z|^{n-1}=\frac{1-|z|^n}{1-|z|},$$

当$|z|<1$时，$\lim_{n\to\infty}|z|^n=0$，所以

$$\lim_{n\to\infty}s_n=\frac{1}{1-|z|},$$

于是$\sum_{n=0}^{\infty}|z|^n$收敛，即$\sum_{n=0}^{\infty}z^n$绝对收敛.

(2) **解** 由(1)，当$|z|<1$时，级数$\sum_{n=0}^{\infty}z^n$绝对收敛到$\frac{1}{1-z}$，由定理 4.1.7，

$$\sum_{n=1}^{\infty}nz^{n-1}=\left(\sum_{n=0}^{\infty}z^n\right)\left(\sum_{n=0}^{\infty}z^n\right)=\frac{1}{(z-1)^2}.$$

4.2 幂 级 数

4.2.1 复变函数项级数

定义 4.2.1　设$\{f_n(z)\}(n=1,2,\cdots)$是定义在区域D上的复变函数列，则称表达式

$$f_1(z)+f_2(z)+\cdots+f_n(z)+\cdots$$

为D上的**复变函数项级数**，记为$\sum\limits_{n=1}^{\infty}f_n(z)$，即

$$\sum_{n=1}^{\infty}f_n(z)=f_1(z)+f_2(z)+\cdots+f_n(z)+\cdots. \tag{4.2.1}$$

该级数前n项之和

$$s_n(z)=f_1(z)+f_2(z)+\cdots+f_n(z),\quad n=1,2,3,\cdots$$

称为级数(4.2.1)的**部分和**.

若对点$z_0\in D$，极限$\lim\limits_{n\to\infty}s_n(z_0)=s(z_0)$存在，则称级数(4.3)在**点**$z_0$**收敛**，$s(z_0)$称为级数(4.2.1)在点$z_0$的**和**，$z_0$称为级数(4.2.1)的**收敛点**. 若级数(4.2.1)在D上每一点z都收敛，则它的和是z的一个函数$s(z)$，即

$$s(z)=f_1(z)+f_2(z)+\cdots+f_n(z)+\cdots,\quad z\in D.$$

$s(z)$称为级数(4.3)的**和函数**，它的定义域是级数(4.2.1) 收敛点的全体构成的集合，称为级数(4.2.1)的收敛域，记为K，

$$s(z)=\sum_{k=1}^{\infty}f_n(z),\quad z\in K.$$

正如我们讨论实函数级数一样，对一个复变函数级数$\sum\limits_{n=1}^{\infty}f_n(z)$，我们首先关心的问题是:

(1) 确定对哪些点z，使得$\sum\limits_{n=1}^{\infty}f_n(z)$收敛？它的收敛域有什么样的结构?

(2) $\sum\limits_{n=1}^{\infty}f_n(z)$收敛的话，其和$s(z)$是什么？有什么性质?

在第 2 章，我们引入了复幂函数z^n，由此得到复多项式函数

$$P_n(z)=a_nz^n+a_{n-1}z^{n-1}+\cdots+a_0,\quad a_k\in\mathbf{C},\quad 0\leqslant k\leqslant n.$$

它在整个复平面上处处解析，是相对简单的一类初等函数，并具有较好的性质．因此，在研究一个较复杂的函数 $f(z)$ 时，我们希望可以找到一个多项式函数 $P_n(z)$，使 $f(z)\approx P_n(z)$，这里 $P_n(z)$ 要能比较好地近似反映 $f(z)$ 的性质，而且当我们想要提高近似程度时，只需要增加项数 n 即可．理想结果是 $n\to\infty$ 时，$P_n(z)=f(z)$，这里

$$f(z)=\cdots+a_nz^n+a_{n-1}z^{n-1}+\cdots+a_0,$$

上式右侧是一个函数项级数，其一般项 $f_n(z)=a_nz^n$ 是幂函数，我们称这样的函数级数为幂级数．幂级数在复变函数论中有着特殊重要意义，它不但是研究解析函数的主要工具，而且在实际计算应用中也比较方便．对幂级数收敛域及和函数性质的研究是本节主要内容．

4.2.2 幂级数

定义 4.2.2 一般地，形如

$$\sum_{n=0}^{\infty}a_n(z-z_0)^n=a_0+a_1(z-z_0)+\cdots+a_n(z-z_0)^n+\cdots \tag{4.2.2}$$

的复变函数项级数称为**幂级数**，其中 z 是复变量，$a_n(n=0,1,2,\cdots)$ 及 z_0 均为复常数．不失一般性，我们可假设 $z_0=0$，此时，幂级数(4.2.2)变成

$$\sum_{n=0}^{\infty}a_nz^n=a_0+a_1z+\cdots+a_nz^n+\cdots. \tag{4.2.3}$$

这是因为对一般情形(4.2.2)，只需作变量替换 $\zeta=z-z_0$，即可将(4.2.2)转化为(4.2.3)的形式．因此，今后无特殊说明，我们主要就(4.2.3)式进行讨论．

1. 幂级数收敛域的结构

我们首先研究幂级数(4.2.3)的收敛性．显然，当 $z=0$ 时，级数(4.2.3)总是收敛的；当 $z\neq0$ 时，同高等数学中的实幂级数一样，复幂级数也有相应的阿贝尔收敛定理．

定理 4.2.1(阿贝尔(Abel)定理) (1) 若幂级数(4.2.3)在点 $z_1(\neq0)$ 收敛，则对任意满足 $|z|<|z_1|$ 的点 z，级数(4.2.3)绝对收敛；

(2) 若幂级数(4.2.3)在点 z_2 发散，则对任意满足 $|z|>|z_2|$ 的点 z，级数(4.2.3)发散．

证明 (1) 若级数(4.2.3)在点 $z_1\neq0$ 收敛，由级数收敛的必要条件，得

$$\lim_{n\to\infty}a_nz_1^n=0,$$

从而一般项复数列 $\{a_nz_1^n\}_{n=0}^{\infty}$ 是有界数列，即

$$\exists M>0，使得\left|a_n z_1^n\right| \leqslant M \quad (n=0,1,2,\cdots)，$$

因级数(4.2.3)可写成

$$\sum_{n=0}^{\infty} a_n z^n=\sum_{n=0}^{\infty} a_n z_1{}^n \cdot\left(\frac{z}{z_1}\right)^n，$$

故

$$\left|a_n z^n\right|=\left|a_n z_1^n\right|\left|\frac{z}{z_1}\right|^n \leqslant M \cdot\left|\frac{z}{z_1}\right|^n \triangleq M q^n，$$

因为 $q=\left|\frac{z}{z_1}\right|<1$，所以正项级数 $\sum\limits_{n=0}^{\infty} M q^n$ 收敛, 由比较判别法, 级数(4.2.3)绝对收敛.

(2) (反证法) 若级数(4.2.3)在点 z_2 发散, 设若结论不成立, 即存在一点 $z_1:\left|z_1\right|>\left|z_2\right|$, 使得级数在点 z_1 收敛, 由(1), 对任意满足 $|z|<\left|z_1\right|$ 的点 z, 级数(4.2.3)绝对收敛, 从而在 z_2 收敛, 这与假设条件级数(4.2.3)在点 z_2 发散矛盾.

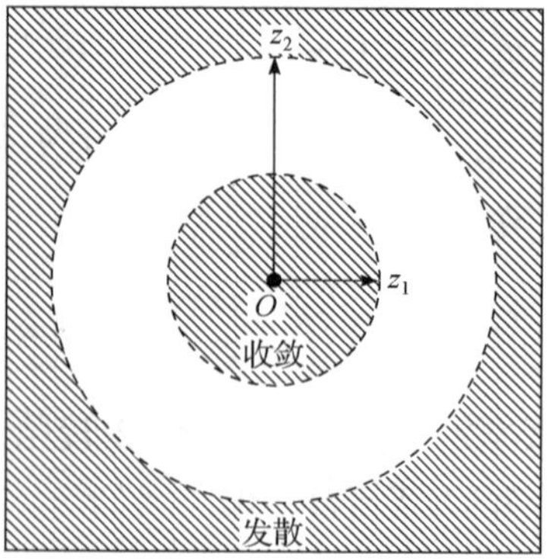

图 4.2.1

注　定理 4.2.1 的几何意义: 若幂级数 $\sum\limits_{n=0}^{\infty} a_n z^n$ 在点 $z_1(\neq 0)$ 收敛, 则它在以原点为圆心, $\left|z_1\right|$ 为半径的圆盘 $|z|<\left|z_1\right|$ 内处处绝对收敛; 反之, 若幂级数 $\sum\limits_{n=0}^{\infty} a_n z^n$ 在点 z_2 发散, 则它在以原点为圆心, $\left|z_2\right|$ 为半径的圆周外区域 $|z|>\left|z_2\right|$ 处处发散. 见图 4.2.1.

由阿贝尔定理, 对幂级数 $\sum\limits_{n=0}^{\infty} a_n z^n$ 而言, 其敛散性无非是下面三种情形之一.

情形 Ⅰ　除 $z=0$ 外, 幂级数 $\sum\limits_{n=0}^{\infty} a_n z^n$ 在复平面上处处发散.

例如, 幂级数 $\sum\limits_{n=1}^{\infty} n^n z^n$ 当 $z \neq 0$ 处处发散, 因为这时 $\lim\limits_{n \rightarrow \infty} n^n z^n \neq 0$.

情形 Ⅱ　对所有的 z, 幂级数 $\sum\limits_{n=0}^{\infty} a_n z^n$ 都收敛, 即在整个复平面上处处收敛.

例如, 幂级数 $\sum\limits_{n=0}^{\infty} \frac{z^n}{n!}$ 处处绝对收敛到 e^z, 故它在复平面上处处收敛.

情形 Ⅲ　幂级数 $\sum\limits_{n=0}^{\infty} a_n z^n$ 既有收敛点 $z_1(\neq 0)$, 又有发散点 z_2.

这种情形下，由阿贝尔定理，必有$|z_1|\leqslant|z_2|$.

(1) 当$|z_1|=|z_2|$时，记$R=|z_1|=|z_2|>0$，则由阿贝尔定理，幂级数$\sum\limits_{n=0}^{\infty}a_nz^n$在圆盘$|z|<R$内处处绝对收敛，而在圆周$|z|=R$外部$|z|>R$内处处发散.

(2) 当$|z_1|<|z_2|$时，对任何满足$|z_1|<|z_1'|<|z_2|$的点z_1'，若$\sum\limits_{n=0}^{\infty}a_n(z_1')^n$收敛，则由阿贝尔定理可知，$\sum\limits_{n=0}^{\infty}a_nz^n$在以原点为圆心，$|z_1'|$为半径的更大的圆盘$|z|<|z_1'|$内收敛；同样，对任何满足$|z_1|<|z_2'|<|z_2|$的点$z_2'$，若$\sum\limits_{n=0}^{\infty}a_n(z_2')^n$发散，由阿贝尔定理可知，级数$\sum\limits_{n=0}^{\infty}a_nz^n$在比圆周$|z|=|z_2|$更小的圆周$|z|=|z_2'|$外部$|z|>|z_2'|$处处发散，且必有$|z_1'|\leqslant|z_2'|$.

重复(1), (2)问题的讨论，不难发现，收敛域与发散域不断拓展，最终逼近唯一的一个临界圆周$C:|z|=R$，在C内部幂级数处处绝对收敛，在C外部幂级数处处发散，我们称C为幂级数$\sum\limits_{n=0}^{\infty}a_nz^n$的**收敛圆**，收敛圆的半径$R$称为**收敛半径**，如图 4.2.2 所示.

对于情形Ⅰ，规定$R=0$，这时收敛圆退化成一点$z=0$；对于情形Ⅱ，规定$R=+\infty$，这时收敛圆为整个复平面.

综上所述，幂级数$\sum\limits_{n=0}^{\infty}a_nz^n$收敛域的结构是一个收敛圆，在其内部区域$\sum\limits_{n=0}^{\infty}a_nz^n$处处绝对收敛；在其外部区域$\sum\limits_{n=0}^{\infty}a_nz^n$处处发散.

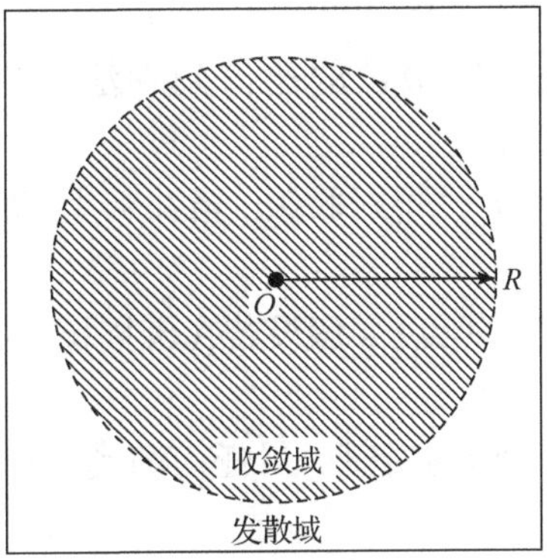

图 4.2.2 幂级数收敛域的结构

2. 幂级数收敛半径的计算方法

确定收敛圆只需知道收敛半径. 与高等数学中确定实幂级数的收敛半径方法相类似，复幂级数系数模的比值法或根植法也是计算收敛半径的常用方法.

定理 4.2.2 (收敛半径计算公式) 若幂级数$\sum\limits_{n=0}^{\infty}a_nz^n$的系数$a_n$满足下面两个条件之一:

$$\lim_{n\to\infty}\frac{|a_{n+1}|}{|a_n|}=l,$$

或

$$\lim_{n\to\infty}\sqrt[n]{|a_n|}=l,$$

则该幂级数的收敛半径

$$R=\begin{cases}1/l, & 0<l<+\infty,\\ 0, & l=+\infty,\\ +\infty, & l=0.\end{cases}$$

证明 设 $\lim\limits_{n\to\infty}\dfrac{|a_{n+1}|}{|a_n|}=l$, 则 $l\geqslant 0$ 或 $l=+\infty$, 分三种情况分别证明.

(1) $0<l<+\infty$, 考察正项级数 $\sum\limits_{n=0}^{\infty}a_n|z|^n$, 因为

$$\lim_{n\to\infty}\frac{|a_{n+1}z^{n+1}|}{|a_nz^n|}=\lim_{n\to\infty}\frac{|a_{n+1}|}{|a_n|}|z|=l|z|,$$

由正项级数的比值判别法, 当 $l|z|<1$, 即 $|z|<1/l$ 时, $\sum\limits_{n=0}^{\infty}|a_nz|^n$ 收敛, 则幂级数 $\sum\limits_{n=0}^{\infty}a_nz^n$ 绝对收敛; 当 $l|z|>1$, 即 $|z|>1/l$ 时, $\sum\limits_{n=0}^{\infty}|a_nz|^n$ 发散, 下证 $\sum\limits_{n=0}^{\infty}a_nz^n$ 此时也发散. 事实上, 假设若在圆周 $|z|=1/l$ 外存在一点 z_0, 使得数项级数 $\sum\limits_{n=0}^{\infty}a_nz_0{}^n$ 收敛, 则由阿贝尔定理, 对任何满足 $|z_0|>|z_1|>1/l$ 的点 z_1, $\sum\limits_{n=0}^{\infty}a_n|z_1|^n$ 收敛, 矛盾! 从而假设不成立. 因此, 当 $0<l<+\infty$ 时, 幂级数 $\sum\limits_{n=0}^{\infty}a_nz^n$ 收敛半径 $R=1/l$.

(2) $l=0$, 因为对任何点 z, $\sum\limits_{n=0}^{\infty}|a_nz|^n$ 都收敛, 所以幂级数 $\sum\limits_{n=0}^{\infty}a_nz^n$ 在复平面上处处收敛, 其收敛半径 $R=+\infty$.

(3) $l=+\infty$, 对任何 $z\neq 0$, 级数 $\sum\limits_{n=0}^{\infty}|a_nz|^n$ 发散, 则幂级数 $\sum\limits_{n=0}^{\infty}a_nz^n$ 也必发散, 否则, 若有一点 $z_0\neq 0$, $\sum\limits_{n=0}^{\infty}a_nz_0{}^n$ 收敛, 则由阿贝尔定理, 对任何 $0<|z|<|z_0|$, $\sum\limits_{n=0}^{\infty}|a_nz|^n$ 收敛, 矛盾! 故收敛半径 $R=0$.

对于根值的情形, 请读者自己完成证明.

例 4.2.1 求下列幂级数的收敛半径, 并讨论收敛圆周上的情形.

(1) $\sum_{n=0}^{\infty} z^n$; (2) $\sum_{n=1}^{\infty}\frac{z^n}{n}$; (3) $\sum_{n=1}^{\infty}\mathrm{ch}\left(\frac{\mathrm{i}}{n}\right)(z-1)^n$; (4) $\sum_{n=1}^{\infty}\left(\frac{z}{\ln \mathrm{i}n}\right)^n$.

解 (1) 系数 $a_n=1$, $n=0,1,2,\cdots$, 因 $\lim_{n\to\infty}\frac{|a_{n+1}|}{|a_n|}=1$, 故由定理 4.2.2, 幂级数 $\sum_{n=0}^{\infty} z^n$ 收敛半径为 $R=1$, 其部分和

$$s_n=1+z+z^2+\cdots+z^{n-1}=\frac{1-z^n}{1-z},$$

当 $|z|<1$ 时, 因 $\lim_{n\to\infty} z^n=0$, 故 $\lim_{n\to\infty} s_n=\frac{1}{1-z}$, 即在单位圆盘 $|z|<1$ 内, 级数 $\sum_{n=0}^{\infty} z^n$ 处处绝对收敛, 且其和函数 $s(z)=\frac{1}{1-z}$, 即

$$\sum_{n=0}^{\infty} z^n=\frac{1}{1-z},\quad |z|<1; \tag{4.2.4}$$

当 $|z|=1$ 时, 对单位圆周上的任何一点 z, 注意到 $\lim_{n\to\infty} z^n\neq 0$, 由定理 4.1.4, $\sum_{n=0}^{\infty} z^n$ 发散, 故当 $|z|\geqslant 1$ 幂级数 $\sum_{n=0}^{\infty} z^n$ 发散.

(2) 系数 $a_n=\frac{1}{n}$, $n=1,2,\cdots$, 因为 $\lim_{n\to\infty}\frac{|a_{n+1}|}{|a_n|}=\lim_{n\to\infty}\frac{1/(n+1)}{1/n}=\lim_{n\to\infty}\left(\frac{n}{n+1}\right)=1$, 所以 $\sum_{n=1}^{\infty}\frac{z^n}{n}$ 的收敛半径 $R=1$, 在收敛圆周 $|z|=1$ 上, 取 $z=1$, 级数为 $\sum_{n=1}^{\infty}\frac{1}{n}$, 该级数发散; 当 $z=-1$ 时, 级数为 $\sum_{n=1}^{\infty}\frac{(-1)^n}{n}$ 收敛, 因此级数 $\sum_{n=1}^{\infty}\frac{z^n}{n}$ 在圆周 $|z|=1$ 内部处处收敛, 外部处处发散, 圆周上既有收敛点, 又有发散点.

(3) 系数 $a_n=\mathrm{ch}\frac{\mathrm{i}}{n}=\cos\frac{1}{n}$, 因为

$$\lim_{n\to\infty}\frac{|a_{n+1}|}{|a_n|}=\lim_{n\to\infty}\frac{\cos\frac{1}{n+1}}{\cos\frac{1}{n}}=1,$$

所以幂级数 $\sum_{n=1}^{\infty}\text{ch}\left(\frac{\text{i}}{n}\right)(z-1)^n$ 收敛半径 $R=1$.

在收敛圆周 $|z-1|=1$ 上，$\sum_{n=1}^{\infty}\text{ch}\left(\frac{\text{i}}{n}\right)(z-1)^n=\sum_{n=1}^{\infty}\cos\frac{1}{n}\text{e}^{\text{i}n\theta}$，因 $\lim_{n\to\infty}\cos\frac{1}{n}\text{e}^{\text{i}n\theta}\neq 0$，故级数 $\sum_{n=1}^{\infty}\text{ch}\left(\frac{\text{i}}{n}\right)(z-1)^n$ 发散；综上，我们有当 $|z-1|<1$ 时，级数 $\sum_{n=1}^{\infty}\text{ch}\left(\frac{\text{i}}{n}\right)(z-1)^n$ 收敛；当 $|z-1|\geqslant 1$ 时，级数 $\sum_{n=1}^{\infty}\text{ch}\left(\frac{\text{i}}{n}\right)(z-1)^n$ 发散.

(4) 因为 $\ln \text{i}n=\ln|\text{i}n|+\arg(\text{i}n)=\ln n+\frac{\pi}{2}\text{i}$，其中 $|\ln \text{i}n|=\sqrt{(\ln n)^2+\left(\frac{\pi}{2}\right)^2}$，所以

$$|a_n|=\left[\frac{1}{(\ln n)^2+\left(\frac{\pi}{2}\right)^2}\right]^{\frac{n}{2}},$$

于是

$$\lim_{n\to\infty}\sqrt[n]{|a_n|}=\lim_{n\to\infty}\sqrt[n]{\left[\frac{1}{(\ln n)^2+\left(\frac{\pi}{2}\right)^2}\right]^{\frac{n}{2}}}=\lim_{n\to\infty}\sqrt{\frac{1}{(\ln n)^2+\left(\frac{\pi}{2}\right)^2}}=0,$$

故原级数的收敛半径 $R=+\infty$，即在整个复平面上是处处收敛的.

注　一个幂级数在其收敛圆周上的敛散性有如下三种可能:

(i) 处处收敛，如例 4.2.1(4);

(ii) 处处发散，如例 4.2.1(1)、(3);

(iii) 既有收敛点，又有发散点，如 4.2.1(2).

3. 幂级数的运算及性质

类似于实幂级数，下面给出复幂级数的一些重要性质，证明从略.

1) 代数运算

设幂级数 $\sum_{n=0}^{\infty}a_nz^n$ 和 $\sum_{n=0}^{\infty}b_nz^n$ 的收敛半径分别为 R_1 和 R_2，记 $R=\min\{R_1,R_2\}$，则在 $|z|<R$ 内有

$$\sum_{n=0}^{\infty}a_n z^n \pm \sum_{n=0}^{\infty}b_n z^n = \sum_{n=0}^{\infty}(a_n \pm b_n)z^n\,, \qquad \text{(加减运算)}$$

$$\left(\sum_{n=0}^{\infty}a_n z^n\right)\left(\sum_{n=0}^{\infty}b_n z^n\right) = \sum_{n=0}^{\infty}c_n z^n\,, \qquad \text{(柯西乘积)}$$

其中 $c_n = a_0b_n + a_1b_{n-1} + \cdots + a_nb_0 = \sum_{k=0}^{n}a_kb_{n-k}$.

注 上述性质成立, 要求等式右侧幂级数的收敛半径应大于或等于 R. 但当 R 取为等式右侧幂级数的收敛半径时, 加减或乘积运算性质未必成立.

例 4.2.2 设有幂级数 $\sum_{n=0}^{\infty}z^n$, $\sum_{n=0}^{\infty}\frac{1}{1+p^n}z^n$ $(0<p<1)$, 求 $\sum_{n=0}^{\infty}\frac{p^n}{1+p^n}z^n$ 的收敛半径.

解 由定理 4.2.2, 容易求出幂级数 $\sum_{n=0}^{\infty}z^n$, $\sum_{n=0}^{\infty}\frac{1}{1+p^n}z^n$ 收敛半径都是 $R=1$, 而幂级数 $\sum_{n=0}^{\infty}\frac{p^n}{1+p^n}z^n$ 的收敛半径 $R=\frac{1}{p}>1$, 注意到使得等式

$$\sum_{n=0}^{\infty}z^n - \sum_{n=0}^{\infty}\frac{1}{1+p^n}z^n = \sum_{n=0}^{\infty}\left(1-\frac{1}{1+p^n}\right)z^n$$

成立必须 $|z|<1$; 但当 $1\leqslant|z|<\frac{1}{p}$ 时, 等式左侧的两个级数都不收敛, 所以等式没有意义.

2) 复合运算

设 $f(z)=\sum_{n=0}^{\infty}a_n z^n, |z|<r$, $g(z)$ 在 $|z|<R$ 解析, 且 $|g(z)|<r$, 则

$$f[g(z)] = \sum_{n=0}^{\infty}a_n[g(z)]^n, \quad |z|<R.$$

注 幂级数的复合(代换)性质在把函数展开为幂级数时有着广泛的应用.

例 4.2.3 把 $\frac{1}{z-b}$ 表示成形如 $\sum_{n=0}^{\infty}c_n(z-a)^n$ 幂级数, 这里复常数 $a\neq b$.

分析 对分式函数 $\frac{1}{z-b}$, 可考虑利用等比级数的求和公式(4.2.4),

$$\sum_{n=0}^{\infty}z^n = \frac{1}{1-z}, \quad |z|<1.$$

解 恒等变形, 得

$$\frac{1}{z-b}=\frac{1}{(z-a)-(b-a)}=-\frac{1}{b-a}\cdot\frac{1}{1-\dfrac{z-a}{b-a}}\triangleq-\frac{1}{b-a}\cdot\frac{1}{1-g(z)},$$

当$|g(z)|=\left|\dfrac{z-a}{b-a}\right|<1$，即$|z-a|<|b-a|=R$时，由复合代换性质，得

$$\begin{aligned}\frac{1}{1-g(z)}&=1+g(z)+[g(z)]^2+\cdots+[g(z)]^n+\cdots\\&=1+\frac{z-a}{b-a}+\left[\frac{z-a}{b-a}\right]^2+\cdots+\left[\frac{z-a}{b-a}\right]^n+\cdots,\end{aligned}$$

从而可得

$$\begin{aligned}\frac{1}{z-b}&=-\frac{1}{b-a}\cdot\frac{1}{1-g(z)}\\&=-\frac{1}{b-a}-\frac{1}{(b-a)^2}(z-a)-\frac{1}{(b-a)^3}(z-a)^2-\cdots-\frac{1}{(b-a)^{n+1}}(z-a)^n-\cdots,\end{aligned}$$

其中$|z-a|<R$.

3) 分析运算

在高等数学中，我们知道实幂级数的和函数是其收敛区间上的连续可微函数，且具有逐项求导、逐项积分性质. 与实幂级数一样，复幂级数的和函数在其收敛圆内也具有“较好” 的分析性质.

定理 4.2.3　设$\sum\limits_{n=0}^{\infty}a_nz^n$ 在其收敛圆$|z|<R$的和函数为$f(z)$，即

$$f(z)=\sum_{n=0}^{\infty}a_nz^n,\quad |z|<R,$$

则有

(1) $f(z)$在收敛圆$|z|<R$内解析;

(2) $f(z)$可以逐项求导，即

$$f'(z)=\left(\sum_{n=0}^{\infty}a_nz^n\right)'=\sum_{n=0}^{\infty}\left(a_nz^n\right)'=\sum_{n=0}^{\infty}na_nz^{n-1},\quad |z|<R;$$

(3) $f(z)$可以逐项积分，即

$$\int_C f(z)\mathrm{d}z=\int_C\left(\sum_{n=0}^{\infty}a_nz^n\right)\mathrm{d}z=\sum_{n=0}^{\infty}\left(\int_C a_nz^n\mathrm{d}z\right),\quad |z|<R,$$

或

$$\int_0^z f(\zeta)\mathrm{d}\zeta = \int_0^z \left(\sum_{n=0}^{\infty} a_n \zeta^n\right)\mathrm{d}\zeta = \sum_{n=0}^{\infty}\int_0^z \left(a_n\zeta^n\right)\mathrm{d}\zeta = \sum_{n=0}^{\infty}\frac{a_n}{n+1}z^{n+1}, \quad |z| < R.$$

其中 C 为收敛圆 $|z| < R$ 内的一条曲线.

注 我们由定理 4.2.3 可知

(1) 幂级数的和函数是收敛圆内的解析函数, 但在收敛圆周上或收敛圆外和函数的解析性与敛散性一般没有必然联系, 如由例 4.2.1, 等比级数

$$\sum_{n=0}^{\infty} z^n = 1 + z + z^2 + \cdots + z^n + \cdots$$

在 $|z| \geqslant 1$ 处处发散, 其和函数 $\dfrac{1}{1-z}$ 在除 $z=1$ 外任何点都解析.

(2) 逐项求导或逐项积分所得的级数仍为幂级数, 且它们的收敛半径相同, 从而收敛圆也相同. 我们常利用上述性质来求一些幂级数的和函数.

例 4.2.4 求下列幂级数的和函数.

(1) $\sum\limits_{n=1}^{\infty}(2^n-1)z^{n-1}$; (2) $\sum\limits_{n=1}^{\infty}(n+1)z^n$.

解 (1) 容易求出 $\sum\limits_{n=1}^{\infty}2^n z^{n-1}, \sum\limits_{n=1}^{\infty}z^{n-1}$ 收敛半径分别为 $\dfrac{1}{2}$ 与 1, 故当 $|z| < \dfrac{1}{2}$ 时, 有

$$\begin{aligned}\sum_{n=1}^{\infty}(2^n-1)z^{n-1} &= \sum_{n=1}^{\infty}2^n z^{n-1} - \sum_{n=1}^{\infty}z^{n-1} = 2\sum_{n=1}^{\infty}(2z)^{n-1} - \sum_{n=1}^{\infty}z^{n-1} \\ &= 2\left(\frac{1}{1-2z}\right) - \frac{1}{1-z} = \frac{1}{(1-2z)(1-z)}.\end{aligned}$$

(2) 收敛半径 $R=1$, 在收敛圆 $|z|<1$ 内任取一条连接原点与 z 的简单曲线 C, 按逐项积分性质, 得

$$\int_0^z\left(\sum_{n=1}^{\infty}(n+1)z^n\right)\mathrm{d}z = \sum_{n=0}^{\infty}\int_0^z\left((n+1)z^n\right)\mathrm{d}z = \sum_{n=0}^{\infty}z^{n+1} = \frac{z}{1-z}, \quad |z|<1,$$

所以

$$\sum_{n=1}^{\infty}(n+1)z^n = \left(\frac{z}{1-z}\right)' = \frac{1}{(1-z)^2}, \quad |z|<1.$$

4.3 泰 勒 级 数

上节讨论了幂级数收敛域及和函数的性质, 我们知道幂级数的和函数在其收

敛圆内是一个解析函数. 与之相反的问题是: 一个解析函数能否用幂级数表示? 或者一个解析函数能否展开成幂级数? 解析函数在解析点能否用幂级数表示? 本节将回答我们在这一章最初提出的问题.

4.3.1　泰勒定理

对实变量函数 $f(x)$, 若它在点 x_0 某个邻域 U 内存在任意阶导数, 则 $f(x)$ 可以在 U 内展开成关于 $x-x_0$ 的幂级数, 即

$$f(x)=f(x_0)+\frac{f'(x_0)}{1!}(x-x_0)+\cdots+\frac{f^{(n)}(x_0)}{n!}(x-x_0)^n+\cdots,\quad x\in U.$$

这就是高等数学中介绍过的 $f(x)$ 的泰勒级数展开式.

我们可以将该结果推广到复数域上, 得到解析函数的泰勒(Taylor)定理.

定理 4.3.1 (泰勒定理)　若函数 $f(z)$ 在圆盘 $K:|z-z_0|<R$ 内解析, 则 $f(z)$ 在 K 内能唯一展开成关于 $z-z_0$ 的幂级数, 即

$$f(z)=\sum_{n=0}^{\infty}c_n(z-z_0)^n, \tag{4.3.1}$$

其中

$$c_n=\frac{f^{(n)}(z_0)}{n!}=\frac{1}{2\pi\mathrm{i}}\oint_{\Gamma_\rho}\frac{f(\zeta)}{(\zeta-z_0)^{n+1}}\mathrm{d}\zeta,\quad n=0,1,2,\cdots, \tag{4.3.2}$$

$\Gamma_\rho:|\zeta-z_0|=\rho,\ 0<\rho<R$ 为 K 任一正向圆周.

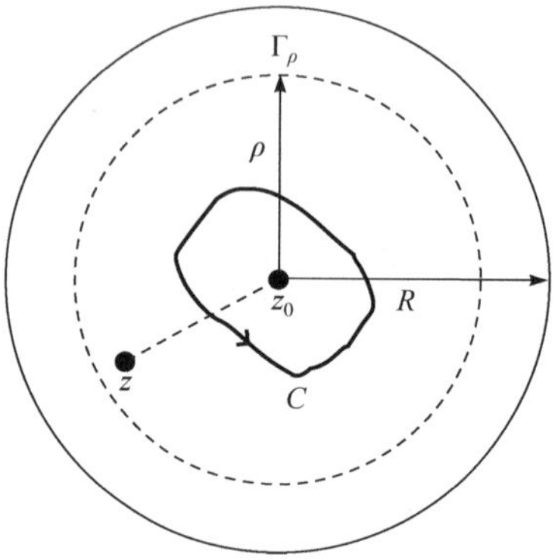

图 4.3.1

证明　$\forall z\in K$, 作圆周 $\Gamma_\rho:|\zeta-z_0|=\rho,\ 0<\rho<R$, $\Gamma_\rho\subset K$, 且 z 含在 Γ_ρ 内部, 如图 4.3.1 所示.

因为 $f(z)$ 在 Γ_ρ 及其内部解析, 所以由柯西积分公式得

$$f(z)=\frac{1}{2\pi\mathrm{i}}\oint_{\Gamma_\rho}\frac{f(\zeta)}{\zeta-z}\mathrm{d}\zeta, \tag{4.3.3}$$

因 $\zeta\in\Gamma_\rho$, 故 $\left|\dfrac{z-z_0}{\zeta-z_0}\right|=\dfrac{|z-z_0|}{\rho}<1$, 于是可将 $\dfrac{1}{\zeta-z}$ 展开成关于 $z-z_0$ 幂级数, 即

$$\frac{1}{\zeta - z} = \frac{1}{(\zeta - z_0) - (z - z_0)} = \frac{1}{\zeta - z_0} \cdot \frac{1}{1 - \dfrac{z - z_0}{\zeta - z_0}} = \frac{1}{\zeta - z_0} \cdot \sum_{n=0}^{\infty} \left(\frac{z - z_0}{\zeta - z_0} \right)^n .$$

于是

$$\frac{f(\zeta)}{\zeta - z} = \frac{f(\zeta)}{\zeta - z_0} \cdot \sum_{n=0}^{\infty} \left(\frac{z - z_0}{\zeta - z_0} \right)^n = \sum_{n=0}^{\infty} \left[\frac{f(\zeta)}{(\zeta - z_0)^{n+1}} \cdot (z - z_0)^n \right],$$

代入(4.3.3)式, 并把它表示为

$$\begin{aligned} f(z) &= \sum_{n=0}^{N-1} \left[\frac{1}{2\pi \mathrm{i}} \oint_{\Gamma_\rho} \frac{f(\zeta)}{(\zeta - z_0)^{n+1}} \mathrm{d}\zeta \right] (z - z_0)^n \\ &\quad + \frac{1}{2\pi \mathrm{i}} \oint_{\Gamma_\rho} \sum_{n=N}^{\infty} \left[\frac{f(\zeta)}{(\zeta - z_0)^{n+1}} (z - z_0)^n \right] \mathrm{d}\zeta \\ &\triangleq \sum_{n=0}^{\infty} c_n (z - z_0)^n + R_N(z), \end{aligned} \tag{4.3.4}$$

其中对

$$\begin{aligned} c_n &= \frac{1}{2\pi \mathrm{i}} \oint_{\Gamma_\rho} \frac{f(\zeta)}{(\zeta - z_0)^{n+1}} \mathrm{d}\zeta = \frac{f^{(n)}(z_0)}{n!}, \\ R_N(z) &= \frac{1}{2\pi \mathrm{i}} \oint_{\Gamma_\rho} \sum_{n=N}^{\infty} \left[\frac{f(\zeta)}{(\zeta - z_0)^{n+1}} (z - z_0)^n \right] \mathrm{d}\zeta. \end{aligned} \tag{4.3.5}$$

下面证明对 Γ_ρ 内任意的点 z, 有 $\lim\limits_{N \to \infty} R_N(z) = 0$.

事实上, 令 $\left| \dfrac{z - z_0}{\zeta - z_0} \right| = \dfrac{|z - z_0|}{\rho} = q$, $0 \leqslant q < 1$, 因为 $f(z)$ 在 K 内解析, 从而在 Γ_ρ 上连续, 所以 $f(\zeta)$ 在 Γ_ρ 上有界, 即存在常数 $M > 0$, 使得

$$|f(\zeta)| < M, \quad \zeta \in \Gamma_\rho : |z - z_0| = \rho.$$

由(4.3.5)式得

$$\begin{aligned} |R_N(z)| &\leqslant \frac{1}{2\pi} \oint_{\Gamma_\rho} \left| \sum_{n=N}^{\infty} \left[\frac{f(\zeta)}{(\zeta - z_0)^{n+1}} (z - z_0)^n \right] \right| |\mathrm{d}\zeta| \\ &\leqslant \frac{1}{2\pi} \oint_{\Gamma_\rho} \sum_{n=N}^{\infty} \left[\frac{|f(\zeta)|}{|\zeta - z_0|} \cdot \left| \frac{z - z_0}{|\zeta - z_0|} \right|^{(n)} \right] |\mathrm{d}\zeta| \end{aligned}$$

$$\leqslant \frac{1}{2\pi}\sum_{n=N}^{\infty}\frac{M}{\rho}q^n \cdot 2\pi\rho = \frac{M}{1-q}q^N,$$

因为 $\lim\limits_{N\to\infty} q^N = 0$，所以

$$\lim_{N\to\infty} R_N(z) = 0.$$

在(4.3.4)中，令 $N\to\infty$，则有

$$f(z) = \sum_{n=0}^{\infty} c_n (z-z_0)^n,$$

再由 z 的任意性，我们可知(4.3.1) 式在 K 内成立.

下面证明展开式的唯一性. 设若 K 内还有一个展开式

$$f(z) = \sum_{n=0}^{\infty} c_n' (z-z_0)^n,$$

即

$$f(z) = c_0' + c_1'(z-z_0) + c_2'(z-z_0)^2 + \cdots + c_n'(z-z_0)^n + \cdots,$$

由定理 4.2.3，得

$$f'(z) = c_1' + 2c_2'(z-z_0) + \cdots + nc_n'(z-z_0)^{n-1} + \cdots,$$

$$f''(z) = 2c_2' + \cdots + n(n-1)c_n'(z-z_0)^{n-2} + \cdots,$$

$$\cdots\cdots$$

$$f^{(n)}(z) = n!c_n' + \cdots,$$

$$\cdots\cdots$$

将 $z = z_0$ 依次代入上面各式，得

$$c_0' = f(z_0),\quad c_1' = f'(z_0),\quad c_2' = \frac{1}{2!}f'(z_0),\quad \cdots,\quad c_n' = \frac{1}{n!}f^{(n)}(z_0),\quad \cdots,$$

故 $c_n' = c_n$，即展开式是唯一的.

注　(1) (4.3.1)式称为函数 $f(z)$ 在点 z_0 的**泰勒展开式**或**幂级数展开式**，$\sum\limits_{n=0}^{\infty} c_n(z-z_0)^n$ 称为**泰勒级数**，(4.3.2)式分别称为**微分形式**和**积分形式的泰勒系数**.

(2) 由闭路变形原理，(4.3.2)式中的圆周 Γ_ρ 可用 K 内任何一条简单正向闭曲线 C 代替而不改变系数的值，即

$$c_n = \frac{f^{(n)}(z_0)}{n!} = \frac{1}{2\pi i}\oint_C \frac{f(\zeta)}{(\zeta-z_0)^{n+1}}d\zeta,\quad n = 0,1,\cdots.$$

(3) 当 $z_0=0$ 时，$f(z)$ 在点 z_0 的泰勒展开式为

$$f(z)=f(0)+f'(0)z+\frac{f''(0)}{2!}z^2+\cdots+\frac{f^{(n)}(0)}{n!}z^n+\cdots,\quad |z|<R.$$

下面推论可作为解析函数的幂级数形式的定义. 证明留给读者完成.

推论 4.3.1 (1) 函数 $f(z)$ 在 z_0 解析 $\Leftrightarrow$ $f(z)$ 在 z_0 的邻域内可以展成 $z-z_0$ 的幂级数;

(2) 函数 $f(z)$ 在区域 D 内解析 $\Leftrightarrow$ $f(z)$ 在 D 内任意一点 z_0 的邻域内可展成 $z-z_0$ 的幂级数, 即有展开式(4.3.1).

说明 关于泰勒级数 $\sum\limits_{n=0}^{n}c_n(z-z_0)^n$ 收敛半径 R 的确定.

(1) 若 $f(z)$ 在区域 D 内解析, 则 R 为 z_0 到 D 边界上各点的最短距离. 特别地, 若 $f(z)$ 在复平面处处解析, 则 $R=+\infty$.

(2) 若 $f(z)$ 有奇点, 则 R 为 z_0 到离 z_0 最近奇点 α 的距离, 即 $R=|z_0-\alpha|$.

4.3.2 解析函数的泰勒展开

1. 直接展开法

所谓直接法就是直接计算 $f(z)$ 在点 z_0 的泰勒系数 $c_n=\dfrac{f^{(n)}(z_0)}{n!}$, $n=0,1,\cdots$, 写出 $f(z)$ 在点 z_0 的泰勒展开式(4.3.1), 按推论 4.1.1 的说明确定收敛半径 R. 下面利用直接展开法给出几个基本初等解析函数的泰勒展开式.

例 4.3.1 求函数 $f(z)=\mathrm{e}^z$ 在 z=0 处的泰勒展开式.

解 由于 e^z 在复平面上处处解析, 所以它在 z=0 处的泰勒级数的收敛半径 $R=+\infty$, 又 $f^{(n)}(z)=\mathrm{e}^z, f^{(0)}(z)=1$, 则 $c_n=\dfrac{f^{(n)}(z_0)}{n!}=\dfrac{1}{n!}$, 所以 e^z 的泰勒展开式为

$$\mathrm{e}^z=1+z+\frac{z^2}{2!}+\cdots+\frac{z^n}{n!}+\cdots,\qquad |z|<+\infty. \tag{4.3.6}$$

同样的方法可得函数 $\sin z, \cos z$ 在 z=0 处的泰勒展开式.

$$\sin z=\sum_{n=0}^{\infty}(-1)^n\frac{z^{2n+1}}{(2n+1)!}=z-\frac{z^3}{3!}+\frac{z^5}{5!}-\cdots+(-1)^n\frac{z^{2n+1}}{(2n+1)!}+\cdots,\quad |z|<+\infty; \tag{4.3.7}$$

$$\cos z=\sum_{n=0}^{\infty}(-1)^n\frac{z^{2n}}{(2n)!}=1-\frac{z^2}{2!}+\frac{z^4}{4!}-\cdots+(-1)^n\frac{z^{2n}}{(2n)!}+\cdots,\quad |z|<+\infty. \tag{4.3.8}$$

例 4.3.2 求幂函数 $(1+z)^{\alpha}$ (α 在为复常数)的主值

$$f(z)=\mathrm{e}^{\alpha\ln(1+z)},\ f(0)=1$$

在 $z=0$ 处的泰勒展开式.

解 显然, $f(z)$ 在复平面中割去从点 -1 沿负实轴向左的射线区域内解析, 因此, $f(z)$ 在 $|z|<1$ 内可以展开成 z 的幂级数.

根据复合函数求导法则, 依次计算 $f(z)$ 各阶导数如下:

$$f'(z)=\alpha\mathrm{e}^{\alpha\ln(1+z)}\frac{1}{1+z}=\alpha\mathrm{e}^{(\alpha-1)\ln(1+z)};$$

$$f''(z)=\alpha(\alpha-1)\mathrm{e}^{(\alpha-2)\ln(1+z)};$$

$$\cdots\cdots$$

$$f^{(n)}(z)=\alpha(\alpha-1)\cdots(\alpha-n+1)\mathrm{e}^{(\alpha-n)\ln(1+z)};$$

$$\cdots\cdots$$

令 $z=0$, 得

$$f(0)=1,\quad f'(0)=\alpha,\quad f''(0)=\alpha(\alpha-1),\quad \cdots,\quad f^{(n)}(0)=\alpha(\alpha-1)\cdots(\alpha-n+1),\quad \cdots,$$

于是

$$(1+z)^{\alpha}=1+\alpha z+\frac{\alpha(\alpha-1)}{2!}z^2+\cdots+\frac{\alpha(\alpha-1)\cdots(\alpha-n+1)}{n!}z^n+\cdots,\quad |z|<1. \tag{4.3.9}$$

2. 间接展开法

直接展开法中计算函数在指定点处的高阶导数有时会相当繁琐或比较困难. 我们还可利用泰勒展开式的唯一性, 借助一些基本初等函数的展开式, 利用幂级数的代数运算、变量替换及和函数的逐项求导、逐项积分等性质对函数进行展开, 这种方法称为间接法.

例 4.3.3 把下列函数展开成 z 的幂级数.

(1) $\dfrac{1}{1+z}$; (2) $\dfrac{1}{(1+z)^2}$; (3) $\ln(1+z)$ $(\ln 1=0)$.

解 (1) 因为

$$\frac{1}{1-z}=1+z+z^2+\cdots+z^n+\cdots,\quad |z|<1,$$

所以当 $|-z|<1$, 即 $|z|<1$ 时, 得 $\dfrac{1}{1+z}$ 的泰勒展开式

$$\frac{1}{1+z}=\sum_{n=0}^{\infty}(-1)^n z^n=1-z+z^2-\cdots+(-1)^n z^n+\cdots,\quad |z|<1.$$

(2) 函数$\dfrac{1}{(1+z)^2}$有一个奇点$z=-1$, 收敛半径$R=1$, 故$\dfrac{1}{(1+z)^2}$在$|z|<1$内可展开成z的幂级数, 由(1)及幂级数的逐项求导性质, 得

$$\frac{1}{(1+z)^2}=-\left(\frac{1}{1+z}\right)'=-\left(\sum_{n=0}^{\infty}(-1)^n z^n\right)'=\sum_{n=1}^{\infty}(-1)^{n-1}nz^{n-1}$$
$$=1-2z+3z^2-\cdots+(-1)^{n-1}nz^{n-1}+\cdots,\quad |z|<1.$$

(3) 因为$\ln(1+z)$在去掉-1沿负实轴向左的射线的区域内解析, -1是离$z=0$最近的奇点, 故收敛半径$R=1$; 在收敛$|z|=1$圆内任取一条从0到z的路径C, 将(1)展开式两边沿着C逐项积分, 得

$$\int_0^z\frac{\mathrm{d}z}{1+z}=\sum_{n=0}^{\infty}\int_0^z(-1)^n z^n\mathrm{d}z=z-\frac{z^2}{2}+\frac{z^3}{3}-\cdots+\frac{(-1)^n z^{n+1}}{n+1}+\cdots,\quad |z|<1,$$

即

$$\ln(1+z)=\sum_{n=0}^{\infty}\frac{(-1)^n}{n+1}z^{n+1}=z-\frac{z^2}{2}+\frac{z^3}{3}-\cdots+\frac{(-1)^n z^{n+1}}{n+1}+\cdots,\quad |z|<1.\tag{4.3.10}$$

注 在高等数学中, 我们知道

$$f(x)=\frac{1}{1+x^2}=1-x^2+x^4-\cdots+(-1)^n x^{2n}+\cdots,$$

它的定义域为全体实数, 但为何仅当$|x|<1$时上式成立? 这个问题在实数域中不容易看清楚, 但在复数域中易见$\dfrac{1}{1+z^2}$有两个奇点$z=\pm\mathrm{i}$, 它在z=0 处的泰勒级数收敛半径$R=1$.

例 4.3.4 把函数$f(z)=\dfrac{1}{1-z}$在$z=\mathrm{i}$处展开成泰勒级数, 并指出该级数收敛的范围.

解 $f(z)$的奇点$z=-1$, 故$f(z)$在$z=\mathrm{i}$处泰勒级数的收敛半径$R=|\mathrm{i}-(-1)|=\sqrt{2}$, 即$f(z)$在圆盘$|z-\mathrm{i}|<\sqrt{2}$内可展开成$z-\mathrm{i}$的幂级数. 从而有

$$\frac{1}{1-z}=\frac{1}{(1-\mathrm{i})-(z-\mathrm{i})}=\frac{1}{1-\mathrm{i}}\cdot\frac{1}{1-\dfrac{z-\mathrm{i}}{1-\mathrm{i}}}=\frac{1}{1-\mathrm{i}}\sum_{n=0}^{\infty}\left(\frac{z-\mathrm{i}}{1-\mathrm{i}}\right)^n=\sum_{n=0}^{\infty}\frac{(z-\mathrm{i})^n}{(1-\mathrm{i})^{n+1}}\quad(|z-\mathrm{i}|<\sqrt{2}),$$

即得所求的幂级数展开式.

4.4　洛 朗 级 数

由 4.3 节可知，若 $f(z)$ 在点 z_0 解析，则 $f(z)$ 总可在以 z_0 为圆心的某个圆域 $|z-z_0|<R$ 内展开成 $z-z_0$ 的幂级数. 因此，若 $f(z)$ 在点 z_0 不解析，则在 z_0 的任何邻域内就不能展开成 $z-z_0$ 的幂级数. 现在我们自然会问，若 $f(z)$ 在一个不包含点 z_0 的圆环域 $R_1<|z-z_0|<R_2$ 解析，则 $f(z)$ 是否也能表示成 $z-z_0$ 的某种形式的级数?

本节将讨论在以 z_0 为中心的圆环域内解析函数的级数表示法，它是后面我们研究解析函数在孤立奇点邻域内的性质，以及定义留数和计算留数的基础.

4.4.1　双边幂级数

引例　将 $f(z)=\dfrac{1}{z(1-z)}$ 展开成关于 z 和 $z-1$ 的级数.

解　因 $f(z)$ 在 $z=0$, $z=1$ 都不解析，但在圆环域 $0<|z|<1$ 和 $0<|z-1|<1$ 内处处解析，当 $0<|z|<1$ 时，拆分，得

$$f(z)=\frac{1}{z(1-z)}=\frac{1}{z}+\frac{1}{1-z}=\frac{1}{z}+1+z+z^2+\cdots+z^n+\cdots,$$

当 $0<|z-1|<1$ 时,

$$\begin{aligned}f(z)&=\frac{1}{1-z}\left[\frac{1}{1-(1-z)}\right]=\frac{1}{1-z}\left[1+(1-z)+\cdots+(1-z)^n+\cdots\right]\\&=\frac{1}{1-z}+1+(1-z)+\cdots+(1-z)^{n-1}+\cdots.\end{aligned}$$

由引例可知，圆环域 $R_1<|z-z_0|<R_2$ 上的解析函数 $f(z)$ 展开为 $z-z_0$ 的级数时，一般会含有 $z-z_0$ 的负幂项，如引例中的 $\dfrac{1}{z}$，$\dfrac{1}{1-z}$，我们把这种既含有 $z-z_0$ 的正幂次项，又含有 $z-z_0$ 的负幂次项的级数称为**双边幂级数**，其一般形式可表示为

$$\begin{aligned}\sum_{n=-\infty}^{+\infty}a_n(z-z_0)^n=&\cdots+\frac{a_{-n}}{(z-z_0)^n}+\cdots+\frac{a_{-1}}{z-z_0}\\&+a_0+a_1(z-z_0)+\cdots+a_n(1-z)^n+\cdots,\end{aligned}\tag{4.4.1}$$

其中 z_0 和 $a_n(n=0,\pm1,\pm2,\cdots)$ 为复常数，z 为变量. 级数(4.17)由两部分构成:

（Ⅰ）正幂项部分

$$\sum_{n=0}^{\infty} a_n(z-z_0)^n = a_0 + a_1(z-z_0) + \cdots + a_n(1-z)^n + \cdots . \tag{4.4.2}$$

（Ⅱ）负幂项部分

$$\sum_{n=1}^{\infty} a_{-n}(z-z_0)^{-n} = a_{-1}(z-z_0)^{-1} + \cdots + a_{-n}(z-z_0)^{-n} + \cdots . \tag{4.4.3}$$

下面我们讨论级数(4.4.1)的敛散性及收敛域结构. 级数(4.4.1)收敛当且仅当级数(4.4.2)与级数(4.4.3)同时收敛. 级数(4.4.2)是一个幂级数, 设其收敛半径为 R_2, 由定理 4.3.1, 它在圆域 $|z-z_0|<R_2$ 内收敛, 且和函数记为 $s_+(z)$, 在圆周 $|z-z_0|=R_2$ 外发散; 对于级数(4.4.3), 作变量替代 $\zeta=\dfrac{1}{z-z_0}$, 则得到一个关于变量 ζ 的幂级数

$$\sum_{n=1}^{\infty} a_{-n}(z-z_0)^{-n} = \sum_{n=1}^{\infty} a_{-n}\zeta^n = a_{-1}\zeta + a_{-2}\zeta^2 + \cdots + a_{-n}\zeta^n + \cdots , \tag{4.4.4}$$

设其收敛半径为 R, 则当 $|\zeta|<R$ 时, 级数(4.4.4)收敛, 当 $|\zeta|>R$ 时, 级数(4.4.4)发散, 记 $R_1=\dfrac{1}{R}$, 则 $R_1>0$, 将 $\zeta=\dfrac{1}{z-z_0}$ 代回(4.4.4), 可知当 $|z-z_0|>R_1$ 时, 级数(4.4.3)收敛, 设其和函数为 $s_-(z)$, 当 $|z-z_0|<R_1$ 时, 级数(4.4.3)发散.

综上所述, 双边幂级数(4.4.1)的敛散范围取决于 R_1 与 R_2 之间的大小关系, 如图 4.4.1.

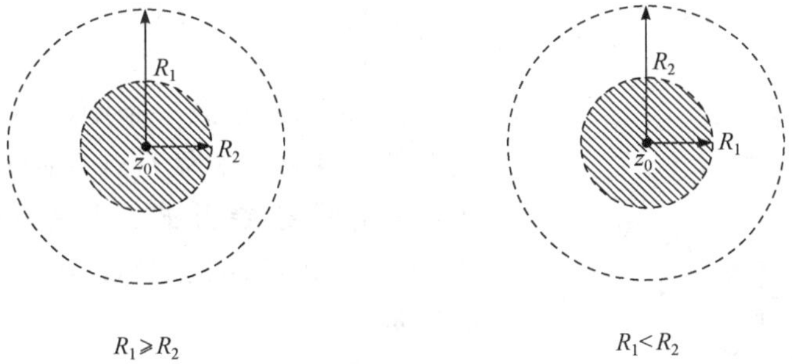

图 4.4.1

(1) $R_1 \geqslant R_2$ 时, 级数(4.4.2)与级数(4.4.3)没有公共收敛域, 此时, 双边幂级数(4.4.1)在复平面上处处发散;

(2) $R_1 < R_2$ 时, 级数(4.4.2)与级数(4.4.3)公共收敛范围为圆环区域 $H: R_1<|z-z_0|<R_2$, 即级数(4.4.1)在 H 上收敛, 其和函数为 $s(z)=s_+(z)+s_-(z)$,

$z \in H$.

定理 4.4.1　级数(4.4.1)的和函数在其收敛圆环 $H: R_1 < |z - z_0| < R_2$ 处处解析，而且可以逐项求导和逐项积分. (证明从略)

注　(1) $R_1 = 0, R_2 = +\infty$ 时，收敛圆环为 $H: 0 < |z - z_0| < +\infty$.

(2) 在圆环的边界 $|z - z_0| = R_1$，$|z - z_0| = R_2$ 上，级数 $\sum_{n=1}^{\infty} a_{-n}(z - z_0)^{-n}$ 可能有些点收敛，有些点发散. 请读者自行举例验证.

4.4.2　洛朗级数

与幂级数一样，我们考虑定理 4.4.1 的相反问题：若 $f(z)$ 在圆环 $H: R_1 < |z - z_0| < R_2$ 上解析，则 $f(z)$ 能否在 H 上展开成级数(4.4.1)的形式？回答是肯定的.

1. 洛朗定理

定理 4.4.2　设 $f(z)$ 在圆环 $H: R_1 < |z - z_0| < R_2$ $(0 \leqslant R_1 < R_2 < +\infty)$ 内解析，则在 H 内 $f(z)$ 可展开为双边幂级数

$$f(z) = \sum_{n=-\infty}^{+\infty} a_n (z - z_0)^n \tag{4.4.5}$$

且展式(4.4.5)是唯一的. 其中

$$a_n = \frac{1}{2\pi \mathrm{i}} \oint_C \frac{f(\zeta)}{(\zeta - z_0)^{n+1}} \mathrm{d}\zeta \quad (n = 0, \pm 1, \cdots), \tag{4.4.6}$$

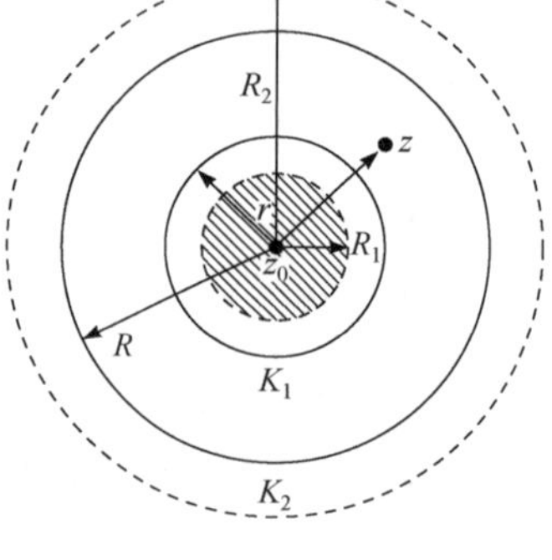

图 4.4.2

C 为圆环 H 内任意一条围绕点 z_0 的正向简单闭曲线，(4.4.5)称为 $f(z)$ 在圆环 H 内的**洛朗(Laurent)级数展开式**，其右边的级数称为 $f(z)$ 在 H 内的**洛朗级数**，a_n 称为展开式的**洛朗系数**.

证明　$\forall z \in H$，在 H 内以 z_0 为圆心分别作两个正向圆周 $K_1: |\zeta - z_0| = r$ 和 $K_2: |\zeta - z_0| = R$ 且 $r < R$，使得点 z 在 K_1 与 K_2 之间，如图 4.4.2. 因为 $f(z)$ 在 H 内解析，由复连通区域上柯西积分公式得

$$f(z)=\frac{1}{2\pi \mathrm{i}}\oint_{K_1^-+K_2}\frac{f(\zeta)}{\zeta-z}\mathrm{d}\zeta=\frac{1}{2\pi \mathrm{i}}\oint_{K_2}\frac{f(\zeta)}{\zeta-z}\mathrm{d}\zeta-\frac{1}{2\pi \mathrm{i}}\oint_{K_1}\frac{f(\zeta)}{\zeta-z}\mathrm{d}\zeta. \tag{4.4.7}$$

对(4.4.7)右边第一个积分，类似定理 4.3.1 的证明，可推出

$$\frac{1}{2\pi \mathrm{i}}\oint_{K_2}\frac{f(\zeta)}{\zeta-z}\mathrm{d}\zeta=\sum_{n=0}^{\infty}\left[\frac{1}{2\pi \mathrm{i}}\oint_{K_2}\frac{f(\zeta)}{(\zeta-z_0)^{n+1}}\mathrm{d}\zeta\right](z-z_0)^n.$$

对(4.4.7)右边第二个积分，注意到 $\dfrac{|\zeta-z_0|}{|z-z_0|}<1$，故

$$\frac{1}{\zeta-z}=-\frac{1}{(z-z_0)-(\zeta-z_0)}=-\frac{1}{z-z_0}\cdot\frac{1}{1-\dfrac{\zeta-z_0}{z-z_0}}=-\sum_{n=0}^{\infty}\frac{(z-z_0)^{-n}}{(\zeta-z_0)^{-n+1}},$$

从而有

$$-\frac{1}{2\pi \mathrm{i}}\oint_{K_1}\frac{f(\zeta)}{\zeta-z}\mathrm{d}\zeta=\sum_{n=1}^{N-1}\left[\frac{1}{2\pi \mathrm{i}}\oint_{K_1}\frac{f(\zeta)}{(\zeta-z_0)^{-n+1}}\mathrm{d}\zeta\right](z-z_0)^{-n}+R_N(z), \tag{4.4.8}$$

其中

$$R_N(z)=\frac{1}{2\pi \mathrm{i}}\oint_{K_1}\left[\sum_{n=N}^{+\infty}\frac{(\zeta-z_0)^{n-1}f(\zeta)}{(z-z_0)^n}\right]\mathrm{d}\zeta.$$

下证 $\lim\limits_{N\to\infty}R_N(z)=0$ 在 K_1 外部成立，记 $q=\left|\dfrac{\zeta-z_0}{z-z_0}\right|=\dfrac{r}{\rho}$，$0<q<1$，因为 $f(\zeta)$ 在 K_1 上解析必而连续. 所以存在 $M>0$，使得 $|f(\zeta)|<M$，$\forall\zeta\in K_1:|z-z_0|=r$. 于是

$$\begin{aligned}|R_N(z)|&\leqslant\frac{1}{2\pi}\oint_{K_1}\sum_{n=N}^{\infty}\left[\frac{|f(\zeta)|}{|\zeta-z_0|}\cdot\left|\frac{\zeta-z_0}{z-z_0}\right|^n\right]|\mathrm{d}\zeta|\\&\leqslant\frac{1}{2\pi}\sum_{n=N}^{\infty}\frac{M}{r}q^n\cdot 2\pi r=\frac{M}{1-q}q^N,\end{aligned}$$

因为 $\lim\limits_{N\to\infty}q^N=0$，所以 $\lim\limits_{N\to\infty}R_N(z)=0$，于是在(4.4.8)式两边，令 $N\to\infty$，得

$$-\frac{1}{2\pi \mathrm{i}}\oint_{K_1}\frac{f(\zeta)}{\zeta-z}\mathrm{d}\zeta=\sum_{n=1}^{\infty}\left[\frac{1}{2\pi \mathrm{i}}\oint_{K_1}\frac{f(\zeta)}{(\zeta-z_0)^{-n+1}}\mathrm{d}\zeta\right](z-z_0)^{-n}.$$

上式代入到(4.4.7)式，得

$$f(z)=\sum_{n=0}^{+\infty}a_n(z-z_0)^n+\sum_{n=1}^{+\infty}a_{-n}(z-z_0)^{-n},$$

其中

$$a_n = \frac{1}{2\pi \mathrm{i}} \oint_{K_2} \frac{f(\zeta)}{(\zeta - z_0)^{n+1}} \mathrm{d}\zeta, \quad n = 0, 1, 2, \cdots,$$

$$a_{-n} = \frac{1}{2\pi \mathrm{i}} \oint_{K_1} \frac{f(\zeta)}{(\zeta - z_0)^{-n+1}} \mathrm{d}\zeta, \quad n = 1, 2, \cdots.$$

在 K_1 和 K_2 所围的区域内任取一条围绕点 z_0 的简单正向闭曲线 C，由闭路变形原理得

$$\frac{1}{2\pi \mathrm{i}} \oint_{K_i} \frac{f(\zeta)}{(\zeta - z_0)^{n+1}} \mathrm{d}\zeta = \frac{1}{2\pi \mathrm{i}} \oint_{C} \frac{f(\zeta)}{(\zeta - z_0)^{n+1}} \mathrm{d}\zeta, \quad i = 1, 2.$$

因此，我们可将系数 a_n 写成统一的式子

$$a_n = \frac{1}{2\pi \mathrm{i}} \oint_{C} \frac{f(\zeta)}{(\zeta - z_0)^{n+1}} \mathrm{d}\zeta, \quad n = 0, \pm 1, \pm 2, \cdots,$$

则在圆环 H 内，$f(z)$ 可展开成双边幂级数

$$f(z) = \sum_{n=-\infty}^{+\infty} a_n (z - z_0)^n .$$

下面证明洛朗展开式的唯一性. 事实上，假设 $f(z)$ 在 $H: R_1 < |z - z_0| < R_2$ 内还可展开成另外一个双边幂级数 $\sum\limits_{n=-\infty}^{+\infty} c_n (z - z_0)^n$，即

$$f(z) = \sum_{n=-\infty}^{+\infty} c_n (z - z_0)^n.$$

设 C 为 H 内任意一条包含点 z_0 的简单正向闭曲线，$\forall \zeta \in C$，有

$$f(\zeta) = \sum_{n=-\infty}^{+\infty} c_n (\zeta - z_0)^n,$$

上式两端分别乘以 $\dfrac{1}{(\zeta - z_0)^{p+1}} (p = 0, \pm 1, \cdots)$，再由定理 4.4.2，等式两边逐项积分，得

$$\oint_C \frac{f(\zeta)}{(\zeta - z_0)^{p+1}} \mathrm{d}\zeta = \sum_{n=-\infty}^{+\infty} c_n \oint_C \frac{f(\zeta)}{(\zeta - z_0)^{p+1-n}} \mathrm{d}\zeta = 2\pi \mathrm{i} c_p,$$

即

$$c_p = \frac{1}{2\pi \mathrm{i}} \oint_C \frac{f(\zeta)}{(\zeta - z_0)^{p+1}} \mathrm{d}\zeta = a_p, \quad p = 0, \pm 1, \cdots,$$

故 $f(z)$ 的展开式是唯一的，即圆环域内解析函数展开的级数就是洛朗级数.

注 (1) (4.4.5)中的正幂次项部分和负幂次项部分分别称为洛朗级数的**解析(正则)部分**与**主要部分**;

(2) 式(4.4.6)中，系数 $a_n=\dfrac{1}{2\pi\mathrm{i}}\oint_C\dfrac{f(\zeta)}{(\zeta-z_0)^{n+1}}\mathrm{d}\zeta$，一般不能写成微分形式 $\dfrac{f^{(n)}(z_0)}{n!}$，这是因为 $f(z)$ 不一定在以 z_0 为圆心的圆域内解析;

2. 解析函数的洛朗展开

利用公式(4.4.6)计算洛朗系数以及求解析函数的洛朗展开式，有时相当困难. 实际上，根据洛朗展开式的唯一性，我们可以像上一节求解析函数的泰勒展开式一样采用间接法，特别是利用代数运算、变量替换、逐项求导和逐项积分等方法，对求函数的洛朗展开式会简单得多.

例 4.4.1 求函数 $f(z)=\dfrac{1}{(z-1)(z-2)}$ 在下列指定圆环内的洛朗展开式.

(1) $0<|z|<1$; (2) $1<|z|<2$; (3) $2<|z|<\infty$; (4) $0<|z-1|<1$.

解 $f(z)=\dfrac{1}{z-2}-\dfrac{1}{z-1}$.

(1) $$f(z)=\frac{1}{1-z}-\frac{1}{2\left(1-\dfrac{z}{2}\right)}=\sum_{n=0}^{\infty}z^n-\frac{1}{2}\sum_{n=0}^{\infty}\left(\frac{z}{2}\right)^n=\sum_{n=0}^{\infty}z^n-\sum_{n=0}^{\infty}\frac{z^n}{2^{n+1}}$$

$$=\sum_{n=0}^{\infty}\left(1-\frac{1}{2^{n+1}}\right)z^n\quad(0<|z|<1);$$

(2) $$f(z)=\frac{1}{z-2}-\frac{1}{z-1}=-\frac{1}{2\left(1-\dfrac{z}{2}\right)}-\frac{1}{z\left(1-\dfrac{1}{z}\right)}=-\sum_{n=0}^{\infty}\left(\frac{z^n}{2^{n+1}}\right)-\frac{1}{z}\sum_{n=0}^{\infty}\frac{1}{z^n}$$

$$=-\sum_{n=0}^{\infty}\left(\frac{z^n}{2^{n+1}}\right)-\sum_{n=0}^{\infty}\frac{1}{z^{n+1}}\quad(1<|z|<2);$$

(3) $$f(z)=\frac{1}{z-2}-\frac{1}{z-1}=\frac{1}{z\left(1-\dfrac{2}{z}\right)}-\frac{1}{z\left(1-\dfrac{1}{z}\right)}$$

$$=\frac{1}{z}\left(\sum_{n=0}^{\infty}\frac{2^n}{z^n}-\sum_{n=0}^{\infty}\frac{1}{z^n}\right)=\sum_{n=0}^{\infty}(2^n-1)\frac{1}{z^{n+1}}\quad(2<|z|<\infty);$$

(4) $$f(z)=\frac{1}{z-2}-\frac{1}{z-1}=\frac{1}{z-1}-\frac{1}{1-(z-1)}=-\frac{1}{z-1}-\sum_{n=0}^{\infty}(z-1)^n\quad(0<|z-1|<1).$$

例 4.4.2　求下列函数在圆环 $0<|z|<+\infty$ 内的洛朗展开式.

(1) $f(z)=\dfrac{\sin z}{z}$;　(2) $f(z)=\dfrac{e^z}{z^3}$;　(3) $f(z)=e^{\frac{1}{z}}$.

解　(1) $\dfrac{\sin z}{z}=\dfrac{1}{z}\sum\limits_{n=0}^{\infty}\dfrac{(-1)^n}{(2n+1)!}z^{2n+1}$

$$=\frac{1}{z}\left(z-\frac{z^3}{3!}+\frac{z^5}{5!}-\cdots\right)=1-\frac{z^2}{3!}+\frac{z^4}{5!}-\cdots,\quad 0<|z|<+\infty;$$

(2) $\dfrac{e^z}{z^3}=\dfrac{1}{z^3}\sum\limits_{n=0}^{\infty}\dfrac{z^n}{n!}=\dfrac{1}{z^3}\left(1+z+\dfrac{z^2}{2!}+\cdots+\dfrac{z^n}{n!}+\cdots\right)$

$$=\frac{1}{z^3}+\frac{1}{z^2}+\frac{1}{2!z}+\frac{1}{3!}+\frac{z}{4!}+\cdots+\frac{z^n}{n!}+\cdots,\quad 0<|z|<+\infty;$$

(3) 因在复平面上，$e^t=1+t+\dfrac{1}{2!}t^2+\cdots+\dfrac{1}{n!}t^n+\cdots,\quad |t|<+\infty$，令 $t=\dfrac{1}{z}$，则得

$$e^{\frac{1}{z}}=1+\frac{1}{z}+\frac{1}{2!z^2}+\cdots+\frac{1}{n!z^n}+\cdots,\quad 0<|z|<+\infty.$$

例 4.4.3　将 $\sin\dfrac{z}{z-1}$ 在 $z=1$ 的邻域内展开成洛朗级数.

解　$\sin\dfrac{z}{z-1}=\sin(1+\dfrac{1}{z-1})=\cos1\cdot\sin\dfrac{1}{z-1}+\sin1\cdot\cos\dfrac{1}{z-1}$

$$=\frac{\cos1}{z-1}-\frac{\cos1}{3!(z-1)^3}+\frac{\cos1}{5!(z-1)^5}+\cdots$$

$$+\sin1-\frac{\sin1}{2!(z-1)^2}+\frac{\cos1}{4!(z-1)^4}-\cdots,\quad 0<|z-1|<+\infty.$$

注　在洛朗展开式(4.4.5)中，z_0 可以是 $f(z)$ 的奇点，也可以是 $f(z)$ 的解析点. 一般地，将 $f(z)$ 展开成洛朗级数时，先求出 $f(z)$ 的奇点，然后以 z_0 为中心，找到从 z_0 到无穷远点的所有使 $f(z)$ 解析的圆环，在各圆环上分别按(4.4.5)展开成洛朗级数. 在不同的圆环上 $f(z)$ 的洛朗展式往往不尽相同，注意不要把这一点与展开式的唯一性相混淆. 另外，若 $f(z)$ 在 $|z-z_0|<R$ 内解析，则 $f(z)$ 在圆环 $0<|z-z_0|<R$ 内的洛朗展开式就是泰勒展开式，由此可知，泰勒级数是洛朗级数的特殊情形.

本 章 小 结

复级数是研究解析函数的重要工具. 把解析函数展开为复级数不但有理论上的意义，而且有实用意义. 泰勒级数与洛朗级数是研究解析函数时应用较多的两

类典型级数.

本章首先介绍了复级数的概念和有关性质, 在此基础上引入了复变函数项级数, 重点讨论了一类特殊的函数项级数——幂级数, 其收敛域的结构为圆盘, 且收敛半径可以用比值法或根值法确定. 同时我们讨论了幂级数和函数的运算性质和分析性质.

其次, 把一个解析函数在指定区域内展开成级数是本章的重点及难点. 当我们在一个圆域内展开时, 往往是泰勒展开; 而当在环域内展开时, 一般是洛朗展开. 我们可以由定义直接展开, 也可以根据展开式的唯一性, 借助一些基本初等函数的展开式及和函数的有关性质, 进行间接展开. 同时, 注意泰勒系数与洛朗系数表达式的区别.

最后, 当我们研究含有奇点的函数时, 一般先将其在奇点的去心邻域内展开成洛朗级数, 再讨论它的有关性质. 我们在第 5 章将采用这种方法.

习　题　4

1. 下列数列 $\{z_n\}$ 是否收敛? 若收敛, 求其极限.

(1) $z_n=\dfrac{(-1)^n+n\mathrm{i}}{n+4}$;　　(2) $z_n=\dfrac{1+n\mathrm{i}}{1-n\mathrm{i}}$;

(3) $z_n=(-1)^n+\dfrac{\mathrm{i}}{n+1}$;　　(4) $z_n=\dfrac{1}{n}\mathrm{e}^{-\frac{n}{2}\pi\mathrm{i}}$.

2. 记 $\Theta_n(n=1,2,\cdots)$ 为数列 $z_n=1+\mathrm{i}\dfrac{(-1)^n}{n^2}(n=1,2,\cdots)$ 的辐角主值, 证明: $\lim\limits_{n\to\infty}\Theta_n=0$.

3. 判断下列级数是否收敛? 若收敛, 是否绝对收敛?

(1) $\sum\limits_{n=0}^{\infty}\dfrac{\cos\mathrm{i}n}{2^n}$;　　(2) $\sum\limits_{n=1}^{\infty}\dfrac{1}{n}\left(1+\dfrac{\mathrm{i}}{n}\right)$;

(3) $\sum\limits_{n=2}^{\infty}\dfrac{\mathrm{i}^n}{\ln n}$;　　(4) $\sum\limits_{n=1}^{\infty}\dfrac{(-1)^n\mathrm{i}^n}{2^n}$.

4. 幂级数 $\sum\limits_{n=0}^{\infty}a_n(z+2)^n$ 能否在 $z=0$ 收敛, 而在 $z=-3$ 发散? 为什么?

5. 设 $z=r\mathrm{e}^{\mathrm{i}\theta},0\leqslant r<1$, 证明: $\sum\limits_{n=1}^{\infty}r^n\cos n\theta=\dfrac{r\cos\theta-r^2}{1-2r\cos\theta+r^2}$ 和 $\sum\limits_{n=1}^{\infty}r^n\sin n\theta=\dfrac{r\sin\theta}{1-2r\cos\theta+r^2}$.

6. 证明: 若 $\sum\limits_{n=1}^{\infty}z_n=s$, 则 $\sum\limits_{n=1}^{\infty}\overline{z}_n=\overline{s}$.

7. 下列说法是否正确? 为什么?

(1) 每一个幂级数在它的收敛圆周上处处收敛;

(2) 每一个幂级数的和函数在收敛圆周内可能有奇点;

(3) 每一个在点 z_0 连续的函数一定可以在 z_0 的邻域内展开成泰勒级数;

(4) 若函数 $\dfrac{e^z}{\cos z}$ 在 $z=0$ 处所展开的泰勒级数为 $\sum\limits_{n=0}^{\infty}a_n z^n$，则该幂级数的收敛半径为 $\dfrac{\pi}{2}$；

(5) 函数 $f(z)=\dfrac{1}{z(z+1)(z+2)}$ 在以原点为中心的各圆环域内的洛朗级数展开式是唯一的.

8. 证明：若 $\operatorname{Re}(z_n)\geqslant 0$，且 $\sum\limits_{n=1}^{\infty}z_n$ 与 $\sum\limits_{n=1}^{\infty}z_n^2$ 都收敛，则级数 $\sum\limits_{n=1}^{\infty}z_n^2$ 绝对收敛.

9. 证明：若幂级数 $\sum\limits_{n=0}^{\infty}a_n z^n$ 的收敛半径为 R，其系数 a_n 满足 $\lim\limits_{n\to\infty}\sqrt[n]{|a_n|}=\rho$，则

(1) 当 $0<\rho<+\infty$ 时，$R=\dfrac{1}{\rho}$；

(2) 当 $\rho=0$ 时，$R=+\infty$；

(3) 当 $\rho=+\infty$ 时，$R=0$.

10. 证明：若 $\lim\limits_{n\to\infty}\dfrac{a_{n+1}}{a_n}$ 存在，则下列三个幂级数有相同的收敛半径.

(1) $\sum\limits_{n=0}^{\infty}a_n z^n$；　(2) $\sum\limits_{n=0}^{\infty}\dfrac{a_n}{n+1}z^{n+1}$；　(3) $\sum\limits_{n=1}^{\infty}na_n z^{n-1}$.

11. 求下列幂级数的收敛半径，并写出其收敛圆周.

(1) $\sum\limits_{n=1}^{\infty}\dfrac{z^n}{n^p}\ (p=1,2,3,\cdots)$；　(2) $\sum\limits_{n=1}^{\infty}\dfrac{(n!)^2}{n^2}z^n$；　(3) $\sum\limits_{n=1}^{\infty}n^{\ln n}z^n$；

(4) $\sum\limits_{n=1}^{\infty}(3^n+1)z^{n!}$；　(5) $\sum\limits_{n=1}^{\infty}\left(\dfrac{z}{\ln in}\right)^n$；　(6) $\sum\limits_{n=1}^{\infty}(2n+1)z^{2n}$.

12. 将下列函数展开成 z 的幂级数，并指出它们的收敛半径.

(1) $\dfrac{1}{1+z^3}$；　(2) $\dfrac{1}{(1+z^2)^2}$；　(3) $\sin^2 z$；

(4) $e^{z^2}\sin z^2$；(到 z^6 的项止)　(5) $e^{\frac{z}{z-1}}$；　(6) $\dfrac{1}{z^2-z-2}$.

13. 将下列各函数在指定点 z_0 处展开成泰勒级数，并指出它们的收敛半径.

(1) $\dfrac{1}{2z-3}$，$z_0=1$；　(2) $\dfrac{z}{(z+1)(z+2)}$，$z_0=2$；

(3) $\ln(3+z)$，$z_0=0$；　(4) $\dfrac{1}{z^2}$，$z_0=-1$；

(5) $\dfrac{1}{4-3z}$，$z_0=1+i$；　(6) $\cos(1+z)$，$z_0=0$.

14. 把下列函数在指定的圆环内展开成洛朗级数.

(1) $\dfrac{1}{(z^2+1)(z-2)}$，$1<|z|<2$；

(2) $\dfrac{1}{z(1-z)^2}$，$0<|z|<1$，$0<|z-1|<1$；

(3) $\dfrac{1}{z^2(z-i)}$，在以 i 为中心的圆环域内；

(4) $\sin\dfrac{1}{1-z}$，在 $z=1$ 的去心邻域内；

(5) $z^3 e^{\frac{1}{z}}$, $0<|z|<+\infty$;

(6) $\dfrac{\ln(2-z)}{z-1}$, $0<|z-1|<1$.

15. 证明:若 $f(z)$ 在圆 $|z|<R$ 内解析, 在实轴上的开区间 $(-R, R)$ 内其值为实数, 则 $f(z)$ 关于 z 的幂级数展式, 其系数全是实数.

16. 求函数 $f(z)=\dfrac{1}{z(z+1)^2}$ 在 $|z|>1$ 内的洛朗展式, 并计算积分 $\oint_C f(z)\mathrm{d}z$ 的值, 其中 C 为正向圆周 $|z|=3$.

17. 设 $\oint_{|\zeta|=1}\dfrac{\mathrm{e}^{\zeta}}{(z\zeta-\zeta)^2}\mathrm{d}\zeta=\sum\limits_{n=0}^{\infty}a_n z^{-n}$, 求 a_n.

18. 证明函数 $f(z)=\cos\left(z+\dfrac{1}{z}\right)$ 在 $|z|>0$ 内的洛朗展式中的系数为

$$c_n=\frac{1}{2\pi}\int_0^{2\pi}\cos(2\cos\theta)\cos n\theta\mathrm{d}\theta,\quad n=0,\pm1,\pm2,\cdots.$$

19. 确定洛朗级数

$$\sum_{n=1}^{\infty}2(-1)^n z^{-2n}-\sum_{n=0}^{\infty}2^{-(n+1)}z^n$$

的收敛圆环, 并求其和函数.

20*. 设 $f(z)=\sum\limits_{n=0}^{\infty}c_n z^n (c_0\neq0)$ 的收敛半径 $R>0$, 且 $M=\max\limits_{|z|=\rho}|f(z)|(\rho<R)$, 证明: 在圆 $|z|<\dfrac{|c_0|}{|c_0|+M}\cdot\rho$ 内 $f(z)$ 无零点.

21*. 试证

$$\sin\left[t\left(z+\frac{1}{z}\right)\right]=c_0+\sum_{n=1}^{\infty}c_n(z^n+z^{-n}),\quad 0<|z|<+\infty,$$

其中 t 为与 z 无关的实参数,

$$c_n=\frac{1}{2\pi}\int_0^{2\pi}\sin(2t\cos\theta)\cos n\theta\mathrm{d}\theta\quad(n=0,1,2,\cdots).$$

Chapter

第5章 留数

现在我们重新回到第 3 章的问题：如何计算一个闭路积分$\oint_C f(z)\mathrm{d}z$？若C是一条简单闭曲线，$f(z)$在C及C所围成的区域内解析，则由柯西积分定理，$\oint_C f(z)\mathrm{d}z=0$；当$f(z)$在$C$内有奇点时，一般$\oint_C f(z)\mathrm{d}z\neq 0$，如积分$\oint_C \frac{\mathrm{d}z}{z-z_0}=2\pi\mathrm{i}$，$z_0$是$f(z)=\frac{1}{z-z_0}$在$C$内唯一奇点．上述积分的一般形式为$\oint_C \frac{f(z)}{z-z_0}\mathrm{d}z$，称为**柯西型积分**，当$f(z)$在$C$及$C$内部解析时，由柯西积分公式得$\oint_C \frac{f(z)}{z-z_0}\mathrm{d}z=2\pi\mathrm{i}f(z_0)$．我们现在要问：若积分曲线$C$内只有一个奇点$z_0$，而又非柯西型积分时，应如何计算$\oint_C f(z)\mathrm{d}z$？

为此，我们在C内作z_0的去心邻域$H:0<|z-z_0|<\delta$，当$f(z)$在H内解析时，由定理 4.4.2，$f(z)$在z_0可展开成洛朗级数

$$f(z)=\sum_{n=-\infty}^{+\infty}a_n(z-z_0)^n\,,\tag{5.0.1}$$

其中

$$a_n=\frac{1}{2\pi\mathrm{i}}\oint_C\frac{f(\zeta)}{(\zeta-z_0)^{n+1}}\mathrm{d}\zeta\quad(n=0,\pm1,\cdots)$$

由闭路变形原理，得

$$\oint_C f(z)\mathrm{d}z=\oint_{\Gamma_\rho}f(z)\mathrm{d}z,\qquad \Gamma_\rho:|z-z_0|=\rho,\tag{5.0.2}$$

将(5.0.1)式代入(5.0.2)式，由定理 4.4.1，逐项积分得

$$\oint_C f(z)\mathrm{d}z = \sum_{n=-\infty}^{+\infty} a_n \oint_{\Gamma_\rho} (z-z_0)^n \mathrm{d}z = \cdots + a_{-n}\oint_{\Gamma_\rho} \frac{\mathrm{d}z}{(z-z_0)^n}\cdots$$
$$+ a_{-2}\oint_{\Gamma_\rho} \frac{\mathrm{d}z}{(z-z_0)^2} + a_{-1}\oint_{\Gamma_\rho} \frac{\mathrm{d}z}{z-z_0}$$
$$+ a_0\oint_{\Gamma_\rho} \mathrm{d}z + a_1\oint_{\Gamma_\rho} (z-z_0)\mathrm{d}z + \cdots + a_n\oint_{\Gamma_\rho} (z-z_0)^n \mathrm{d}z + \cdots, \quad (5.0.3)$$

注意当 $n \neq 1$ 时，$\oint_{\Gamma_\rho} \frac{\mathrm{d}z}{(z-z_0)^n} = 0$；当 $n = 1$ 时，$\oint_{\Gamma_\rho} \frac{\mathrm{d}z}{z-z_0} = 2\pi\mathrm{i}$，(5.0.3)式积分后仅留下一项，即

$$\oint_C f(z)\mathrm{d}z = 2\pi\mathrm{i}a_{-1}, \quad (5.0.4)$$

其中 a_{-1} 为洛朗展开式(5.0.1)中 $(z-z_0)^{-1}$ 的系数.

综上所述，若能事先求出 a_{-1}，则可按(5.0.4)式计算积分 $\oint_C f(z)\mathrm{d}z$. 我们把 a_{-1} 称为函数 $f(z)$ 在 z_0 处的留数，z_0 称为 $f(z)$ 的孤立奇点. (5.0.4)式的意义在于把积分的计算转换为孤立奇点处留数的计算.

留数理论在复变函数中占有重要的地位，它是复积分与复级数理论相结合的产物，在实际应用中也具有重要的意义. 本章以洛朗级数为工具，首先介绍孤立奇点的概念及分类，在此基础上引入留数的概念，并给出计算留数的一般方法. 最后，作为留数理论的应用，本章给出用留数计算几类定积分的方法以及辐角原理，后者在控制工程学中有较广泛的应用.

5.1 孤立奇点及其分类

5.1.1 孤立奇点的概念及分类

定义 5.1.1 若 $f(z)$ 在 z_0 不解析，但在 z_0 的某去心邻域 $0<|z-z_0|<\delta$ 内解析，则称 z_0 为 $f(z)$ 的**孤立奇点**.

例如函数 $f(z)=\mathrm{e}^{1/z}$ 以 $z=0$ 为孤立奇点，$f(z)=\frac{1}{z-1}$ 以 $z=1$ 为孤立奇点. 但应当注意，函数的奇点并非都是孤立奇点，例如，$f(z)=\sqrt{z}$ 在 $z=0$ 及负实轴上处处不解析，故 $z=0$ 与负实轴上的点都是 $f(z)$ 的奇点，但它们都不是孤立奇点. 又如

函数 $f(z)=\dfrac{1}{\sin\dfrac{1}{z}}$，$z=0$ 及 $z_k=\dfrac{1}{k\pi}(k=\pm1,\pm2,\cdots,)$ 都是它的奇点，但 $\lim\limits_{k\to\infty} z_k=0$，由数列极限的几何意义，$z=0$ 是 $f(z)$ 的聚点，即无论在 $z=0$ 多么小的去心邻域内，总存在其他奇点 z_k，故 $z=0$ 不是 $f(z)$ 的孤立奇点.

由本章开始的讨论可知，若 z_0 为 $f(z)$ 的孤立奇点，则在 z_0 的去心邻域 $0<|z-z_0|<\delta$ 内，$f(z)$ 可展开成洛朗级数(5.0.1). 一般地，孤立奇点处的洛朗级数展开式含有 $z-z_0$ 负幂项的情况不尽相同. 我们可按展开式含有 $z-z_0$ 负幂项的个数不同情形把孤立奇点分为可去奇点、极点和本性奇点三种类型.

1. 可去奇点

若洛朗级数展开式(5.0.1)中不含 $z-z_0$ 的负幂次项，即主要部分为零，则孤立奇点 z_0 称为 $f(z)$ 的**可去奇点**. 此时，(5.0.1)式变为

$$f(z)=\sum_{n=0}^{\infty}a_n(z-z_0)^n=a_0+a_1(z-z_0)+\cdots+a_n(z-z_0)^n+\cdots\quad(0<|z-z_0|<\delta),$$

上式右边幂级数在圆盘 $|z-z_0|<\delta$ 内处处收敛，且其函数

$$s(z)=\begin{cases}f(z), & 0<|z-z_0|<\delta,\\ a_0, & z=z_0,\end{cases}$$

在圆盘 $|z-z_0|<\delta$ 内处处解析，因此，若我们补充定义 $f(z_0)=s(z_0)=a_0$，则

$$f(z)=s(z)=\sum_{n=0}^{\infty}a_n(z-z_0)^n,\quad |z-z_0|<\delta,$$

从而 $f(z)$ 在 z_0 解析，在这种意义上，我们以后都把可去奇点视为解析点. 如在例 4.4.2 中，$z=0$ 为函数 $\dfrac{\sin z}{z}$ 的可去奇点，若补充定义 $f(0)=1$，则 $\dfrac{\sin z}{z}$ 在 $z=0$ 解析，从而对包含点 $z=0$ 的任何闭曲线 C，$\oint_C\dfrac{\sin z}{z}\mathrm{d}z=0$.

定理 5.1.1　若 $z=z_0$ 为 $f(z)$ 的孤立奇点，则下列条件等价:

(1) z_0 为 $f(z)$ 的可去奇点;

(2) $\lim\limits_{z\to z_0}f(z)=a_0(\neq\infty)$;

(3) $f(z)$ 在 z_0 的某去心邻域内有界.

证明　即证(1)⇒(2)⇒(3)⇒(1).

(1)⇒(2)　若 z_0 为 f 的可去奇点，由定义得

$$f(z)=a_0+a_1(z-z_0)+\cdots+a_n(z-z_0)^n+\cdots \quad (0<|z-z_0|<\delta),$$

于是

$$\lim_{z\to z_0} f(z)=\lim_{z\to z_0} s(z)=s(z_0)=a_0,$$

作为级数首项，显然 $a_0\neq\infty$.

(2) $\Rightarrow$(3) 若 $\lim\limits_{z\to z_0} f(z)=a_0(\neq\infty)$，则 $\lim\limits_{z\to z_0}|f(z)|=|a_0|$，由实变量函数极限的局部有界性可知(3)成立.

(3) $\Rightarrow$(1) 若 $f(z)$ 在 z_0 的去心邻域 $U(z_0,\delta)=\{z\,|\,0<|z-z_0|<\delta\}$ 内有界，即 $\exists M>0$，使得 $|f(z)|\leqslant M$，$\forall z\in U(z_0,\delta)$，考察 $f(z)$ 在 z_0 洛朗级数的主要部分

$$\frac{c_{-1}}{z-z_0}+\frac{c_{-2}}{(z-z_0)^2}+\cdots+\frac{c_{-n}}{(z-a)^n}+\cdots,$$

其中

$$c_{-n}=\frac{1}{2\pi i}\oint_{\Gamma_\rho}\frac{f(z)\mathrm{d}z}{(z-z_0)^{-n+1}},\quad n=1,2,\cdots,$$

$\Gamma_\rho:|z-z_0|=\rho$ 是 $U(z_0,\delta)$ 内以 z_0 为圆心，ρ 为半径的任一正向圆周. 于是

$$0\leqslant|c_{-n}|\leqslant\frac{1}{2\pi}\oint_{\Gamma_\rho}\left|\frac{f(z)}{(z-z_0)^{-n+1}}\right||\mathrm{d}z|\leqslant\frac{M\rho^{n-1}}{2\pi}\cdot\oint_{\Gamma_\rho}\mathrm{d}s=\frac{M\rho^{n-1}}{2\pi}\cdot 2\pi\rho=M\rho^n$$

令 $\rho\to 0+$，得 $c_{-n}=0$，$n=1,2,\cdots$，从而 $f(z)$ 在 z_0 的洛朗级数展开式中主要部分为零，则 z_0 是 $f(z)$ 的可去奇点.

例 5.1.1 证明 $z=0$ 为函数 $f(z)=\dfrac{1-\cos z}{z^2}$ 的可去奇点.

证明 方法一 利用定义. $z=0$ 是函数 $f(z)$ 在复平面内唯一奇点，从而是 $f(z)$ 的孤立奇点，由 $\cos z$ 的泰勒展开式

$$\cos z=1-\frac{z^2}{2!}+\frac{z^4}{4!}-\cdots+(-1)^{n-1}\frac{z^{2n}}{(2n)!}+\cdots \quad (|z|<+\infty)$$

得 $f(z)$ 在 $z=0$ 的洛朗展开式

$$f(z)=\frac{1}{2}-\frac{z^2}{4!}+\frac{z^4}{6!}-\cdots+(-1)^{n-1}\frac{z^{2n-2}}{(2n)!}+\cdots \quad (0<|z|<+\infty),$$

因展开式主要部分为零，故 $z=0$ 为函数 $f(z)$ 的可去奇点.

方法二 利用定理 5.1.1 进行判定. 因

$$\lim_{z\to 0}\frac{1-\cos z}{z^2}\overset{\frac{0}{0}}{=}\lim_{z\to 0}\frac{(1-\cos z)'}{(z^2)'}=\frac{1}{2}\lim_{z\to 0}\frac{\sin z}{z}=\frac{1}{2},$$

故由定理 5.1.1, $z=0$ 为函数 $f(z)$ 的可去奇点.

注 在判定函数的可去奇点时, 我们常用定理 5.1.1 中的 (2).

2. 极点

若洛朗级数展开式(5.0.1)中只含有有限多个 $z-z_0$ 的负幂次项, 此时 (5.0.1)式可表为

$$\begin{aligned}f(z)=&\frac{a_{-m}}{(z-z_0)^m}+\cdots+\frac{a_{-1}}{z-z_0}\\&+a_0+a_1(z-z_0)+\cdots+a_n(z-z_0)^n+\cdots\quad (m\geqslant 1, a_{-m}\neq 0),\end{aligned}\tag{5.1.1}$$

则称孤立奇点 z_0 为 $f(z)$ 的 m **级极点**或**极点**. 当 $m=1$时, z_0 也称为 $f(z)$ 的**单极点**. 关于极点的判定有如下定理.

定理 5.1.2 若 $z=z_0$ 为 $f(z)$ 的孤立奇点, 则下列条件等价:

(1) z_0 为 $f(z)$ 的 m 级极点;

(2) $f(z)$ 在 z_0 的某去心邻域内可表示为 $f(z)=\dfrac{g(z)}{(z-z_0)^m}$, 其中 $g(z)$ 在 z_0 解析, 且 $g(z_0)\neq 0$;

(3) $\lim\limits_{z\to z_0}(z-z_0)^m f(z)=a_{-m}(\neq 0)$.

证明 (1) ⇒(2) 若 z_0 为 $f(z)$ 的 m 级极点, 则由(5.1.1)式得

$$f(z)=(z-z_0)^m\left[a_{-m}+\cdots+a_{-1}(z-z_0)^{m-1}+a_0(z-z_0)^m+\cdots+a_n(z-z_0)^{m+n}+\cdots\right].$$

上式在 z_0 的某去心邻域内成立, 且右边括号内为一幂级数, 设它在该邻域内的和函数为 $g(z)$, 则 $g(z)$ 在 z_0 解析, 且 $g(z_0)=a_{-m}\neq 0$, 这时我们有 $f(z)=\dfrac{g(z)}{(z-z_0)^m}$.

(2) ⇒(3) 设(2)成立, 则在 z_0 的某去心邻域内有 $(z-z_0)^m f(z)=g(z)$, 所以

$$\lim_{z\to z_0}(z-z_0)^m f(z)=\lim_{z\to z_0}g(z)=g(z_0)=a_{-m}\neq 0.$$

(3) ⇒(1) 设(3)成立, 定义函数

$$\varphi(z)=\begin{cases}(z-z_0)^m f(z), & z\neq z_0,\\ a_{-m}, & z=z_0,\end{cases}$$

则 $\varphi(z)$ 在 z_0 的邻域 $|z-z_0|<\delta$ 解析, 故可以展开成关于 $z-z_0$ 的幂级数

$$\varphi(z)=a_{-m}+a_{-m+1}(z-z_0)+\cdots \quad (|z-z_0|<\delta),$$

因此当 $0<|z-z_0|<\delta$ 时，有

$$f(z)=\frac{\varphi(z)}{(z-z_0)^m}=\frac{a_{-m}}{(z-z_0)^m}+\frac{a_{-m+1}}{(z-z_0)^{m-1}}+\cdots \quad (a_{-m}\neq 0),$$

即 $z=z_0$ 是函数 $f(z)$ 的 m 级极点.

当我们不关心极点的级时，常用下面的推论判定一个孤立奇点是否为极点.

推论 5.1.1 设 $z=z_0$ 是 $f(z)$ 孤立奇点，则 $z=z_0$ 是 $f(z)$ 的极点 $\Leftrightarrow$ $\lim\limits_{z\to z_0}f(z)=\infty$.

证明 $(\Rightarrow)$ 若 $z=z_0$ 是 $f(z)$ 的极点，则由定理 5.1.2，存在 z_0 的去心邻域 $H:0<|z-z_0|<\delta$，在 H 内，$f(z)$ 可表示为 $f(z)=\dfrac{g(z)}{(z-z_0)^m}$，其中 $g(z)$ 在 $|z-z_0|<\delta$ 内解析且 $g(z_0)\neq 0$，于是

$$\lim_{z\to z_0}f(z)=\lim_{z\to z_0}\frac{g(z)}{(z-z_0)^m}=\infty.$$

$(\Leftarrow)$ 若 $\lim\limits_{z\to z_0}f(z)=\infty$，则 $\lim\limits_{z\to z_0}\dfrac{1}{f(z)}=0$，由定理 5.1.1，$z=z_0$ 为 $\dfrac{1}{f(z)}$ 可去奇点，设

$$\frac{1}{f(z)}=a_m(z-z_0)^m+a_{m+1}(z-z_0)^{m+1}+\cdots, \quad 0<|z-z_0|<\delta,$$

其中 $a_m\neq 0, m\geqslant 1$，于是

$$\frac{1}{f(z)}=(z-z_0)^m\left[a_m+a_{m+1}(z-z_0)+\cdots\right], \quad 0<|z-z_0|<\delta,$$

记 $\varphi(z)=a_m+a_{m+1}(z-z_0)+\cdots$，则 $\varphi(z)$ 在 $|z-z_0|<\delta$ 内解析且 $\varphi(z_0)=a_m\neq 0$，从而 $f(z)=\dfrac{g(z)}{(z-z_0)^m}$，其中 $g(z)=\dfrac{1}{\varphi(z)}$ 在 $|z-z_0|<\delta$ 内解析，且 $g(z_0)=\dfrac{1}{\varphi(z_0)}=\dfrac{1}{a_m}\neq 0$，再由定理 5.1.2 可知，$z=z_0$ 是 $f(z)$ 的 m 级极点.

例 5.1.2 确定函数 $f(z)=\dfrac{z^2-3z+2}{(z^2+1)(z-1)^4}$ 的孤立奇点，并判断其类型.

解 令 $(z^2+1)(z-1)^4=0$，得奇点 $z=1, z=\pm\mathrm{i}$. 因为 $f(z)$ 在去掉1，$\pm\mathrm{i}$ 区域内解析，故1，$\pm\mathrm{i}$ 是 $f(z)$ 的孤立奇点，又 $f(z)=\dfrac{z-2}{(z-1)^3}$，由定理 5.1.2(2)可知，$z=1$ 是 $f(z)$ 的 3 级极点；同理，$z=\pm\mathrm{i}$ 是 $f(z)$ 的单极点.

3. 本性奇点

若 $f(z)$ 在孤立奇点 z_0 处的洛朗展开式(5.0.1)中含有无限多个 $z-z_0$ 的负幂次项, 则 z_0 称为 $f(z)$ 的本性奇点. 事实上, 鉴于函数形式的复杂性, 大部分孤立奇点都属于这种类型. 这也是我们称其为“本性奇点”的原因.

由本性奇点的定义以及定理 5.1.1, 定理 5.1.2 及推论 5.1.1 得下述定理.

定理 5.1.3　$f(z)$ 的孤立奇点 z_0 是 $f(z)$ 的本性奇点$\Leftrightarrow \lim\limits_{z\to z_0} f(z)$ 不存在, 即 $\lim\limits_{z\to z_0} f(z)\neq\infty$, 也不是一个有限数.

例 5.1.3　判断 $z=0$ 为函数 $f(z)=\mathrm{e}^{\frac{1}{z}}$ 的什么类型的奇点?

解　*方法一*　$z=0$ 是 $\mathrm{e}^{\frac{1}{z}}$ 唯一奇点, 从而也是孤立奇点. 由例 4.4.2, $\mathrm{e}^{\frac{1}{z}}$ 在 $z=0$ 的洛朗级数展开式为

$$\mathrm{e}^{\frac{1}{z}}=1+\frac{1}{z}+\frac{1}{2!z^2}+\cdots+\frac{1}{n!z^n}+\cdots,\quad 0<|z|<+\infty,$$

其中有无限多个关于 z^{-1} 的负幂次项, 故 $z=0$ 是 $\mathrm{e}^{\frac{1}{z}}$ 本性奇点.

方法二　因为 $\lim\limits_{\substack{z\to 0+\\ z\in\mathbf{R}}}\mathrm{e}^{\frac{1}{z}}=+\infty$, $\lim\limits_{\substack{z\to 0-\\ z\in\mathbf{R}}}\mathrm{e}^{\frac{1}{z}}=0$, 所以 $\lim\limits_{z\to 0}\mathrm{e}^{\frac{1}{z}}\neq\infty$, $\lim\limits_{z\to 0}\mathrm{e}^{\frac{1}{z}}$ 也不是有限数, 由定理 5.1.3 可知, $z=0$ 是 $\mathrm{e}^{\frac{1}{z}}$ 的本性奇点.

5.1.2　函数的零点与极点的关系

由推论 5.1.1, $z=z_0$ 是 $f(z)$ 的极点当且仅当 $\lim\limits_{z\to z_0} f(z)=\infty$, 若定义函数 $\varphi(z)$, 当 $z\neq z_0$ 时, $\varphi(z)=\dfrac{1}{f(z)}$, 当 $z=z_0$ 时, $\varphi(z)=0$, 则 $\varphi(z)$ 在 z_0 的某个邻域内解析, 且 $\varphi(z_0)=0$, 即 $z=z_0$ 是方程 $\varphi(z)=0$ 根. 这样就把关于 z_0 是否为极点的判断转换为 z_0 是否为方程根的问题. 几何上, 方程根的问题也就是函数零点的问题. 当然, 对于给定的函数, 其零点的存在性是首要关心的问题, 将在本章最后一节给出讨论.

定义 5.1.2　设 $f(z)$ 在 z_0 解析, 若 $f(z_0)=0$, 则称 z_0 为函数 $f(z)$ 的**零点**.

设 z_0 为 $f(z)$ 在 z_0 邻域 $K:|z-z_0|<R$ 内的唯一零点, 将其在 z_0 泰勒展开得

$$f(z)=\sum_{n=0}^{\infty}a_n(z-z_0)^n=a_0+a_1(z-z_0)+\cdots+a_n(z-z_0)^n+\cdots,\quad z\in K,$$

其中 $a_n=\dfrac{f^{(n)}(z_0)}{n!}$, $n\geqslant 1$, $a_0=f(z_0)=0$, 则

$$f(z)=\sum_{n=1}^{\infty}a_n(z-z_0)^n=a_1(z-z_0)+\cdots+a_n(z-z_0)^n+\cdots,\quad z\in K,$$

显然, 在 K 内, $f(z)\equiv 0\Leftrightarrow a_n=0,\ \forall n\geqslant 1\Leftrightarrow f^{(n)}(z_0)=0,\ \forall n\geqslant 1$. 于是, 在 K 内 $f(z)$ 不恒等于零$\Leftrightarrow$存在正整数 m, 使得

$$f(z_0)=f'(z_0)=\cdots=f^{(m-1)}(z_0)=0,\quad f^{(m)}(z_0)\neq 0. \tag{5.1.2}$$

定义 5.1.3 满足上述条件(5.1.2)的零点 z_0 称为 $f(z)$ 的 m **级零点**, m 称为零点的**级或阶**, $m=1$时, z_0 称为 $f(z)$ 的**单零点**.

定理 5.1.4 不恒为零的解析函数 $f(z)$ 以 z_0 为 m 级零点的充分必要条件是

$$f(z)=(z-z_0)^m\varphi(z),$$

其中 $\varphi(z)$ 在 z_0 的邻域 $K:|z-z_0|<R$ 内解析, 且 $\varphi(z_0)\neq 0$.

证明 必要性 若 z_0 是 $f(z)$ 的 m 级零点, 即

$$f(z_0)=f'(z_0)=\cdots=f^{(m-1)}(z_0)=0,\quad f^{(m)}(z_0)\neq 0.$$

因为 $f(z)$ 在 z_0 解析, 所以可在 z_0 某个邻域 $K:|z-z_0|<R$ 内将 $f(z)$ 展开为泰勒级数, 得

$$f(z)=a_m(z-z_0)^m+a_{m+1}(z-z_0)^{m+1}+a_{m+2}(z-z_0)^{m+2}+\cdots,$$

其中 $a_n=\dfrac{f^{(n)}(z_0)}{n!}$, $n\geqslant m$, 且 $a_m=\dfrac{f^{(m)}(z_0)}{m!}\neq 0$. 即

$$f(z)=(z-z_0)^m\left[a_m+a_{m+1}(z-z_0)+\cdots+a_{m+2}(z-z_0)^2+\cdots\right]\triangleq(z-z_0)^m\varphi(z),$$

显然在 K 内解析, 且 $\varphi(z_0)=a_m\neq 0$.

充分性 若 $f(z)=(z-z_0)^m\varphi(z)$, 其中 $\varphi(z)$ 在 z_0 的邻域 $K:|z-z_0|<R$ 内解析, 且 $\varphi(z_0)\neq 0$. 将 $\varphi(z)$ 在 K 内展开成泰勒级数, 得

$$\varphi(z)=\sum_{n=0}^{\infty}c_n(z-z_0)^n,\quad z\in K.$$

于是 $f(z)$ 在 K 内的泰勒级数展开式为

$$f(z)=\sum_{n=0}^{\infty}c_n(z-z_0)^{n+m}\triangleq\sum_{n=0}^{\infty}a_n(z-z_0)^n,\quad z\in K,$$

其中 $a_n=\dfrac{f^{(n)}(z_0)}{n!}$, $n=0,1,\cdots$, $c_0=\varphi(z_0)\neq 0$. 由展开式的唯一性可知 $a_0=a_1=\cdots=a_{m-1}=0$, $a_m=c_0\neq 0$. 即 $f(z_0)=f'(z_0)=\cdots=f^{(m-1)}(z_0)=0$, $f^{(m)}(z_0)\neq 0$. 从而由定义 5.1.3, z_0 是 $f(z)$ 的 m 级零点.

例 5.1.4 讨论函数 $f(z)=\sin z-z$ 在 $z=0$ 的零点性, 若是零点指出其阶数.

解 *方法一* 显然 $f(z)=\sin z-z$ 在 $z=0$ 解析, 且 $f(0)=0$, 因为

$$f(z)=\left(z-\frac{z^3}{3!}+\frac{z^5}{5!}-\cdots\right)-z=z^3\left(-\frac{1}{3!}+\frac{z^2}{5!}-\cdots\right)\triangleq z^3\varphi(z),$$

显然 $\varphi(z)$ 在 $z=0$ 解析, 且 $\varphi(0)=-\dfrac{1}{3!}=-\dfrac{1}{6}\neq 0$, 所以由定理 5.1.4, $z=0$ 为 $f(z)$ 的 3 级零点.

方法二 利用定义, 因为

$$f'(z)=\cos z-1,\quad f''(z)=-\sin z,\quad f'''(z)=-\cos z,$$

所以

$$f(0)=f'(0)=f''(0)=0,\quad f'''(0)=-1\neq 0,$$

由定义, $z=0$ 为 $f(z)$ 的 3 级零点.

由定理 5.1.2 与定理 5.1.4 不难发现函数的极点与零点之间有如下关系:

定理 5.1.5 点 z_0 为 $f(z)$ 的 m 级极点 $\Leftrightarrow$ z_0 为 $\dfrac{1}{f(z)}$ 的 m 级零点.

证明 z_0 为 $f(z)$ 的 m 级极点 $\Leftrightarrow f(z)=\dfrac{g(z)}{(z-z_0)^m}$, 其中 $g(z)$ 在 z_0 解析, 且 $g(z_0)\neq 0$ $\Leftrightarrow$ $\dfrac{1}{f(z)}=(z-z_0)^m\varphi(z)$, 其中 $\varphi(z)=\dfrac{1}{g(z)}$ 在 z_0 解析, 且 $\varphi(z_0)\neq\dfrac{1}{g(z_0)}\neq 0\Leftrightarrow z_0$ 为 $\dfrac{1}{f(z)}$ 的 m 级零点, 这里我们规定 $\dfrac{1}{f(z)}$ 在 z_0 的值为 0.

推论 5.1.2 设 $g(z_0)\neq 0$, $g(z)$ 在 z_0 解析. 若 z_0 是 $f(z)$ 的 m 级极点或 m 级零点, 则 z_0 也是 $f(z)g(z)$ 的 m 级极点或 m 级零点.

推论 5.1.3 若 z_0 是函数 $f_k(z)$ 的 m_k 级零点 $(k=1,2)$, 则 z_0 是 $f_1(z)f_2(z)$ 的 m_1+m_2 级零点; 当 $m_2>m_1$ 时, z_0 是 $f_1(z)/f_2(z)$ 的 m_2-m_1 级极点.

推论的证明留给读者完成. 定理 5.1.5 及上述推论在极点判别上为我们提供了更多的选择. 实际判别过程中, 要注意灵活有效地应用各种判别方法.

例 5.1.5 判别下列函数孤立奇点的类型, 对其极点, 指出是多少级的极点.

(1) $f(z)=\dfrac{1}{(z^2+\mathrm{i})^3}$;　　(2) $f(z)=\dfrac{\sin z}{z^3}$;

(3) $f(z)=\dfrac{z}{(1+z^2)(1+\mathrm{e}^{\pi z})}$;　　(4) $f(z)=\dfrac{\ln(1+z)}{z}$.

解 (1) 令分母 $(z^2+\mathrm{i})^3=0$, 得 $f(z)$ 的两个孤立奇点, 又 $z=\pm\dfrac{1}{\sqrt{2}}(1+\mathrm{i})$ 分别是 $(z^2+\mathrm{i})^3$ 的 3 级零点, 则由定理 5.1.5, $z=\pm\dfrac{1}{\sqrt{2}}(1+\mathrm{i})$ 为 $f(z)$ 的 3 级极点.

(2) $z=0$ 是 $f(z)$ 唯一奇点, 从而是孤立奇点. 又 $\sin z\big|_{z=0}=0$, $(\sin z)'\big|_{z=0}=\cos z\big|_{z=0}=1\neq 0$, 故 $z=0$ 为分子 $\sin z$ 的 1 级零点, 它是分母 z^3 的 3 级零点, 由推论 5.1.3 可知, $z=0$ 是 $f(z)$ 的 2 级极点.

也可以先把 $f(z)$ 在 $z=0$ 的去心圆环 $0<|z|<+\infty$ 展开为洛朗级数

$$f(z)=\frac{1}{z^3}\left(z-\frac{z^3}{3!}+\frac{z^5}{5!}-\cdots\right)=\frac{1}{z^2}-\frac{1}{3!}+\frac{z^2}{5!}-\cdots,$$

因负幂项最高次项为 $\dfrac{1}{z^2}$, 故由定义, $z=0$ 是 $f(z)$ 的 2 级极点.

(3) 令 $1+z^2=0$, 得 $z=\pm\mathrm{i}$, 是 $1+z^2$ 的 1 级零点; 令 $\mathrm{e}^{\pi z}+1=0$, 解得 $z_k=(2k+1)\mathrm{i}$, $k\in\mathbf{Z}$. 又 $(1+\mathrm{e}^{\pi z})'\big|_{z=(2k+1)\mathrm{i}}=\pi\mathrm{e}^{\pi z}\big|_{z=(2k+1)\mathrm{i}}=-\pi\neq 0$, 所以 $z_k(k\in\mathbf{Z})$ 是 $\mathrm{e}^{\pi z}+1$ 的 1 级零点. 注意到 $z=\pm\mathrm{i}$ 也是 $\mathrm{e}^{\pi z}+1$ 的 1 级零点. 由推论 5.1.3, $z=\pm\mathrm{i}$ 是分母 $(1+z^2)(1+\mathrm{e}^{\pi z})$ 的 2 级零点, 当 $k\neq 0,-1$ 时, $z_k=(2k+1)\mathrm{i}$ 为 $(1+z^2)(1+\mathrm{e}^{\pi z})$ 的 1 级零点. 再由推论 5.1.2, $z=\pm\mathrm{i}$ 是 $f(z)$ 的 2 级极点, $k\neq 0,-1$ 时, $z_k=(2k+1)\mathrm{i}$ 是 $f(z)$ 的单极点.

(4) 因主值对数 $\ln(1+z)$ 在去掉负实轴上 -1 及左侧负实轴上的点后的区域内解析, 所以 -1 及其左侧负实轴上的点是 $f(z)$ 的奇点, 易见它们不是孤立奇点, $z=0$ 是 $f(z)$ 的孤立奇点, 且

$$\lim_{z\to 0}\frac{\ln(1+z)}{z}\overset{\frac{0}{0}}{=}\lim_{z\to 0}\frac{(\ln(1+z))'}{(z)'}=\lim_{z\to 0}\frac{1}{1+z}=1\neq\infty,$$

由定理 5.1.1, $z=0$ 是 $f(z)$ 的可去奇点.

注 对于本性奇点的判定, 有时利用定义进行判定反而简便得多. 如由定义很容易判定 $z=z_0$ 是函数 $(z-z_0)^3\mathrm{e}^{\frac{1}{z-z_0}}$, $(z-z_0)\cos\dfrac{1}{(z-z_0)^2}$ 的本性奇点.

5.1.3* 解析函数在无穷远点的性态

第 1 章我们在复平面 $\mathbf{C}$ 上引入了无穷远点 ∞, 得到扩充复平面 $\mathbf{C}_\infty$. 因为函数 $f(z)$ 在 ∞ 处总认为是没有定义的, 所以在 $\mathbf{C}_\infty$ 上, 我们可以把 ∞ 视为 $f(z)$ 的一个奇点. 研究解析函数在无穷远点的性质有助于我们解决大范围积分的问题. 下面问题的讨论都是在扩充复平面 $\mathbf{C}_\infty$ 上进行的.

定义 5.1.4 若函数 $f(z)$ 在 $z=\infty$ 的去心邻域 $H: 0 \leqslant R < |z| < +\infty$ 内解析, 则称 $z=\infty$ 为 $f(z)$ 的**孤立奇点**.

如 $f(z)=z^2$, $f(z)=\dfrac{z}{z-2}$, 都以 ∞ 为孤立奇点, 对 $f(z)=\sqrt{z}$, $f(z)=\dfrac{1}{\sin z}$, 因 ∞ 点是它们奇点的聚点, 所以 ∞ 点是非孤立奇点. 类似有限孤立奇点的讨论, ∞ 点作为孤立奇点也分为可去奇点、极点与本性奇点三种类型. 为此, 我们将函数 $f(z)$ 在 ∞ 点的去心邻域 H 内展开为洛朗级数

$$f(z)=\sum_{n=-\infty}^{+\infty} a_n z^n, \quad z \in H,$$

作变量替换 $\zeta=\dfrac{1}{z}$, 则 $f(z)=f\left(\dfrac{1}{\zeta}\right) \triangleq \varphi(\zeta)$, 即

$$\varphi(\zeta)=f\left(\frac{1}{\zeta}\right)=\sum_{n=-\infty}^{+\infty} a_n \zeta^{-n}, \tag{5.1.3}$$

其中 $\varphi(\zeta)$ 在 $\zeta=0$ 的去心邻域 $H': 0<|\zeta|<\dfrac{1}{R} \leqslant +\infty$ 解析, 且 $\zeta=0$ 是 $\varphi(\zeta)$ 的孤立奇点.

注意到

$$\lim_{z \to \infty} f(z) \overset{\zeta=\frac{1}{z}}{=} \lim_{\zeta \to 0} f\left(\frac{1}{\zeta}\right)=\lim_{\zeta \to 0} \varphi(\zeta).$$

因此, $z=\infty$ 作为 $f(z)$ 孤立奇点的类型应与 $\zeta=0$ 作为 $f\left(\dfrac{1}{\zeta}\right)$ 的孤立奇点的类型完全相同. (5.1.3)式的几何意义如图 5.1.1 所示.

定义 5.1.5 称 $z=\infty$ 是函数 $f(z)$ 的**可去奇点**、**极点**或**本性奇点**, 若 $\zeta=0$ 是函数 $f\left(\dfrac{1}{\zeta}\right)$ 的可去奇点、极点或本性奇点.

(5.1.3)式右侧可表示成两部分

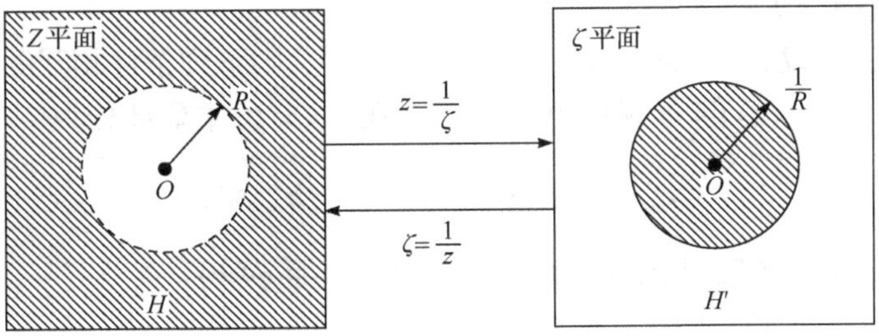

图 5.1.1

$$\varphi(\zeta)=f\left(\frac{1}{\zeta}\right)=\sum_{n=1}^{+\infty}\frac{a_n}{\zeta^n}+\sum_{n=0}^{-\infty}\frac{a_n}{\zeta^n},\quad 0<|\zeta|<\frac{1}{R}\leqslant+\infty,$$

因此, 对应于 $\varphi(\zeta)$ 的主要部分 $\sum_{n=1}^{+\infty}a_n\left(\frac{1}{\zeta}\right)^n$, 我们称

$$\sum_{n=1}^{+\infty}a_nz^n=a_1z+a_2z^2+\cdots+a_nz^n+\cdots \tag{5.1.4}$$

为 $f(z)$ 在 $z=\infty$ 的**主要部分**, 它由 z 的正幂项构成.

类似于定理 5.1.1, 定理 5.1.2 及定理 5.1.3, 我们有

定理 5.1.6 设 $z=\infty$ 是 $f(z)$ 的一个孤立奇点, 则下列条件相互等价:

(1) $z=\infty$ 是 $f(z)$ 的可去奇点, 即 $\lim\limits_{z\to\infty}f(z)$ 存在;

(2) $f(z)$ 在 $z=\infty$ 的主要部分为零;

(3) $f(z)$ 在 $z=\infty$ 的某个空心邻域内有界.

注 当 $z=\infty$ 是 $f(z)$ 的可去奇点时, 若补充定义 $f(\infty)=\lim\limits_{z\to\infty}f(z)$, 则称 $f(z)$ 在 $z=\infty$ 解析, 如 $f(z)=\frac{z}{z-2}$ 在 ∞ 点的去心邻域 $2<|z|<+\infty$ 内解析, 且洛朗级数展开式为

$$f(z)=\frac{1}{1-\frac{2}{z}}=1+\frac{2}{z}+\frac{4}{z^2}+\cdots,$$

它不含 z 的正幂项, 由定理 5.1.5, ∞ 是可去奇点, 若补充定义 $f(\infty)=1$, 则 $f(z)$ 在 ∞ 解析. 一般地, 若 $f\left(\frac{1}{z}\right)$ 在 $z=0$ 解析, 则称 $f(z)$ 在 $z=\infty$ 解析, 如 $e^{\frac{2}{z}}$, $\sin\frac{1}{z^2}$, $\cos\frac{1}{z}$ 都在 $z=\infty$ 解析.

称 $z=\infty$ 是 $f(z)$ 的 m **级零点**, 若在(5.1.3)式中, $\zeta=0$ 是 $\varphi(\zeta)$ 的 m 级零点. 因

此, 我们有下面的定理.

定理 5.1.7　设 $z=\infty$ 是 $f(z)$ 的一个孤立奇点, 则下列条件相互等价:

(1) $z=\infty$ 是 $f(z)$ 的 m 级极点, 即 $f(z)$ 在 $z=\infty$ 的主要部分为

$$a_1z+a_2z^2+\cdots+a_mz^m,\quad a_m\neq 0;$$

(2) $f(z)=z^m\varphi(z)$, 其中 $\varphi(z)$ 在 $z=\infty$ 解析, 且 $\varphi(\infty)\neq 0$;

(3) $z=\infty$ 是 $\dfrac{1}{f(z)}$ 的 m 级零点. $\left(这里\left.\dfrac{1}{f(z)}\right|_{z=\infty}=0.\right)$

推论 5.1.4　若 $z=\infty$ 是 $f(z)$ 的一个孤立奇点, 则 $z=\infty$ 是 $f(z)$ 的极点 $\Leftrightarrow \lim\limits_{z\to\infty}f(z)=\infty$.

定理 5.1.8　设 $z=\infty$ 是 $f(z)$ 的一个孤立奇点, 则下列条件相互等价:

(1) $f(z)$ 在 $z=\infty$ 的主要部分有无穷多项;

(2) $\lim\limits_{z\to\infty}f(z)$ 也不存在, 也不为 ∞.

例 5.1.6　判断∞点作为下列函数的孤立奇点的类型.

(1) $f(z)=\sin\dfrac{1}{z}$;　　(2) $f(z)=e^{z-\frac{1}{z}}$;　　(3) $f(z)=(z-2)(z^2+1)$.

解　(1) 将 $f(z)$ 在 $z=\infty$ 去心圆环 $0<|z|<+\infty$ 展开为洛朗级数得

$$\sin\frac{1}{z}=\sum_{n=0}^{+\infty}\frac{(-1)^n}{(2n+1)!}\cdot\frac{1}{z^{2n+1}},\quad 0<|z|<+\infty,$$

主要部分为 0, 故由定理 5.1.5, $z=\infty$ 为 $\sin\dfrac{1}{z}$ 的可去奇点;

(2) 因为 $\lim\limits_{z=x\to+\infty}f(z)=\lim\limits_{x\to+\infty}e^{x-\frac{1}{x}}=+\infty$, $\lim\limits_{z=x\to-\infty}f(z)=\lim\limits_{x\to-\infty}e^{x-\frac{1}{x}}=0$, 所以 $\lim\limits_{z\to\infty}e^{z-\frac{1}{z}}$ 不存在, 也不是∞, 由定理 5.1.7, $z=\infty$ 为 $e^{z-\frac{1}{z}}$ 的本性奇点;

(3) $f(z)=z^3\left(-\dfrac{2}{z^3}+\dfrac{1}{z^2}-\dfrac{2}{z}+1\right)\triangleq z^3\varphi(z)$, 显然, $\varphi(z)$ 在 $z=\infty$ 解析, 且 $\varphi(\infty)=1\neq 0$, 由定理 5.1.6, $z=\infty$ 为 $(z-2)(z^2+1)$ 的 3 级极点.

例 5.1.7　将函数 $f(z)=\dfrac{z-1}{(z^2+1)(z+1)}$ 在∞展开为洛朗级数.

解　因 $f(z)$ 在∞的去心邻域 $1<|z|<+\infty$ 内解析, 故∞是 $f(z)$ 的一个孤立奇点, 由洛朗定理得

$$f(z)=\frac{z}{1+z^2}-\frac{1}{1+z}=\frac{1}{z}\cdot\frac{1}{1+\frac{1}{z^2}}-\frac{1}{z}\cdot\frac{1}{1+\frac{1}{z}}=\sum_{n=0}^{\infty}\frac{(-1)^n}{z^{2n+1}}-\sum_{n=0}^{\infty}\frac{(-1)^n}{z^{n+1}},\quad 1<|z|<+\infty.$$

5.2　留　　数

由(5.0.4)式，当积分中只有一个奇点 z_0 时，$\oint_C f(z)\mathrm{d}z=2\pi \mathrm{i} a_{-1}$，其中 a_{-1} 是 $f(z)$ 在 z_0 处的洛朗展开式中 $(z-z_0)^{-1}$ 的系数，若能确定 a_{-1} 的值，则可按(5.0.4)计算出积分的值. 这为我们计算某些复积分带来方便.

5.2.1　留数定义与留数定理

1. 留数定义

定义 5.2.1　设 $z_0\neq\infty$ 为函数 $f(z)$ 的孤立奇点，C 为去心邻域 $0<|z-z_0|<\delta$ 内任一条包含 z_0 的简单正向闭曲线，则称积分

$$\frac{1}{2\pi \mathrm{i}}\oint_C f(z)\mathrm{d}z$$

为 $f(z)$ 在 z_0 处的**留数**(residue)或**残数**，记作 $\operatorname{Res}[f(z),z_0]$ 或 $\operatorname*{Res}_{z=z_0} f(z)$，即

$$\operatorname{Res}[f(z),z_0]=\frac{1}{2\pi \mathrm{i}}\oint_C f(z)\mathrm{d}z=a_{-1}. \tag{5.2.1}$$

注　(1) 函数的留数只对函数的孤立奇点定义. 根据闭路变形原理，留数的值与积分曲线 C 的形状无关.

(2) 利用(5.2.1)式求留数的方法称为**洛朗展式法**，它是计算留数的一般方法.

例 5.2.1　求下列函数在 $z=0$ 处的留数.

(1) $f(z)=\dfrac{\sin z}{z}$；　　　　(2) $f(z)=\dfrac{\cos z}{z^3}$.

解　(1) 显然，$z=0$ 是 $f(z)$ 孤立奇点，且 $f(z)$ 在 $z=0$ 的洛朗级数展开式为

$$f(z)=\frac{\sin z}{z}=\frac{1}{z}\cdot\sum_{n=0}^{\infty}\frac{(-1)^n}{(2n+1)!}z^{2n+1}=\sum_{n=0}^{\infty}\frac{(-1)^n}{(2n+1)!}z^{2n}=1-\frac{z^2}{3!}+\frac{z^4}{5!}-\cdots,\quad 0<|z|<+\infty.$$

其中不含 z^{-1} 项，即 $a_{-1}=0$，由(5.2.1)，$\operatorname{Res}[f(z),0]=a_{-1}=0$.

(2) $z=0$ 是 $f(z)$ 孤立奇点，$f(z)$ 在 $z=0$ 的洛朗级数展开式为

$$f(z)=\frac{\cos z}{z^3}=\frac{1}{z^3}\cdot\sum_{n=0}^{\infty}\frac{(-1)^n}{(2n)!}z^{2n}=\sum_{n=0}^{\infty}\frac{(-1)^n}{(2n)!}z^{2n-3}=\frac{1}{z^3}-\frac{1}{2!}\cdot\frac{1}{z}+\frac{1}{4!}z-\cdots,\quad 0<|z|<+\infty.$$

由(5.2.1)式, $\operatorname{Res}[f(z), 0] = -\frac{1}{2!} = -\frac{1}{2}$.

2. 留数定理

当闭路积分 $\oint_C f(z)\mathrm{d}z$ 中含有不止一个孤立奇点时, 由复合闭路定理, 我们可以给出一个用留数计算闭路积分的公式.

定理 5.2.1 (留数定理)　设 C 是一条简单正向闭曲线, $f(z)$ 在 C 内有有限个孤立奇点 $z_1, z_2, \cdots, z_n$, 除此之外, $f(z)$ 在 C 内及 C 上解析, 则

$$\oint_C f(z)\mathrm{d}z = 2\pi\mathrm{i}\sum_{k=1}^{n}\operatorname{Res}[f(z), z_k]. \tag{5.2.2}$$

证明　在 C 内作互不相交, 互不包含的正向简单闭曲线 $C_k (k=1, 2, \cdots, n)$ 将相应孤立奇点 z_k 围绕, 如图 5.2.1. 由复合闭路定理, 得

$$\oint_C f(z)\mathrm{d}z = \sum_{k=1}^{n}\oint_{C_k} f(z)\mathrm{d}z,$$

用 $2\pi\mathrm{i}$ 除上式两边得

$$\frac{1}{2\pi\mathrm{i}}\oint_C f(z)\mathrm{d}z = \sum_{k=1}^{n}\left[\frac{1}{2\pi\mathrm{i}}\oint_{C_k} f(z)\mathrm{d}z\right] = \sum_{k=1}^{n}\operatorname{Res}[f(z), z_k],$$

所以

$$\oint_C f(z)\mathrm{d}z = 2\pi\mathrm{i}\sum_{k=1}^{n}\operatorname{Res}[f(z), z_k].$$

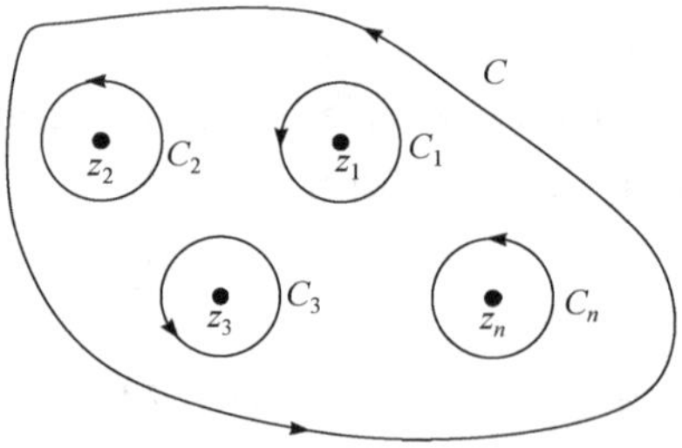

图 5.2.1

(5.2.2)式也称为**大范围积分公式**. 它把求沿曲线 C 的积分转化为求 C 内各孤立奇点的留数, 从而降低了积分计算的复杂性与难度. 留数理论在有关工程领域也有着较广泛的应用.

5.2.2 留数的计算

用洛朗展开法求孤立奇点的留数时，级数的展开及合并相当繁琐. 我们还可以按孤立奇点的类型给出求留数的若干计算方法. 以下就三类孤立奇点进行讨论.

1. 可去奇点处的留数

若 z_0 是 $f(z)$ 的可去奇点，由可去奇点的定义，$f(z)$ 在 z_0 的洛朗级数展开式中不含负幂项，则 $a_{-1}=0$，从而 $\mathrm{Res}\left[f(z),z_0\right]=0$.

如例 5.2.1 中，因为 $z=0$ 是 $\dfrac{\sin z}{z}$ 的可去奇点，所以 $\mathrm{Res}\left[f(z),0\right]=0$.

2. 本性奇点处的留数

若 z_0 是 $f(z)$ 的本性奇点，则 $\mathrm{Res}\left[f(z),z_0\right]=a_{-1}$. 一般我们只能将 $f(z)$ 在 z_0 的去心邻域内展开成洛朗级数得到 a_{-1}.

例 5.2.2 计算积分 $\oint_{|z|=1}\mathrm{e}^{\frac{1}{z^2}}\mathrm{d}z$.

解 因为函数 $\mathrm{e}^{\frac{1}{z^2}}$ 在单位圆周 $|z|=1$ 内只有一个本性奇点 $z=0$，在 $z=0$ 处的洛朗展式为

$$\mathrm{e}^{\frac{1}{z^2}}=1+\frac{1}{z^2}+\frac{1}{2!}\cdot\frac{1}{z^4}+\cdots,\qquad 0<|z|<+\infty,$$

所以 $\mathrm{Res}\left[\mathrm{e}^{\frac{1}{z^2}},0\right]=a_{-1}=0$，由留数定理，得

$$\oint_{|z|=1}\mathrm{e}^{\frac{1}{z^2}}\mathrm{d}z=2\pi\mathrm{i}\cdot\mathrm{Res}\left[\mathrm{e}^{\frac{1}{z^2}},0\right]=0.$$

3. 极点处的留数

若 z_0 是 $f(z)$ 的极点，求 $\mathrm{Res}\left[f(z),z_0\right]$ 有以下几条规则.

规则 I 若 z_0 是 $f(z)$ 的一级极点，则

$$\mathrm{Res}\left[f(z),z_0\right]=\lim_{z\to z_0}(z-z_0)f(z).\tag{5.2.3}$$

规则 II 若 z_0 是 $f(z)$ 的 $m(m\geqslant 1)$ 级极点，则对任意正整数 $n\geqslant m$，有

$$\mathrm{Res}\left[f(z),z_0\right]=\frac{1}{(n-1)!}\lim_{z\to z_0}\left[(z-z_0)^n f(z)\right]^{(n-1)}.\tag{5.2.4}$$

事实上，在 z_0 的去心邻域 $0<|z-z_0|<\delta$ 有(5.1.1)式成立

$$f(z)=\frac{a_{-m}}{(z-z_0)^m}+\cdots+\frac{a_{-1}}{z-z_0}+a_0+a_1(z-z_0)+\cdots,\quad m\geqslant 1,\ a_{-m}\neq 0.$$

以 $(z-z_0)^n(n\geqslant m)$ 乘以上式两端，得

$$(z-z_0)^n f(z)=a_{-m}(z-z_0)^{n-m}+\cdots+a_{-1}(z-z_0)^{n-1}+a_0(z-z_0)^n+\cdots,$$

上式两边逐项求 $n-1$ 阶导数，得

$$\left[(z-z_0)^n f(z)\right]^{(n-1)}=(n-1)!a_{-1}+a_0 n!(z-z_0)+\cdots,\quad 0<|z-z_0|<\delta,$$

上式两边令 $z\to z_0$，即得(5.2.4).

注　当 $n=m=1$ 时，规则Ⅱ即规则Ⅰ.

规则Ⅲ　设 $f(z)=\dfrac{P(z)}{Q(z)}$，$P(z),Q(z)$ 在 z_0 都解析，若 $P(z_0)\neq 0,\ Q(z_0)=0$ 且 $Q'(z_0)\neq 0$，则 z_0 是 $f(z)$ 的一级极点，且

$$\operatorname{Res}[f(z),z_0]=\frac{P(z_0)}{Q'(z_0)}.\tag{5.2.5}$$

事实上，z_0 是 $Q(z)$ 的一级零点，由定理 5.1.5 及推论 5.1.2 可知 z_0 是 $f(z)$ 的一级极点，从而由规则Ⅰ，得

$$\operatorname{Res}[f(z),z_0]=\lim_{z\to z_0}(z-z_0)\frac{P(z)}{Q(z)}=\frac{\lim\limits_{z\to z_0}P(z)}{\lim\limits_{z\to z_0}\dfrac{Q(z)}{z-z_0}}=\frac{P(z_0)}{Q'(z_0)}.$$

例 5.2.3　求下列函数在指定点处的留数.

(1) $f(z)=\dfrac{\ln(1+z)}{z},\ z_0=0;$

(2) $f(z)=\cot z,\ z_n=n\pi, n=0,\pm 1,\cdots;$

(3) $f(z)=\dfrac{e^z}{z(z+1)^2},\ z_0=0, z_1=-1;$

(4) $f(z)=\dfrac{z-\sin z}{z^6},\ z_0=0.$

解　(1) 由上节例 5.1.5(4)，$z_0=0$ 为 $f(z)=\dfrac{\ln(1+z)}{z}$ 的可去奇点，故 $\operatorname{Res}[f(z),0]=0$.

(2) $f(z)=\cot z=\dfrac{\cos z}{\sin z}$，显然，$z_n=n\pi$ 为 $f(z)$ 的一级极点，由规则Ⅲ，

$$\mathrm{Res}[f(z), n\pi] = \left.\frac{\cos z}{(\sin z)'}\right|_{z=n\pi} = 1, \quad n = 0, \pm 1, \cdots.$$

(3) 易见，$z_0 = 0$ 与 $z_1 = -1$ 分别是 $f(z)$ 的一级和二级极点，于是分别由规则Ⅰ和规则Ⅱ可得

$$\mathrm{Res}[f(z), 0] = \lim_{z\to 0} z \cdot \frac{e^z}{z(z+1)^2} = \lim_{z\to 0}\frac{e^z}{(z+1)^2} = 1,$$

$$\mathrm{Res}[f(z), -1] = \frac{1}{(2-1)!}\lim_{z\to -1}\left[(z+1)^2 \cdot \frac{e^z}{z(z+1)^2}\right]' = \lim_{z\to -1}\frac{e^z(z-1)}{z^2} = -\frac{2}{e}.$$

(4) 因 $z_0 = 0$ 是 $z - \sin z$ 的 3 级零点，是 z^6 的 6 级零点，由推论 5.1.3 可知，$z_0 = 0$ 是 $f(z)$ 的 3 级极点，规则Ⅱ中取 $n = 6$，则

$$\begin{aligned}\mathrm{Res}\left[\frac{z-\sin z}{z^6}, 0\right] &= \frac{1}{(6-1)!}\lim_{z\to 0}\frac{d^5}{dz^5}\left[z^6\left(\frac{z-\sin z}{z^6}\right)\right] \\ &= \frac{1}{5!}\lim_{z\to 0}\frac{d^5}{dz^5}(z-\sin z) \\ &= \frac{1}{5!}\lim_{z\to 0}(-\cos z) = -\frac{1}{5!} = -\frac{1}{120}.\end{aligned}$$

注　本例题(4)中若取 $n = 3$，则

$$\mathrm{Res}\left[\frac{z-\sin z}{z^6}, 0\right] = \frac{1}{(3-1)!}\lim_{z\to 0}\frac{d^2}{dz^2}\left[z^3\left(\frac{z-\sin z}{z^6}\right)\right]$$

求导过程相当繁琐，容易出错，使用规则Ⅱ时，有时将 n 取得比实际级数高，可使计算简单.题(4)还可以用洛朗展式法求留数，计算过程留给读者完成.

例 5.2.4　计算积分 $\oint_{|z|=2}\frac{5z-2}{z(z-1)^2}dz$.

解　$f(z) = \frac{5z-2}{z(z-1)^2}$ 在圆周 $|z| = 2$ 有一个单极点 $z = 0$ 和一个 2 级极点 $z = 1$，由规则Ⅰ与规则Ⅱ，它们留数分别为

$$\mathrm{Res}[f(z), 0] = \lim_{z\to 0} z f(z) = \lim_{z\to 0}\frac{5z-2}{(z-1)^2} = -2,$$

$$\begin{aligned}\mathrm{Res}[f(z), 1] &= \lim_{z\to 1}\frac{1}{(2-1)!}\frac{d}{dz}\left\{(z-1)^2\frac{5z-2}{z(z-1)^2}\right\} \\ &= \lim_{z\to 1}\left(\frac{5z-2}{z}\right)' = \lim_{z\to 1}\frac{2}{z^2} = 2,\end{aligned}$$

于是由留数定理得

$$\oint_{|z|=2} f(z)\mathrm{d}z = 2\pi\mathrm{i}\,\mathrm{Res}[f(z),0] + 2\pi\mathrm{i}\,\mathrm{Res}[f(z),1] = -4\pi\mathrm{i} + 4\pi\mathrm{i} = 0.$$

例 5.2.5　计算积分 $\oint_{|z|=n} \tan\pi z\mathrm{d}z,\quad n=1,2,\cdots.$

解　$\tan\pi z = \dfrac{\sin\pi z}{\cos\pi z}$，令 $\cos\pi z = 0$，解得 $z = k+\dfrac{1}{2}$，$k=0,\pm1,\pm2,\cdots$，又

$$(\cot\pi z)'\Big|_{z=k+\frac{1}{2}} = -\pi\csc^2\pi z\Big|_{z=k+\frac{1}{2}} \neq 0,$$

于是 $z=k+\dfrac{1}{2}$ 为 $\tan\pi z$ 的一级极点，由规则Ⅲ得

$$\mathrm{Res}\left[\tan\pi z, k+\frac{1}{2}\right] = \frac{\sin\pi z}{(\cos\pi z)'}\Bigg|_{z=k+\frac{1}{2}} = -\frac{1}{\pi}\quad (k=0,\pm1,\cdots),$$

从而由留数定理得

$$\oint_{|z|=n} \tan\pi z\mathrm{d}z = 2\pi\mathrm{i}\sum_{\left|k+\frac{1}{2}\right|<n}\mathrm{Res}\left[\tan\pi z, k+\frac{1}{2}\right] = 2\pi\mathrm{i}\left(-\frac{2n}{\pi}\right) = -4n\mathrm{i}.$$

例 5.2.6　设 $f(z)$ 与 $g(z)$ 在 $z=0$ 解析且 $f(0)\neq 0$，$g(0)=g'(0)=0, g''(0)\neq 0$，证明：$z=0$ 为 $\dfrac{f(z)}{g(z)}$ 的 2 级极点，且

$$\mathrm{Res}\left[\frac{f(z)}{g(z)},0\right] = \frac{2f'(0)}{g''(0)} - \frac{2f(0)g'''(0)}{3[g''(0)]^2}.$$

证明　由题设知，在 $z=0$ 的某邻域内，$g(z)=z^2\varphi(z)$，其中

$$\varphi(z) = \frac{1}{2!}g''(0) + \frac{1}{3!}g'''(0)\cdot z + \cdots,$$

由此可得

$$\varphi(0) = \frac{1}{2}g''(0),\quad \varphi'(0) = \frac{1}{6}g'''(0),$$

于是

$$\lim_{z\to 0} z^2\cdot\frac{f(z)}{g(z)} = \lim_{z\to 0}\frac{f(z)}{\varphi(z)} = \frac{f(0)}{\varphi(0)} = 2\frac{f(0)}{g''(0)} \neq 0,$$

所以 $z=0$ 为 $\dfrac{f(z)}{g(z)}$ 的 2 级极点，且

$$\operatorname{Res}\left[\frac{f(z)}{g(z)},0\right]=\frac{1}{(2-1)!}\lim_{z\to 0}\left(z^2\frac{f(z)}{g(z)}\right)'=\lim_{z\to 0}\left(\frac{f(z)}{\varphi(z)}\right)'$$

$$=\lim_{z\to 0}\frac{f'(z)\varphi(z)-f(z)\varphi'(z)}{\varphi^2(z)}=\frac{f'(0)\varphi(0)-f(0)\varphi'(0)}{\varphi^2(0)}$$

$$=\frac{f'(0)\frac{1}{2}g''(0)-f(0)\frac{1}{6}g'''(0)}{\left(\frac{1}{2}g''(0)\right)^2}$$

$$=\frac{2f'(0)}{g''(0)}-\frac{2}{3}\cdot\frac{f(0)g'''(0)}{(g''(0))^2}.$$

5.2.3* 解析函数在无穷远点的留数

定义 5.2.2 设∞点是函数$f(z)$的孤立奇点, 称积分$\frac{1}{2\pi\mathrm{i}}\oint_{C^-}f(z)\mathrm{d}z$为$f(z)$在$\infty$点处的**留数**, 记作$\operatorname{Res}[f(z),\infty]$或$\operatorname*{Res}_{z=\infty}f(z)$, 即

$$\operatorname*{Res}_{z=\infty}f(z)=\frac{1}{2\pi\mathrm{i}}\oint_{C^-}f(z)\mathrm{d}z, \tag{5.2.6}$$

其中曲线$C:|z|=\rho>r$为∞的去心邻域$H:0\leqslant r<|z|<+\infty$内的任一圆周, 取顺时针方向.

为计算(5.2.6), 我们将$f(z)$在H内展开成洛朗级数$f(z)=\sum_{n=-\infty}^{+\infty}a_nz^n, z\in H$, 上式两端沿着曲线$C$积分, 得

$$\oint_{C^-}f(z)\mathrm{d}z=\sum_{n=-\infty}^{+\infty}a_n\oint_{C^-}z^n\mathrm{d}z=-2\pi\mathrm{i}a_{-1},$$

于是

$$\operatorname*{Res}_{z=\infty}f(z)=\frac{1}{2\pi\mathrm{i}}\oint_{C^-}f(z)\mathrm{d}z=-a_{-1}, \tag{5.2.7}$$

其中a_{-1}是$f(z)$在∞处洛朗级数展开式中$\frac{1}{z}$的系数.

类似于对孤立奇点∞分类的讨论, 我们也可以采用倒代换$z=\frac{1}{\zeta}$, 将∞点处的留数转换为有限孤立奇点$\zeta=0$处的留数. 为此, 将$z=\frac{1}{\zeta}$代入定义式(5.2.6), 得

$$\operatorname*{Res}_{z=\infty} f(z) = \frac{1}{2\pi i}\oint_{C^-} f(z)dz = -\frac{1}{2\pi i}\oint_{\Gamma_\rho} \frac{1}{\zeta^2} f\left(\frac{1}{\zeta}\right)d\zeta,$$

其中，$\Gamma_\rho : |t| = \frac{1}{\rho} < \frac{1}{r}$ 为 H 内任一正向圆周. 于是我们得到计算 ∞ 点留数另一公式

$$\operatorname*{Res}_{z=\infty} f(z) = -\operatorname*{Res}_{\zeta=0}\left[\frac{1}{\zeta^2} f\left(\frac{1}{\zeta}\right)\right]. \tag{5.2.8}$$

需要注意的是，当 ∞ 点是可去奇点时，$\operatorname*{Res}_{z=\infty} f(z) = 0$ 不再成立. 例如 $f(z) = \frac{1}{z}$，由(5.2.7)可知 $\operatorname*{Res}_{z=\infty} f(z) = -1 \neq 0$. 这一点与有限可去奇点不同.

现在我们重新回到积分 $\oint_C f(z)dz$ 的计算上来. 若 $f(z)$ 在复平面上除去有限个孤立奇点 $z_1, z_2, \cdots, z_n$ 外处处解析，则存在充分大的圆周 $C:|z| = R$, 使得 $z_1, z_2, \cdots, z_n$ 都在 C 的内部, 则 $f(z)$ 在 C 的外部 $R < |z| < +\infty$ 解析, 由留数定理得

$$\oint_C f(z)dz = 2\pi i\sum_{k=1}^{n} \operatorname{Res}[f(z), z_k],$$

又

$$0 = \oint_C f(z)dz + \oint_{C^-} f(z)dz = 2\pi i\sum_{k=1}^{n} \operatorname{Res}[f(z), z_k] + 2\pi i \operatorname*{Res}_{z=\infty} f(z).$$

因为孤立奇点处的留数与积分曲线无关，所以上述圆周 C 可用任何包含 $z_1, z_2, \cdots, z_n$ 的简单闭曲线代替. 综上所述，我们得到下面的定理.

定理 5.2.2 (推广的留数定理)　若函数 $f(z)$ 在扩充复平面上只有有限个孤立奇点(包括 ∞ 点)，设为 $z_1, z_2, \cdots, z_n, \infty$，则 $f(z)$ 在各点处的留数总和为零，即

$$\sum_{k=1}^{n} \operatorname*{Res}_{z=z_k} f(z) + \operatorname*{Res}_{z=\infty} f(z) = 0. \tag{5.2.9}$$

在计算某些复杂的复积分时，我们经常要用到(5.2.9)式.

例 5.2.7　计算积分 $I = \oint_{|z|=4} \frac{z^{15}}{(z^2+1)^2(z^4+2)^3}dz$.

解　在 $|z| < 4$ 内有 6 个孤立奇点 $z = \pm i$，$z = \sqrt[4]{2}e^{i\frac{\pi+2k\pi}{4}}$，$k = 0,1,2,3$, 且 $z = \infty$ 为可去奇点. 且被积函数在 $|z| > 4$ 解析，由留数定理及推广的留数定理，得

$$I = 2\pi i\sum_{k=1}^{6} \operatorname{Res}[f(z), z_k] = -2\pi i \operatorname{Res}[f(z), \infty].$$

又

$$f(z)=\frac{1}{z}\cdot\left(1+\frac{1}{z^2}\right)^{-2}\cdot\left(1+\frac{2}{z^4}\right)^{-3}=\frac{1}{z}\cdot\left(1-2\cdot\frac{1}{z^2}+\cdots\right)\cdot\left(1-3\cdot\frac{1}{z^4}+\cdots\right),$$

由公式(5.2.7)容易看出 $\mathrm{Res}[f(z),\infty]=-1$，故 $I=2\pi\mathrm{i}$.

5.3　留数在定积分计算中的应用

在高等数学中，我们知道初等函数的原函数并不总是初等函数，如 $\frac{\sin x}{x}$，e^{-x^2}，$\sin x^2$，$\cos x^2$，$\frac{\mathrm{e}^x}{1+x^2}$ 等. 它们的积分一般不能用牛顿-莱布尼茨公式进行计算. 在工程技术中，经常需要计算诸如上述函数的定积分或反常积分，这些积分或者被积函数的原函数难以求出，或者即使能求出原函数，但积分的计算过程也会相当复杂.

利用留数定理可以解决上述问题，其基本思想是设法将实积分转化为复闭路积分，再用留数定理转化成积分曲线内部留数的计算. 用留数法计算实积分时需要注意两个问题：一是被积函数要能转化为某个解析函数；二是实积分可化为沿某条闭曲线的积分. 上述方法也称“围道积分法”.

囿于篇幅所限，本节仅介绍几类工程技术中常见实积分的留数计算方法.

5.3.1　形如 $\int_0^{2\pi}R(\cos\theta,\sin\theta)\mathrm{d}\theta$ 的积分

在形如 $\int_0^{2\pi}R(\cos\theta,\sin\theta)\mathrm{d}\theta$ 的积分中，$R(\cos\theta,\sin\theta)$ 表示关于 $\cos\theta,\sin\theta$ 的有理函数，$R(x)$ 在 $[0,2\pi]$ 上连续. 令 $z=\mathrm{e}^{\mathrm{i}\theta}$, $0\leqslant\theta\leqslant2\pi$, 则有

$$\sin\theta=\frac{\mathrm{e}^{\mathrm{i}\theta}-\mathrm{e}^{-\mathrm{i}\theta}}{2\mathrm{i}}=\frac{z^2-1}{2\mathrm{i}z},\qquad \cos\theta=\frac{\mathrm{e}^{\mathrm{i}\theta}+\mathrm{e}^{-\mathrm{i}\theta}}{2}=\frac{z^2+1}{2z},\qquad \mathrm{d}\theta=\frac{\mathrm{d}z}{\mathrm{i}z}.$$

当 θ 由 0 连续地变动到 2π 时，则 z 沿单位圆周 $|z|=1$ 的正向连续地转动一周，于是

$$\int_0^{2\pi}R(\cos\theta,\sin\theta)\mathrm{d}\theta=\oint_{|z|=1}R\left(\frac{z^2+1}{2z},\frac{z^2-1}{2\mathrm{i}z}\right)\frac{\mathrm{d}z}{\mathrm{i}z}.\tag{5.3.1}$$

记 $f(z)=R\left(\frac{z^2+1}{2z},\frac{z^2-1}{2\mathrm{i}z}\right)\frac{1}{\mathrm{i}z}$，若在单位圆周 $|z|=1$ 上，$f(z)$ 的分母不为零，则由留数定理得

$$\int_0^{2\pi} R(\cos\theta, \sin\theta)\mathrm{d}\theta = \oint_{|z|=1} f(z)\mathrm{d}z = 2\pi\mathrm{i}\sum_{k=1}^{n} \mathrm{Res}[f(z), z_k],$$

其中 $z_k(1 \leqslant k \leqslant n)$ 是 $f(z)$ 在 $|z|<1$ 内的孤立奇点.

注　一般地, 对形如

$$\int_0^{\alpha} R\left(\cos\frac{2\pi\theta}{\alpha},\ \sin\frac{2\pi\theta}{\alpha}\right)\mathrm{d}\theta \quad (\alpha \neq 0 \text{ 为常数})$$

的积分，令 $\varphi = \dfrac{2\pi\theta}{\alpha}$，原积分化为 $\dfrac{\alpha}{2\pi}\displaystyle\int_0^{2\pi} R(\cos\varphi, \sin\varphi)\mathrm{d}\varphi$，即可用(5.3.1)式进行计算.

例 5.3.1　计算定积分 $I = \displaystyle\int_0^{\pi} \frac{\mathrm{d}x}{a+\sin^2 x}\ (a>0)$.

解　$$I = \int_0^{\pi} \frac{\mathrm{d}x}{a+\dfrac{1-\cos 2x}{2}} = \frac{1}{2}\int_0^{\pi} \frac{\mathrm{d}2x}{a+\dfrac{1-\cos 2x}{2}} \xlongequal{令2x=t} \frac{1}{2}\int_0^{2\pi} \frac{\mathrm{d}t}{a+\dfrac{1-\cos t}{2}}.$$

再令 $z = \mathrm{e}^{\mathrm{i}t}$，则 $\mathrm{d}t = \dfrac{\mathrm{d}z}{\mathrm{i}z}$，$\cos t = \dfrac{z^2+1}{2z}$，于是有

$$I = \frac{1}{2}\oint_{|z|=1} \frac{1}{a+\dfrac{1-(z^2+1)/2z}{2}} \cdot \frac{\mathrm{d}z}{\mathrm{i}z} = 2\mathrm{i}\oint_{|z|=1} \frac{\mathrm{d}z}{z^2-2(2a+1)z+1}.$$

被积函数 $f(z) = \dfrac{1}{z^2-2(2a+1)z+1}$ 有两个一级极点 $z = 2a+1 \pm \sqrt{(2a+1)^2-1}$，其中 $z = 2a+1-\sqrt{(2a+1)^2-1}$ 在单位圆周 $|z|=1$ 内, 从而由留数定理, 得

$$\int_0^{\pi} \frac{\mathrm{d}x}{a+\sin^2 x} = 2\pi\mathrm{i}\cdot 2\mathrm{i}\mathrm{Res}\left[f(z), \left(2a+1-\sqrt{(2a+1)^2-1}\right)\right] = \frac{2\pi}{\sqrt{(2a+1)^2-1}}.$$

注　一般地, 若 $R(\cos\theta, \sin\theta)$ 关于 θ 为偶函数, 则

$$\int_0^{\pi} R(\cos\theta, \sin\theta)\mathrm{d}\theta = \frac{1}{2}\int_0^{2\pi} R(\cos\theta, \sin\theta)\mathrm{d}\theta.$$

例 5.3.2　求积分 $I = \displaystyle\int_0^{2\pi} \frac{\cos 2\theta}{1-2p\cos\theta+p^2}\mathrm{d}\theta\ (0<p<1)$ 的值.

解　令 $z = \mathrm{e}^{\mathrm{i}t}$, 则 $\cos 2\theta = \dfrac{1}{2}\left(\mathrm{e}^{2\mathrm{i}\theta}+\mathrm{e}^{-2\mathrm{i}\theta}\right) = \dfrac{1}{2}(z^2+z^{-2})$，$\mathrm{d}\theta = \dfrac{\mathrm{d}z}{\mathrm{i}z}$，于是

$$I = \oint_{|z|=1} \frac{z^2+z^{-2}}{2} \cdot \frac{1}{1-2p\cdot\dfrac{z+z^{-1}}{2}+p^2} \cdot \frac{\mathrm{d}z}{\mathrm{i}z}$$

$$=\oint_{|z|=1}\frac{1+z^4}{2\mathrm{i}z^2(1-pz)(z-p)}\mathrm{d}z .$$

被积函数 $f(z)=\dfrac{1+z^4}{2\mathrm{i}z^2(1-pz)(z-p)}$ 有 3 个极点 $z=0,p,\dfrac{1}{p}$, 其中 $z=0,p$ 在 $|z|<1$ 内, 分别是二级与一级极点, 在圆周 $|z|=1$ 上无奇点. 又

$$\operatorname{Res}[f(z),0]=\lim_{z\to 0}\frac{\mathrm{d}}{\mathrm{d}z}\left[z^2\cdot\frac{1+z^4}{2\mathrm{i}z^2(1-pz)(z-p)}\right]$$

$$=\lim_{z\to 0}\frac{(z-pz^2-p+p^2z)4z^3-(1+z^4)(1-2pz+p^2)}{2\mathrm{i}(z-pz^2-p+p^2z)^2}=-\frac{1+p^2}{2\mathrm{i}p^2},$$

$$\operatorname{Res}[f(z),p]=\lim_{z\to p}\left[(z-p)\cdot\frac{1+z^4}{2\mathrm{i}z^2(1-pz)(z-p)}\right]=\frac{1+p^4}{2\mathrm{i}p^2(1-p^2)},$$

由留数定理, 得

$$I=2\pi\mathrm{i}\left[-\frac{1+p^2}{2\mathrm{i}p^2}+\frac{1+p^2}{2\mathrm{i}p^2(1-p^2)}\right]=\frac{2\pi p^2}{1-p^2}.$$

5.3.2 形如 $\int_{-\infty}^{+\infty}R(x)\mathrm{d}x$ 的积分

在形如 $\int_{-\infty}^{+\infty}R(x)\mathrm{d}x$ 的积分中, $R(x)$ 是 x 的有理分式函数, 分母的次数至少比分子高两次, 并且 $R(z)$ 在实轴上无孤立奇点.

不失一般性, 设

$$\int_{-\infty}^{+\infty}R(x)\mathrm{d}x=2\pi\mathrm{i}\sum_{k=1}^{n}\operatorname{Res}[R(z),z_k]$$

为一不可约分式. 取积分路径如图 5.3.1 所示, 其中 C_R 是以原点为圆心, R 为半径的上半圆周, 它和实轴上从 $-R$ 到 R 的闭区间线段 $[-R,R]$ 一起构成了一闭曲线 C, 取 R 充分大, 使 $R(z)$ 在上半平面内所有极点 $z_k(1\leqslant k\leqslant n)$ 都包含在 C 内, 则 $R(z)$ 在 C 及 C 内部(除去 $z_1,\cdots,z_k$)解析, 从而根据留数定理得

$$\int_{-R}^{R}R(x)\mathrm{d}x+\int_{C_R}R(z)\mathrm{d}z=2\pi\mathrm{i}\sum_{k=1}^{n}\operatorname{Res}[R(z),z_k].$$

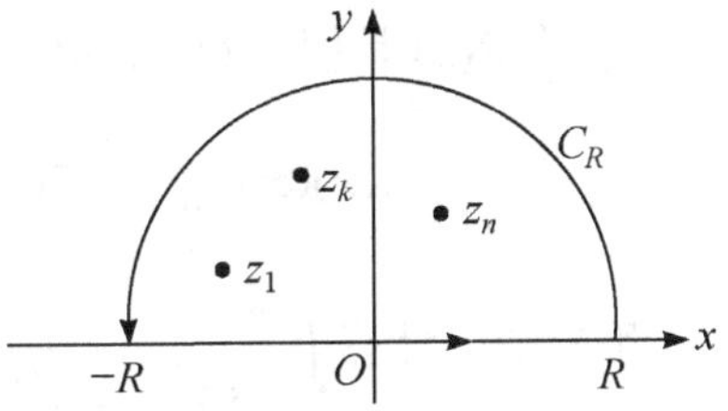

图 5.3.1

当 $R \to +\infty$ 时，$\int_{-R}^{R} R(x)\mathrm{d}x \to \int_{-\infty}^{+\infty} R(x)\mathrm{d}x$, 下证 $R \to +\infty$ 时，$\int_{C_R} R(z)\mathrm{d}z \to 0$，从而可得

$$\int_{-\infty}^{+\infty} R(x)\mathrm{d}x = 2\pi \mathrm{i}\sum_{k=1}^{n} \mathrm{Res}[R(z), z_k], \tag{5.3.2}$$

其中 $z_k\,(k=1,\cdots,n)$ 为 $R(z)$ 在上半平面内的所有孤立奇点.

事实上,

$$|R(z)| = \frac{1}{|z|^{m-n}} \frac{\left|1+a_1 z^{-1}+\cdots+a_n z^{-n}\right|}{\left|1+b_1 z^{-1}+\cdots+b_m z^{-m}\right|}$$

$$\leqslant \frac{1}{|z|^{m-n}} \cdot \frac{1+\left|a_1 z^{-1}+\cdots+a_n z^{-n}\right|}{1-\left|b_1 z^{-1}+\cdots+b_m z^{-m}\right|}.$$

当 $|z|$ 充分大时，总可使

$$\left|a_1 z^{-1}+\cdots+a_n z^{-n}\right| < \frac{1}{10}, \qquad \left|b_1 z^{-1}+\cdots+b_m z^{-m}\right| < \frac{1}{10},$$

因 $m-n \geqslant 2$，所以

$$|R(z)| \leqslant \frac{1}{|z|^{m-n}} \cdot \frac{1+\left|a_1 z^{-1}+\cdots+a_n z^{-n}\right|}{1-\left|b_1 z^{-1}+\cdots+b_m z^{-m}\right|} < \frac{2}{|z|^2},$$

于是有

$$\left|\int_{C_R} R(z)\mathrm{d}z\right| \leqslant \int_{C_R} |R(z)|\mathrm{d}s \leqslant \frac{2}{R^2}\pi R = \frac{2\pi}{R},$$

令 $R \to +\infty$，则 $\int_{C_R} R(z)\mathrm{d}z \to 0$. 从而可知(5.3.2)式成立.

注 (1) 在推导公式(5.3.2)过程中，我们添加了辅助路径 C_R，从而变成闭路积分的计算问题，这种方法也被称为“围道积分法”.

(2) 当 $R(x)$ 是偶函数时，由(5.3.2)式得

$$\int_{0}^{+\infty} R(x)\mathrm{d}x = \frac{1}{2}\int_{-\infty}^{+\infty} R(x)\mathrm{d}x = \pi \mathrm{i}\sum_{k=1}^{n} \mathrm{Res}[R(z), z_k] \quad (\mathrm{Im}\, z_k > 0).$$

例 5.3.3 计算 $\int_{-\infty}^{+\infty} \frac{\mathrm{d}x}{(x^2+a^2)^2(x^2+b^2)}\ (a>0, b>0, a\neq b)$.

解 这里 $R(x) = \frac{1}{(x^2+a^2)^2(x^2+b^2)}$，$m=6, n=0$，$m-n \geqslant 2$，且 $(x^2+a^2)^2$

$\cdot(x^2+b^2)>0$，因而积分存在.

设

$$R(z)=\frac{1}{(z^2+a^2)^2(z^2+b^2)},$$

它在上半平面有两个孤立奇点 $z=a\mathrm{i}$ (二级极点)，$z=b\mathrm{i}$ (一级极点)，它们的留数分别为

$$\operatorname{Res}[R(z),a\mathrm{i}]=\left[\frac{1}{(z+a\mathrm{i})^2(z^2+b^2)}\right]'\Bigg|_{z=a\mathrm{i}}=\frac{1}{2b\mathrm{i}(a^2-b^2)^2},$$

$$\operatorname{Res}[R(z),b\mathrm{i}]=\frac{1}{(z^2+a^2)^2(z+b\mathrm{i})}\Bigg|_{z=b\mathrm{i}}=\frac{b^2-3a^2}{4a^3\mathrm{i}(b^2-a^2)^2},$$

所以由公式(5.3.2)得

$$\begin{aligned}\int_{-\infty}^{+\infty}\frac{\mathrm{d}x}{(x^2+a^2)^2(x^2+b^2)}&=2\pi\mathrm{i}\{\operatorname{Res}[R(z),b\mathrm{i}]+\operatorname{Res}[R(z),a\mathrm{i}]\}\\&=2\pi\mathrm{i}\left[\frac{b^2-3a^2}{4a^3\mathrm{i}(b^2-a^2)^2}+\frac{1}{2b\mathrm{i}(b^2-a^2)^2}\right]\\&=\frac{(2a+b)\pi}{2a^3b(a+b)^2}.\end{aligned}$$

例 5.3.4 计算积分 $I=\int_0^{+\infty}\frac{\mathrm{d}x}{(1+x^2)^2}$.

分析 在高等数学中,我们可以采用代换 $x=\frac{1}{t}$ 计算此积分，但这需要很强的技巧性，往往不容易想到. 采用留数法使得计算变得比较直接和简单.

解 $R(x)=\frac{1}{(1+x^2)^2}$ 是偶函数，易见满足积分存在的要求. 它在上半平面只有一个二级极点 $z=\mathrm{i}$，其留数为

$$\operatorname{Res}[R(z),\mathrm{i}]=\lim_{z\to\mathrm{i}}\left[(z-\mathrm{i})^2\frac{1}{(1+z^2)^2}\right]'=-\frac{\mathrm{i}}{4},$$

所以

$$\int_0^{+\infty}\frac{\mathrm{d}x}{(1+x^2)^2}=\pi\mathrm{i}\cdot\operatorname{Res}[R(z),\mathrm{i}]=\pi\mathrm{i}\cdot\left(-\frac{\mathrm{i}}{4}\right)=\frac{\pi}{4}.$$

5.3.3　形如 $\int_{-\infty}^{+\infty} R(x)\mathrm{e}^{\mathrm{i}\lambda x}\mathrm{d}x(\lambda>0)$ 的积分

在形如 $\int_{-\infty}^{+\infty} R(x)\mathrm{e}^{\mathrm{i}\lambda x}\mathrm{d}x(\lambda>0)$ 的积分中，$R(x)$ 是 x 的有理分式函数，分母的次数至少比分子高一次，并且 $R(z)$ 在实轴上无孤立奇点. 不失一般性，设

$$R(z)=\frac{z^n+a_1z^{n-1}+\cdots+a_n}{z^m+b_1z^{m-1}+\cdots+b_m},\quad m-n\geqslant 1$$

为一不可约有理分式.

类似 5.3.2 节的讨论，取积分曲线如图 5.3.1 所示，由留数定理

$$\int_{-R}^{R} R(x)\mathrm{e}^{\mathrm{i}\lambda x}\mathrm{d}x+\oint_{C_R} R(z)\mathrm{e}^{\mathrm{i}\lambda z}\mathrm{d}z=2\pi\mathrm{i}\sum_{k=1}^{n}\mathrm{Res}[R(z)\mathrm{e}^{\mathrm{i}\lambda z},z_k],$$

其中 $z_k\,(k=1,2,\cdots,n)$ 为 $R(z)$ 在上半平面内的孤立奇点.

易见当 $R\to+\infty$ 时，有 $\int_{-R}^{R} R(x)\mathrm{e}^{\mathrm{i}\lambda x}\mathrm{d}x\to\int_{-\infty}^{+\infty} R(x)\mathrm{e}^{\mathrm{i}\lambda x}\mathrm{d}x$，下证当 $R\to+\infty$ 时，$\oint_{C_R} R(z)\mathrm{e}^{\mathrm{i}\lambda z}\mathrm{d}z\to 0$. 从而可得

$$\int_{-\infty}^{+\infty} R(x)\mathrm{e}^{\lambda\mathrm{i}x}\mathrm{d}x=2\pi\mathrm{i}\sum_{k=1}^{n}\mathrm{Res}[R(z)\mathrm{e}^{\lambda\mathrm{i}z},z_k]\quad(\mathrm{Im}\,z_k>0). \tag{5.3.3}$$

事实上，对充分大的 $|z|$，当 $m-n\geqslant 1$ 时，有 $|R(z)|<\dfrac{2}{|z|}$，从而当 R 充分大时，我们有

$$\left|\int_{C_R} R(z)\mathrm{e}^{\lambda\mathrm{i}z}\mathrm{d}z\right|\leqslant\int_{C_R}|R(z)|\left|\mathrm{e}^{\lambda\mathrm{i}z}\right|\mathrm{d}s<\frac{2}{R}\int_{C_R}\left|\mathrm{e}^{\lambda\mathrm{i}(x+\mathrm{i}y)}\right|\mathrm{d}s.$$

令 $x=R\cos\theta, y=R\sin\theta$，则 $z=R(\cos\theta+\mathrm{i}\sin\theta)$，$0<\theta<\pi$，且

$$\mathrm{d}s=|\mathrm{d}z|=\left|\mathrm{d}(R\mathrm{e}^{\mathrm{i}\theta})\right|=R\mathrm{d}\theta.$$

于是

$$\begin{aligned}\frac{2}{R}\int_{C_R}\left|\mathrm{e}^{\lambda\mathrm{i}(x+\mathrm{i}y)}\right|\mathrm{d}s&=\frac{2}{R}\int_{C_R}\left|\mathrm{e}^{\lambda x\mathrm{i}}\right|\left|\mathrm{e}^{-\lambda y}\right|\mathrm{d}s=2\int_0^{\pi}\mathrm{e}^{-\lambda R\sin\theta}\mathrm{d}\theta\\&=4\int_0^{\frac{\pi}{2}}\mathrm{e}^{-\lambda R\sin\theta}\mathrm{d}\theta\\&\leqslant 4\int_0^{\frac{\pi}{2}}\mathrm{e}^{-\lambda R\left(\frac{2\theta}{\pi}\right)}\mathrm{d}\theta=\frac{2\pi}{aR}(1-\mathrm{e}^{-\lambda R})\to 0\quad(R\to+\infty),\end{aligned}$$

从而

$$\left|\int_{C_R} R(z)\mathrm{e}^{\lambda \mathrm{i}z}\mathrm{d}z\right| \leqslant \frac{2\pi}{aR}(1-\mathrm{e}^{-\lambda R}).$$

上式两侧令 $R\to+\infty$，即得 $\oint_{C_R} R(z)\mathrm{e}^{\mathrm{i}\lambda z}\mathrm{d}z\to 0$.

注 由欧拉公式，$\mathrm{e}^{\mathrm{i}\lambda x}=\cos\lambda x+\mathrm{i}\sin\lambda x$，代入公式(5.3.3)，得

$$\int_{-\infty}^{+\infty} R(x)\cos\lambda x\mathrm{d}x+\mathrm{i}\int_{-\infty}^{+\infty} R(x)\sin\lambda x\mathrm{d}x = 2\pi\mathrm{i}\sum_{k=1}^{n}\mathrm{Res}[R(z)\mathrm{e}^{\lambda\mathrm{i}z},z_k] \quad (\mathrm{Im}\, z_k>0). \tag{5.3.4}$$

例 5.3.5 计算积分 $\int_0^{+\infty}\frac{x\sin mx}{(x^2+a^2)^2}\mathrm{d}x \quad (m>0,a>0)$.

解 易见积分存在，且

$$\int_0^{+\infty}\frac{x\sin mx}{(x^2+a^2)^2}\mathrm{d}x = \frac{1}{2}\int_{-\infty}^{+\infty}\frac{x\sin mx}{(x^2+a^2)^2}\mathrm{d}x = \frac{1}{2}\mathrm{Im}\left[\int_{-\infty}^{+\infty}\frac{x}{(x^2+a^2)^2}\mathrm{e}^{\mathrm{i}mx}\mathrm{d}x\right],$$

又 $f(z)=\frac{z}{(z^2+a^2)^2}\mathrm{e}^{\mathrm{i}mz}$ 在上半平面只有一个二级极点 $z=a\mathrm{i}$，其留数为

$$\mathrm{Res}(f(z),a\mathrm{i}) = \frac{\mathrm{d}}{\mathrm{d}z}\left[\frac{z}{(z+a\mathrm{i})^2}\mathrm{e}^{\mathrm{i}mz}\right]_{z=a\mathrm{i}} = \frac{m}{4a}\mathrm{e}^{-ma},$$

由(5.3.2)可得

$$\int_{-\infty}^{+\infty}\frac{x}{(x^2+a^2)^2}\mathrm{e}^{\mathrm{i}mx}\mathrm{d}x = 2\pi\mathrm{i}\mathrm{Res}\left[\frac{z}{(z^2+a^2)^2}\mathrm{e}^{\mathrm{i}mz},a\mathrm{i}\right],$$

于是

$$\int_0^{+\infty}\frac{x\sin mx}{(x^2+a^2)^2}\mathrm{d}x = \frac{1}{2}\mathrm{Im}[2\pi\mathrm{i}\mathrm{Res}(f(z),a\mathrm{i})] = \frac{m\pi}{4a}\mathrm{e}^{-ma}.$$

5.3.4 杂例

上面几种类型积分都要求被积函数在实轴无孤立奇点，当实轴有孤立奇点时，一般算法是通过添加辅助路径使它们不在积分闭曲线的内部. 下面举例进行说明.

例 5.3.6 (狄利克雷(Dirichlet)积分) 计算积分 $\int_0^{+\infty}\frac{\sin x}{x}\mathrm{d}x$.

解 因为 $\frac{\sin x}{x}$ 是偶函数，所以

$$\int_0^{+\infty}\frac{\sin x}{x}\mathrm{d}x = \frac{1}{2}\int_{-\infty}^{+\infty}\frac{\sin x}{x}\mathrm{d}x.$$

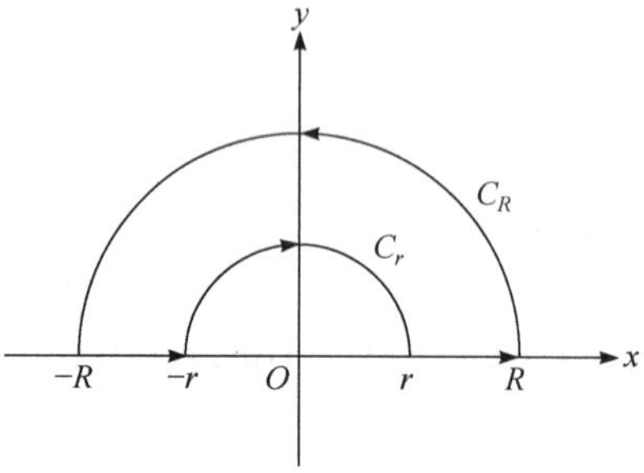

图 5.3.2

上式右边积分与 5.3.3 节中的积分类似，考虑函数 $\dfrac{e^{iz}}{z}$，它在实轴上有一级极点 $z=0$，因此实轴上，我们采用“挖奇点”的方法构造图 5.3.2 中所示的闭曲线，即

$$C = C_R + [-R,-r] + C_r + [r,R],$$

由柯西–古尔萨定理得

$$\int_{C_R}\frac{e^{iz}}{z}dz + \int_{-R}^{-r}\frac{e^{ix}}{x}dx + \int_{C_r}\frac{e^{iz}}{z}dz + \int_r^R\frac{e^{ix}}{x}dx = 0,$$

令 $x=-t$，得

$$\int_{-R}^{-r}\frac{e^{ix}}{x}dx = \int_R^r\frac{e^{-it}}{t}dt = -\int_r^R\frac{e^{-ix}}{x}dx,$$

由 $\sin x = \dfrac{e^{ix}-e^{-ix}}{2i}$ 可知

$$2i\int_r^R\frac{\sin x}{x}dx + \int_{C_R}\frac{e^{iz}}{z}dz + \int_{C_r}\frac{e^{iz}}{z}dz = 0,$$

又

$$\left|\int_{C_R}\frac{e^{iz}}{z}dz\right| \leqslant \int_{C_R}\frac{|e^{iz}|}{|z|}ds = \frac{1}{R}\int_{C_R}e^{-y}ds = \int_0^{\pi}e^{-R\sin\theta}d\theta$$

$$= 2\int_0^{\frac{\pi}{2}}e^{-R\sin\theta}d\theta \leqslant 2\int_0^{\frac{\pi}{2}}e^{-R(2\theta/\pi)}d\theta = \frac{\pi}{R}(1-e^{-R}),$$

于是当 $R\to+\infty$ 时，我们有 $\oint_{C_R}\dfrac{e^{iz}}{z}dz \to 0$；

当 r 充分小时，因

$$\frac{e^{iz}}{z} = \frac{1}{z} + i - \frac{z}{2!} + \cdots + \frac{i^n z^{n-1}}{n!} + \cdots = \frac{1}{z} + g(z),$$

其中

$$g(z) = i - \frac{z}{2!} - \frac{iz^2}{3!} + \cdots + \frac{i^n z^{n-1}}{n!} + \cdots.$$

当 $|z|$ 充分小时，总有 $|g(z)| \leqslant 2$，于是

$$\int_{C_r} \frac{e^{iz}}{z} dz = \int_{C_r} \frac{1}{z} dz + \int_{C_r} g(z) dz,$$

而

$$\int_{C_r} \frac{dz}{z} = \int_{\pi}^{0} \frac{ire^{i\theta}}{re^{i\theta}} d\theta = -i\pi,$$

又

$$\left| \int_{C_r} g(z) dz \right| \leqslant \int_{C_r} |g(z)| ds \leqslant 2 \int_{C_r} ds = 2\pi r,$$

所以令 $r \to 0$，则 $\int_{C_r} g(z) dz \to 0$, 即

$$\int_{C_r} \frac{e^{iz}}{z} dz = -\pi i + 0 = -\pi i,$$

于是由

$$2i \int_{r}^{R} \frac{\sin x}{x} dx + \int_{C_R} \frac{e^{iz}}{z} dz + \int_{C_r} \frac{e^{iz}}{z} dz = 0,$$

可得

$$2i \int_{0}^{+\infty} \frac{\sin x}{x} dx = \pi i,$$

所以

$$\int_{0}^{+\infty} \frac{\sin x}{x} dx = \frac{\pi}{2}.$$

例 5.3.7 (菲涅耳(Fresnel)积分) 证明: $\int_0^{\infty} \sin x^2 dx = \int_0^{\infty} \cos x^2 dx = \frac{1}{2}\sqrt{\frac{\pi}{2}}$.

解 因 $e^{ix^2} = \cos x^2 + i\sin x^2$，考虑函数 $f(z) = e^{iz^2}$, 如图 5.3.3 所示, 取半径为 R, 角度为 $\frac{\pi}{4}$ 的扇形正向边界 $\overset{\frown}{OABO}$ 作为积分路径. 因为 $f(z) = e^{iz^2}$ 在复平面上解析, 所以由柯西–古尔萨定理得

$$\oint_{C} e^{iz^2} dz = 0,$$

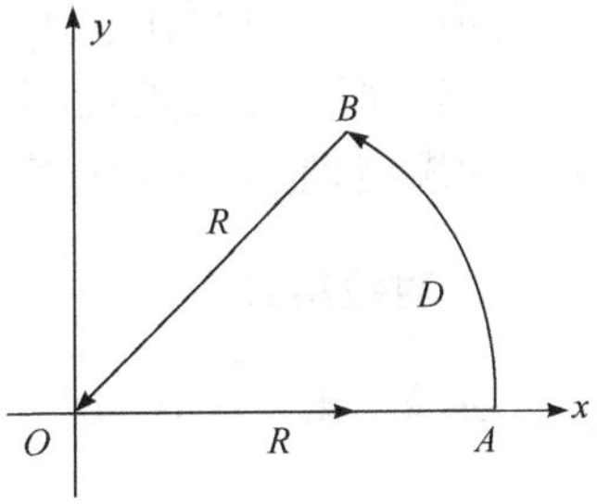

图 5.3.3

即

$$\oint_{OA} e^{ix^2} dz + \oint_{AB} e^{iz^2} dz + \oint_{BO} e^{iz^2} dz = 0,$$

即

$$\int_0^R e^{ix^2}dx+\int_0^{\frac{\pi}{4}} e^{iR^2e^{i2\theta}}Rie^{i\theta}d\theta+\int_R^0 e^{ir^2e^{\frac{\pi}{2}i}}e^{\frac{\pi}{4}i}dr=0,$$

或

$$\int_0^R(\cos x^2+i\sin x^2)dx=e^{\frac{\pi}{4}i}\int_0^R e^{-r^2}dr-\int_0^{\frac{\pi}{4}} e^{iR^2\cos 2\theta-R^2\sin 2\theta}Rie^{i\theta}d\theta.$$

当 $R\to+\infty$ 时, 有

$$e^{\frac{\pi}{4}i}\int_0^{\infty} e^{-r^2}dr=\frac{\sqrt{\pi}}{2}\cdot e^{\frac{\pi}{4}i}=\frac{1}{2}\sqrt{\frac{\pi}{2}}+\frac{i}{2}\sqrt{\frac{\pi}{2}}.$$

$$\left|\int_0^{\frac{\pi}{4}} e^{iR^2\cos 2\theta-R^2\sin 2\theta}Rie^{i\theta}d\theta\right|\leqslant\int_0^{\frac{\pi}{4}} e^{-R\sin 2\theta}Rd\theta\leqslant R\int_0^{\frac{\pi}{4}} e^{-\frac{4}{\pi}R^2\theta}d\theta\to 0\quad(R\to+\infty).$$

综上可得

$$\int_0^{\infty}(\cos x^2+i\sin x^2)dx=\frac{1}{2}\sqrt{\frac{\pi}{2}}+\frac{i}{2}\sqrt{\frac{\pi}{2}}.$$

因此

$$\int_0^{\infty}\cos x^2dx=\int_0^{\infty}\sin x^2dx=\frac{1}{2}\sqrt{\frac{\pi}{2}}.$$

5.4* 对数留数与辐角原理

在讨论函数极点问题时, 我们引入了零点的概念, 从而把极点问题转化为零点问题. 解析函数的零点问题是复分析中一类重要而有意义的问题, 很多其他问题最后都归为函数的零点问题. 例如代数学中多项式方程根的存在性问题可化为解析函数的零点存在性问题.

作为留数定理的应用, 本节首先介绍对数留数概念, 在此基础上建立辐角原理, 儒歇定理, 最后通过它们来判断方程根的存在性.

5.4.1 对数留数

定义 5.4.1 称积分

$$\frac{1}{2\pi i}\oint_C\frac{f'(z)}{f(z)}dz \tag{5.4.1}$$

为 $f(z)$ 的**对数留数**, 其中 C 是周线或复周线, $f(z)$ 在 C 上解析, 并且 $f(z)\neq 0$.

注 (1) 对数留数这一名字源于被积函数可写成

$$\frac{f'(z)}{f(z)}=\left[\operatorname{Ln} f(z)\right]'$$

的形式及留数的定义.

(2) 若 $z=z_0$ 是 $f(z)$ 的零点或极点，则 $z=z_0$ 必是 $\frac{f'(z)}{f(z)}$ 奇点. 具体而言，有下述引理.

引理 5.4.1 若 $z=z_0$ 是 $f(z)$ 的 n 级零点或极点，则 $z=z_0$ 是 $\frac{f'(z)}{f(z)}$ 的一阶极点，且

$$\operatorname*{Res}_{z=z_0}\frac{f'(z)}{f(z)}=\begin{cases} n, & z_0\text{是零点}, \\ -n, & z_0\text{是极点}. \end{cases}$$

证明 设 $f(z)=(z-z_0)^k\varphi(z)$，$k=\pm n$, $\varphi(z)$ 在 z_0 解析且 $\varphi(z_0)\neq 0$，经计算可得

$$\frac{f'(z)}{f(z)}=\frac{k}{z-z_0}+\frac{\varphi'(z)}{\varphi(z)},$$

其中 $\frac{\varphi'(z)}{\varphi(z)}$ 为 $\frac{f'(z)}{f(z)}$ 的解析部分，$\frac{k}{z-z_0}$ 为主要部分，按极点定义即得.

例 5.4.1 求下列函数的对数留数 $\operatorname*{Res}_{z=0}\frac{f'(z)}{f(z)}$.

(1) $f(z)=z\sin^2 z$； (2) $f(z)=\frac{1}{z\sin^2 z}$.

解 (1) $z=0$ 是 $f(z)$ 的三级零点，由引理 5.4.1，$\operatorname*{Res}_{z=0}\frac{f'(z)}{f(z)}=3$；

(2) $z=0$ 是 $f(z)$ 的三级极点，由引理 5.4.1，$\operatorname*{Res}_{z=0}\frac{f'(z)}{f(z)}=-3$.

引理 5.4.1 说明对数留数为一个整数，其符号由 $f(z)$ 的零点或极点确定. 当 $f(z)$ 的奇点都是极点时，我们由留数定理与引理 5.4.1 可推出下面结论.

定理 5.4.1 若函数 $f(z)$ 在简单闭曲线 C 上解析且不为零，在 C 的内部除有限个极点之外处处解析，则

$$\frac{1}{2\pi i}\oint_C\frac{f'(z)}{f(z)}dz=N(f,C)-P(f,C), \tag{5.4.2}$$

其中 $N(f,C)$，$P(f,C)$ 分别表示 $f(z)$ 在 C 内的零点个数与极点个数，级数计入在内. (5.4.2)式称为**对数留数计算公式**.

例 5.4.2　计算积分$\oint_C \frac{f'(z)}{f(z)}\mathrm{d}z$，其中$C:|z|=1$为正向单位圆周.

(1) $f(z)=(\mathrm{e}^z-1)^2$；(2) $f(z)=\frac{1}{z^2\sin z}$.

解　(1) 因 $f(z)$ 在 C 内有唯一零点 $z=0$ (二级零点)，无极点，故 $N(f,C)=2$, $P(f,C)=0$, 于是由定理 5.4.1,

$$\frac{1}{2\pi\mathrm{i}}\oint_C \frac{f'(z)}{f(z)}\mathrm{d}z = 2-0=2,$$

从而得

$$\oint_C \frac{f'(z)}{f(z)}\mathrm{d}z = 2\pi\mathrm{i}\times 2 = 4\pi\mathrm{i}.$$

(2) 因 $f(z)$ 在 C 内有唯一极点 $z=0$ (三级极点)，无零点，故 $N(f,C)=0$, $P(f,C)=3$, 于是由定理 5.4.1,

$$\frac{1}{2\pi\mathrm{i}}\oint_C \frac{f'(z)}{f(z)}\mathrm{d}z = 0-3=-3,$$

从而得

$$\oint_C \frac{f'(z)}{f(z)}\mathrm{d}z = 2\pi\mathrm{i}\times(-3) = -6\pi\mathrm{i}.$$

例 5.4.3　计算积分$I=\oint_{|z|=4}\frac{z^9}{z^{10}-1}\mathrm{d}z$.

解　*方法一*　利用∞点的留数,

$$I=-2\pi\mathrm{i}\operatorname*{Res}_{z=\infty} f(z) = 2\pi\mathrm{i}\operatorname*{Res}_{t=0}\left[\frac{1}{t^2}f\left(\frac{1}{t}\right)\right]$$

$$=2\pi\mathrm{i}\operatorname*{Res}_{t=0}\left[\frac{\frac{1}{t^9}}{\frac{1}{t^{10}}-1}\cdot\frac{1}{t^2}\right] = 2\pi\mathrm{i}\operatorname*{Res}_{t=0}\left[\frac{1}{t-t^{11}}\right]=2\pi\mathrm{i}.$$

方法二　利用对数留数,

$$I=\frac{1}{10}\int_{|z|=4}\frac{(z^{10}-1)'}{z^{10}-1}\mathrm{d}z = \frac{1}{10}\times 2\pi\mathrm{i}(10-0)=2\pi\mathrm{i}.$$

5.4.2　辐角原理

下面给出对数留数计算公式的几何意义. 为此将(5.4.2)形式上记作

$$\frac{1}{2\pi i}\oint_C \frac{f'(z)}{f(z)}dz \triangleq \frac{1}{2\pi i}\oint_C d\ln f(z)$$
$$= \frac{1}{2\pi i}\left[\oint_C d\ln|f(z)| + i\oint_C d\arg f(z)\right], \tag{5.4.3}$$

其中 $\ln f(z)$ 为某一单值解析分支, 下面考察(5.4.3)式的取值情况, 如图 5.4.1 所示.

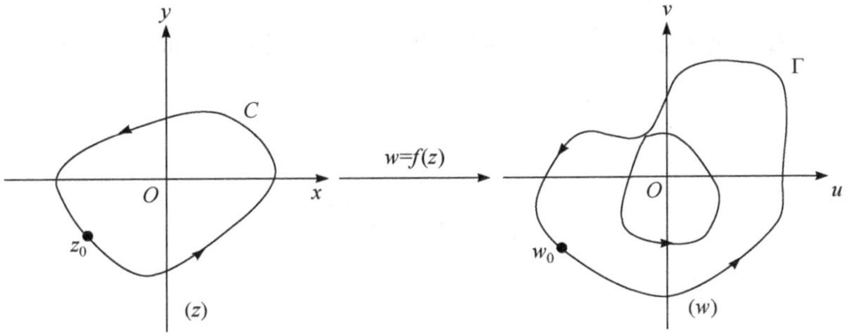

图 5.4.1

首先, $\ln|f(z)|$ 作为实对数是单值函数, 当复变量 z 从某点 z_0 绕 C (单或复周线) 一周后回到 z_0 后, 其值并不发生变化, 因此(5.4.3)式中第一项积分为零;

其次, 当 z 从某点 z_0 绕 C 一周回到 z_0 后, $\arg f(z)$ 的值可能改变, 如图 5.4.1 中. 像点 w 沿 C' 从 w_0 绕 2 周后回到 w_0, 这时应有

$$\varphi_1 - \varphi_0 = 4\pi,$$

即

$$\Delta_C \arg f(z) = \varphi_1 - \varphi_0 = 2k\pi, \quad k \in \mathbf{Z},$$

于是有

$$\frac{1}{2\pi i}\oint_C \frac{f'(z)}{f(z)}dz = \frac{\Delta_C \arg f(z)}{2\pi} = k \in \mathbf{Z}.$$

由上面的观察, 我们得到下述定理(证明从略).

定理 5.4.2 (辐角原理) 同定理 5.4.1 的条件, 有

$$N(f,C) - P(f,C) = \frac{1}{2\pi}\Delta_C \arg f(z), \tag{5.4.4}$$

即 $f(z)$ 在有界区域 D 内零点个数与极点个数之差等于 z 沿 C 正向绕行一周后, $f(z)$ 的辐角沿 C 同方向的连续改变量除以 2π.

注 若 $f(z)$ 在有界闭区域 $\overline{D} = D + C$ 上解析, 在 C 上无零点, 则由(5.4.4)得

$$N(f,C) = \frac{1}{2\pi}\Delta_C \arg f(z).$$

例 5.4.4　设 $f(z)=(z-1)(z-2)^2(z-4)$，$C:|z|=3$，验证辐角原理.

解　函数 $f(z)$ 解析，在圆周 $C:|z|=3$ 恒不为零，在 $|z|<3$ 内有两个零点 $z=1$，$z=2$，分别是 $f(z)$ 的一级和二级零点，故

$$N(f,C)-P(f,C)=3.$$

当 z 沿 C 绕行一周后，有

$$\begin{aligned}\Delta_C \arg f(z)&=\Delta_C \arg(z-1)+2\Delta_C \arg(z-2)+\Delta_C \arg(z-4)\\&=2\pi+4\pi+0=6\pi,\end{aligned}$$

于是

$$\frac{1}{2\pi}\Delta_C \arg f(z)=\frac{6\pi}{2\pi}=3\,,$$

从而

$$N-P=\frac{1}{2\pi}\Delta_C \arg f(z)\,.$$

5.4.3　儒歇定理

定理 5.4.3 (儒歇(Rouchè)定理)　设 C 是一条周线或复周线，函数 $f(z), g(z)$ 满足条件

(1) $f(z), g(z)$ 在 C 所围的有界闭区域 $\overline{D}=D+C$ 上解析；

(2) 在 C 上，$|g(z)|<|f(z)|$，

则

$$N(f+g,C)=N(f,C), \tag{5.4.5}$$

即在 D 内，$f(z)$ 与 $f(z)+g(z)$ 的零点个数(按重数计)相同.

证明　记 $\varphi(z)=f(z)+g(z)$，由(2)可知，$f(z)$ 与 $\varphi(z)$ 在 C 上无零点，于是由辐角原理，得

$$\begin{aligned}N(\varphi,C)-N(f,C)&=\frac{1}{2\pi i}\oint_C\left[\frac{\varphi'(z)}{\varphi(z)}-\frac{f'(z)}{f(z)}\right]dz\\&=\frac{1}{2\pi i}\oint_C\left[\frac{\left(\varphi(z)/f(z)\right)'}{\varphi(z)/f(z)}\right]dz=\frac{1}{2\pi}\Delta_C \arg\frac{\varphi(z)}{f(z)},\end{aligned}$$

又因为 $\dfrac{\varphi(z)}{f(z)}=1+\dfrac{g(z)}{f(z)}$，所以当 $z\in C$ 时，有

$$\left|\frac{\varphi(z)}{f(z)}-1\right|=\left|\frac{g(z)}{f(z)}\right|<1,$$

这说明 C 在映射 $\dfrac{\varphi(z)}{f(z)}$ 下的像曲线不包含原点, 从而 $\Delta_C \arg\dfrac{\varphi(z)}{f(z)}=0$, 故有

$$N(\varphi,C)-N(f,C)=\frac{1}{2\pi}\Delta_C \arg\frac{\varphi(z)}{f(z)}=0 .$$

例 5.4.5 求方程 $z^8-5z^5-2z+1=0$ 在 $|z|<1$ 内根的个数.

解 设 $f(z)=-5z^5+1$, $g(z)=z^8-2z$, 则在圆周 $|z|=1$ 上, 有

$$|f(z)|\geqslant\left|-5z^5\right|-1=4, \quad |g(z)|\leqslant\left|z^8\right|+|2z|=3 .$$

由儒歇定理, $f(z)+g(z)$ 与 $f(z)$ 在 $|z|<1$ 内零点个数相同, 即方程在 $|z|<1$ 内有 5 个根.

例 5.4.6 证明: 若 n 次多项式 $P(z)=a_0z^n+\cdots+a_tz^{n-t}+\cdots+a_n \quad (a_0\neq 0)$ 满足

$$|a_t|>|a_0|+\cdots+|a_{t-1}|+|a_{t+1}|+\cdots+|a_n|,$$

则 $P(z)$ 在 $|z|<1$ 内有 $n-t$ 个零点.

证明 取 $f(z)=a_t z^{n-t}$, $g(z)=a_0z^n+\cdots+a_{t-1}z^{n-t+1}+a_{t+1}z^{n-t-1}+\cdots+a_0$, 在 $|z|=1$ 上, 由题设条件有 $|f(z)|>|g(z)|$, 从而由儒歇定理可知 $P(z)=f(z)+g(z)$ 与 $f(z)$ 在 $|z|<1$ 内有相同的零点个数.

由例 5.4.6 可知, 方程 $z^8-5z^5-2z+1=0$, $z^6+6z+10=0$ 在 $|z|<1$ 内分别有 5 个, 0 个零点.

本 章 小 结

柯西-古尔萨定理表明:若函数 $f(z)$ 在简单闭曲线 C 上及 C 内解析, 则 $\oint_C f(z)\mathrm{d}z=0$. 当 $f(z)$ 在 C 内含有奇点时, 一般地 $\oint_C f(z)\mathrm{d}z\neq 0$. 很多实际问题都会涉及此类积分的计算. 在第 3 章, 我们用柯西积分公式可计算形如 $\oint_C\dfrac{f(z)}{z-z_0}\mathrm{d}z$ 的积分.现在问题是对更一般形式的含有奇点的积分,我们如何计算?

本章以洛朗级数为工具, 首先讨论了含有一个奇点 z_0 的积分, 得到留数的定义

$$\operatorname{Res}[f(z), z_0] = a_{-1} = \frac{1}{2\pi i}\oint_C f(z)dz,$$

从而把积分的计算转化为留数的计算

$$\oint_C f(z)dz = 2\pi i \operatorname{Res}[f(z), z_0].$$

考虑到孤立奇点 z_0 处洛朗展式的不同情形，可将 z_0 分为可去奇点、极点或本性奇点三种类型，并就各类奇点给出了留数计算方法.

其次，当积分含有不止一个孤立奇点时，由复合闭路定理可推得留数定理

$$\oint_C f(z)dz = 2\pi i\sum_{k=1}^{n}\operatorname{Res}[f(z), z_k].$$

留数定理的重要性在于它给出了闭路积分 $\oint_C f(z)dz$ 计算的一般方法.易见当 $f(z)$ 在 C 内无奇点或只有可去奇点时，$\oint_C f(z)dz = 0$.　故柯西-古尔萨定理是留数定理的特殊情形.

最后，作为留数定理的应用. 本章给出了工程技术中几类常见实积分的留数计算方法，其主要思想是“围道积分法”，即通过添加辅助路径把实积分化为闭路积分，从而达到用留数计算的目的. 本章还介绍了辐角原理与儒歇定理，它们在确定零点或方程根的存在范围时有着重要应用. 另外，在第 8 章，留数定理将用来求拉普拉斯变换的逆变换.

习　题　5

1. 求下列函数的有限孤立奇点并确定它们的类型. 若是极点，指出极点的级.

(1) $\dfrac{z^2}{1+z}$;　　(2) $\dfrac{e^z-1}{z^3(z+1)^2}$;

(3) $\dfrac{z}{(1+z^2)(1+e^{\pi z})}$;　　(4) $\dfrac{1}{z(z^2+1)^2}$;

(5) $\dfrac{\sin z}{z^3(1-\cos z)}$;　　(6) $\cos\dfrac{1}{z+i}$;

(7) $\dfrac{e^z-1}{\sin \pi z}$;　　(8) $\tan^2 z$;

(9) $\dfrac{e^{\frac{1}{z}}}{(e^z-1)(1-z)^3}$;　　(10) $\dfrac{\cos\frac{\pi}{2}z}{z^4-1}$;

(11) $\dfrac{1}{z^3}+\sin\dfrac{1}{z^2}$;　　(12) $\dfrac{2z-\sin 2z}{z^2(z^2+1)}$;

(13) $\dfrac{1}{e^{z-1}}$; (14) $e^z\cos\dfrac{1}{z}$.

2. 若 z_0 是 $f(z)$ 的 $m(m>1)$ 级零点，证明 z_0 是 $f'(z)$ 的 $m-1$ 级零点.

3. 设 z_0 是 $f_1(z)$ 的 m 级极点，$f_2(z)$ 的 n 级极点，说明 z_0 为下列函数的什么奇点?

(1) $f_1(z)+f_2(z)$; (2) $f_1(z)\cdot f_2(z)$; (3) $\dfrac{f_1(z)}{f_2(z)}$.

4. 设函数 $f(z)$ 不恒为零且以 $z=z_0$ 为解析点或极点，而函数 $g(z)$ 以 $z=z_0$ 为本性奇点，试证: $z=z_0$ 是下列函数的本性奇点.

(1) $g(z)\pm f(z)$; (2) $g(z)\cdot f(z)$; (3) $\dfrac{g(z)}{f(z)}$;

5. 求下列函数在有限孤立奇点处的留数.

(1) $\dfrac{1}{z(1-z^2)}$; (2) $\dfrac{z^2}{(z^2+1)^2}$;

(3) $\dfrac{z}{(z-1)(z+1)^2}$; (4) $\dfrac{z}{\cos z}$;

(5) $z^2\sin\dfrac{1}{z}$; (6) $\cos\dfrac{1}{1-z}$;

(7) $\dfrac{1}{z^3-z^5}$; (8) $\dfrac{1+z^4}{(z^2+1)^3}$;

(9) $\dfrac{1-e^{2z}}{z^4}$; (10) $\dfrac{z+1}{z^2-2z}$.

6. 用留数定理计算下列闭路积分.

(1) $\oint_{|z|=\frac{3}{2}}\dfrac{1}{z(z-1)(z+2)^2}dz$; (2) $\oint_{|z|=\frac{1}{2}}\dfrac{dz}{z(z^4+4)}$;

(3) $\oint_{|z|=1}\dfrac{\ln(1+z)}{z}dz$; (4) $\oint_{|z|=2}\dfrac{e^{2z}}{(z-1)^2}dz$;

(5) $\oint_{\left|z-\frac{1}{2}\right|=1}\dfrac{e^z+1}{z(z+1)}dz$; (6) $\oint_{|z|=2}\dfrac{z^2-z+2}{z^4+10z^2+9}dz$;

(7) $\oint_{|z-2|=\frac{1}{2}}\dfrac{zdz}{(z-1)(z-2)^2}$; (8) $\oint_{|z|=2}\dfrac{dz}{z^4-1}$;

(9) $\oint_{|z|=1}\dfrac{\cos z^2-1}{z^3}dz$; (10) $\oint_{|z-2|=1}\tan z dz$;

(11) $\oint_{|z|=1}\dfrac{e^{2z}-z}{z^2}dz$; (12) $\oint_{|z|=\frac{1}{3}}\dfrac{e^z\sin z}{z^2}dz$;

(13) $\oint_{|z-1|=\frac{3}{2}}\dfrac{\ln(z+2)}{\sin z}dz$; (14) $\oint_{|z-2i|=1}\text{th}z dz$;

(15) $\oint_{|z|=\frac{1}{2}}\dfrac{e^{\sin z}}{z^2(z^2+1)}dz$; (16) $\oint_{|z|=2}\dfrac{\cos\frac{1}{z}}{z^2(1+z^2)}dz$.

7*. 求下列函数在扩充复平面内的孤立奇点并判断其类型. 对于极点, 指出它的级.

(1) $\dfrac{\sin z - z}{z^3}$;　　(2) $e^{\frac{1}{z^2}}$;　　(3) $2+z+z^3$;　　(4) $\dfrac{z^5}{(1-z)^2}$.

8*. 求下列函数在无穷远点∞处的留数 $\operatorname*{Res}_{z=\infty} f(z)$.

(1) $f(z)=\dfrac{1}{z(z+1)^4(z-4)}$;　　(2) $f(z)=\dfrac{e^z}{z^2-1}$.

9. 利用留数定理计算下列实积分.

(1) $\displaystyle\int_0^{2\pi}\frac{d\theta}{5+3\cos\theta}$;　　(2) $\displaystyle\int_0^{2\pi}\frac{dx}{(\sqrt{5}+\cos x)^2}$;

(3) $\displaystyle\int_0^{2\pi}\frac{\sin^2\theta}{a+b\cos\theta}d\theta$, $0<b<a$;　　(4) $\displaystyle\int_{-\infty}^{+\infty}\frac{x^2}{(x^2+5)^2}dx$;

(5) $\displaystyle\int_0^{+\infty}\frac{x^2}{(x^2+1)(x^2+4)}dx$;　　(6) $\displaystyle\int_{-\infty}^{+\infty}\frac{\cos 2x}{(x^2+\alpha^2)(x^2+\beta^2)}dx$, $0<\alpha<\beta$;

(7) $\displaystyle\int_0^{+\infty}\frac{\sin x}{x(x^2+a^2)}dx$;　　(8) $\displaystyle\int_0^{+\infty}\frac{x\sin x\cos 2x}{x^2+1}dx$.

10. 计算积分 $\displaystyle\oint_C\frac{\cos z}{z^3(z-1)}dz$, 其中 C 为任意一条不经过 $z=0$, $z=1$ 的正向简单闭曲线.

11. 设 $f(z)$ 在圆环 $0<|z|<1$ 内解析, 且 $\lim\limits_{z\to 0} zf(z)=1$. 证明: $z=0$ 是 $f(z)$ 的一级极点, 并计算 $\operatorname{Res}[f(z),0]$.

12. 设 $f(z)$ 在 $z=z_0(z_0\neq 0)$ 解析, 且 $f(z_0)=0, f'(z_0)\neq 0$. 证明: z_0 是 $\dfrac{zf'(z)}{f(z)}$ 的一级极点, 并计算 $\operatorname{Res}\left[\dfrac{zf'(z)}{f(z)},z_0\right]$.

13. 设 z_0 是 $f(z)$ 的孤立奇点, 证明: $\operatorname{Res}[f'(z),z_0]=0$.

14. 设 a 为 $f(z)$ 的孤立奇点, 证明:

(i) 若 $f(z)$ 是奇函数, 则 $\operatorname{Res}[f(z),a]=\operatorname{Res}[f(z),-a]$.

(ii) 若 $f(z)$ 是偶函数, 则 $\operatorname{Res}[f(z),a]=-\operatorname{Res}[f(z),-a]$.

15. 设 $f(z)=\dfrac{1}{[q(z)]^2}$, 其中 $q(z)$ 在 z_0 解析, 且 $q(z_0)=0$, $q'(z_0)\neq 0$. 证明: $z=z_0$ 是 $f(z)$ 的 2 级极点, 且 $\operatorname{Res}[f(z),z_0]=\dfrac{q''(z_0)}{[q'(z_0)]^3}$.

16. 利用留数定理计算积分 $\displaystyle\oint_{|z|=1} z^n e^{\frac{1}{z}}dz$ (其中 n 为正整数), 并由此证明:

(1) $\displaystyle\int_0^{2\pi} e^{\cos\theta}\cos[(n+1)\theta-\sin\theta]d\theta=\frac{2\pi}{(n+1)!}$;

(2) $\displaystyle\oint_{|z|=1} e^{z+\frac{1}{z}}dz=\sum_{n=0}^{\infty}\frac{1}{n!}\oint_{|z|=1} z^n e^{\frac{1}{z}}dz=2\pi\cdot\sum_{n=0}^{\infty}\frac{1}{n!(n+1)!}$.

17. 利用留数定理, 按图中所示积分路径 $(R>1)$ 建立积分公式:

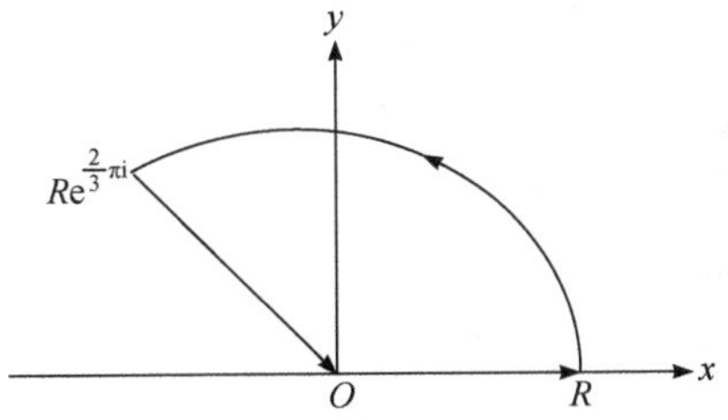

17 题图

$$\int_0^{\infty}\frac{\mathrm{d}x}{1+x^3}=\frac{2\pi}{3\sqrt{3}}.$$

18*. 利用公式(5.4.2)计算下列积分.

(1) $\oint_{|z|=3}\frac{1}{z}\mathrm{d}z$; (2) $\oint_{|2|=3}\frac{z^3}{z^4-1}\mathrm{d}z$; (3) $\oint_{|2|=3}\frac{1}{z(z+1)}\mathrm{d}z$.

19*. 求方程 $z^7-5z^4+z^2-2=0$ 在 $|z|<1$ 内根的个数.

20*. 证明: 方程 $2z^5-6z^2+z+1=0$ 的在圆环 $1\leqslant|z|<2$ 只有 3 个根.

21*. 证明: 当 $|a|>\mathrm{e}$ 时, 方程 $\mathrm{e}^z-az^n=0$ 在圆盘 $|z|<1$ 内有 n 个根.

22*. 设 $\varphi(z)$ 在圆周 $C:|z|=1$ 上及其内部解析, 且在 C 上 $|\varphi(z)|<1$. 证明: 在 C 内只有一个点 z_0 使 $\varphi(z_0)=z_0$.

Chapter

第6章 保形映射

在高等数学中，我们可以借助导数研究函数曲线的几何性质. 同样地，我们也希望把这种方法引入复变函数中来，对于一个解析函数，它的导数具有什么样的几何性质? 这些性质对函数本身的性质又有怎样的影响?

在第 2 章中，函数 $w=f(z)$ 也被称为映射，它通常把 z 平面上的图形映成 w 平面上的图形，从而可视为两个平面图形间的一个几何变换. 对于一个几何变换，我们首要关心的问题是: 变换后形状是否有变化? 能不能再变回到原来的形状，即存在逆变换?

保持图形基本特征不变的映射称为保形映射，如 $w=z+\alpha$, $w=\alpha z$ $(\alpha\neq 0)$ 是保形映射，它们分别表示平移、相似变换. 保形映射理论在数学及流体力学、弹性力学、电学、计算机几何造型等各领域都有着重要的应用.

本章首先介绍解析函数导数的几何意义，得到保角映射及保形映射的概念，进而讨论单叶解析函数的映射性质，最后将具体研究分式线性映射与几个初等函数所构成的保角映射的性质.

6.1 保形映射

6.1.1 解析函数导数的几何意义

设函数 $w=f(z)$ 在区域 D 内解析，$z_0\in D$ 且 $f'(z_0)\neq 0$，由导数定义，得

$$f'(z_0)=\lim_{\Delta z\to 0}\frac{\Delta w}{\Delta z},$$

其中 $\Delta z=z-z_0, \Delta w=w-w_0, w_0=f(z_0)$. 为确定 $f'(z_0)$ 的值，只需确定 $|f'(z_0)|$ 和 $\mathrm{Arg}f'(z_0)$，由上式可知

$$\operatorname{Arg} f'(z_0) = \lim_{\Delta z \to 0} \operatorname{Arg} \frac{\Delta w}{\Delta z}, \tag{6.1.1}$$

$$|f'(z_0)| = \lim_{\Delta z \to 0} \frac{|\Delta w|}{|\Delta z|}. \tag{6.1.2}$$

1. 导数辐角 $\operatorname{Arg} f'(z_0)$ 的几何意义

如图 6.1.1(a), 在 D 内从 z_0 (P_0)引出任意一条有向光滑曲线 $C: z = z(t)$, $a \leqslant t \leqslant b$, 设 $t = t_0$ 时, $z(t_0) = z_0$, 并规定实参量 t 增大时 z 移动的方向为 C 的正方向.

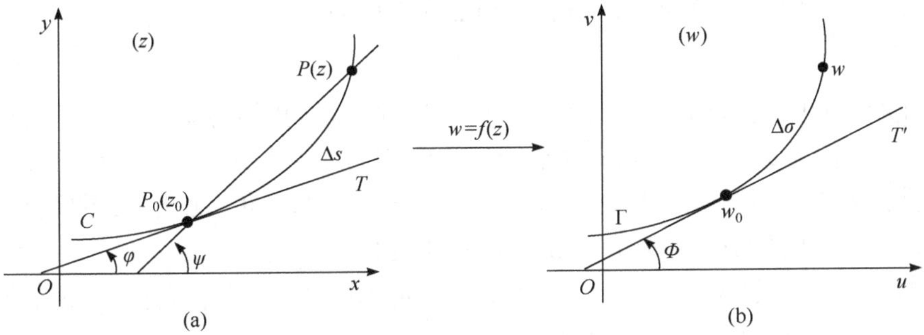

图 6.1.1

任意取点 $P \in C$, 作 C 的割线 P_0P, 当 $\Delta t > 0$ 时, 向量 $\overrightarrow{P_0P}$ 与向量

$$\frac{z(t_0 + \Delta t) - z(t_0)}{\Delta t}$$

方向相同, 其倾斜角记为 ψ, 即

$$\psi = \operatorname{Arg} \frac{z(t_0 + \Delta t) - z(t_0)}{\Delta t}.$$

当 P 沿曲线 C 趋于 P_0 时, 割线 P_0P 极限位置为切线 P_0T, 相应的切向量为

$$\lim_{\Delta t \to 0} \frac{z(t_0 + \Delta t) - z(t_0)}{\Delta t} = z'(t_0) \neq 0,$$

因此, 切线 P_0T 的倾角为

$$\varphi = \operatorname{Arg} z'(t_0).$$

这时 ψ 应连续变化到 φ.

C 在映射 $w = f(z)$ 下的像曲线 $\Gamma: w = w(t) = f(z(t))$ $(a \leqslant t \leqslant b)$ 是 w 平面上的光滑曲线. 事实上, $w'(t) = f'(z(t))\, z'(t)$, 因为 $f(z)$ 解析且 $f'(z_0) \neq 0$, 所以在 z_0 的某个邻域内 $f'(z)$ 连续, 且 $f'(z) \neq 0$. 又因为 C 是光滑曲线, 所以 $z'(t)$ 连续且 $z'(t) \neq 0$. 从而 $w'(t)$ 连续, 且 $w'(t) = f'(z(t))\, z'(t) \neq 0$, 这就说明 Γ 也是光滑曲

线.

由上面的讨论可知，Γ 在 w_0 的切向量为

$$w'(t_0) = f'(z_0)\cdot z'(t_0) \neq 0,$$

其倾角为 $\mathrm{Arg}w'(t_0)$，由复数乘法的几何意义得

$$\mathrm{Arg}\, w'(t_0) = \mathrm{Arg}\, f'(z_0) + \mathrm{Arg}\, z'(t_0),$$

即

$$\mathrm{Arg}\, w'(t_0) - \mathrm{Arg}\, z'(t_0) = \mathrm{Arg}\, f'(z_0),$$

再令 $\alpha = \mathrm{Arg}\, f'(z_0)$，$\Phi = \mathrm{Arg}\, w'(t_0)$，则上式可记为

$$\alpha = \Phi - \varphi. \tag{6.1.3}$$

在图 6.1.1 中，为了便于观察曲线 C 与 Γ 的关系，我们将 w 平面与 z 平面放在一起，使 x 轴与 u 轴，y 轴与 v 轴平行且方向相同，并让 z_0 与 w_0 重合. 不难发现，α 是曲线 C 与它的像曲线 Γ 在点 $z_0\,(w_0)$处各自切线的夹角，或者说，曲线 C 在 z_0 处的切线按逆时针方向旋转角度 α 后得到曲线 Γ 在 w_0 处的切线.

定义 6.1.1　曲线 C 与其像曲线 Γ 在 $z_0\,(w_0)$的夹角 α (即它们在 $z_0\,(w_0)$处相应切线的夹角)称为 C 在 z_0 的**转动角**(angle of rotation).

(6.1.3)式表明：$\alpha = \mathrm{Arg}\, f'(z_0)$ 是曲线 C 经过 $w = f(z)$ 映射后在点 z_0 的转动角. 由曲线 C 的任意性可知，α 的大小及方向与 C 的形状和方向无关，只与 $w = f(z)$ 及 z_0 有关，我们把这种性质称为 "**映射具有转动角不变性**"，即任何曲线在 z_0 的切线都转过相同角度 $\mathrm{Arg}\, f'(z_0)$ 后得到它在映射 $w = f(z)$ 下的像曲线的切线.

如图 6.1.2，过点 z_0 作任意两条光滑曲线 C_1, C_2，设 C_1, C_2 在 z_0 的夹角为 θ，C_1, C_2 在映射 $w = f(z)$ 下的像曲线为 Γ_1, Γ_2，则 Γ_1, Γ_2 相交于点 $w_0 = f(z_0)$，记 Γ_1, Γ_2 的夹角为 Θ，由转动角不变性得

$$\alpha = \Phi_i - \varphi_i, \quad i = 1, 2,$$

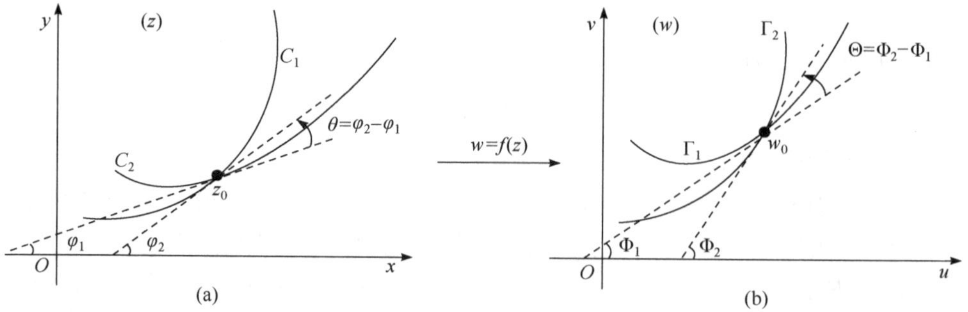

图 6.1.2

其中$\alpha = \mathrm{Arg}\, f'(z_0)$，$\varphi_i, \Phi_i$分别为曲线$C_i, \Gamma_i$在点$z_0, w_0$处切线的倾角. 由上式可得

$$\Phi_2 - \Phi_1 = \varphi_2 - \varphi_1,$$

即

$$\Theta = \theta. \tag{6.1.4}$$

(6.1.4)表明曲线C_1, C_2在点z_0的夹角与它们的像曲线Γ_1, Γ_2在点w_0的夹角相等，即它们的夹角在映射$w = f(z)$下不变. 由此我们可得下述性质.

性质 6.1.1 设$f(z)$解析，且$f'(z_0) \neq 0$，则$f(z)$将相交于z_0的任意两条曲线映射后，其像曲线保持相应的夹角不变，即保持两曲线间夹角的大小与方向都不变. 这种性质称为“**映射具有保角性**”.

上述性质表明导数不为零的解析函数具有保角性，它是基于转动角$\mathrm{Arg}\, f'(z_0)$不变性质得到的.

2. 导数模$|f'(z_0)|$的几何意义

我们关心的另外一个问题是映射后原像的伸缩性. 为此，考察像曲线Γ上的两个像点$w = f(z)$和$w_0 = f(z_0)$. 它们之间的距离为$|\Delta w| = |w - w_0|$，原像曲线C上相应两个原像点z与z_0之间的距离为$|\Delta z| = |z - z_0|$. 当z沿C充分靠近z_0时，我们可以用比值

$$\left|\frac{\Delta w}{\Delta z}\right| = \left|\frac{w - w_0}{z - z_0}\right|$$

近似描述C在z_0处的伸缩性.

定义 6.1.2 若极限

$$\lim_{\Delta z \to 0}\left|\frac{\Delta w}{\Delta z}\right| = \lim_{\Delta z \to 0}\left|\frac{w - w_0}{z - z_0}\right|$$

存在且不等于零，则该极限称为映射$w = f(z)$在z_0的**伸缩率**(dilatation quotient)，记为μ.

由(6.1.2)可知，若$f(z)$在z_0解析，且$f'(z_0) \neq 0$，则$f(z)$在z_0的伸缩率

$$\mu = f'(z_0) = \lim_{\Delta z \to 0}\left|\frac{\Delta w}{\Delta z}\right|.$$

因为$f'(z_0)$与$\Delta z \to 0$的方式无关，故在给定z_0的各个方向上μ的值都相同. 这时我们称映射$w = f(z)$在z_0**具有伸缩率不变性**. 事实上，对任意的曲线C，记从z_0到z的C上一段曲线弧的长度为Δs，它的像曲线Γ上相应像点w_0到w的曲线弧长记为$\Delta\sigma$，如图 6.1.1 所示.当z沿曲线C趋于点z_0时，有

$$\mu=\left|f'(z_0)\right|=\lim_{\Delta z\to 0}\frac{|\Delta w|}{|\Delta z|}=\lim_{\Delta z\to 0}\left(\frac{|\Delta w|}{|\Delta\sigma|}\cdot\frac{|\Delta\sigma|}{|\Delta s|}\cdot\frac{|\Delta s|}{|\Delta z|}\right)=\lim_{\Delta s\to 0}\frac{|\Delta\sigma|}{|\Delta s|}.$$

上式表明，当 $|\Delta z|$ 充分小时，$\mu\triangleq\left|f'(z_0)\right|\approx\dfrac{\Delta\sigma}{\Delta s}$，即对任何经过 z_0 的光滑曲线 C，像曲线 Γ 在该点的各方向一致伸长至原来的 μ 倍. 若 $\mu>1$，就表示映射实现了放大；若 $\mu<1$，则表示映射实现了缩小.

性质 6.1.2　设 $f(z)$ 解析，且 $f'(z_0)\neq 0$，则 $f(z)$ 在 z_0 具有伸缩率($\mu=\left|f'(z_0)\right|$)不变性.

注　不变性是指伸缩率 μ 的值只与 z_0 有关，而与过 z_0 点的曲线 C 无关. 如当 $|\Delta z|$ 很小时，$|w-w_0|\approx\mu|z-z_0|$，所以映射 $w=f(z)$ 把圆周 $|z-z_0|=\delta$ 映成圆周 $|w-w_0|=\mu\delta$.

例 6.1.1　求映射 $w=f(z)=z^2+2z$ 在点 $z=-1+2\mathrm{i}$ 处的旋转角，并说明该映射将 z 平面上哪一部分放大？哪一部分缩小？

解　由导数辐角的几何意义，$f(z)$ 在 $z=-1+2\mathrm{i}$ 的旋转角为导数的辐角 $\alpha=\arg f'(-1+2\mathrm{i})$，伸缩率为导数的模 $\mu=\left|f'(-1+2\mathrm{i})\right|$，因

$$f'(z)=2(z+1),\quad \mu=\left|f'(z)\right|=2|z+1|,$$

故

$$\alpha=\arg f'(-1+2\mathrm{i})=\arg(4\mathrm{i})=\frac{\pi}{2},$$

且因为 $\mu=1\Leftrightarrow|z+1|=\dfrac{1}{2}$，所以 $\mu<1$ 时，该映射将圆 $|z+1|=\dfrac{1}{2}$ 内部分缩小；$\mu>1$ 时，将圆 $|z+1|=\dfrac{1}{2}$ 外部分放大.

6.1.2　保形映射的概念

下面我们引入保形映射的概念. 设 $f(z)$ 在区域 D 解析，$z_0\in D$ 且 $f'(z_0)\neq 0$，如图 6.1.3 所示，取以 z_0 为顶点的无穷小三角形 $\Delta\subset D$，在映射 $w=f(z)$ 下，Δ 被映成以 $w_0=f(z_0)$ 为顶点的曲边三角形 Δ'，由保角性得 $\alpha=\alpha'$，再由伸缩率不变性得 $\dfrac{l_1}{l_1'}=\dfrac{l_2}{l_2'}=\left|f'(z_0)\right|$，于是 $\Delta\sim\Delta'$，即两个三角形近似地形状相似.

基于以上分析，我们得到下面的定义.

定义 6.1.3　对于区域 D 上的映射 $w=f(z)$，若它在 D 内 z_0 点具有保角性(含大小、方向)与伸缩率不变性，则称 $f(z)$ 在 z_0 处是**保角的**. 若 $f(z)$ 在 D 内每一点都是保角的,则称 $f(z)$ 是 D 上的**保角映射**. 对于 D 上的保角映射 $f(z)$，若它还是

单叶的，即 $\forall z_1, z_2 \in D$, $z_1 \neq z_2$, 有 $f(z_1) \neq f(z_2)$，则称 $f(z)$ 是 D 上的**保形映射**(conformal)**或共形映射.**

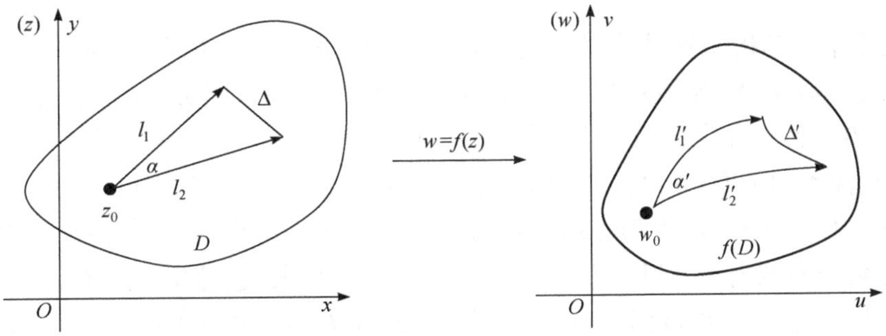

图 6.1.3

由解析函数导数的几何及定义 6.1.3, 可以得到如下定理.

定理 6.1.1 若 $w=f(z)$ 在 z_0 解析，且 $f'(z_0)\neq 0$，则 $f(z)$ 在 z_0 是保角的，且 $\mathrm{Arg}\, f'(z_0)$ 为该映射在 z_0 的转动角，$|f'(z_0)|$ 为该映射在 z_0 的伸缩率.

注 由定义, 保形映射是保角映射, 但保角映射不一定是保形的.

例 6.1.2 讨论映射 $w=z^n\,(n=1,2,\cdots)$ 的保角性与保形性.

解 因为函数 $w=z^n$ 为解析函数，且

$$w'=nz^{n-1}\neq 0,\qquad z\neq 0.$$

故由定理 6.1.1, 该映射在复平面上除原点 $z=0$ 外, 处处是保角的.

因为函数 $w=z^n$ 的单叶性区域是顶点在原点、张角不超过 $\dfrac{2\pi}{n}$ 的角形域, 如 $0<\arg z<\dfrac{2\pi}{n}$, 故在这样的区域内 $w=z^n$ 是保形的, 但在张角超过 $\dfrac{2\pi}{n}$ 的角形域内 $w=z^n$ 只是保角而不是保形的.

在原点 $z=0$，映射 $w=z^n$ 把角形域 $0<\arg z<\dfrac{2\pi}{n}$ 映成角形域 $0<\arg w<2\pi$，它为原来的 n 倍, 所以 $w=z^n$ 在原点不是保角的, 从而也不是保形的.

6.1.3 单叶解析函数的映射性质

设 $f'(z_0)=|f'(z_0)|\mathrm{e}^{\mathrm{Arg}f'(z_0)}=\mu\mathrm{e}^{\mathrm{i}\alpha}\neq 0$, 由导数的几何意义, 在点 z_0 充分小的邻域内, 任何过 z_0 的非零向量在映射 $w=f(z)$ 下, 相当于先作了一个旋转变换 $w=\mathrm{e}^{\mathrm{i}\alpha}z$, 再作了一个伸缩变换 $w=\mu z$, 这表明映射 $w=f(z)$ 在点 z_0 是一个相似变换, 例如在图 6.1.3 中, 三角形 Δ 在被 $w=f(z)$ 映成一个相似的曲边三角形 Δ'.

有时我们希望这种变换还是可逆的，如 Δ' 还能变回到原来的三角形 Δ，这就要求映射 $w = f(z)$ 有逆映射，显然，若 $w = f(z)$ 是单叶的，则它有逆映射，此时变换是可逆的.

关于单叶解析函数的映射性质，我们不加证明地引入如下几个定理.

定理 6.1.2 (解析函数的单叶性判定定理)　(1) 若函数 $f(z)$ 在 z_0 解析，且 $f'(z_0) \neq 0$，则 $f(z)$ 在 z_0 的一个邻域内单叶解析；

(2) 若 $f(z)$ 在区域 D 内单叶解析，则在 D 内任一点，$f'(z) \neq 0$.

注　由定理 6.1.1 及定理 6.1.2 可知，若 $f(z)$ 在 z_0 解析，且 $f'(z_0) \neq 0$，则 $f(z)$ 在 z_0 的某个邻域内是单叶保角映射，从而是保形映射. 这时我们说 $f(z)$ 是**局部保形**的. 若 $f(z)$ 在区域 D 内单叶解析，则 $f(z)$ 在 D 内是保形的，从而是局部保形的；但反之未必成立.

例如，指数函数 $w = \mathrm{e}^z$ 在任何一个宽度为 $2\pi\mathrm{i}$ 的带形区域 $B_\alpha = \{z | \alpha < \mathrm{Im}\, z < \alpha + 2\pi\}$ 内是单叶解析函数，从而是保形映射，但 e^z 是周期函数，在比 B_α 更大的区域内它的单叶性被破坏，从而 $w = \mathrm{e}^z$ 是保角的，不再是保形的，所以 $w = \mathrm{e}^z$ 只是局部保形的.

定理 6.1.3 (保域定理)　设 $w = f(z)$ 是区域 D 内的一个单叶解析函数，则

(1) $w = f(z)$ 将区域 D 保形映射成区域 $G = f(D)$；

(2) 反函数 $z = f^{-1}(w)$ 在区域 G 内单叶解析，且

$$\left[f^{-1}(w_0)\right]' = \frac{1}{f'(z_0)},$$

其中 $z_0 \in D, w_0 \in f(z_0) \in D$；

(3) 反函数 $z = f^{-1}(w)$ 把区域 G 保形映射为区域 D.

定理 6.1.3 表明，单叶解析函数及其反函数具有保形性及保域性.

很多实际问题往往需要考虑定理 6.1.3 的逆命题，即给定 z 平面上的单连通区域 D 及 w 平面上的一个单连通区域 G，是否存在一个单叶解析函数 $w = f(z)$ 将 D 保形映射成 G? 在什么情况下，这种映射还是唯一的?这个问题可以简化为是否存在一个单叶解析函数 $w = f(z)$ 将 D 保形映射成单位圆盘 $|w| < 1$？事实上，若 $w = \psi(\zeta)$，$\zeta = \varphi(z)$ 分别是区域 G 和 D 到单位圆盘 $|w| < 1$ 的单叶解析函数，则 $f = \psi^{-1} \circ \varphi$ 就是我们要找的从 D 到 G 的单叶解析函数.下面的黎曼映射定理给出了上述问题的答案.

定理 6.1.4 (黎曼映射定理)　若 z 平面(或扩充 z 平面)上的单连通区域 D，其边界至少有两点，则唯一存在单叶解析函数 $w = f(z)$ 满足

$$f(z_0) = 0, \quad f'(z_0) > 0, \quad z_0 \in D, \tag{6.1.5}$$

并且把 D 保形双射成单位圆盘 $|w|<1$.

注　(1) (6.1.5)称为“唯一性条件”，它的几何意义是把指定点 $z_0 \in D$ 变成单位圆的圆心，而在点 z_0 的旋转角 $\arg f'(z_0)=0$.

(2) 该定理中“其边界至少有两点”的条件是必要的，如将 z 平面映成 $|w|<1$ 的单叶解析函数是不存在的，因为 z 平面边界只有一个点 $z=\infty$.

在实际寻找上述单叶解析函数的过程中，我们经常用到下面的定理.

定理 6.1.5 (边界对应原理)　设 z 平面上的有界单连通区域 D 以分段光滑的简单闭曲线 C 为边界. 若函数 $w=f(z)$ 满足条件:

(1) 在 D 及 C 所围成的有界闭区域 $\overline{D}$ 上解析;

(2) 把 C 双射映成单位圆周 $C_1:|w|=1$，

则 $w=f(z)$ 把 D 保形映射成单位圆盘 $D_1:|w|<1$，并使 C 关于 D 的正向，对应于 C_1 关于 D_1 的正向.

边界对应原理说明单叶解析函数把一个区域的边界映成另外一个区域的边界，更一般地，为确定定理 6.1.3 中的区域 G，我们只需沿 D 的边界 C 绕行，求出 C 在此映射下的像曲线 C_1，则 C_1 按同一绕行方向所围成的区域就是所求的区域 G. 这种方法称为“绕线法”，在下一节介绍分式线性映射时，将会用到此方法.

6.2　分式线性映射

分式线性映射也称为分式线性变换，它是具有最简单映射性质的一类解析函数，常常用来作为两个平面区域之间的保形变换. 本节我们将介绍分式线性映射的概念并讨论它的一些特有的几何性质.

6.2.1　分式线性映射的概念

定义 6.2.1　有理函数

$$w=T(z)=\frac{\alpha z+\beta}{\gamma z+\delta}\quad (\alpha\delta-\beta\gamma\neq 0) \tag{6.2.1}$$

称为**分式线性映射**或**分式线性变换**，其中 $\alpha,\beta,\gamma,\delta$ 都是复常数.

注意到 $\alpha\delta-\beta\gamma=0$ 时，$w\equiv$ 常数或无意义. 因此(6.2.1)中要求 $\alpha\delta-\beta\gamma\neq 0$.

下面按 $\alpha,\beta,\gamma,\delta$ 不同取值情况讨论 $w=T(z)$ 映射性质.

(Ⅰ) 当 $\gamma=0$ 时，$\alpha\delta\neq 0$，整理得

$$w=T(z)=\frac{\alpha}{\delta}z+\frac{\beta}{\delta},$$

上式称为**整线性映射**，它是单叶解析函数，由定理6.1.3可知，$w=T(z)$在z平面上是保形映射.

若定义$T(\infty)=\infty$，则T就是扩充z平面到扩充w平面的单叶映射.

(Ⅱ) 当$\gamma\neq 0$时，

$$w=T(z)=\frac{\alpha z+\beta}{\gamma z+\delta}\quad\left(z\neq-\frac{\delta}{\gamma}\right),$$

它的反函数为

$$z=T^{-1}(z)=\frac{-\delta w+\beta}{\gamma w-\alpha}\quad\left(w\neq\frac{\alpha}{\gamma}\right),\tag{6.2.2}$$

且

$$T'(z)=\frac{\alpha\delta-\beta\gamma}{(\gamma z+\delta)^2}\neq 0,$$

此时$w=T(z)$是z平面去掉点$z=-\dfrac{\delta}{\gamma}$后的区域到$w$平面去掉点$w=\dfrac{\alpha}{\gamma}$后的区域的单叶解析函数，从而是保形变换.

若定义

$$w=\begin{cases}\infty, & z=-\dfrac{\delta}{\gamma},\\[2mm] \dfrac{\alpha}{\gamma}, & z=\infty,\end{cases}$$

则$w=T(z)$是扩充z平面到扩充w平面上的单叶映射.

综上可知，分式线性映射是C_∞上的一一映射，它的逆映射仍然是分式线性映射. 下面列举几个基本的分式线性映射. 为了比较方便，我们将z平面与w平面看成是重合的.

例 6.2.1 (平移映射)　$w=z+b$，其中b为复常数. 由复数加法的几何意义，在映射$w=z+b$下，点z沿复向量b的方向平行移动距离$|b|$后,得到点w，见图6.2.1(a).

例 6.2.2 (旋转与伸缩映射)　$w=az$ ($a\neq 0$为一复常数). 设$z=re^{i\theta}$, $a=\lambda e^{i\varphi}$，则$w=\lambda re^{i(\theta+\varphi)}$，故$\operatorname{Arg}w=\operatorname{Arg}z+\varphi$，$|w|=\lambda|z|$. $w=az$在几何上表示先将z旋转了一个角度φ，再将$|z|$伸长($\lambda\geqslant 1$)或缩短($\lambda\leqslant 1$) λ倍，即得w. 见图 6.2.1(b).

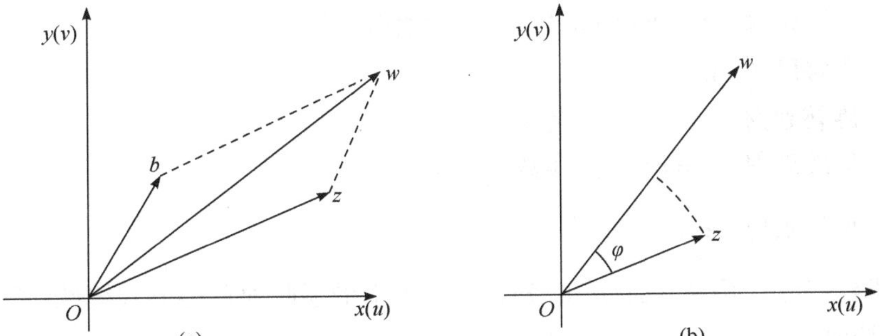

(a)　　　　(b)

图 6.2.1

注　整线性映射 $w = az + b(a \neq 0)$ 可看成是上述三种映射的复合映射. 因为平移、旋转和伸缩映射并不改变图形的形状及运动方向, 所以整线性映射也称为**相似变换**.

例 6.2.3 (反演映射)　$w = \dfrac{1}{z}$. $w = \dfrac{1}{z}$ 可以看成是下面两个映射的复合:

$$\eta = \frac{1}{\overline{z}}, \quad w = \overline{\eta}.$$

$w = \overline{\eta}$ 是关于实轴的对称映射, 下面考察映射 $\eta = \dfrac{1}{\overline{z}}$, 因为

$$\operatorname{Arg}\eta = -\operatorname{Arg}\overline{z} = \operatorname{Arg} z, \quad |\eta| = \frac{1}{|\overline{z}|} = \frac{1}{|z|},$$

这说明 η 与 z 的辐角相同, 且它们的模满足 $|\eta||z| = 1$, 我们把 $\eta = \dfrac{1}{\overline{z}}$ 称为关于单位圆 $|z| = 1$ 的对称映射, η 和 z 称为**关于单位圆的对称点**.

因此要从 z 出发作出 $w = \dfrac{1}{z}$, 可以先作出 z 关于单位圆周的对称点 η, 然后再作出 η 关于实轴对称点 w. 见图 6.2.2.

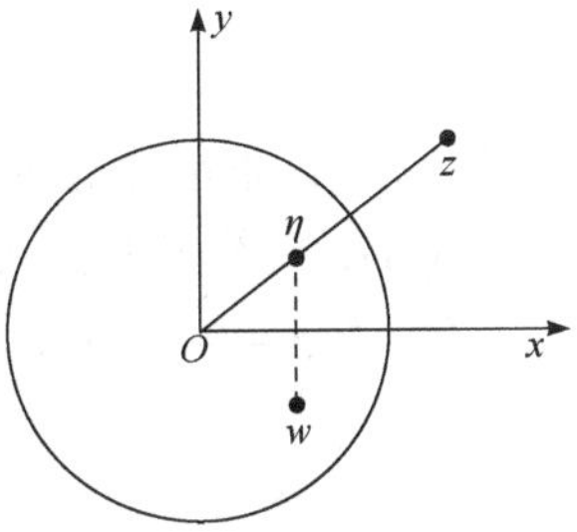

图 6.2.2

在扩充复平面上, 反演映射 $w = \dfrac{1}{z}$ 把 $z = 0, \infty$ 分别映射成 $z = \infty, 0$, 因此 $w = \dfrac{1}{z}$ 是扩充 z 平面到扩充 w 平面的一个双射.

例 6.2.1～例 6.2.3 给出了一些最基本的分式线性映射. 下面的定理指出它们是构成一般分式线性映射的基础.

定理 6.2.1 (分解定理)　分式线性映射是扩充复平面上的一一映射, 且任何分

式线性映射都可看成是下列基本分式线性映射的复合:

(1) **平移映射** $w = z + b$;

(2) **旋转映射** $w = e^{i\theta}z$, θ 是实数;

(3) **伸缩映射** $w = rz$, r 是实数;

(4) **反演映射** $w = \dfrac{1}{z}$.

证明 首先, 由(6.2.2)可知, 分式线性映射的逆映射还是分式线性映射, 从而是一一映射.

其次, 两个分式线性映射的复合仍为分式线性映射.

设

$$w = T_i(z) = \frac{\alpha_i z + \beta_i}{\gamma_i z + \delta_i}, \quad \alpha_i\delta_i \neq \beta_i\gamma_i, \quad i = 1, 2,$$

则

$$w = T_1(T_2(z)) = \frac{\alpha z + \beta}{\gamma z + \delta},$$

其中 $T_1 \circ T_2$ 的系数由下列矩阵给出

$$\begin{pmatrix} \alpha & \beta \\ \gamma & \delta \end{pmatrix} = \begin{pmatrix} \alpha_1 & \beta_1 \\ \gamma_1 & \delta_1 \end{pmatrix} \begin{pmatrix} \alpha_2 & \beta_2 \\ \gamma_2 & \delta_2 \end{pmatrix},$$

并且

$$\det\begin{pmatrix} \alpha & \beta \\ \gamma & \delta \end{pmatrix} = \alpha\delta - \beta\gamma \neq 0,$$

所以, $T_1 \circ T_2$ 是也是分式线性映射.

最后, 对给定的分式线性映射, 可视 γ 的情形拆分为上述(1)～(4)中某些复合:

(i) 若 $\gamma = 0$, 则(6.2.1)为整线性映射

$$w = T(z) = \frac{\alpha}{\delta}z + \frac{\beta}{\delta},$$

它可由基本分式线性映射(1)、(2)、(3)复合得到;

(ii) 若 $\gamma \neq 0$, 则定义式(6.2.1)可改写成如下形式

$$w = \frac{\alpha}{\gamma} + \frac{\beta\gamma - \alpha\delta}{\gamma^2} \cdot \frac{1}{z + \dfrac{\delta}{\gamma}},$$

它可看作是基本映射(1)、(2)、(3)、(4)的复合映射.

6.2.2 分式线性映射的性质

1. 保角(形)性

定理 6.2.2 (保角定理) 分式线性映射在扩充复平面 $\mathbf{C}_\infty$上每一点都是保角的.

证明 设 $w=T(z)=\dfrac{\alpha z+\beta}{\gamma z+\delta}, \alpha\delta-\beta\gamma\neq 0$，由上面的讨论可知，当 $\gamma=0$ 或 $\gamma\neq 0, z\neq -\dfrac{\delta}{\gamma}$ 时，T 为单叶解析函数，从而是保角（形）的. 下面说明 T 在∞ 和奇点处也是保角的.

当 $\gamma=0$ 时，由定理 6.2.1 的证明过程可知，$w=T(z)=\dfrac{\alpha z+\beta}{\gamma z+\delta}$ 可写成 $w=T(z)=Az+B$ 的形式，且 $T(\infty)=\infty$. 为说明 T 在 ∞ 的保角性，我们作如下规定.

规定 两条伸向无穷远处的曲线 C_1,C_2 在无穷远处的夹角等于它们在映射 $w=\dfrac{1}{z}$ 下的像曲线 Γ_1,Γ_2 在原点 $w=0$ 的夹角，从而 $w=\dfrac{1}{z}$ 在扩充复平面上是保角的，如图 6.2.3 所示.

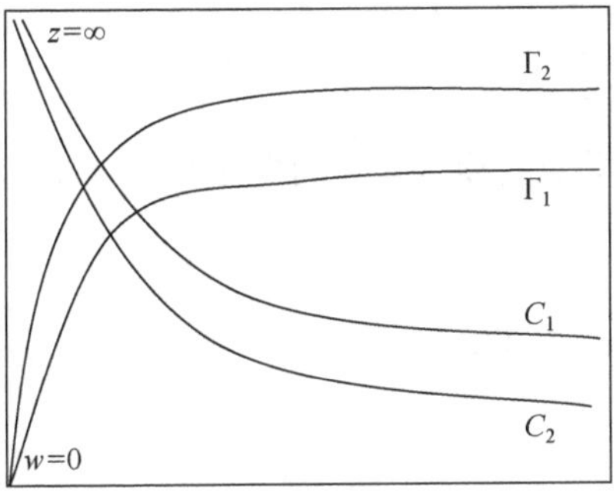

(a) $z=\infty$处的保角性

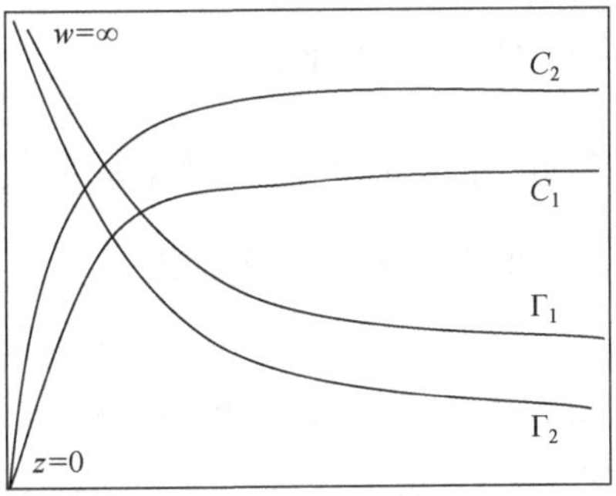

(b) $z=0$(奇点)处的保角性

图 6.2.3 反演映射在∞与奇点处的保角性

因为 $w=T(z)$ 可以看成是 $\lambda=\dfrac{1}{z}$，$\mu=\dfrac{1}{T\left(\dfrac{1}{\lambda}\right)}, w=\dfrac{1}{\mu}$ 复合而成，其中 $\lambda=\dfrac{1}{z}$，$w=\dfrac{1}{\mu}$ 是保角映射，所以只需证 $\mu=\dfrac{1}{T\left(\dfrac{1}{\lambda}\right)}$ 保角即可，下面验证 $\mu=\dfrac{1}{T\left(\dfrac{1}{\lambda}\right)}$ 在 $\lambda=0$ 保角，因

$$\mu=\frac{\lambda}{B\lambda+A},\quad A\neq 0,\quad \mu'\big|_{\lambda=0}=\left(\frac{\lambda}{B\lambda+A}\right)'=\frac{1}{A}\neq 0,$$

故 $\mu=\dfrac{\lambda}{B\lambda+A}$ 在 $\lambda=0$ 保形，从而 $w=Az+B$ 在 ∞ 点保角(形)，于是在整个扩充复平面上，当 $\gamma=0$ 时，$w=T(z)=Az+B$ 保角.

当 $\gamma\neq 0$ 时，由分解定理的证明过程，$w=T(z)=\dfrac{\alpha z+\beta}{\gamma z+\delta}$ 可写成以下形式

$$w=T(z)=B+\frac{A}{z-z_0}.$$

上式可视为由 $w=B+A\mu$，$\mu=\dfrac{1}{z-z_0}$ 复合而成，而这两个映射按定义式(6.2.2)分别在扩充复平面为保角映射.

2. 保圆性

在扩充复平面 $\mathbf{C}_\infty$ 上，直线可以看成以 ∞ 为圆心，半径为 $+\infty$ 的圆.

定理 6.2.3 (保圆定理)　在扩充复平面 $\mathbf{C}_\infty$ 上，分式线性映射把圆映成圆.

分析　根据定理 6.2.1，任何分式线性映射都是由平移、旋转、伸缩或反演四种基本变换复合而成，前三种变换的保圆性是显然的，故只需要说明反演变换 $w=\dfrac{1}{z}$ 在 C_∞ 上的保圆性.

证明　设分式线性映射 $w=T(z)$，下证反演变换 $w=\dfrac{1}{z}$ 的保圆性. 事实上，因直线与圆的方程可统一表示为

$$Az\bar{z}+\bar{B}z+B\bar{z}+C=0,$$

其中 A, C 为实数, B 为复数，且 $B\bar{B}-AC>0$.

令 $z=\dfrac{1}{w}$，代入上面的方程，整理得

$$A+\bar{B}\bar{w}+Bw+Cw\bar{w}=0,$$

故直线或圆在反演变换 $w=\dfrac{1}{z}$ 下的像曲线仍然是直线或圆.

定理 6.2.3 表明分式线性映射具有保圆性，现在要问：圆周 C 的内部(或外部)区域 D 被映射成什么？由定理 6.1.3，我们知道 D 在分式线性映射下的像 G 也是一个区域. 下面的推论回答了这个问题.

推论 6.2.1　设在分式线性映射下，圆周 C 被映成圆周 C'. 若在 C 内任取一点 z_0，而 z_0 的像 w_0 在 C' 的内部，则 C 的内部就是映射到 C' 的内部；如果 w_0 在 C' 的外部，则 C 的内部就映成 C' 的外部.

证明　反证法. 如图 6.2.4 所示，设 z_1, z_2 为 C 内的任意两点，用直线段把这两

点连接起来, 如果线段 z_1z_2 的像为圆弧 w_1w_2(或直线段), 并且 w_1 在 C' 之外, w_2 在 C' 之内, 那么弧 w_1w_2 必与 C' 交于一点 w^*, 于是 w^* 必是 C 上某一点的像, 但 w^* 又是线段 z_1,z_2 上某一点的像, 因而就有两个不同的点(一个在 C 上, 另一个在 z_1z_2 上)被映射为同一点, 这就与分式线性映射的单叶性相矛盾. 因此推论成立.

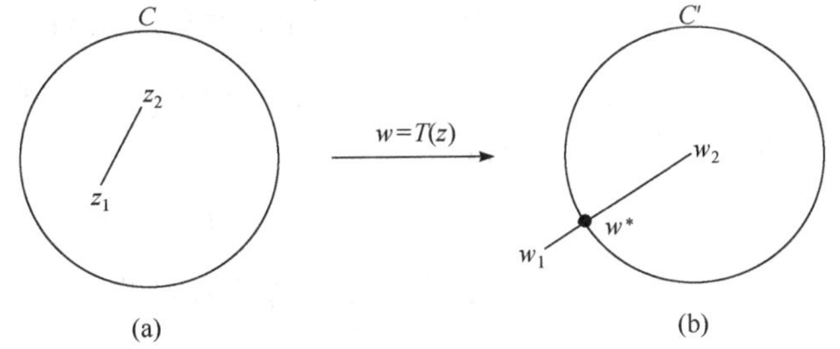

图 6.2.4

注 推论 6.2.1 表明, 在分式线性映射下, 圆 C 的内部 D 不是映成像 C' 的内部, 就是映成 C' 的外部, 如果 C 或 C' 中有直线, 则其内部或外部按直线的某一侧来理解. 推论 6.2.1 中利用一点确定区域位置的方法称为**定点法**. 我们还可以用**绕线法**来确定区域的位置, 在圆 C 上任取三点 z_1, z_2, z_3, 若环绕方向 $z_1 \to z_2 \to z_3$ 与它们的像 w_1, w_2, w_3 在 C' 上的环绕方向 $w_1 \to w_2 \to w_3$ 相同, 则 C 的内部映成 C' 的内部; 若环绕方向相反, 则 C 的内部映成 C' 的外部. 分析过程留给读者完成.

3. 保对称性

我们知道关于直线(半径无穷大的圆)对称点的定义, 下面引入一般圆周 $C:|z-z_0|=R\ (0<R<+\infty)$ 对称点的定义.

定义 6.2.2 若有限复平面上的两个点 z_1, z_2 在过 z_0 的同一射线上, 且满足

$$|z_1-z_0|\cdot|z_2-z_0|=R^2, \tag{6.2.3}$$

则称 z_1, z_2 是**关于圆周 C 对称点**.

由定义 6.2.2 可知, 圆周 C 上的点是它本身关于圆周 C 的对称点. 如果规定圆心 z_0 与 ∞ 关于圆周 C 是对称点, 则可得扩充复平面上圆周对称点的定义, 特别地, 当 C 退化成直线时, 若 C 垂直平分以 z_1 和 z_2 为端点的线段, 则 z_1, z_2 是关于直线 C 的对称点.

下面先给出关于圆周对称点的一个重要性质.

引理 6.2.1 点 z_1, z_2 关于圆 $C:|z-z_0|=R\ (0<R\leqslant+\infty)$ 对称 $\Leftrightarrow$ 过 z_1, z_2 的任何圆都与圆 C 正交.

证明 仅证 C 为有限圆 $(0<R<+\infty)$ 情形, 当 C 退化为直线时, 证明留给读

者完成.

必要性　若 z_1, z_2 关于圆 C 对称, 设 Γ 是过 z_1, z_2 的任一圆周, 如图 6.2.5, 过 z_0 引 Γ 的切线, 切点为 z', 由初等几何中的切割线定理得

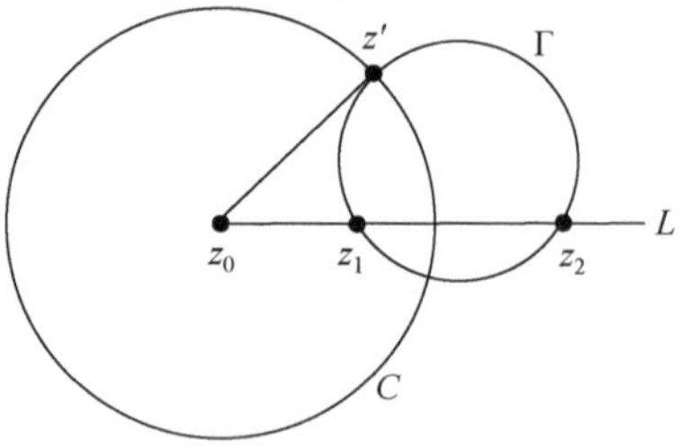

图 6.2.5

$$|z_1-z_0|\cdot|z_2-z_0|=|z'-z_0|^2,$$

又因 z_1, z_2 关于 C 对称, 由式(6.2.3)得

$$|z_1-z_0|\cdot|z_2-z_0|=R^2,$$

即有

$$|z'-z_0|^2=R^2,$$

这表明 $z'\in C$, z_0z' 为 C 的半径, 故 Γ 与 C 在交点 z' 处正交.

充分性　设经过点 z_1 和 z_2 的任何圆周都与 C 正交. 特别地, 连接 z_1 与 z_2 的直线 L（半径为无穷大的圆）必与 C 正交, 因而 L 必过 z_0. 对过 z_1 和 z_2 的任一有限圆 Γ, 由假设条件, Γ 与 C 在交点 z' 处正交, 因此直线 z_0z' 就是 Γ 的切线, 从而由切割线定理得

$$|z_1-z_0|\cdot|z_2-z_0|=R^2,$$

即 z_1 与 z_2 关于圆 C 为对称点.

关于圆周的对称点, 我们有如下定理.

定理 6.2.4 (保对称性)　如果分式线性映射把扩充 z 平面上的圆 C 映射成扩充 w 平面上的圆 C', 那么它把关于圆 C 的对称点 z_1,z_2 映成圆 C' 的对称点 w_1,w_2.

证明　因为分式线性映射是扩充复平面上的单叶映射, 所以经过 w_1,w_2 的任何圆 Γ' 是由过 z_1,z_2 的圆 Γ 映射得来的. 又 z_1,z_2 关于 C 对称, 由引理 6.2.1, Γ 与 C 正交, 由保角定理 6.2.2, Γ' 与 C' 也正交, 因此再由引理 6.2.1 可知, w_1,w_2 关于 C' 对称.

例 6.2.4　求区域 $D=\left\{z\,\middle|\,|z-1|<\sqrt{2},\,\middle|\,|z+1|<\sqrt{2}\right\}$ 在分式线性映射 $w=\dfrac{z-\mathrm{i}}{z+\mathrm{i}}$ 下的像.

分析　由单叶解析函数的保域性, 映射 $w=\dfrac{z-\mathrm{i}}{z+\mathrm{i}}$ 把区域 D 映成 w 平面上的区域 G, 再由边界对应原理, D 的边界被映成 G 的边界, 最后利用绕线法或定点法来确定 G 的内部.

解　设区域 D 的边界为 C_1+C_2, C_1 与 C_2 在点 i 的夹角为 $\dfrac{\pi}{2}$, 且映射将 $-\mathrm{i}$ 与 i 分别映成 ∞ 和 0. 因此由映射的保角性与保圆性可知, 像曲线 Γ_1 与 Γ_2 为从原

点出发的两条射线，且在原点处的夹角为$\frac{\pi}{2}$. 取C_1与正交实轴的交点$z=\sqrt{2}-1$，其像为

$$z=\frac{\sqrt{2}-1-\mathrm{i}}{\sqrt{2}-1+\mathrm{i}}=-\frac{1}{\sqrt{2}}(1+\mathrm{i}).$$

故Γ_1为第三象限的角平分线，又C_1到C_2在 i 顺时针旋转$\frac{\pi}{2}$，由保角性Γ_1到Γ_2在原点$w=0$顺时针转$\frac{\pi}{2}$，所求的像区域如图 6.2.6 所示.

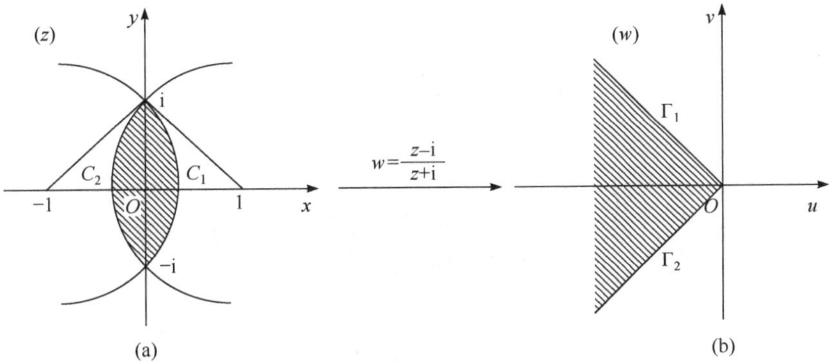

图 6.2.6

6.3 唯一确定分式线性映射的条件

上一节的讨论说明，分式线性映射具有保圆性，即在扩充复平面上，它把圆(或直线)映射成圆(或直线)，现在自然要问：任给两个圆，能否找到一个分式线性映射，它把其中一个圆映成另一个圆？若这样的分式线性映射存在，它是否唯一？

6.3.1 唯一确定分式线性映射的条件

为此，在给定的两个圆C，Γ上依次各取三个点z_1,z_2,z_3；w_1,w_2,w_3，如果能找到一个分式线性映射$w=T(z)$，满足

$$w_k=T(z_k),\quad k=1,2,3,\tag{6.3.1}$$

则由保圆性可知，$w=T(z)$把圆C映成圆Γ，即为所求的分式线性映射.

条件(6.3.1)足以确定一个分式线性映射. 事实上，在定义 6.2.1 中，四个常数$\alpha,\beta,\gamma,\delta$不全为零（否则与$\alpha\delta-\beta\gamma\neq 0$矛盾），从而$\alpha,\beta,\gamma,\delta$中至少有一个不为零，用它除分子和分母，就可使分式中只有三个独立的常数，因此只需给出三

个条件就能确定这三个常数.下面的定理指出由条件(6.3.1)确定的分式线性映射还是唯一的.

定理 6.3.1　在扩充 z 平面上任意给定三个不同的点 z_1, z_2, z_3，在扩充的 w 平面也任意给定三个不同的点 w_1, w_2, w_3，则存在唯一的分式线性映射 $w = T(z)$，将 z_1, z_2, z_3 依次映射成 w_1, w_2, w_3.

证明　我们分两种情况说明定理成立.

(1) $z_k, w_k (k=1,2,3)$ 均为有限点情形. 设

$$w = T(z) = \frac{\alpha z + \beta}{\gamma z + \delta}, \quad \alpha\delta - \beta\gamma \neq 0,$$

则

$$w_k = \frac{\alpha z_k + \beta}{\gamma z_k + \delta} \quad (k = 1, 2, 3).$$

整理得

$$w - w_k = \frac{(z - z_k)(\alpha\delta - \beta\gamma)}{(\gamma z + \delta)(\gamma z_k + \delta)} \quad (k = 1, 2)$$

与

$$w_3 - w_k = \frac{(z_3 - z_k)(\alpha\delta - \beta\gamma)}{(\gamma z_3 + \delta)(\gamma z_k + \delta)} \quad (k = 1, 2).$$

于是有

$$\frac{w - w_1}{w - w_2} : \frac{w_3 - w_1}{w_3 - w_2} = \frac{z - z_1}{z - z_2} : \frac{z_3 - z_1}{z_3 - z_2}, \tag{6.3.2}$$

因为 $z_k, w_k (k=1,2,3)$ 是确定的已知点，所以从(6.3.2)中可以唯一解出 w，即得所求分式线性映射.

(2) $z_k, w_k (k=1,2,3)$ 中含有无穷远点情形. 这种情形下，圆周退化为直线，我们只要把无穷远点用模充分大的数代替，得到形如(6.3.2)的分式线性映射，然后让该点趋于∞，由极限的唯一性即得要证明的结论.

例如，若 $z_3 = \infty$，则用 z_3' (有限数)代替 z_3，类似(1)的推导过程，得到分式线性映射

$$\frac{w - w_1}{w - w_2} : \frac{w_3 - w_1}{w_3 - w_2} = \frac{z - z_1}{z - z_2} : \frac{z_3' - z_1}{z_3' - z_2}.$$

在上式中，令 $z_3' \to \infty$，则 $\dfrac{z_3' - z_1}{z_3' - z_2} \to 1$，于是上式变为

$$\frac{w-w_1}{w-w_2}:\frac{w_3-w_1}{w_3-w_2}=\frac{z-z_1}{z-z_2}, \tag{6.3.3}$$

从(6.3.3)式中解出 w，即得所求的分式线性映射.

一般地，当 $z_k, w_k(k=1,2,3)$ 中出现∞时，在(6.3.2)中只需将∞出现的地方用 1 代替，即可得到所要的分式线性映射. 如 $z_3=\infty$ 时，z_3-z_1，z_3-z_2 分别用 1 代替得到(6.3.3).

注 为便于记忆，公式(6.3.2)的几何解释如下：记

$$\xi=\frac{z-z_1}{z-z_2},\quad \eta=\frac{z_3-z_1}{z_3-z_2},\quad \tilde{\xi}=\frac{w-w_1}{w-w_2},\quad \tilde{\eta}=\frac{w_3-w_1}{w_3-w_2},$$

如图 6.3.1，由分式线性映射的保角性，得

$$\arg\xi=\arg\eta=\arg\tilde{\xi}=\arg\tilde{\eta},$$

又保伸缩率 $\mu=\dfrac{\tilde{\xi}}{\xi}=\dfrac{\tilde{\eta}}{\eta}$，所以 $\tilde{\xi}:\tilde{\eta}=\xi:\eta$，即得(6.3.2)式.

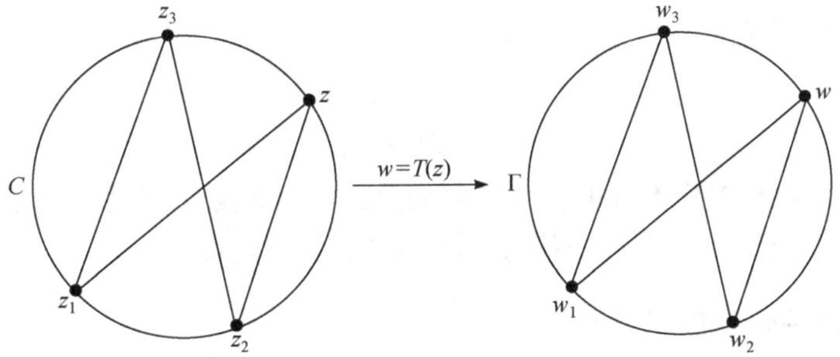

图 6.3.1

定义 6.3.1 记 $(z_1,z_2,z,z_3)=\xi:\eta$，则

$$(z_1,z_2,z,z_3)=\frac{z-z_1}{z-z_2}:\frac{z_3-z_1}{z_3-z_2}, \tag{6.3.4}$$

(6.3.4)称为点 z_1,z_2,z,z_3 的**交比**(cross ratio).

推论 6.3.1 分式线性映射下，交比不变. 即对任何分式线性映射 $w=T(z)$ 及任意的 z_k，且 $w_k=T(z_k)$ $(k=1,2,3,4)$，都有

$$(z_1,z_2,z_3,z_4)=(w_1,w_2,w_3,w_4). \tag{6.3.5}$$

推论 6.3.1 表明分式线性映射具有保交比不变性，因此(6.3.2)确定的分式线性映射也可写成交比的形式

$$(z_1,z_2,z,z_3)=(w_1,w_2,w,w_3), \tag{6.3.6}$$

(6.3.6)称为**对应点公式**.

从定理 6.3.1, 我们得到下面重要推论.

推论 6.3.2　扩充 z 平面上的任何一个圆, 都可以用一个分式线性映射将其映成扩充 w 平面的任何一个圆.

注意　扩充复平面上直线可看成半径无穷大的圆, 上述推论也适合直线的情形.

例 6.3.1　求将 $2, \mathrm{i}, -2$ 对应的变成 $-1, \mathrm{i}, 1$ 的分式线性映射.

解　根据对应点公式(6.3.6), 设所求的分式线性映射为

$$(2, \mathrm{i}, z, -2) = (-1, \mathrm{i}, w, 1),$$

即

$$\frac{z-2}{z-\mathrm{i}} : \frac{-2-2}{-2-\mathrm{i}} = \frac{w-(-1)}{w-\mathrm{i}} : \frac{1-(-1)}{1-\mathrm{i}},$$

整理得

$$\frac{w+1}{w-\mathrm{i}} = \frac{1+3\mathrm{i}}{4} \cdot \frac{z-2}{z-\mathrm{i}},$$

从中解出 w 得所求的分式线性映射

$$w = \frac{z-6\mathrm{i}}{3\mathrm{i}z-2}.$$

注　对应点的次序不同时, 所得到的分式线性映射一般也不尽相同. 若题中像点的映射次序改成 $\mathrm{i}, 1, -1$, 请读者验证结果是否相同.

6.3.2　分式线性映射应用举例

分式线性映射具有保角、保圆、保对称等特性. 在处理以圆或圆弧、直线或直线段为边界的区域的保形映射问题时, 分式线性映射起着十分重要的作用. 下面举例给出几个常用的分式线性映射, 读者可将其作为结论来加以应用. 边界对应原理是我们解决此类问题较常用的方法.

例 6.3.2　求将上半平面 $\mathrm{Im}(z) > 0$ 映成上半平面 $\mathrm{Im}(w) > 0$ 的分式线性映射.

分析　我们把实轴看作圆周, 则实轴的方向为圆的正方向, 上半平面为圆内部. 这就变成把一个圆的内部映成另一个圆的内部的问题. 由边界对应原理, 只需给出它们边界圆周(即实轴)上的分式线性映射即可.

解　设所求的分式线性映射为

$$w = T(z) = \frac{\alpha z+\beta}{\gamma z+\delta}, \quad \alpha\delta-\beta\gamma \neq 0.$$

它把 z 平面上的实轴映成 w 平面上的实轴, 并且方向不变. 易见, $\alpha, \beta, \gamma, \delta$ 必是

实数，且由于方向不变，所以当 $z=x$ 沿实轴增大时，相应的 $w=T(x)$ 也变大，从而有

$$T'(x)=\frac{\alpha\delta-\beta\gamma}{(\gamma x+\delta)^2}\geqslant 0.$$

又 $\alpha\delta-\beta\gamma\neq 0$，于是 $T'(x)>0$，即 $\alpha\delta-\beta\gamma>0$，故所求的分式线性映射为

$$w=T(z)=\frac{\alpha z+\beta}{\gamma z+\delta}\quad (\alpha,\beta,\gamma,\delta\text{ 为实数，且 }\alpha\delta-\beta\gamma>0). \tag{6.3.7}$$

注 (1) 当只需给出一个分式线性映射时，简易解法如下：在各自实轴上任取两组对应点 $z_1<z_2<z_3$；$w_1<w_2<w_3$，由(6.3.6)即可给出满足要求的一个分式线性映射

$$(z_1, z_2, z, z_3)=(w_1, w_2, w, w_3).$$

(2) 由保圆性，映射(6.3.7)还将下半平面 $\operatorname{Im}(z)<0$ 映成下半平面 $\operatorname{Im}(w)<0$；若(6.3.7)条件改为 $\alpha,\beta,\gamma,\delta\in\mathbf{R}$，且 $\alpha\delta-\beta\gamma<0$，则分式线性映射 $w=T(z)$ 将上半平面 $\operatorname{Im}(z)>0$ 映射成下半平面 $\operatorname{Im}(w)<0$.

例 6.3.3 求将上半平面 $\operatorname{Im}(z)>0$ 映成上半平面 $\operatorname{Im}(w)>0$ 的分式线性映射，它把点 $\infty, 0, 1$ 依次映成点 $0, 1, \infty$.

解 因为对应点按从小到大的顺序对应，所以由式(6.3.6)，所求的分式线性映射为

$$(\infty,\ 0,\ z,\ 1)=(0,\ 1,\ w,\ \infty),$$

即

$$\frac{1}{z-0}:\frac{1}{1-0}=\frac{w-0}{w-1}:\frac{1}{1},$$

解得 $w=\dfrac{-1}{z-1}$，其中 $\alpha=0,\ \beta=\delta=-1, \gamma=1,\ \ \alpha\delta-\beta\gamma=1>0$.

例 6.3.4 求将上半平面 $\operatorname{Im}(z)>0$ 映成单位圆盘 $|w|<1$ 的分式线性映射.

分析 上半平面 $\operatorname{Im}(z)>0$ 的边界为 z 平面上的实轴，它是半径无穷大的圆. 本例即求把一圆的内部保形映成另外一个圆内部的分式线性映射. 这时，z 平面的实轴被映成圆周 $|w|=1$，上半平面 $\operatorname{Im}(z)>0$ 内存在一点 $z=\lambda$，它被映成圆盘 $|w|<1$ 的圆心 $w=0$. 又分式线性映射具有保对称性，故 $z=\lambda$ 关于实轴的对称点 $z=\bar{\lambda}$ 被映射成 $w=0$ 关于圆 $|w|=1$ 的对称点 $z=\infty$，因此，该分式线性映射一定写成下面的形式

$$w=k\left(\frac{z-\lambda}{z-\bar{\lambda}}\right)\quad (k\text{ 为常数}).$$

解　设所求的分式线性映射为 $w=k\left(\dfrac{z-\lambda}{z-\overline{\lambda}}\right)$，其中 k 为常数. 由保圆性可知，当 $z\in\mathbf{R}$ 时，$|w|=1$，从而有

$$|w|=|k|\left|\frac{z-\lambda}{z-\overline{\lambda}}\right|=|k|=1 .$$

设 $k=\mathrm{e}^{\mathrm{i}\theta},\theta\in\mathbf{R}$，则所求的分式线性映射为

$$w=\mathrm{e}^{\mathrm{i}\theta}\cdot\frac{z-\lambda}{z-\overline{\lambda}}\quad(\theta\in\mathbf{R},\operatorname{Im}\lambda>0). \tag{6.3.8}$$

注　(1) 本题也可在 x 轴上按由小到大顺序任取三点，在圆 $|w|=1$ 上沿逆时针方向依次任取三点，由交比形式(6.3.6)式给出符合要求的一个分式线性映射.

(2) 公式(6.3.8)中，由于 θ 的任意性，将上半平面 $\operatorname{Im}(z)>0$ 映成单位圆盘 $|w|<1$ 的分式线性映射不唯一，有无数多个.

例 6.3.5　求将上半平面 $\operatorname{Im}(z)>0$ 映射成单位圆盘 $|w|<1$，且满足 $w(\mathrm{i})=0$，$\arg w'(\mathrm{i})=\dfrac{\pi}{2}$ 的分式线性映射.

解　由条件及(6.3.8)式，设所求的分式线性映射为

$$w=\mathrm{e}^{\mathrm{i}\theta}\cdot\frac{z-\mathrm{i}}{z+\mathrm{i}}\quad(\theta\text{ 为实数}).$$

又

$$w'(z)=\mathrm{e}^{\mathrm{i}\theta}\frac{2\mathrm{i}}{(z+\mathrm{i})^2},\qquad w'(\mathrm{i})=\frac{1}{2}\mathrm{e}^{\mathrm{i}\left(\theta-\frac{\pi}{2}\right)},$$

则 $\arg w'(\mathrm{i})=\theta-\dfrac{\pi}{2}$，由 $\arg w'(\mathrm{i})=\dfrac{\pi}{2}$ 得 $\theta=\pi$，于是所求的分式线性映射为

$$w=-\frac{z-\mathrm{i}}{z+\mathrm{i}} .$$

例 6.3.6　求将单位圆盘 $|z|<1$ 映成单位圆盘 $|w|<1$ 的分式线性映射.

解　不妨设圆盘 $|z|<1$ 内的点 α 被映为圆盘 $|w|<1$ 的圆心 $w=0$，由保对称性，α 关于圆周 $|z|=1$ 的对称点 $\dfrac{1}{\overline{\alpha}}$ 被映成 $w=0$ 关于圆 $|w|=1$ 的对称点 $w=\infty$，故所求的分式线性映射具有形式

$$w=k_1\cdot\frac{z-\alpha}{z-\dfrac{1}{\overline{\alpha}}}=k_1\overline{\alpha}\left(\frac{z-\alpha}{\overline{\alpha}z-1}\right)=k\left(\frac{z-\alpha}{1-\overline{\alpha}z}\right),$$

其中 $k=-k_1\overline{\alpha}$ 为常数, 又由条件当 $|z|=1$ 时, $|w|=1$, 于是将 $z=1$ 代入上式, 得

$$1=|w|=|k|\left|\frac{1-\alpha}{1-\overline{\alpha}}\right|=|k|,$$

即 $|k|=1$, 设 $k=\mathrm{e}^{\mathrm{i}\theta}$, θ 为实数, 则所求的分式线性映射的一般形式为

$$w=\mathrm{e}^{\mathrm{i}\theta}\left(\frac{z-\alpha}{1-\overline{\alpha}z}\right)\quad (\text{其中} |\alpha|<1,\ \theta \text{ 为实数}). \tag{6.3.9}$$

例 6.3.7 求把上半平面 $\mathrm{Im}(z)>0$ 映成圆盘 $|w-w_0|<R$ 的分式线性映射, 它满足条件 $w(\mathrm{i})=w_0$, $w'(\mathrm{i})>0$.

分析 由例 6.3.4, 我们根据题设条件, 可先给出从 $\mathrm{Im}(z)>0$ 到 $|\xi|<1$ 的映射 $\xi=T_1(z)$, 再给出从 $|\xi|<1$ 到 $|w-w_0|<R$ 映射 $w=T_2(\xi)$, 则复合映射 $w=T_2(T_1(z))$ 即为所求的分式线性映射.

解 作相似变换 $\xi=\dfrac{w-w_0}{R}$, 即 $w=w_0+R\xi$, 将圆盘 $|w-w_0|<R$ 映射成单位圆盘 $|\xi|<1$, 它将 $w=w_0$ 映成 $\xi=0$, 由条件 $w(\mathrm{i})=w_0$ 可知, 当 $z=\mathrm{i}$ 时, $\xi=0$, 由例 6.3.4 可设

$$\xi=\mathrm{e}^{\mathrm{i}\theta}\frac{z-\mathrm{i}}{z+\mathrm{i}},$$

它将上半平面 $\mathrm{Im}(z)>0$ 映成单位圆盘 $|\xi|<1$, 因此所求的映射为

$$w=w_0+R\,\mathrm{e}^{\mathrm{i}\theta}\frac{z-\mathrm{i}}{z+\mathrm{i}}.$$

下面确定 θ 的值. 因

$$\left.\frac{\mathrm{d}w}{\mathrm{d}z}\right|_{z=\mathrm{i}}=\left.R\,\mathrm{e}^{\mathrm{i}\theta}\frac{z+\mathrm{i}-z+\mathrm{i}}{(z+\mathrm{i})^2}\right|_{z=\mathrm{i}}=R\,\mathrm{e}^{\mathrm{i}\theta}\frac{1}{2\mathrm{i}}\ \frac{R}{2}\mathrm{e}^{\mathrm{i}(\theta-\frac{\pi}{2})},$$

即

$$w'(\mathrm{i})=R\,\mathrm{e}^{\mathrm{i}\theta}\frac{1}{2\mathrm{i}}\frac{R}{2}\mathrm{e}^{\mathrm{i}\left(\theta-\frac{\pi}{2}\right)},$$

再由条件 $w'(\mathrm{i})>0$, 得 $\theta-\dfrac{\pi}{2}=0$, $\theta=\dfrac{\pi}{2}$, $\mathrm{e}^{\mathrm{i}\theta}=\mathrm{i}$, 故所求的分式线性映射为

$$w=R\mathrm{i}\frac{z-\mathrm{i}}{z+\mathrm{i}}+w_0.$$

6.4　几个初等函数构成的映射

6.4.1　幂函数 $w=z^n$($n\geqslant 2$ 为整数)

当 $n\geqslant 2$ 时，幂函数 $w=z^n$ 在复平面上处处解析，且 $w'=nz^{n-1}$，下面我们讨论 $w=z^n$ 的映射性质.

若 $z\neq 0$，则 $w'\neq 0$，由定理 6.1.1，$w=z^n$ 在点 z 是保角映射，它既保伸缩率 $|w'|=n|z|^{n-1}$ 不变，又保转动角 $\operatorname{Arg} w'=(n-1)\operatorname{Arg} z$ 不变.

若 $z=0$，设 $z=re^{i\theta}$，$w=\rho e^{i\varphi}$，则由 $w=z^n$ 可得 $\rho=r^n$，$\varphi=n\theta+2k\pi$ ($k=0, \pm1, \cdots$) 此时，映射 $w=z^n$ 把圆 $|z|=r$ 映成圆 $|w|=r^n$，特别地，把单位圆 $|z|=1$ 映成单位圆 $|w|=1$，可见幂函数 $w=z^n$ 对圆心在原点的圆具有保圆性；又 $w=z^n$ 把射线 $\theta=\theta_0$ 映成射线 $\varphi=n\theta_0$，特别地，正实轴 $\theta=0$ 映成正实轴 $\varphi=0$.

综上可知，幂函数 $w=z^n$ 把 z 平面内一个张角不超过 $\frac{2\pi}{n}$ 的角形区域 $0<\theta<\theta_0<\frac{2\pi}{n}$ 映射成 w 平面内张角不超过 2π 的角形域 $0<\varphi<n\theta_0<2\pi$. 映射后的张角扩大到了 n 倍，可见，当 $n\geqslant 2$ 时，映射 $w=z^n$ 在 $z=0$ 失去了保角性.

特别地，z 平面上的角形域 $0<\theta<\frac{2\pi}{n}$ 被映成 w 平面上割破正实轴的角形域 $0<\varphi<2\pi$，它的一边 $\theta=0$ 映成正实轴的上沿 $\varphi=0$，另一边 $\theta=\frac{2\pi}{n}$ 映成正实轴的下沿 $\varphi=2\pi$. 如图 6.4.1 所示，这时 $w=z^n$ 是两个区域之间的一一映射，即它把角形域 $0<\theta<\frac{2\pi}{n}$ 单叶解析映射成角形域 $0<\varphi<2\pi$，从而是角形域 $0<\theta<\frac{2\pi}{n}$ 上的保形映射.

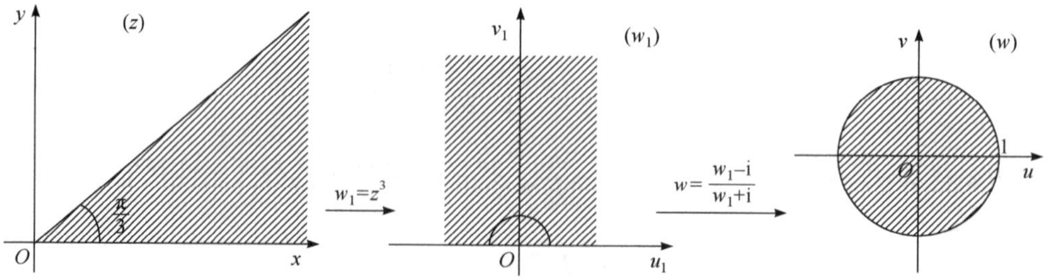

图 6.4.1

例 6.4.1 求把角形域 $0<\arg z<\dfrac{\pi}{3}$ 映射成单位圆内 $|w|<1$ 的映射.

解 由例 6.3.4 可知, $w=\dfrac{w_1-\mathrm{i}}{w_1+\mathrm{i}}$ 是能把上半平面 $\mathrm{Im}(w_1)>0$ 映射成单位圆盘 $|w|<1$ 的一个分式线性映射. 为求题设要求的映射, 故只需设法把角形域 $0<\arg z<\dfrac{\pi}{3}$ 映射成上半平面即可. 显然 $w_1=z^3$ 是把 $0<\arg z<\dfrac{\pi}{3}$ 映射为上半平面 $0<\arg w_1<\pi$(即 $\mathrm{Im}(w_1)>0$) 的映射, 因此 $w=\dfrac{w_1-\mathrm{i}}{w_1+\mathrm{i}}=\dfrac{z^3-\mathrm{i}}{z^3+\mathrm{i}}$ 就是所求的映射(图 6.4.1).

6.4.2 指数函数 $w=\mathrm{e}^z$

在 6.1 节, 我们知道指数函数 $w=\mathrm{e}^z$ 是局部保形的, 又因为 $w'=\mathrm{e}^z\neq 0$, 所以 $w=\mathrm{e}^z$ 在复平面上处处是保角的. 下面进一步讨论指数函数 $w=\mathrm{e}^z$ 的映射性质.

设 $z=x+\mathrm{i}y$, $w=\rho\mathrm{e}^{\mathrm{i}\varphi}$, 则由指数函数定义可得

$$\rho=\mathrm{e}^x,\quad \varphi=y+2k\pi,\quad k\in\mathbf{Z}.$$

由此可知, 指数函数 $w=\mathrm{e}^z$ 有下列映射特性:

(1) z 平面上的直线 $x=C$ (实常数)被映成 w 平面上的圆周 $|w|=\mathrm{e}^C$;

(2) z 平面上的直线 $y=C_1$ (实常数)被映成 w 平面上的射线 $\varphi=C_1$;

(3) 水平带形域 $0<\mathrm{Im}\,z<\alpha(0<\alpha\leqslant 2\pi)$ 被映成 w 平面上的角形域 $0<\arg w<\alpha$;

(4) 带形域 $0<\mathrm{Im}\,z<2\pi$ 被映成沿正实轴剪开的 w 平面 $0<\arg w<2\pi$.

因带形域中任何两点的差不可能是 $2\pi\mathrm{i}$, 故 $w=\mathrm{e}^z$ 是一一映射, 它把带形域的一条边界 $y=0$ 映成正实轴的上沿 $\varphi=0$, 而把另一条边界 $y=2\pi$ 映成正实轴的下沿 $\varphi=2\pi$, 可见 $w=\mathrm{e}^z$ 是区域 $0<\mathrm{Im}\,z<2\pi$ 到区域 $0<\arg w<2\pi$ 上的保形映射. 但在整个复平面上, $w=\mathrm{e}^z$ 是保角的, 却非保形的.

例 6.4.2 求把带形域 $0<\mathrm{Im}(z)<b$ 映射成单位圆内 $|w|<1$ 的一个映射.

解 先把带形域映射成上半平面, 为此可先作伸缩变换 $w_1=\dfrac{\pi}{b}z$, 把带形域 $0<\mathrm{Im}(z)<b$ 映射成带形域 $0<\mathrm{Im}(w_1)<\pi$, 继而通过指数函数 $w_2=\mathrm{e}^{w_1}$, 把带形域 $0<\mathrm{Im}(w_1)<\pi$ 映射成上半平面 $O<\arg w_2<\pi$; 最后, 再利用分式线性映射

$w=\dfrac{w_2-\mathrm{i}}{w_2+\mathrm{i}}$，把上半平面映射成单位圆内 $|w|<1$，所以 $w=\dfrac{\mathrm{e}^{\frac{\pi}{b}z}-\mathrm{i}}{\mathrm{e}^{\frac{\pi}{b}z}+\mathrm{i}}$，即为所求的映射(图 6.4.2).

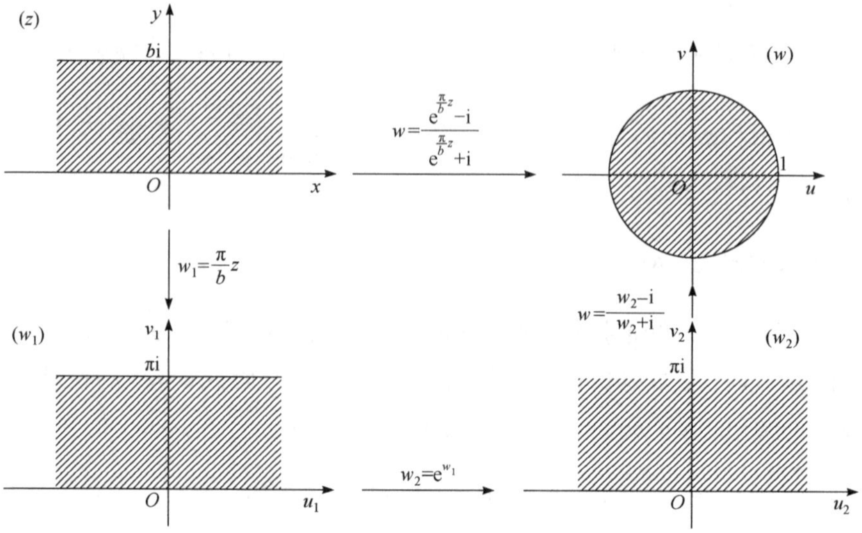

图 6.4.2

本 章 小 结

6.1 节讨论了解析函数导数的几何意义，它是本书第 2 章内容的延续. 若 $f'(z_0)\neq 0$，由导数定义可知，在点 z_0 充分小的邻域内，$f(z)\approx f(z_0)+f'(z_0)\Delta z$，这表示该邻域内过 z_0 的任何向量 Δz 先旋转过角度 $\mathrm{Arg}\, f'(z_0)$，再伸缩 $|f'(z_0)|$ 倍，最后沿向量 $f(z_0)$ 平移得到 $f(z)$，几何上把这种变换称为相似变换，$\mathrm{Arg}\, f'(z_0)$，$|f'(z_0)|$ 称为旋转角与伸缩率. 因此,导数不为零的解析函数在局部可近似看成相似变换,它具有保旋转角 $\mathrm{Arg}\, f'(z_0)$ 和伸缩率 $|f'(z_0)|$ 不变的特性，我们称其为保形映射或共形映射.

几何上，能否找到一个变换，把一个平面图形变成另外一个平面图形？如果这样的变换存在，它是否可逆，是否唯一？很多实际应用中也提出了类似的问题. 单叶解析函数除了具有保形性质之外，还具有保域性，即它把一个区域保形映射成另外一个区域. 因此单叶解析函数是解决上述问题的关键之匙，其中分式线性映射又是单叶解析函数中比较简单又有重要应用的一类函数. 6.2 节重点讨论了分式线性映射的性质,它除具有保角(形)性外，还具有保圆性、保对称性及保交比不变等特性. 6.3 节重点讨论了上半平面与单位圆盘两个典型平面区域上的分式线性映射，一般在构造两个区域之间的保形映射时,根据黎曼边界原理，总是先转换成这两个区域上的变换，而这种变换就是分式线性映射. 读者应重点掌握以下几个映射:

(1) $w=\dfrac{\alpha z+\beta}{\gamma z+\delta}$ $(\alpha,\beta,\gamma,\delta\in\mathbf{R},\alpha\delta-\beta\gamma>0)$;

(2) $w=\mathrm{e}^{\mathrm{i}\theta}\cdot\dfrac{z-\lambda}{z-\overline{\lambda}}$ $(\theta\in\mathbf{R},\operatorname{Im}\lambda>0)$;

(3) $w=\mathrm{e}^{\mathrm{i}\theta}\left(\dfrac{z-\alpha}{1-\overline{\alpha}z}\right)$ $\left(|\alpha|<1,\theta\in\mathbf{R}\right)$.

它们分别把上半平面映成上半平面、上半平面映成单位圆盘、单位圆盘映成单位圆盘.

6.4 节主要讨论了几个初等解析函数的映射特点. 幂函数 $w=z^n$, $n\geqslant 2$ 把以原点为顶点的角形域映成以原点为中心的角形域，但张角变成原来的 n 倍.指数函数 $w=\mathrm{e}^z$ 把带形域 $0<\operatorname{Im}z<a(a\leqslant 2\pi)$ 映成角形域 $0<\arg w<a$.

习　题　6

1. 求映射 $w=(z+1)^2$ 在 $z=\mathrm{i}$ 处的旋转角与伸缩率，并说明它将 z 平面的哪一部分放大？哪一部分缩小?

2. 求函数 $w=3z^2$ 在 $z=\mathrm{i}$ 处伸缩率与旋转角. 如果有一条曲线 C，其经过点 $z=\mathrm{i}$ 处的切线与实轴正向平行，那么在映射 $w=3z^2$ 下，该切向量被映射成 w 平面上的哪个方向?

3. 映射 $w=z+1$ 把圆域 $|z|\leqslant 1$ 映射成了什么图形?

4. 求在映射 $w=\dfrac{1}{z}$ 下，下列曲线的像.

(1) $x^2+y^2=ax$ $(a\neq 0,a\in\mathbf{R})$;　　　　(2) $y=kx$ $(k\in\mathbf{R})$.

5. 映射 $w=\sqrt{z}$ 能否将 $|z|<1$ 映为 $|w|<1,\operatorname{Im}w>0$? 为什么?

6. 求下列区域在指定映射下映成的区域.

(1) $\operatorname{Re}(z)>0$，$w=\mathrm{i}z+\mathrm{i}$;

(2) $\operatorname{Im}(z)>0$，$w=(1+\mathrm{i})z$;

(3) $0<\operatorname{Im}(z)<\dfrac{1}{2}$, $w=\dfrac{1}{z}$;

(4) 以 $z_1=\mathrm{i}$, $z_2=-1$, $z_3=1$ 为顶点的三角形，$w=\mathrm{i}z$;

(5) $\operatorname{Re}(z)>0$，$0<\operatorname{Im}(z)<1$，$w=\dfrac{\mathrm{i}}{z}$;

(6) $x>0$，$y>0$，$w=\dfrac{z-\mathrm{i}}{z+\mathrm{i}}$.

7. 证明: 映射 $w=z+\dfrac{1}{z}$ 把圆周 $|z|=C$ 映射成椭圆

$$u=\left(C+\frac{1}{C}\right)\cos\theta,\quad v=\left(C-\frac{1}{C}\right)\sin\theta .$$

8. 若复数 λ 在下半平面, 则映射 $w=\mathrm{e}^{\mathrm{i}\theta}\dfrac{z-\lambda}{z-\overline{\lambda}}$ 具有什么特点?

9. 求区域 $D=\{z\,||z|<1, \mathrm{Im}(z)>0\}$ 在映射 $w=\dfrac{1+z}{1-z}$ 下的像.

10. 映射 $w=z^2$ 把上半圆域: $|z|<R$, $\mathrm{Im}(z)>0$ 映射成什么?

11. 求出将 $z_1=-2$，$z_2=0$，$z_3=2$ 分别映射成 $w_1=0$，$w_2=1$，$w_3=2$ 的分式线性映射,并问上半平面在此映射下变成了什么?

12. 映射 $w=\dfrac{\alpha z+\beta}{\gamma z+\delta}$ 将圆周 $|z|=1$ 映为直线. 它的参数 $\alpha,\beta,\gamma,\delta$ 应满足什么条件?

13. 求出将上半平面映射成上半平面的分式线性映射, 并且

(1) 将 0, 1, 2 映射成 1, 2, ∞；　　(2) 将 0, i 映射成 1, 2i.

14. 求将为 $-1, \infty, \mathrm{i}$ 分别依次映射成下列各点的分式线性映射.

(1) $\mathrm{i}, 1, 1+\mathrm{i}$;　　(2) ∞, i, 1;　　(3) 0, ∞, 1.

15. 求把上半平面 $\mathrm{Im}(z)>0$ 映射成单位圆盘 $|w|<1$ 的分式线性映射 $w=f(z)$,并满足条件

(1) 将实轴上的点-1, 0, 1 变成圆周上的点 1, i , -1;

(2) $f(\mathrm{i})=0$，$\arg f'(\mathrm{i})=0$;

(3) $f(1)=1$, $f(\mathrm{i})=\dfrac{1}{\sqrt{5}}$.

16. 求把单位圆 $|z|<1$ 映射成单位圆 $|w|<1$ 的分式线性映射 $w=f(z)$，并满足条件:

(1) $f\left(\dfrac{1}{2}\right)=0$, $f(-1)=1$;

(2) $f\left(\dfrac{1}{2}\right)=0$，$\arg f'\left(\dfrac{1}{2}\right)=0$;

(3) $f(0)=0$, $\arg f'(0)=-\dfrac{\pi}{2}$;

(4) $f(a)=a$，$\arg f'(a)=\varphi$.

17. 把点 $z_1=1, z_2=\mathrm{i}, z_3=-\mathrm{i}$ 分别映射成点 $w_1=1, w_2=0, w_3=-1$ 的分式线性映射把单位圆盘 $|z|<1$ 映射成什么? 并求出该映射.

18. 求出一个把右半平面 $\mathrm{Re}(z)>0$ 映射成单位圆盘 $|w|<1$ 的映射.

19. 试求将区域 $D=\{z\,|\,|z|<1, \mathrm{Im}\,z>0\}$ 映为第一象限的分式线性映射.

20. 证明:在映射 $w=\mathrm{e}^{\mathrm{i}z}$ 下, 互相正交的直线族 $\mathrm{Re}(z)=C_1$ 与 $\mathrm{Im}(z)=C_2$ 依次映射成互相正交的直线族 $v=u\tan C_1$ 与圆族 $u^2+v^2=\mathrm{e}^{-2C_2}$.

21. 求把角形域 $0<\arg z<\dfrac{\pi}{4}$ 映成单位圆 $|w|<1$ 的一个保形映射.

22. 求把区域 $D=\{z\,||z|<2,\ |z-1|>1\}$ 映射为上半平面的一个映射.

23. 求将圆 $|z|<\rho$ 映射成圆 $|w|<R$ 的分式线性映射，使 $z=a(|a|<\rho)$ 映射成 $w=0$.

24*. 求将沿半径 $[0,1]$ 割开的单位圆盘 $|z|<1$ 映射成上半平面的映射.

25*. 求将非同心圆环域 $|z|<2$, $|z-1|>1$ 映射成上半平面的映射.

Chapter

第7章 傅里叶变换

本章在讨论傅里叶积分的基础上，引入傅里叶变换的概念，主要就一维情形介绍傅里叶变换的定义、存在条件及其简单性质.

在自然科学和工程技术中，人们往往采用变换的方法把复杂的运算转化为较简单的运算. 例如，积分变换就能够将分析运算转化为代数运算，是常微分方程求解中的重要方法之一.

积分变换，就是通过积分运算，把某一类函数变换成另一类函数. 例如，常用下列含参变量 y 的积分来定义函数 $f(x)$ 的积分变换，即把函数 $f(x)$ 变成函数 $F(y)$：

$$F(y)=\int_a^b f(x)K(x,y)\mathrm{d}x,$$

这里 $K(x,y)$ 是一个确定的二元函数，称为该积分变换的核，$f(x)$ 称为像原函数，$F(y)$ 称为 $f(x)$ 的像函数或积分变换. 当选取不同的积分区间和变换的核时，就得到不同的积分变换.

例如，选取核函数 $K(t,\omega)=\mathrm{e}^{-\mathrm{i}\omega t}$，$a=-\infty, b=+\infty$ 时，

$$F(\omega)=\int_{-\infty}^{+\infty} f(t)\mathrm{e}^{-\mathrm{i}\omega t}\mathrm{d}t$$

称为函数 $f(t)$ 的傅里叶变换.

7.1 傅里叶积分

定义在 $(-\infty,+\infty)$ 上的函数 $f(t)$ 可分两种：一种是以 T 为周期的周期函数，另一种是非周期函数. 由傅里叶级数理论可知，一个以 T 为周期的周期函数 $f_T(t)$，

如果在$\left[-\frac{T}{2},\frac{T}{2}\right]$上满足狄利克雷条件，即

(1) 除去有限个第一类间断点外，处处连续;

(2) 分段单调，单调区间的个数有限，

则函数 $f_T(t)$ 在 $(-\infty,+\infty)$ 内就可以展成傅里叶级数，即在 $f_T(t)$ 的连续点 t 处，有

$$f_T(t)=\frac{a_0}{2}+\sum_{n=1}^{\infty}(a_n\cos n\omega t+b_n\sin n\omega t), \tag{7.1.1}$$

其中

$$\omega=\frac{2\pi}{T},$$

$$a_n=\frac{2}{T}\int_{-\frac{T}{2}}^{\frac{T}{2}}f_T(t)\cos n\omega t\mathrm{d}t \quad (n=0,1,2,\cdots),$$

$$b_n=\frac{2}{T}\int_{-\frac{T}{2}}^{\frac{T}{2}}f_T(t)\sin n\omega t\mathrm{d}t \quad (n=1,2,\cdots),$$

在 $f_T(t)$ 的间断点处(7.1.1)式左端要变为$\frac{f_T(t-0)+f_T(t+0)}{2}$.

接下来的问题是定义在$(-\infty,+\infty)$上的非周期函数 $f(t)$ 的傅里叶展开问题.

7.1.1 傅里叶积分

为了解决这一问题，可将(7.1.1)中的傅里叶级数写成复数形式

$$f_T(t)=\sum_{n=-\infty}^{+\infty}C_n\mathrm{e}^{\mathrm{i}n\omega t},$$

其中$C_n=\frac{1}{T}\int_{-\frac{T}{2}}^{\frac{T}{2}}f_T(t)\mathrm{e}^{-\mathrm{i}n\omega t}\mathrm{d}t\,(n=0,\pm1,\pm2,\cdots)$.

记 $\omega_n=n\omega\ (n=0,\pm1,\pm2,\cdots)$，得

$$f_T(t)=\sum_{n=-\infty}^{+\infty}C_n\mathrm{e}^{\mathrm{i}\omega_n t}, \tag{7.1.2}$$

其中$C_n=\frac{1}{T}\int_{-\frac{T}{2}}^{\frac{T}{2}}f_T(t)\mathrm{e}^{-\mathrm{i}\omega_n t}\mathrm{d}t\,(n=0,\pm1,\pm2,\cdots)$.

注意到，任何一个非周期函数 $f(t)$ 都可以看作是某个周期函数 $f_T(t)$ 当 $T\to+\infty$ 时的极限. 事实上，我们作周期为 T 的函数 $f_T(t)$ 使其在$\left(-\frac{T}{2},\frac{T}{2}\right)$上等于

$f(t)$，在$\left(-\frac{T}{2},\frac{T}{2}\right)$之外按周期$T$延拓出去，则$T$越大，$f_T(t)$与$f(t)$相同的部分也越大，从而当$T\to+\infty$时周期函数$f_T(t)$便可转化为非周期函数$f(t)$，即

$$\lim_{T\to+\infty} f_T(t)=f(t).$$

于是，在(7.1.2)式两端令$T\to+\infty$，得

$$f(t)=\lim_{T\to+\infty}\sum_{n=-\infty}^{+\infty}C_n\mathrm{e}^{\mathrm{i}\omega_n t}=\lim_{T\to+\infty}\frac{1}{T}\sum_{n=-\infty}^{+\infty}\left[\int_{-\frac{T}{2}}^{\frac{T}{2}}f_T(\tau)\mathrm{e}^{-\mathrm{i}\omega_n\tau}\mathrm{d}\tau\right]\mathrm{e}^{\mathrm{i}\omega_n t},\tag{7.1.3}$$

当n取一切整数时，ω_n所对应的点便均匀地分布在整个数轴上，如图 7.1.1 所示.

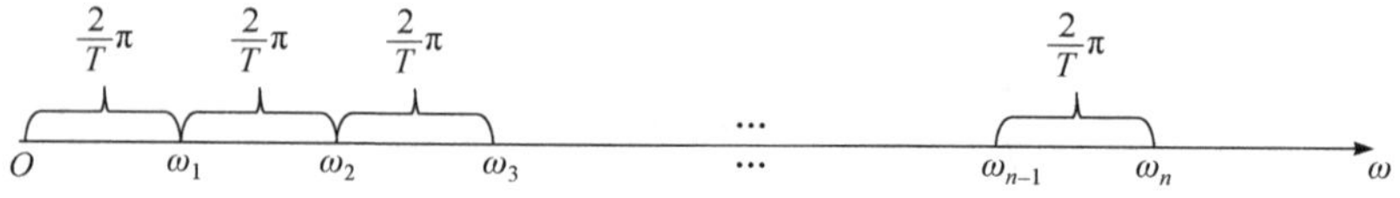

图 7.1.1

用$\Delta\omega_n$表示两个相邻点的距离，即

$$\Delta\omega_n=\omega_n-\omega_{n-1}=\frac{2\pi}{T}\quad 或 \quad T=\frac{2\pi}{\Delta\omega_n},$$

则当$T\to+\infty$时，有$\Delta\omega_n\to 0$，所以(7.1.3)式又可写为

$$f(t)=\lim_{\Delta\omega_n\to 0}\sum_{n=-\infty}^{+\infty}\left[\frac{1}{2\pi}\int_{-\frac{T}{2}}^{\frac{T}{2}}f_T(\tau)\mathrm{e}^{-\mathrm{i}\omega_n\tau}\mathrm{d}\tau\right]\mathrm{e}^{\mathrm{i}\omega_n t}\Delta\omega_n,\tag{7.1.4}$$

固定t，$\frac{1}{2\pi}\left[\int_{-\frac{T}{2}}^{\frac{T}{2}}f_T(\tau)\mathrm{e}^{-\mathrm{i}\omega_n\tau}\mathrm{d}\tau\right]\mathrm{e}^{\mathrm{i}\omega_n t}$是参数$\omega_n$的函数，记为$\Phi_T(\omega_n)$，即

$$\Phi_T(\omega_n)=\frac{1}{2\pi}\left[\int_{-\frac{T}{2}}^{\frac{T}{2}}f_T(\tau)\mathrm{e}^{-\mathrm{i}\omega_n\tau}\mathrm{d}\tau\right]\mathrm{e}^{\mathrm{i}\omega_n t},\tag{7.1.5}$$

则(7.1.4)式变为

$$f(t)=\lim_{\Delta\omega_n\to 0}\sum_{n=-\infty}^{+\infty}\Phi_T(\omega_n)\Delta\omega_n,$$

当$\Delta\omega_n\to 0$时，有$T\to+\infty$，且$\Phi_T(\omega_n)\to\Phi(\omega_n)$，由上式及积分定义得

$$f(t)=\lim_{\Delta\omega_n\to 0}\sum_{n=-\infty}^{+\infty}\Phi_T(\omega_n)\Delta\omega_n=\int_{-\infty}^{+\infty}\Phi(\omega)\mathrm{d}\omega, \tag{7.1.6}$$

其中

$$\Phi(\omega)=\lim_{\Delta\omega_n\to 0}\Phi(\omega_n)=\lim_{T\to\infty}\Phi_T(\omega_n)=\frac{1}{2\pi}\left[\int_{-\infty}^{+\infty}f(\tau)\mathrm{e}^{-\mathrm{i}\omega\tau}\mathrm{d}\tau\right]\mathrm{e}^{\mathrm{i}\omega t}.$$

整理得

$$f(t)=\frac{1}{2\pi}\int_{-\infty}^{+\infty}\left[\int_{-\infty}^{+\infty}f(\tau)\mathrm{e}^{-\mathrm{i}\omega\tau}\mathrm{d}\tau\right]\mathrm{e}^{\mathrm{i}\omega t}\mathrm{d}\omega. \tag{7.1.7}$$

(7.1.7)式称为函数 $f(t)$ 的傅里叶积分公式.

应指出，上式的推导过程是一种形式上推导，理论上是不严格的. 关于一个非周期函数 $f(t)$ 在什么条件下可以用傅里叶积分公式表出，傅里叶积分定理给出了解答.

7.1.2 傅里叶积分定理

定理 7.1.1 (傅里叶积分定理) 若 $f(t)$ 在 $(-\infty,+\infty)$ 上满足

(1) $f(t)$ 在任一有限区间上满足狄利克雷条件;

(2) $f(t)$ 在无限区间 $(-\infty,+\infty)$ 上绝对可积(即 $\int_{-\infty}^{+\infty}|f(t)|\mathrm{d}t$ 收敛),

则 $f(t)$ 的傅里叶积分公式收敛，且

$$f(t)=\frac{1}{2\pi}\int_{-\infty}^{+\infty}\left[\int_{-\infty}^{+\infty}f(\tau)\mathrm{e}^{-\mathrm{i}w\tau}\mathrm{d}\tau\right]\mathrm{e}^{\mathrm{i}\omega t}\mathrm{d}\omega$$

成立，在 $f(t)$ 的间断点 t 处，等式左端应以 $\dfrac{f(t-0)+f(t+0)}{2}$ 来代替.

这个定理给出了傅里叶积分公式成立的充分必要条件. 这个定理的证明要用到较多的数学基础理论知识，超出高等数学所涉及的内容，这里从略.感兴趣的同学可查阅相关文献.

例 7.1.1 设单个方脉冲函数

$$f(t)=\begin{cases}0, & -\infty<t\leqslant-\tau/2,\\ E, & -\tau/2<t<\tau/2,\quad(\tau,E>0),\\ 0, & \tau/2\leqslant t<+\infty\end{cases}$$

求 $f(t)$ 的傅里叶积分.

解 函数 $f(t)$ 满足傅里叶积分定理的条件，则

$$
\begin{aligned}
f(t) &= \frac{1}{2\pi}\int_{-\infty}^{+\infty}\left[\int_{-\infty}^{+\infty} f(t)\mathrm{e}^{-\mathrm{i}wt}\mathrm{d}t\right]\mathrm{e}^{\mathrm{i}\omega t}\mathrm{d}\omega \\
&= \frac{1}{2\pi}\int_{-\infty}^{+\infty}\left[\int_{-\tau/2}^{\tau/2} E\mathrm{e}^{-\mathrm{i}wt}\mathrm{d}t\right]\mathrm{e}^{\mathrm{i}\omega t}\mathrm{d}\omega \\
&= \frac{1}{2\pi}\int_{-\infty}^{+\infty} -\frac{E\mathrm{e}^{-\mathrm{i}wt}}{\mathrm{i}\omega}\bigg|_{-\tau/2}^{\tau/2}\mathrm{e}^{\mathrm{i}\omega t}\mathrm{d}\omega \\
&= \frac{E}{\pi}\int_{-\infty}^{+\infty}\frac{\sin\dfrac{w\tau}{2}}{\omega}\mathrm{e}^{\mathrm{i}\omega t}\mathrm{d}\omega.
\end{aligned}
$$

这就是函数 $f(t)$ 的傅里叶积分表达式.

在实际应用中常用欧拉公式把(7.1.7)式化为三角形式. 事实上,

$$
\begin{aligned}
f(t) &= \frac{1}{2\pi}\int_{-\infty}^{+\infty}\left[\int_{-\infty}^{+\infty} f(\tau)\mathrm{e}^{-\mathrm{i}\omega\tau}\mathrm{d}\tau\right]\mathrm{e}^{\mathrm{i}\omega t}\mathrm{d}\omega \\
&= \frac{1}{2\pi}\int_{-\infty}^{+\infty}\left[\int_{-\infty}^{+\infty} f(\tau)\mathrm{e}^{-\mathrm{i}\omega(t-\tau)}\mathrm{d}\tau\right]\mathrm{d}\omega \\
&= \frac{1}{2\pi}\int_{-\infty}^{+\infty}\left[\int_{-\infty}^{+\infty} f(\tau)\cos\omega(t-\tau)\mathrm{d}\tau\right. \\
&\qquad \left. +\mathrm{i}\int_{-\infty}^{+\infty} f(\tau)\sin\omega(t-\tau)\mathrm{d}\tau\right]\mathrm{d}\omega.
\end{aligned}
$$

因为积分 $\int_{-\infty}^{+\infty} f(\tau)\sin\omega(t-\tau)\mathrm{d}\tau$ 是 ω 的奇函数, 所以

$$
\int_{-\infty}^{+\infty}\left[\int_{-\infty}^{+\infty} f(\tau)\sin\omega(t-\tau)\mathrm{d}\tau\right]\mathrm{d}\omega = 0,
$$

从而

$$
f(t) = \frac{1}{2\pi}\int_{-\infty}^{+\infty}\left[\int_{-\infty}^{+\infty} f(\tau)\cos\omega(t-\tau)\mathrm{d}\tau\right]\mathrm{d}\omega. \tag{7.1.8}
$$

又因为积分 $\int_{-\infty}^{+\infty} f(\tau)\cos\omega(t-\tau)\mathrm{d}\tau$ 是 ω 的偶函数, 所以(7.1.8)式还可写为

$$
f(t) = \frac{1}{\pi}\int_{0}^{+\infty}\left[\int_{-\infty}^{+\infty} f(\tau)\cos\omega(t-\tau)\mathrm{d}\tau\right]\mathrm{d}\omega, \tag{7.1.9}
$$

(7.1.8), (7.1.9)式都是 $f(t)$ 的傅里叶积分公式的三角形式. 如果记

$$
a(\omega) = \frac{1}{\pi}\int_{-\infty}^{\infty} f(\tau)\cos\omega\tau\mathrm{d}\tau,\quad b(\omega) = \frac{1}{\pi}\int_{-\infty}^{+\infty} f(\tau)\sin\omega\tau\mathrm{d}\tau.
$$

利用三角公式，还可将傅里叶积分写成类似傅里叶级数的形式，即(7.1.9)式又可以写成

$$\begin{aligned} f(t) &= \frac{1}{\pi}\int_0^{+\infty}\left[\int_{-\infty}^{+\infty} f(\tau)(\cos\omega t\cos\omega\tau+\sin\omega t\sin\omega\tau)\mathrm{d}\tau\right]\mathrm{d}\omega \\ &= \int_0^{+\infty}\left\{\left[\frac{1}{\pi}\int_{-\infty}^{+\infty} f(\tau)\cos\omega\tau\mathrm{d}\tau\right]\cos\omega t+\left[\frac{1}{\pi}\int_{-\infty}^{+\infty} f(\tau)\sin\omega\tau\mathrm{d}\tau\right]\sin\omega t\right\}\mathrm{d}\omega \\ &= \int_0^{+\infty}\left[a(\omega)\cos\omega t+b(\omega)\sin\omega t\right]\mathrm{d}\omega. \end{aligned}$$

这就是类似于傅里叶级数形式的傅里叶积分展开式，不同的是这里的累加不再是离散的，而是连续的.

傅里叶积分定理解决了非周期函数的傅里叶展开问题，为傅里叶变换奠定了理论基础.

7.2 傅里叶变换

定义 7.2.1 设函数 $f(t)$ 满足傅里叶积分定理条件，称表达式

$$F(\omega)=\int_{-\infty}^{+\infty} f(t)\mathrm{e}^{-\mathrm{i}\omega t}\mathrm{d}t \tag{7.2.1}$$

为 $f(t)$ 的傅里叶变换式，记作 $F(\omega)=\mathcal{F}\left[f(t)\right]$，称函数 $F(\omega)$ 为 $f(t)$ 的傅里叶变换. 称表达式

$$f(t)=\frac{1}{2\pi}\int_{-\infty}^{+\infty} F(\omega)\mathrm{e}^{\mathrm{i}\omega t}\mathrm{d}\omega \tag{7.2.2}$$

为 $F(\omega)$ 的傅里叶逆变换式，记作 $f(t)=\mathcal{F}^{-1}\left[F(\omega)\right]$，称函数 $f(t)$ 为 $F(\omega)$ 的傅里叶逆变换.

在定义 7.2.1 中的公式(7.2.1)和(7.2.2)的形式下，原来的函数可以连续做两次变换而得到. 然而，公式(7.2.2)定义的变换与公式(7.2.1)定义的变换并不完全一样. 有时也称 $F(\omega)$ 为 $f(t)$ 的傅里叶变换的像函数，$f(t)$ 为 $F(\omega)$ 的像原函数.

例 7.2.1 设 $f(t)=\begin{cases}1, & |t|<1, \\ 0, & |t|>1,\end{cases}$ 试求 $f(t)$ 的傅里叶变换及 $f(t)$ 的傅里叶积分表达式.

解　$f(t)$的傅里叶变换为

$$F(\omega)=\int_{-\infty}^{+\infty}f(t)\mathrm{e}^{-\mathrm{i}\omega t}\mathrm{d}t=\int_{-1}^{1}(\cos\omega t-\mathrm{i}\sin\omega t)\mathrm{d}t$$
$$=2\int_{0}^{1}\cos\omega t\mathrm{d}t=\frac{2\sin\omega}{\omega}.$$

$f(t)$的傅里叶积分表达式为

$$f(t)=\frac{1}{2\pi}\int_{-\infty}^{+\infty}F(\omega)\mathrm{e}^{\mathrm{i}\omega t}\mathrm{d}\omega$$
$$=\frac{1}{2\pi}\int_{-\infty}^{+\infty}\frac{2\sin\omega}{\omega}(\cos\omega t+\mathrm{i}\sin\omega t)\mathrm{d}\omega$$
$$=\frac{2}{\pi}\int_{0}^{+\infty}\frac{\sin\omega\cos\omega t}{\omega}\mathrm{d}\omega\quad(|t|\neq 1).$$

例 7.2.2　设 $f(t)=\begin{cases}0, & t<0,\\ \mathrm{e}^{-\beta t}, & t\geqslant 0,\end{cases}$ 这里 $\beta>0$，称 $f(t)$ 为指数衰减函数. 试求 $f(t)$的傅里叶变换及其傅里叶积分表达式.

解

$$F(\omega)=\mathcal{F}[f(t)]=\int_{-\infty}^{+\infty}f(t)\mathrm{e}^{-\mathrm{i}\omega t}\mathrm{d}t$$
$$=\int_{0}^{+\infty}\mathrm{e}^{-\beta t}\mathrm{e}^{-\mathrm{i}\omega t}\mathrm{d}t=\int_{0}^{+\infty}\mathrm{e}^{-(\beta+\mathrm{i}\omega)t}\mathrm{d}t$$
$$=\frac{1}{\beta+\mathrm{i}\omega}=\frac{\beta-\mathrm{i}\omega}{\beta^2+\omega^2},$$

$$f(t)=\mathcal{F}^{-1}[F(\omega)]=\frac{1}{2\pi}\int_{-\infty}^{+\infty}F(\omega)\mathrm{e}^{\mathrm{i}\omega t}\mathrm{d}\omega$$
$$=\frac{1}{2\pi}\int_{-\infty}^{+\infty}\frac{\beta-\mathrm{i}\omega}{\beta^2+\omega^2}(\cos\omega t+\mathrm{i}\sin\omega t)\mathrm{d}\omega$$
$$=\frac{1}{\pi}\int_{0}^{+\infty}\frac{\beta\cos\omega t+\omega\sin\omega t}{\beta^2+\omega^2}\mathrm{d}\omega\quad(t\neq 0).$$

利用傅里叶积分定理, 还可以由此得到如下含参变量积分的结果

$$\int_{0}^{+\infty}\frac{\beta\cos\omega t+\omega\sin\omega t}{\beta^2+\omega^2}\mathrm{d}\omega=\begin{cases}0, & t<0,\\ \dfrac{\pi}{2}, & t=0,\\ \pi\mathrm{e}^{-\beta t}, & t>0.\end{cases}$$

7.3 单位脉冲函数 广义傅里叶变换

7.3.1 单位脉冲函数的概念

在许多物理现象中，除了有连续分布的物理量外，还常会有集中在一点的量(点源)，或者具有脉冲性质的物理量，例如瞬间作用的冲击力、电脉冲等. 对这种质量和能量在空间或时间上高度集中的各种现象，即所谓的脉冲性质. 单位脉冲函数——δ-函数就是用来描述这类物理模型的数学工具. 先看以下两个实例.

例 7.3.1 在原电流为零的电路中，在$t=0$的时刻进入一单位电量的脉冲，现在要确定电路上的电流强度$I=I(t)$.

解 用$q(t)$表示电路中的电荷函数，

$$q(t)=\begin{cases}0, & t\neq 0,\\ 1, & t=0.\end{cases}$$

电流强度$I(t)$应为电荷函数$q(t)$关于时间t的导数，即

$$I(t)=q'(t)=\lim_{\Delta t\to 0}\frac{q(t+\Delta t)-q(t)}{\Delta t}.$$

当$t\neq 0$时，有

$$I(t)=\lim_{\Delta t\to 0}\frac{q(t+\Delta t)-q(t)}{\Delta t}=\lim_{\Delta t\to 0}\frac{0}{\Delta t}=0,$$

当$t=0$时，有

$$I(0)=\lim_{\Delta t\to 0}\frac{q(0+\Delta t)-q(0)}{\Delta t}=\lim_{\Delta t\to 0}\frac{-1}{\Delta t}=\infty.$$

如果记电路在$t=0$以后的总电量为q，还有

$$q=\int_{-\infty}^{+\infty}I(t)\mathrm{d}t=1.$$

例 7.3.2 设在x轴上点$x=x_0$处集中分布一单位质量的物质，在其他点处都没有物质分布，试确定x轴上各点处的物质分布密度函数$\rho(x)$.

解 用$m[a,b]$表示区间$[a,b]$上的物质总质量，则

$$\rho(x)=\lim_{\substack{b-a\to 0\\ x\in[a,b]}}\frac{m[a,b]}{b-a}=\begin{cases}0, & x\neq x_0,\\ \infty, & x=x_0,\end{cases}$$

且展布在整个x轴上的物质总质量

$$m(-\infty,+\infty)=\int_{-\infty}^{+\infty}\rho(x)\mathrm{d}x=1.$$

例 7.3.1 和例 7.3.2 中的函数 $I(t)$ 和 $\rho(x)$ 都反映了集中分布的物理量的物理特性，将其加以抽象概括，引入 δ -函数.

定义 7.3.1　一个函数称为 δ -函数，记之为 $\delta(t)$，如果它满足下面两个性质:

$$\delta(t)=\begin{cases}0, & t\neq 0,\\ \infty, & t=0.\end{cases} \tag{7.3.1}$$

$$\int_{-\infty}^{+\infty}\delta(t)\mathrm{d}t=1. \tag{7.3.2}$$

在数学分析中，任何一个通常意义下的函数，都不会在其定义域内某一点处等于 ∞. 那么如何理解 δ -函数呢? 广义函数理论为 δ -函数奠定了严格的数学基础，这部分内容已超出了数学分析的教学范畴.

定义 7.3.2　设依赖于参数 λ 的函数族 $\{\varphi_\lambda(t)\}$ 中的每一个函数均在 (a,b) 内有定义，如果对于任意的在 (a,b) 内连续的函数 $f(t)$ 恒有

$$\lim_{\lambda\to\lambda_0}\int_a^b f(t)\varphi_\lambda(t)\mathrm{d}t=\int_a^b f(t)\varphi(t)\mathrm{d}t \tag{7.3.3}$$

成立，则称函数族 $\{\varphi_\lambda(t)\}$ 在 (a,b) 内，当 λ 趋向于 λ_0 时弱收敛于函数 $\varphi(t)$，称函数 $\varphi(t)$ 为函数族 $\{\varphi_\lambda(t)\}$ 在 (a,b) 内，当 λ 趋向于 λ_0 时的弱极限，记作

$$\lim_{\lambda\to\lambda_0}\varphi_\lambda(t)\overset{w}{=}\varphi(t),\quad a<t<b \quad 或 \quad \varphi_\lambda(t)\overset{w}{\to}\varphi(t),\ \lambda\to\lambda_0.$$

注意　(1) 在定义 7.3.2 的意义下函数族 $\{\varphi_\lambda(t)\}$ 在 (a,b) 内弱收敛于 $\varphi(t)$ 并不能保证在普通意义下函数族 $\{\varphi_\lambda(t)\}$ 在 (a,b) 内逐点收敛于 $\varphi(t)$.

(2) 函数族 $\{\varphi_\lambda(t)\}$ 所依赖的参数 λ 可以是连续参数，也可以是离散参数; λ_0 可以是有限点，也可以是无穷远点.

为了进一步讨论 δ -函数的性质和推广傅里叶变换带来方便，下面指出，δ -函数可视为普通函数的弱极限.

$$\delta_\varepsilon(t)=\begin{cases}1/\varepsilon, & 0\leqslant t\leqslant\varepsilon,\\ 0, & 其他,\end{cases}$$

称 $\delta_\varepsilon(t)$ 的弱极限为 δ -函数，记为 $\delta(t)$，

$$\delta(t)=\lim_{\varepsilon\to 0}\delta_\varepsilon(t).$$

7.3.2 δ-函数的性质

为了便于读者接受，本章均采用数学分析中的方法对下述属于广义函数的δ-函数的性质给出形式上的证明.

定义 7.3.3 设$f(t)$是定义在实轴上的实值函数，即$\forall t\in\mathbf{R}, f(t)\in\mathbf{R}$.令$\operatorname{supp} f$为$\{t\in\mathbf{R}, f(t)\neq 0\}$的闭包，称实数集合$\operatorname{supp} f$为函数$f$的**支集**.

定义 7.3.4 C^∞表示在实轴上处处有定义且无限次连续可微函数的全体. 若$f\in C^\infty$，且$\operatorname{supp} f$总是一个有界闭集，称f是一个具有紧支集的C^∞函数，其全体记作C_0^∞.

接下来我们推广连续可微函数的导数，定义δ-函数的导数.

定义 7.3.5 对于任意的连续可微函数$f(t)\in C_0^\infty$定义$\delta(t)$的导数为

$$\int_{-\infty}^{+\infty}\delta'(t)f(t)\mathrm{d}t=-\int_{-\infty}^{+\infty}\delta(t)f'(t)\mathrm{d}t. \tag{7.3.4}$$

根据式(7.3.4)，定义δ-函数的高阶导数

$$\int_{-\infty}^{+\infty}\delta^{(n)}(t)f(t)\mathrm{d}t=(-1)^n\int_{-\infty}^{+\infty}\delta(t)f^{(n)}(t)\mathrm{d}t, \tag{7.3.5}$$

这里$n\in\mathbf{N}$.

定义 7.3.6 若对于任意在$(-\infty,+\infty)$上连续的函数$f(t)$，恒有

$$\int_{-\infty}^{+\infty}f(t)\varphi(t)\mathrm{d}t=\int_{-\infty}^{+\infty}f(t)\psi(t)\mathrm{d}t,$$

则称函数$\varphi(t)$与$\psi(t)$在弱意义下是相等的.记作$\varphi(t)\overset{w}{=}\psi(t)$，或简记为$\varphi(t)=\psi(t)$.

函数在通常意义下相等必可推出它们在弱意义下相等，反之未必.

性质 7.3.1 设$f(t)$是任意连续函数，则

$$\int_{-\infty}^{+\infty}\delta(t)f(t)\mathrm{d}t=f(0). \tag{7.3.6}$$

证明 设

$$\delta_\varepsilon(t)=\begin{cases}0, & \varepsilon<0,\\ \dfrac{1}{\varepsilon}, & 0\leqslant t\leqslant\varepsilon\ (\varepsilon>0),\\ 0, & t>\varepsilon,\end{cases}$$

则由积分中值定理，有

$$\int_{-\infty}^{+\infty}\delta(t)f(t)\mathrm{d}t=\lim_{\varepsilon\to 0}\int_{-\infty}^{+\infty}\delta_{\varepsilon}(t)f(t)\mathrm{d}t=\lim_{\varepsilon\to 0}\int_{0}^{\varepsilon}\frac{1}{\varepsilon}f(t)\mathrm{d}t$$
$$=\lim_{\varepsilon\to 0}\frac{1}{\varepsilon}\int_{0}^{\varepsilon}f(t)\mathrm{d}t=\lim_{\varepsilon\to 0}\frac{1}{\varepsilon}f(\theta\varepsilon)\varepsilon=f(0).$$

同理可证

$$\int_{-\infty}^{+\infty}\delta(t-t_0)f(t)\mathrm{d}t=f(t_0)\quad(t_0\neq 0).\tag{7.3.7}$$

这个性质表明，尽管δ-函数本身没有普通意义下的函数值，但它与任何一个连续函数的乘积在$(-\infty,+\infty)$上的积分都有确定的值.

性质 7.3.2　设$a\in\mathbf{R}, a\neq 0$，则

$$\delta(at)=\frac{1}{|a|}\delta(t).\tag{7.3.8}$$

证明　只需证明对于$\forall f(t)\in C(-\infty,+\infty)$，恒有

$$\int_{-\infty}^{+\infty}f(t)\delta(at)\mathrm{d}t=\int_{-\infty}^{+\infty}f(t)\frac{1}{|a|}\delta(t)\mathrm{d}t\tag{7.3.9}$$

成立. 下面证明式(7.3.9).

当$a>0$时，令$x=at$，由广义积分的性质及δ-函数的性质 7.3.1，有

$$\int_{-\infty}^{+\infty}f(t)\delta(at)\mathrm{d}t=\int_{-\infty}^{+\infty}f\left(\frac{x}{a}\right)\delta(x)\frac{1}{a}\mathrm{d}x=\frac{1}{a}\int_{-\infty}^{+\infty}f\left(\frac{x}{a}\right)\delta(x)\mathrm{d}x$$
$$=\frac{1}{a}f(0)=\frac{f(0)}{|a|}.$$

又

$$\int_{-\infty}^{+\infty}f(t)\frac{1}{|a|}\delta(t)\mathrm{d}t=\frac{1}{|a|}\int_{-\infty}^{+\infty}f(t)\delta(t)\mathrm{d}t=\frac{f(0)}{|a|}.\tag{7.3.10}$$

所以式(7.3.9)成立.

当$a<0$时，令$x=at$，有

$$\int_{-\infty}^{+\infty}f(t)\delta(at)\mathrm{d}t=\int_{+\infty}^{-\infty}f\left(\frac{x}{a}\right)\delta(x)\frac{1}{a}\mathrm{d}x=-\frac{1}{a}\int_{-\infty}^{+\infty}f\left(\frac{x}{a}\right)\delta(x)\mathrm{d}x$$
$$=-\frac{1}{a}f(0)=\frac{f(0)}{|a|}.$$

再根据式(7.3.10)知也有式(7.3.9)成立，于是

$$\delta(at)=\frac{1}{|a|}\delta(t).$$

性质 7.3.3 设函数 $g(t)$ 在 $(-\infty,+\infty)$ 上连续, 则在弱意义下成立

$$g(t)\delta(t-t_0)=g(t_0)\delta(t-t_0),\quad t_0\in(-\infty,+\infty). \tag{7.3.11}$$

证明 对于任意的在 $(-\infty,+\infty)$ 上连续的函数 $f(t)$, 根据式(7.3.7), 知

$$\begin{aligned}\int_{-\infty}^{+\infty}f(t)\left[g(t)\delta(t-t_0)\right]\mathrm{d}t&=\int_{-\infty}^{+\infty}\left[f(t)g(t)\right]\delta(t-t_0)\mathrm{d}t=f(t_0)g(t_0)\\&=g(t_0)\int_{-\infty}^{+\infty}f(t)\delta(t-t_0)\mathrm{d}t\\&=\int_{-\infty}^{+\infty}f(t)\left[g(t_0)\delta(t-t_0)\right]\mathrm{d}t.\end{aligned}$$

由定义 7.3.6, 式(7.3.11)在弱意义下成立.

性质 7.3.4 设 $n\in\mathbf{N}$, 则在弱意义下成立

$$\delta^{(n)}(-t)=(-1)^n\delta^{(n)}(t), \tag{7.3.12}$$

其中 $\delta^{(n)}(-t)$ 表示将函数 $\delta(-t)$ 关于 $-t$ 求 n 阶导数.

证明 令 $\tau=-t$, 根据式(7.3.5)和性质 7.3.1, 对 $\forall f(t)\in C_0^\infty$, 恒有

$$\begin{aligned}\int_{-\infty}^{+\infty}\delta^{(n)}(-t)f(t)\mathrm{d}t&=\int_{+\infty}^{-\infty}\delta^{(n)}(\tau)f(-\tau)(-\mathrm{d}\tau)\\&=\int_{-\infty}^{+\infty}\delta^{(n)}(\tau)f(-\tau)(d\tau)=(-1)^n\frac{\mathrm{d}^n}{\mathrm{d}\tau^n}\{f(-\tau)\}\big|_{\tau=0}\\&=(-1)^n(-1)^nf^{(n)}(-\tau)\big|_{\tau=0}\\&=(-1)^n\left[(-1)^nf^{(n)}(0)\right]\\&=(-1)^n\int_{-\infty}^{+\infty}\delta^{(n)}(t)f(t)\mathrm{d}t\\&=\int_{-\infty}^{+\infty}\left[(-1)^n\delta^{(n)}(t)\right]f(t)\mathrm{d}t.\end{aligned}$$

由定义 7.3.6, 在弱意义下

$$\delta^{(n)}(-t)=(-1)^n\delta^{(n)}(t).$$

性质 7.3.4 表明, 当 n 为奇数时, $\delta^{(n)}(t)$ 是奇函数;当 n 为偶数时, $\delta^{(n)}(t)$ 是偶函数, 特别 $\delta(t)$ 是偶函数, $\delta'(t)$ 是奇函数, 这是以后经常用到的结论.

例 7.3.3　设 $f(t)\in C_0^{\infty}$，有

$$\int_{-\infty}^{+\infty}\delta^{(n)}(t)f(t)\mathrm{d}t=(-1)^n f^n(0)$$

$$\int_{-\infty}^{+\infty}\delta^{(n)}(t-t_0)f(t)\mathrm{d}t=(-1)^n f^n(t_0),$$

这里 $n=1,2,\cdots$.

解　由定义 7.3.5 和性质 7.3.1，有

$$\int_{-\infty}^{+\infty}\delta^{(n)}(t)f(t)\mathrm{d}t=(-1)^n\int_{-\infty}^{+\infty}\delta(t)f^{(n)}(t)\mathrm{d}t=(-1)^n f^{(n)}(0),$$

这里 $n=1,2,\cdots$.

同理利用分部积分法，并注意到 $f(t)$ 具有紧支集，再利用性质 7.3.1，有

$$\int_{-\infty}^{+\infty}\delta^{(n)}(t-t_0)f(t)\mathrm{d}t=(-1)^n\int_{-\infty}^{+\infty}\delta(t-t_0)f^n(t)\mathrm{d}t=(-1)^n f^n(t_0),\quad n=1,2,\cdots.$$

7.3.3　广义傅里叶变换

在物理和工程技术中，有许多重要函数不满足傅里叶积分定理中的绝对可积条件，即不满足条件

$$\int_{-\infty}^{+\infty}|f(t)|\mathrm{d}t<+\infty .$$

例如，常数函数、符号函数、单位跃阶函数、正弦函数、余弦函数等. 利用傅里叶变换的定义及 δ-函数的性质，我们也可以求出以上函数的傅里叶变换，只是已不再是古典意义下的傅里叶变换，而是广义傅里叶变换.

例 7.3.4　证明符号函数

$$\operatorname{sgn}(t)=\begin{cases}-1, & t<0,\\ 1, & t>0\end{cases}$$

的傅里叶变换为 $\dfrac{2}{\mathrm{i}\omega}$.

解　$F(\omega)=\dfrac{2}{\mathrm{i}\omega}$ 的傅里叶逆变换为

$$\begin{aligned}f(t)&=\mathcal{F}^{-1}\left[F(\omega)\right]=\frac{1}{2\pi}\int_{-\infty}^{+\infty}\frac{2}{\mathrm{i}\omega}\mathrm{e}^{\mathrm{i}\omega t}\mathrm{d}\omega=\frac{1}{\pi}\int_{-\infty}^{+\infty}\frac{\cos\omega t+\mathrm{i}\sin\omega t}{\mathrm{i}\omega}\mathrm{d}\omega\\&=\frac{1}{\pi}\left(\int_{-\infty}^{+\infty}\frac{\sin\omega t}{\omega}\mathrm{d}\omega-\mathrm{i}\int_{-\infty}^{+\infty}\frac{\cos\omega t}{\omega}\mathrm{d}\omega\right).\end{aligned}$$

上式第二个积分的被积函数是关于积分变量 ω 的奇函数，积分值为零，而第一个积分为狄利克雷积分，知

$$\frac{1}{\pi}\int_{-\infty}^{+\infty}\frac{\sin\omega t}{\omega}\mathrm{d}\omega=\begin{cases}-1, & t<0,\\ 1, & t>0.\end{cases}$$

因此

$$\mathcal{F}\left[\operatorname{sgn}(t)\right]=\frac{2}{\mathrm{i}\omega},\quad \mathcal{F}^{-1}\left[\frac{2}{\mathrm{i}\omega}\right]\operatorname{sgn}(t).$$

例 7.3.5　求单位跃阶函数

$$u(t)=\begin{cases}0, & t<0,\\ 1, & t>0\end{cases}$$

的傅里叶变换及其积分表达式.

解　注意到

$$u(t)=\frac{1}{2}\left[1+\operatorname{sgn}(t)\right].$$

利用傅里叶逆变换,

$$\begin{aligned}&\int_{-\infty}^{+\infty}\delta(\omega)\mathrm{e}^{\mathrm{i}\omega t}\mathrm{d}\omega=1\\ \Rightarrow&\frac{1}{2\pi}\int_{-\infty}^{+\infty}\delta(\omega)\mathrm{e}^{\mathrm{i}\omega t}\mathrm{d}\omega=\frac{1}{2\pi}\\ \Rightarrow&1\text{的傅里叶变换是}2\pi\delta(\omega)\\ \Rightarrow&\mathcal{F}[1]=2\pi\delta(\omega).\end{aligned}$$

应用例 7.3.4,

$$\begin{aligned}F[\omega]=\mathcal{F}\left[u(t)\right]&=\int_{-\infty}^{+\infty}\frac{1}{2}\left[1+\operatorname{sgn}(t)\right]\mathrm{e}^{-\mathrm{i}\omega t}\mathrm{d}t\\ &=\frac{1}{2}\left[\int_{-\infty}^{+\infty}1\mathrm{e}^{-\mathrm{i}\omega t}\mathrm{d}t+\int_{-\infty}^{+\infty}\operatorname{sgn}(t)\mathrm{e}^{-\mathrm{i}\omega t}\mathrm{d}t\right]\\ &=\frac{1}{2}\left\{\mathcal{F}[1]+\mathcal{F}\left[\operatorname{sgn}(t)\right]\right\}\\ &=\frac{1}{2}\left[2\pi\delta(\omega)+\frac{2}{\mathrm{i}\omega}\right]=\frac{1}{\mathrm{i}\omega}+\delta(\omega),\end{aligned}$$

又有

$$\begin{aligned}u(t)=\mathcal{F}^{-1}\left[F(\omega)\right]&=\frac{1}{2\pi}\int_{-\infty}^{+\infty}\left[\frac{1}{\mathrm{i}\omega}+\pi\delta(\omega)\right]\mathrm{e}^{\mathrm{i}\omega t}\mathrm{d}\omega\\ &=\frac{1}{2}\int_{-\infty}^{+\infty}\delta(\omega)\mathrm{e}^{\mathrm{i}\omega t}\mathrm{d}\omega+\frac{1}{2\pi}\int_{-\infty}^{+\infty}\frac{\sin\omega t}{\omega}\mathrm{d}\omega\\ &=\frac{1}{2}+\frac{1}{\pi}\int_{0}^{+\infty}\frac{\sin\omega t}{\omega}\mathrm{d}\omega.\end{aligned}$$

这就是单位跃阶函数的积分表达式. 在上式中令 $t=1$, 可得狄利克雷积分

$$\int_0^{+\infty}\frac{\sin\omega t}{\omega}\mathrm{d}\omega=\frac{\pi}{2}.$$

例 7.3.6　求余弦函数 $f(t)=\cos\omega_0 t$ 的傅里叶变换.

解　由欧拉公式

$$\cos\omega_0 t=\frac{\mathrm{e}^{\mathrm{i}\omega_0 t}+\mathrm{e}^{-\mathrm{i}\omega_0 t}}{2}$$

及傅里叶变换公式, 有

$$\begin{aligned}F(\omega)&=\mathcal{F}[\cos\omega_0 t]\int_{-\infty}^{+\infty}\cos\omega_0 t\mathrm{e}^{-\mathrm{i}\omega t}\mathrm{d}t=\int_{-\infty}^{+\infty}\frac{\mathrm{e}^{\mathrm{i}\omega_0 t}+\mathrm{e}^{-\mathrm{i}\omega_0 t}}{2}\mathrm{e}^{-\mathrm{i}\omega t}\mathrm{d}t\\&=\frac{1}{2}\left[\int_{-\infty}^{+\infty}1\mathrm{e}^{-\mathrm{i}(\omega-\omega_0)t}\mathrm{d}t+\int_{-\infty}^{+\infty}1\mathrm{e}^{-\mathrm{i}(\omega+\omega_0)t}\mathrm{d}t\right]\\&=\frac{1}{2}\left[2\pi\delta(\omega-\omega_0)+2\pi\delta(\omega+\omega_0)\right]\\&=\pi\delta(\omega-\omega_0)+\pi\delta(\omega+\omega_0).\end{aligned}$$

同理可得

$$F(\omega)=\mathcal{F}[\sin\omega_0 t]=\mathrm{i}\pi\left[\delta(\omega+\omega_0)-\delta(\omega-\omega_0)\right].$$

7.4　傅里叶变换的性质

7.4.1　傅里叶变换的重要性质

假定所涉及的函数都满足傅里叶积分定理条件.

1. 线性性质

设 $F_1(\omega)=\mathcal{F}\left[f_1(t)\right], F_2(\omega)=\mathcal{F}\left[f_2(t)\right], k_1, k_2$ 是常数, 则

$$\mathcal{F}\left[k_1 f_1(t)+k_2 f_2(t)\right]=k_1 F_1(\omega)+k_2 F_2(\omega). \tag{7.4.1}$$

此性质显然成立, 因为傅里叶变换是用积分来定义的, 积分具有线性性质.

同样, 傅里叶逆变换亦具有线性性质

$$\mathcal{F}^{-1}\left[k_1 F_1(\omega)+k_2 F_2(\omega)\right]=k_1 f_1(t)+k_2 f_2(t). \tag{7.4.2}$$

这只要在(7.4.1)式两边同时作变换 $\mathcal{F}^{-1}$ 即可得到.

2. 位移性质

$$\mathcal{F}\left[f(t\pm t_0)\right]=\mathrm{e}^{\pm\mathrm{i}\omega t_0}\mathcal{F}\left[f(t)\right]. \tag{7.4.3}$$

它表明时间函数 $f(t)$ 沿 t 轴向左或向右位移 t_0 的傅里叶变换，等于 $f(t)$ 的傅里叶变换乘以因子 $\mathrm{e}^{\mathrm{i}\omega t_0}$ 或 $\mathrm{e}^{-\mathrm{i}\omega t_0}$. 换句话说，算子 $\mathcal{F}$ 具有提取指数因子的功能.

证明 由傅里叶变换定义，得

$$\begin{aligned}\mathcal{F}\left[f\left(t\pm t_0\right)\right]&=\int_{-\infty}^{+\infty}f\left(t\pm t_0\right)\mathrm{e}^{-\mathrm{i}\omega t}\mathrm{d}t\\&\xlongequal{t\pm t_0=u}\int_{-\infty}^{+\infty}f(u)\mathrm{e}^{-\mathrm{i}\omega(u\mp t_0)}\mathrm{d}u\\&=\mathrm{e}^{\pm\mathrm{i}\omega t_0}\int_{-\infty}^{+\infty}f(u)\mathrm{e}^{-\mathrm{i}\omega u}\mathrm{d}u\\&=\mathrm{e}^{\pm\mathrm{i}\omega t_0}\mathcal{F}\left[f(t)\right].\end{aligned}$$

傅里叶逆变换也有类似的位移性质，即

$$\mathcal{F}^{-1}\left[F\left(\omega\pm\omega_0\right)\right]=\mathrm{e}^{\mp\mathrm{i}\omega t_0}\mathcal{F}^{-1}\left[F(\omega)\right]. \tag{7.4.4}$$

如果说(7.4.3)式表示的是时域上的位移性质，则(7.4.4)式表示的是频域上的位移性质.

例 7.4.1 求 $f(t)=\sin\left(2t+\dfrac{\pi}{3}\right)$ 的傅里叶变换.

解 由正弦函数的傅里叶变换知

$$\mathcal{F}[\sin 2t]=\mathrm{i}\pi\left[\delta(\omega+2)-\delta(\omega-2)\right].$$

$f(t)=\sin 2\left(t+\dfrac{\pi}{6}\right)$，由位移性质并利用性质 7.3.4，得

$$\begin{aligned}\mathcal{F}\left[f(t)\right]&=\mathrm{e}^{\mathrm{i}\frac{2\pi}{6}}\mathcal{F}[\sin 2t]\\&=\mathrm{e}^{\mathrm{i}\frac{2\pi}{6}}\mathrm{i}\pi\left[\delta(\omega+2)-\delta(\omega-2)\right]\\&=\mathrm{i}\pi\left(\cos\frac{2\pi}{6}+\mathrm{i}\sin\frac{2\pi}{6}\right)\cdot\left[\delta(\omega+2)-\delta(\omega-2)\right]\\&=\mathrm{i}\pi\left[\cos\left(\frac{\pi}{3}\right)+\mathrm{i}\sin\left(\frac{\pi}{3}\right)\right]\delta(\omega+2)\\&\quad-\mathrm{i}\pi\left[\cos\left(\frac{\pi}{3}\right)+\mathrm{i}\sin\left(\frac{\pi}{3}\right)\right]\delta(\omega-2)\\&=\frac{\mathrm{i}\pi}{2}\left[\left(\sqrt{3}+\mathrm{i}\right)\delta(\omega+2)+\left(\sqrt{3}+\mathrm{i}\right)\delta(\omega-2)\right].\end{aligned}$$

3. 相似性质(坐标缩放性质)

设 $F(\omega)=\mathcal{F}\left[f(t)\right]$, a 为非零常数，则

$$\mathcal{F}\left[f(at)\right]=\frac{1}{|a|}F\left(\frac{\omega}{a}\right). \tag{7.4.5}$$

证明　当 $a>0$ 时，有

$$\mathcal{F}\left[f(at)\right]=\int_{-\infty}^{+\infty}f(at)\mathrm{e}^{-\mathrm{i}\omega t}\mathrm{d}t$$

$$\xlongequal{x=at}\frac{1}{a}\int_{-\infty}^{+\infty}f(x)\cdot\mathrm{e}^{-\mathrm{i}\frac{\omega}{a}x}\mathrm{d}x=\frac{1}{a}F\left(\frac{\omega}{a}\right).$$

当 $a<0$ 时，有

$$\mathcal{F}\left[f(at)\right]=\int_{-\infty}^{+\infty}f(at)\mathrm{e}^{-\mathrm{i}\omega t}\mathrm{d}t$$

$$\xlongequal{x=at}\frac{1}{a}\int_{+\infty}^{-\infty}f(x)\cdot\mathrm{e}^{-\mathrm{i}\frac{\omega}{a}x}\mathrm{d}x=-\frac{1}{a}F\left(\frac{\omega}{a}\right).$$

综上所述，得

$$\mathcal{F}\left[f(at)\right]=\frac{1}{|a|}F\left(\frac{\omega}{a}\right).$$

特别地，若 $a=-1$，有

$$\mathcal{F}\left[f(-t)\right]=F(-\omega)\quad (\text{翻转性质}). \tag{7.4.6}$$

4. 对称性质

设 $\mathcal{F}\left[f(t)\right]=F(\omega)$，则 $\mathcal{F}\left[F(t)\right]=2\pi f(-\omega)$.

证明　由已知，$f(t)=\frac{1}{2\pi}\int_{-\infty}^{+\infty}F(\omega)\mathrm{e}^{\mathrm{i}\omega t}\mathrm{d}\omega$，从而

$$f(-t)=\frac{1}{2\pi}\int_{-\infty}^{+\infty}F(\omega)\mathrm{e}^{-\mathrm{i}\omega t}\mathrm{d}\omega,$$

$$2\pi f(-\omega)=\int_{-\infty}^{+\infty}F(t)\mathrm{e}^{-\mathrm{i}\omega t}\mathrm{d}t=\mathcal{F}\left[F(t)\right].$$

5. 微分性质

如果 $f'(t)$ 在 $(-\infty,+\infty)$ 上连续或只有有限个可去间断点，且当 $|t|\to+\infty$ 时，$f(t)\to 0$，则 $\mathcal{F}\left[f'(t)\right]$ 一定存在，且

$$\mathcal{F}\left[f'(t)\right]=\mathrm{i}\omega\mathcal{F}\left[f(t)\right]. \tag{7.4.7}$$

证明 由傅里叶变换定义及利用分部积分可得

$$\begin{aligned}\mathcal{F}\left[f'(t)\right]&=\int_{-\infty}^{+\infty}f'(t)\mathrm{e}^{-\mathrm{i}\omega t}\mathrm{d}t\\&=f(t)\mathrm{e}^{-\mathrm{i}\omega t}\Big|_{-\infty}^{+\infty}+\mathrm{i}\omega\int_{-\infty}^{+\infty}f(t)\mathrm{e}^{-\mathrm{i}\omega t}\mathrm{d}t\\&=\mathrm{i}\omega\mathcal{F}\left[f(t)\right].\end{aligned}$$

微分性质表明，一个函数的导数的傅里叶变换，等于这个函数的傅里叶变换乘上因子$\mathrm{i}\omega$.

推论 7.4.1 若$f^{(n)}(t)$在$(-\infty,+\infty)$上连续或只有有限个可去间断点，且

$$\lim_{|t|\to+\infty}f^{(k)}(t)=0,\quad k=1,2,\cdots,n-1,$$

则$\mathcal{F}\left[f^{(n)}(t)\right]$一定存在，且有

$$\mathcal{F}\left[f^{(n)}(t)\right]=(\mathrm{i}\omega)^n\mathcal{F}\left[f(t)\right]. \tag{7.4.8}$$

同样有像函数的导数公式. 设$\mathcal{F}\left[f(t)\right]=F(\omega)$，则

$$\frac{\mathrm{d}}{\mathrm{d}\omega}F(\omega)=\mathcal{F}\left[-\mathrm{i}tf(t)\right],$$

$$\frac{\mathrm{d}^n}{\mathrm{d}\omega^n}F(\omega)=(-\mathrm{i})^n\mathcal{F}\left[t^nf(t)\right].$$

6. 积分性质

如果当$t\to\infty$时，有$g(t)=\int_{-\infty}^{t}f(t)\mathrm{d}t\to0$，那么

$$\mathcal{F}\left[\int_{-\infty}^{t}f(t)\mathrm{d}t\right]=\frac{1}{\mathrm{i}\omega}\mathcal{F}\left[f(t)\right]. \tag{7.4.9}$$

证明 由于

$$\frac{\mathrm{d}}{\mathrm{d}t}\int_{-\infty}^{t}f(t)\mathrm{d}t=f(t),$$

所以有

$$\mathcal{F}\left[\frac{\mathrm{d}}{\mathrm{d}t}\int_{-\infty}^{t}f(t)\mathrm{d}t\right]=\mathcal{F}\left[f(t)\right].$$

由微分性质有

$$\mathcal{F}\left[\frac{\mathrm{d}}{\mathrm{d}t}\int_{-\infty}^{t} f(t)\mathrm{d}t\right]=\mathrm{i}\omega\mathcal{F}\left[\int_{-\infty}^{t} f(t)\mathrm{d}t\right],$$

所以

$$\mathcal{F}\left[\int_{-\infty}^{t} f(t)\mathrm{d}t\right]=\frac{1}{\mathrm{i}\omega}\mathcal{F}\left[f(t)\right].$$

积分性质表明，一个函数积分后的傅里叶变换，等于这个函数的傅里叶变换除以因子 $\mathrm{i}\omega$.

7.4.2 乘积定理

定理 7.4.1 (乘积定理)　若记 $F_1(\omega)=\mathcal{F}\left[f_1(t)\right]$，$F_2(\omega)=\mathcal{F}\left[f_2(t)\right]$，则有

$$\begin{aligned}\int_{-\infty}^{+\infty} f_1(t)f_2(t)\mathrm{d}t&=\frac{1}{2\pi}\int_{-\infty}^{+\infty}\overline{F_1(\omega)}F_2(\omega)\mathrm{d}\omega\\&=\frac{1}{2\pi}\int_{-\infty}^{+\infty}F_1(\omega)\overline{F_2(\omega)}\mathrm{d}\omega,\end{aligned}\tag{7.4.10}$$

其中 $\overline{F_1(\omega)},\overline{F_2(\omega)}$ 分别表示 $F_1(\omega),F_2(\omega)$ 的复共轭函数.

证明

$$\begin{aligned}\int_{-\infty}^{+\infty} f_1(t)f_2(t)\mathrm{d}t&=\int_{-\infty}^{+\infty} f_1(t)\left[\frac{1}{2\pi}\int_{-\infty}^{+\infty}F_2(\omega)\mathrm{e}^{\mathrm{i}\omega t}\mathrm{d}\omega\right]\mathrm{d}t\\&=\frac{1}{2\pi}\int_{-\infty}^{+\infty}\left[\int_{-\infty}^{+\infty} f_1(t)\mathrm{e}^{\mathrm{i}\omega t}\mathrm{d}t\right]F_2(\omega)\mathrm{d}\omega.\end{aligned}$$

因为 $\mathrm{e}^{\mathrm{i}\omega t}=\overline{\mathrm{e}^{-\mathrm{i}\omega t}}$，且 $f_1(t)$ 是 t 的实函数，所以

$$f_1(t)\mathrm{e}^{\mathrm{i}\omega t}=\overline{f_1(t)}\,\overline{\mathrm{e}^{-\mathrm{i}\omega t}}=\overline{f_1(t)\mathrm{e}^{-\mathrm{i}\omega t}},$$

故

$$\begin{aligned}\int_{-\infty}^{+\infty} f_1(t)f_2(t)\mathrm{d}t&=\frac{1}{2\pi}\int_{-\infty}^{+\infty}\overline{\left[\int_{-\infty}^{+\infty} f_1(t)\mathrm{e}^{-\mathrm{i}\omega t}\mathrm{d}t\right]}F_2(\omega)\mathrm{d}\omega\\&=\frac{1}{2\pi}\int_{-\infty}^{+\infty}\overline{F_1(\omega)}F_2(\omega)\mathrm{d}\omega.\end{aligned}$$

同理可证

$$\int_{-\infty}^{+\infty} f_1(t)f_2(t)\mathrm{d}t=\frac{1}{2\pi}\int_{-\infty}^{+\infty}F_1(\omega)\overline{F_2(\omega)}\mathrm{d}\omega.$$

由上述乘积性质可以引出一个非常重要的结论，这在理论上和应用上都有很大价值.

7.4.3 帕塞瓦尔定理

定理 7.4.2 (帕塞瓦尔(Parseval)定理) 若记 $F(\omega)=\mathcal{F}\left[f(t)\right]$，则有

$$\int_{-\infty}^{+\infty}\left[f(t)\right]^2\mathrm{d}t=\frac{1}{2\pi}\int_{-\infty}^{+\infty}\left|F(\omega)\right|^2\mathrm{d}\omega\,. \tag{7.4.11}$$

证明 在式(7.4.10)中令 $f_1(t)=f_2(t)=f(t)$，则

$$\begin{aligned}\int_{-\infty}^{+\infty}\left[f(t)\right]^2\mathrm{d}t&=\frac{1}{2\pi}\int_{-\infty}^{+\infty}\overline{F(\omega)}F(\omega)\mathrm{d}\omega\\&=\frac{1}{2\pi}\int_{-\infty}^{+\infty}\left|F(\omega)\right|^2\mathrm{d}\omega.\end{aligned}$$

积分 $\int_{-\infty}^{+\infty}\left[f(t)\right]^2\mathrm{d}t$ 与积分 $\int_{-\infty}^{+\infty}\left|F(\omega)\right|^2\mathrm{d}\omega$ 都可以表示实际应用中的某种能量，定理 7.4.2 表明，对能量的计算在时间域进行与在相应的频率域进行二者完全等价，所以这个定理也称为能量积分公式.

定理 7.4.2 可用来计算较为复杂的积分.

例 7.4.2 计算 $\int_{-\infty}^{+\infty}\frac{\sin^2 t}{t^2}\mathrm{d}t$.

解 记 $F(\omega)=\frac{\sin\omega}{\omega}$，已知单个方脉冲函数

$$\widetilde{f}(t)=\begin{cases}E, & |t|<\tau/2,\\0, & |t|\geqslant\tau/2\end{cases}$$

的傅里叶变换 $\mathcal{F}\left[\widetilde{f}(t)\right]=\frac{2E}{\omega}\sin\frac{\omega\tau}{2}$. 令 $E=\frac{1}{2},\tau=2$，可得如下单个矩形脉冲函数

$$f(t)=\begin{cases}1/2, & |t|<1,\\0, & |t|>1\end{cases}$$

的傅里叶变换 $\mathcal{F}\left[f(t)\right]=\frac{\sin\omega}{\omega}=F(\omega)$. 再由能量积分公式

$$\begin{aligned}\int_{-\infty}^{+\infty}\frac{\sin^2 t}{t^2}\mathrm{d}t&=\int_{-\infty}^{+\infty}\frac{\sin^2\omega}{\omega^2}\mathrm{d}\omega=2\pi\int_{-\infty}^{+\infty}\left|f(t)\right|^2\mathrm{d}t\\&=2\pi\int_{-1}^{1}(1/2)^2\,\mathrm{d}t=2\pi(1/2)^2\,2=\pi.\end{aligned}$$

另一方面，由 $F(t)=\frac{\sin t}{t}$ 及傅里叶变换的对称性

$$\mathcal{F}\left[F(t)\right]=2\pi f(\omega).$$

又因为 $f(t)$ 为偶函数，故

$$\mathcal{F}\left[F(t)\right]=\mathcal{F}\left[\frac{\sin t}{t}\right]=2\pi f(\omega)=\begin{cases}2\pi\dfrac{1}{2}=\pi, & |\omega|<1,\\ 0, & |\omega|>1.\end{cases}$$

再由能量积分公式,

$$\int_{-\infty}^{+\infty}\frac{\sin^2 t}{t^2}\mathrm{d}t=\frac{1}{2\pi}\int_{-\infty}^{+\infty}\left|\mathcal{F}\left[\frac{\sin t}{t}\right]\right|^2\mathrm{d}\omega=\frac{1}{2\pi}\int_{-1}^{1}\pi^2 d\omega=\frac{1}{2\pi}\pi^2 2=\pi.$$

例 7.4.2 说明, 此类积分的被积函数如果具有$\left[f(t)\right]^2$形式, 那么把$f(t)$看作像函数或像原函数都可以求得积分.

7.5　卷　　积

卷积与傅里叶变换有着密切的联系. 卷积的运算性质使得傅里叶变换得到更广泛的应用.

7.5.1　卷积定义及基本性质

定义 7.5.1　若已知函数$f_1(t), f_2(t)$, 称积分

$$\int_{-\infty}^{+\infty}f_1(\tau)f_2(t-\tau)\mathrm{d}\tau$$

为函数$f_1(t)$与$f_2(t)$的卷积, 记为$f_1(t)*f_2(t)$, 即

$$f_1(t)*f_2(t)=\int_{-\infty}^{+\infty}f_1(\tau)f_2(t-\tau)\mathrm{d}\tau. \tag{7.5.1}$$

卷积满足

(1) **交换律**　$f_1(t)*f_2(t)=f_2(t)*f_1(t)$;

(2) **结合律**　$f_1(t)*\left[f_2(t)*f_3(t)\right]=\left[f_1(t)*f_2(t)\right]*f_3(t)$;

(3) **分配律**　$f_1(t)*\left[f_2(t)+f_3(t)\right]=f_1(t)*f_2(t)+f_1(t)*f_3(t)$;

(4) **数乘结合律**　$a\left[f_1(t)*f_2(t)\right]=\left[af_1(t)\right]*f_2(t)=f_1(t)*\left[af_2(t)\right]$.

证明　仅证明(1):

$$\begin{aligned}f_1(t)*f_2(t)&=\int_{-\infty}^{+\infty}f_1(\tau)f_2(t-\tau)\mathrm{d}\tau\\&\xlongequal{t-\tau=u}\int_{+\infty}^{-\infty}f_1(t-u)f_2(u)(-\mathrm{d}u)\\&=\int_{-\infty}^{+\infty}f_2(u)f_1(t-u)\mathrm{d}u=f_2(t)*f_1(t).\end{aligned}$$

例 7.5.1　若 $f_1(t)=\begin{cases}0, & t<0,\\ 1, & t\geqslant 0,\end{cases}$　$f_2(t)=\begin{cases}0, & t<0,\\ e^{-t}, & t\geqslant 0,\end{cases}$　求 $f_1(t)*f_2(t)$.

解　$f_1(t)$ 与 $f_2(t)$ 的图形见图 7.5.1. 由卷积的定义,

$$f_1(t)*f_2(t)=\int_{-\infty}^{+\infty}f_1(\tau)f_2(t-\tau)\mathrm{d}\tau .$$

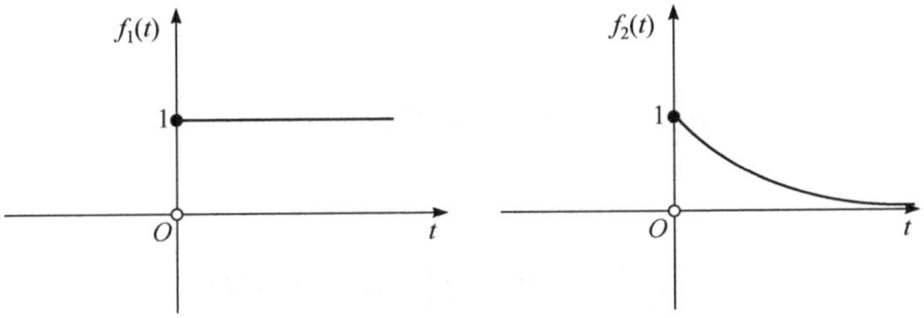

图 7.5.1

由图 7.5.1 可知, 要使被积函数非零, 需

$$\begin{cases}\tau\geqslant 0,\\ t-\tau\geqslant 0.\end{cases}$$

被积函数的非零区域见图 7.5.2(a).

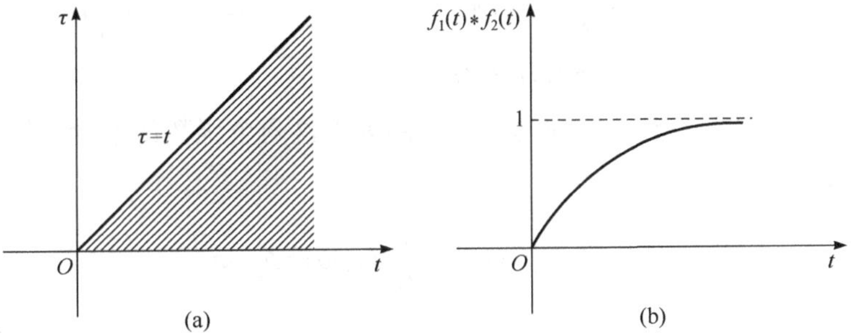

图 7.5.2

由图 7.5.2(a)得

$$f_1(t)*f_2(t)=\begin{cases}0, & t<0,\\ \int_0^t 1\cdot e^{-(t-\tau)}\mathrm{d}\tau, & t\geqslant 0,\end{cases}$$
$$=\begin{cases}0, & t<0,\\ 1-e^{-t}, & t\geqslant 0.\end{cases}$$

$f_1(t)*f_2(t)$ 的图形见图 7.5.2(b).

卷积在傅里叶分析中的重要作用与下面的卷积定理是分不开的.

7.5.2　卷积定理

定理 7.5.1　若 $f_1(t), f_2(t)$ 都满足傅里叶积分定理中的条件, 且

$$\mathcal{F}\left[f_1(t)\right]=F_1(\omega), \mathcal{F}\left[f_2(t)\right]=F_2(\omega),$$

则

$$\mathcal{F}\left[f_1(t)*f_2(t)\right]=F_1(\omega)\cdot F_2(\omega),$$

或

$$\mathcal{F}^{-1}\left[F_1(\omega)\cdot F_2(\omega)\right]=f_1(t)*f_2(t). \tag{7.5.2}$$

证明　
$$\begin{aligned}\mathcal{F}\left[f_1(t)*f_2(t)\right]&=\int_{-\infty}^{+\infty}\left[f_1(t)*f_2(t)\right]\mathrm{e}^{-\mathrm{i}\omega t}\mathrm{d}t\\&=\int_{-\infty}^{+\infty}\left[\int_{-\infty}^{+\infty}f_1(\tau)f_2(t-\tau)\mathrm{d}\tau\right]\mathrm{e}^{-\mathrm{i}\omega t}\mathrm{d}t\\&=\int_{-\infty}^{+\infty}\int_{-\infty}^{+\infty}f_1(\tau)\mathrm{e}^{-\mathrm{i}\omega\tau}f_2(t-\tau)\mathrm{e}^{-\mathrm{i}\omega(t-\tau)}\mathrm{d}\tau\mathrm{d}t\\&=\int_{-\infty}^{+\infty}f_1(\tau)\mathrm{e}^{-\mathrm{i}\omega\tau}\left[\int_{-\infty}^{+\infty}f_2(t-\tau)\mathrm{e}^{-\mathrm{i}\omega(t-\tau)}\mathrm{d}t\right]\mathrm{d}\tau\\&=F_1(\omega)\cdot F_2(\omega).\end{aligned}$$

卷积定理表明, 两个函数卷积的傅里叶变换等于这两个函数傅里叶变换的乘积.

同理可得

$$\mathcal{F}\left[f_1(t)\cdot f_2(t)\right]=\frac{1}{2\pi}F_1(\omega)*F_2(\omega),$$

或

$$\mathcal{F}^{-1}\left[F_1(\omega)*F_2(\omega)\right]=2\pi\left[f_1(t)\cdot f_2(t)\right]. \tag{7.5.3}$$

即两个函数乘积的傅里叶变换等于这两个函数傅里叶变换的卷积除以 2π.

一般地, 若 $f_k(t)(k=1,2,\cdots,n)$ 满足傅里叶积分定理中的条件, 且

$$\mathcal{F}\left[f_k(t)\right]=F_k(\omega)\quad(k=1,2,\cdots,n),$$

就有

$$\mathcal{F}\left[f_1(t)\cdot f_2(t)\cdot\cdots\cdot f_n(t)\right]=\frac{1}{(2\pi)^{n-1}}F_1(\omega)*F_2(\omega)*\cdots*F_n(\omega). \tag{7.5.4}$$

要指出，对于广义傅里叶变换来说，除了像函数的积分性质的结果稍有不同以外，其他性质在形式上都相同，只是难免要涉及一些广义函数罢了．下面是几个例子．

例 7.5.2　求 $\delta(\omega-2)$ 的傅里叶逆变换和 $tu(t)$ 的傅里叶变换．

解　$\mathcal{F}[1]=2\pi\delta(\omega)$，由位移性质得

$$\mathcal{F}^{-1}\left[\delta(\omega-2)\right]=\mathrm{e}^{\mathrm{i}2t}\mathcal{F}^{-1}\left[\delta(\omega)\right]=\frac{1}{2\pi}\mathrm{e}^{\mathrm{i}2t}$$
$$=\frac{1}{2\pi}(\cos 2t+\mathrm{i}\sin 2t).$$

由 $\mathcal{F}\left[u(t)\right]=\frac{1}{\mathrm{i}\omega}+\pi\delta(\omega)$ 及像函数的微分性质 $\frac{\mathrm{d}}{\mathrm{d}\omega}F(\omega)=\mathcal{F}\left[-\mathrm{i}tf(t)\right]$ 可知

$$\mathcal{F}[-\mathrm{i}tu(t)]=\frac{\mathrm{d}}{\mathrm{d}\omega}\mathcal{F}\left[u(t)\right]=\frac{\mathrm{d}}{\mathrm{d}\omega}\left[\frac{1}{\mathrm{i}\omega}+\pi\delta(\omega)\right]$$
$$=\frac{-1}{\mathrm{i}\omega^2}+\pi\delta'(\omega),$$

即

$$\mathcal{F}\left[tu(t)\right]=-\frac{1}{\omega^2}+\mathrm{i}\pi\delta'(\omega).$$

例 7.5.3　若 $F(\omega)=\mathcal{F}\left[f(t)\right]$，证明

$$\mathcal{F}\left[\int_{-\infty}^{t}f(t)\mathrm{d}t\right]=\frac{F(\omega)}{\mathrm{i}\omega}+\pi F(0)\delta(\omega). \tag{7.5.5}$$

证明　由积分性质知，当 $g(t)=\int_{-\infty}^{t}f(t)\mathrm{d}t$ 满足傅里叶积分定理的条件时，有

$$\mathcal{F}\left[\int_{-\infty}^{t}f(t)\mathrm{d}t\right]=\frac{F(\omega)}{\mathrm{i}\omega}.$$

当 $g(t)$ 为一般情况时，可将 $g(t)$ 表示成 $f(t)$ 和 $u(t)$ 的卷积，即

$$g(t)=f(t)*u(t),$$

其中 $u(t)$ 为单位阶跃函数，即

$$u(t)=\begin{cases}0, & t<0,\\ 1, & t>0,\end{cases}$$

这是因为

$$f(t)*u(t)=\int_{-\infty}^{+\infty}f(\tau)u(t-\tau)\mathrm{d}\tau=\int_{-\infty}^{t}f(\tau)\mathrm{d}\tau.$$

由卷积定理(7.5.2)式, 有

$$\begin{aligned}\mathcal{F}\left[g(t)\right]&=\mathcal{F}\left[f(t)*u(t)\right]=\mathcal{F}\left[f(t)\right]\cdot\mathcal{F}\left[u(t)\right]\\&=F(\omega)\cdot\left(\frac{1}{\mathrm{i}\omega}+\pi\delta(\omega)\right)=\frac{F(\omega)}{\mathrm{i}\omega}+\pi F(\omega)\delta(\omega)\\&=\frac{F(\omega)}{\mathrm{i}\omega}+\pi F(0)\delta(\omega).\end{aligned}$$

这表明, 当不满足 $\lim\limits_{t\to+\infty}g(t)=0$ 的条件时, 它的傅里叶变换就应包括一个脉冲函数, 即

$$\mathcal{F}\left[\int_{-\infty}^{t}f(t)\mathrm{d}t\right]=\frac{F(\omega)}{\mathrm{i}\omega}+\pi F(0)\delta(\omega).$$

特别地, 当 $\lim\limits_{t\to+\infty}g(t)=0$, 即 $\int_{-\infty}^{+\infty}f(t)\mathrm{d}t=0$ 时, 由于 $f(t)$ 是绝对可积的, 故

$$\begin{aligned}F(0)&=\lim_{\omega\to0}F(\omega)=\lim_{\omega\to0}\int_{-\infty}^{+\infty}f(t)\,\mathrm{e}^{-\mathrm{i}\omega t}\mathrm{d}t\\&=\int_{-\infty}^{+\infty}\lim_{\omega\to0}\left[f(t)\mathrm{e}^{-\mathrm{i}\omega t}\right]\mathrm{d}t=\int_{-\infty}^{+\infty}f(t)\mathrm{d}t=0.\end{aligned}$$

可见, 当 $\lim\limits_{t\to+\infty}g(t)=0$ 时, 就有 $F(0)=0$, 这与前面的结果相一致.

7.6* $\mathbf{R}^n$ 上的傅里叶变换

当我们在一个具有群运算的空间上作分析时, 一个方法就是: 探求某种基本函数系在群的作用下, 其变换由一个简单方式决定, 然后, 再将任意的函数分解为这些基本函数系的和或积分.

例如 $\mathbf{R}^n$ 是加法群, 其作用为平移, 考察函数 f: 对每个 $x\in\mathbf{R}^n$, 存在 $\varphi(x)$ 满足 $|\varphi(x)|=1$, 使得

$$f(x+y)=\varphi(x)f(y),$$

由此立得 $f(x)=\varphi(x)\cdot f(0)$. 这表明, 一旦 $f(0)$ 给定, f 完全由 φ 决定, 且由

$$\varphi(x+y)f(0)=f(x+y)=\varphi(x)\varphi(y)f(0),$$

可知除非 $f(0)=0$, 否则就有 $\varphi(x+y)=\varphi(x)\varphi(y)$. 所以, 欲求出如上所述的所有 f, 只需寻找其绝对值为 1, 且满足泛函方程

$$\varphi(x+y)=\varphi(x)\varphi(y),\quad x,y\in\mathbf{R}^n$$

的函数φ. 对此, 有下述之完全解答.

设$\varphi(x)$是$\mathbf{R}^n$上的可测函数, 且有关系

$$\varphi(x+y)=\varphi(x)\varphi(y),\quad x,y\in\mathbf{R}^n;\quad |\varphi(x)|=1,$$

则存在$\xi\in\mathbf{R}^n$, 使得

$$\varphi(x)=\mathrm{e}^{2\pi\mathrm{i}x\cdot\xi},$$

其中$x\cdot\xi$表示向量x与ξ的内积.

证明 首先, 设$n=1$. 取$a\in\mathbf{R}^1$, 使得

$$A=\int_0^a\varphi(t)\mathrm{d}t\neq 0,$$

有

$$\begin{aligned}\varphi(x)&=A^{-1}\int_0^a\varphi(x)\varphi(t)\mathrm{d}t\\&=A^{-1}\int_0^a\varphi(x+t)\,\mathrm{d}t=A^{-1}\int_x^{x+a}\varphi(t)\mathrm{d}t.\end{aligned}$$

由此知$\varphi\in C^1(\mathbf{R}^1)$, 并且

$$\varphi'(x)=A^{-1}\left[\varphi(x+a)-\varphi(x)\right]=B\varphi(x),$$

$$B=A^{-1}(\varphi(a)-1).$$

所以$\frac{\mathrm{d}}{\mathrm{d}x}\left(\mathrm{e}^{-Bx}\varphi(x)\right)=0$, 即$\mathrm{e}^{-Bx}\varphi(x)$为常数. 又由$\varphi(0)=1$知$\varphi(x)=\mathrm{e}^{Bx}$. 因为$|\varphi(x)|=1$, 所以$B$为纯虚数, 记为$B=2\pi\mathrm{i}\xi$, 某个$\xi\in\mathbf{R}^1$.

其次, 对$n>1$, 我们令$e_1,e_2,\cdots,e_n$为$\mathbf{R}^n$中的标准基. 由于在$\mathbf{R}^1$上$\psi_j(t)=\varphi(te_j)$满足

$$\psi_j(t+s)=\psi_j(t)\psi_j(s).$$

故$\psi_j(t)=\mathrm{e}^{2\pi\mathrm{i}t\xi_j}$. 故

$$\varphi(x)=\varphi\left(\sum_{j=1}^n x_j\mathrm{e}_j\right)=\prod_{j=1}^n\psi_j(x_j)=\mathrm{e}^{2\pi\mathrm{i}x\cdot\xi},$$

其中$x=(x_1,\cdots,x_n)$, $\xi=(\xi_1,\cdots,\xi_n)$.

现在, 我们来探求函数的分解问题, 即考虑

$$\hat{f}(\xi)=\int_{\mathbf{R}^n}f(x)\mathrm{e}^{-2\pi\mathrm{i}\xi\cdot x}\mathrm{d}x,\quad f(x)=\int_{\mathbf{R}^n}\hat{f}(\xi)\mathrm{e}^{2\pi\mathrm{i}x\cdot\xi}\mathrm{d}\xi.$$

这个问题在一定范围内总是有解的，首先要认清积分在何种意义下存在. 下面分别就 $L^1(\mathbf{R}^n)$ 及 $L^2(\mathbf{R}^n)$ 两种情形作一初步介绍.

7.6.1 $L^1(\mathbf{R}^n)$中的傅里叶变换

定义 7.6.1 设 $f \in L^1(\mathbf{R}^n)$，则称

$$\hat{f}(x) = \mathcal{F}(f)(x) = \int_{\mathbf{R}^n} f(y) \mathrm{e}^{-2\pi \mathrm{i} x \cdot y} \mathrm{d}y$$

为 f 的傅里叶变换，其中 $x \cdot y$ 表示向量 x 与 y 的内积.

对 $L^1(\mathbf{R}^n)$ 中 f 的傅里叶变换，下述性质成立:

(1) $\mathcal{F}$ 是 $L^1(\mathbf{R}^n)$ 上的线性算子，且有

$$\|\mathcal{F}(f)\|_\infty \leqslant \|f\|_1;$$

若 $f(x) \geqslant 0$，还有 $\|\mathcal{F}(f)\|_\infty = \|f\|_1 = \hat{f}(0)$.

(2) F 与 τ_h (平移算子)之间的关系

$$(\tau_h f)\widehat{(x)} = \mathrm{e}^{-2\pi \mathrm{i} h \cdot x} \hat{f}(x);$$

$$\tau_h \hat{f}(x) = (\widehat{\mathrm{e}^{2\pi \mathrm{i} h \cdot y} f(y)})(x).$$

(3) 设 x_k 是向量 x 的第 k 个坐标，且 $x_k f \in L^1(\mathbf{R}^n)$，则

$$\frac{\partial \hat{f}(x)}{\partial x_k} = (\widehat{-2\pi \mathrm{i} x_k f(y)})(x).$$

(4) 若 $L^1(\mathbf{R}^n)$ 同时又有 $\dfrac{\partial f}{\partial x_i} \in L^1(\mathbf{R}^n)$，则

$$\widehat{\left(\frac{\partial f}{\partial x_k}\right)} f(x) = 2\pi \mathrm{i} x_k \cdot \hat{f}(x).$$

(5) 若 $f, g \in L^1(\mathbf{R}^n)$，则

$$\widehat{(f * g)}(x) = \hat{f}(x) \cdot \hat{g}(x).$$

定理 7.6.1 设 $f \in L^1(\mathbf{R}^n)$，则 $\hat{f}(x)$ 是 $\mathbf{R}^n$ 上的一致连续函数.

证明 由等式

$$\hat{f}(x+h) - \hat{f}(x) = \int_{\mathbf{R}^n} f(y) \left[\mathrm{e}^{-2\pi \mathrm{i} h \cdot y} - 1\right] \mathrm{e}^{-2\pi \mathrm{i} x \cdot y} \mathrm{d}y$$

可知

$$\begin{aligned}\left|\hat{f}(x+h)-\hat{f}(x)\right| &\leqslant \int_{\mathbf{R}^n}|f(y)|\left|\mathrm{e}^{-2\pi \mathrm{i} h\cdot y}-1\right|\mathrm{d}y \\ &\leqslant \int_{|y|\leqslant r}|f(y)|\left|\mathrm{e}^{-2\pi \mathrm{i} h\cdot y}-1\right|\mathrm{d}y+2\int_{|y|>r}|f(y)|\mathrm{d}y.\end{aligned}$$

对于任给的 $\varepsilon>0$，可取充分大的 r，使得上式右端第二个积分小于 $\varepsilon/2$.固定此 r，显然当 $|h|$ 充分小时，可使

$$\left|\mathrm{e}^{-2\pi \mathrm{i} h\cdot y}-1\right|<\varepsilon/2, \quad |y|\leqslant r .$$

从而只要 $|h|$ 充分小就可使 $\left|\hat{f}(x+h)-\hat{f}(x)\right|$ 任意地小且与 x 无关.

定理 7.6.2 (黎曼–勒贝格引理) 设 $f\in L^1\left(\mathbf{R}^n\right)$，则

$$\lim_{|x|\to\infty}\hat{f}(x)=0 .$$

定理 7.6.3 (乘法公式) 设 $f,g\in L^1\left(\mathbf{R}^n\right)$，则

$$\int_{\mathbf{R}^n}\hat{f}(x)g(x)\mathrm{d}x=\int_{\mathbf{R}^n}f(x)\hat{g}(x)\mathrm{d}x .$$

由上可知，$f\in L^1(\mathbf{R}^n)$ 的傅里叶变换 $\hat{f}(x)$ 是一致连续且 $\hat{f}(x)\to 0(|x|\to\infty)$. 但 $\hat{f}$ 不一定属于 $L^1(\mathbf{R}^n)$，即使一个函数具备后两条性质，也不一定是 $L^1(\mathbf{R}^n)$ 中函数 f 的傅里叶变换.

下面是两个重要的计算傅里叶变换的例子.

例 7.6.1 设 $f(x)=\mathrm{e}^{-\pi|x|^2}$，则

$$\hat{f}(x)=\mathrm{e}^{-\pi|x|^2} .$$

证明 只需看 $n=1$ 的情形，有

$$\begin{aligned}\hat{f}(x)&=\int_{\mathbf{R}}\mathrm{e}^{-\pi|y|^2}\mathrm{e}^{-2\pi \mathrm{i}xy}\mathrm{d}y=\mathrm{e}^{-\pi x^2}\int_{\mathbf{R}}\mathrm{e}^{\pi x^2}\mathrm{e}^{-\pi\left(y^2+2\mathrm{i}xy\right)}\mathrm{d}y\\&=\mathrm{e}^{-\pi x^2}\int_C\mathrm{e}^{-\pi z^2}\mathrm{d}z,\end{aligned}$$

其中 $z=y+\mathrm{i}x$； $C:y+\mathrm{i}x,-\infty<y<\infty$. 由柯西积分定理知，上式最后一个积分为

$$\int_{-\infty}^{+\infty}\mathrm{e}^{-\pi x^2}\mathrm{d}x=1 .$$

从而结论得证.

注　$e^{-\pi|x|^2}$ 称为高斯函数, 它是唯一一个傅里叶变换的不动点.

例 7.6.2　设 $f(x)=e^{-\pi|x|}$, 则

$$\hat{f}(x)=C_n\frac{1}{\left(1+|x|^2\right)^{\frac{n+1}{2}}},\quad C_n=\Gamma\left(\frac{n+1}{2}\right)\pi^{-\frac{n+1}{2}}.$$

证明　利用公式

$$e^{-s}=\frac{2}{\pi}\int_0^{\infty}\frac{\cos sx}{1+x^2}dx,\quad s>0$$

可得表示 e^{-s} 的另一积分公式

$$\begin{aligned}
e^{-s}&=\frac{2}{\pi}\int_0^{\infty}\cos sx\left\{\int_0^{\infty}e^{-\left(1+x^2\right)t}dt\right\}dx\\
&=\frac{2}{\pi}\int_0^{\infty}e^{-t}\left\{\int_0^{\infty}\cos\ sx\ e^{-x^2t}dx\right\}dt\\
&=\frac{1}{\pi}\int_0^{\infty}e^{-t}\left\{\int_{-\infty}^{+\infty}e^{isx}e^{-tx^2}dx\right\}dt\\
&\xlongequal{x=2\pi y}\frac{1}{\pi}\int_0^{\infty}e^{-t}\left\{2\pi\int_{-\infty}^{+\infty}e^{2\pi iys}e^{-4\pi^2y^2t}dy\right\}dt\\
&\xlongequal{(\text{用例7.6.1})}\frac{1}{\sqrt{\pi}}\int_0^{\infty}\frac{e^{-t}}{\sqrt{t}}e^{-\frac{s^2}{4t}}dt.
\end{aligned}$$

应用上述 e^{-s} 的积分公式, 可得

$$\begin{aligned}
\hat{f}(x)&=\int_{\mathbf{R}^n}e^{-2\pi|y|}e^{-2\pi ix\cdot y}dy\\
&=\int_{\mathbf{R}^n}\left\{\frac{1}{\sqrt{\pi}}\int_0^{\infty}\frac{e^{-t}}{\sqrt{t}}e^{-\frac{\pi^2|y|^2}{t}}dt\right\}e^{-2\pi ix\cdot y}dy\\
&=\frac{1}{\sqrt{\pi}}\int_0^{\infty}\frac{e^{-t}}{\sqrt{t}}\left\{\int_{\mathbf{R}^n}e^{-\frac{\pi^2|y|^2}{t}}e^{-2\pi ix\cdot y}dy\right\}dt\\
&=\pi^{-\frac{n+1}{2}}\int_0^{\infty}e^{-t}t^{\frac{n-1}{2}}e^{-t|x|^2}dt\\
&\xlongequal{s=t\left(1+|x|^2\right)}\pi^{-\frac{n+1}{2}}\left(1+|x|^2\right)^{-\frac{n+1}{2}}\int_0^{\infty}e^{-s}s^{\frac{n-1}{2}}ds\\
&=\pi^{-\frac{n+1}{2}}\Gamma\left(\frac{n+1}{2}\right)\left(1+|x|^2\right)^{-\frac{n+1}{2}}.
\end{aligned}$$

注 函数 $e^{-2\pi|x|}$ 的傅里叶变换称为泊松核，它与上一个例子中高斯核一样，在很多数学领域中极其有用.

傅里叶变换理论的核心问题之一是它的反演问题.

定理 7.6.4 (傅里叶变换的逆定理) 若 $f \in L^1(\mathbf{R}^n), \hat{f} \in L^1(\mathbf{R}^n)$，则

$$\mathcal{F}^{-1}(\hat{f})(x) = \mathcal{F}(\mathcal{F}^{-1}f)(x) = f(x), \quad \text{a.e. } x \in \mathbf{R}^n,$$

其中 $\mathcal{F}^{-1}(g)(x)$ 表示

$$\mathcal{F}^{-1}(g)(x) = \int_{\mathbf{R}^n} g(y) e^{2\pi i x \cdot y} dy .$$

证明 给定 $t > 0$，令

$$\varphi(\xi) = e^{2\pi i x \cdot \xi} \cdot e^{-\pi t^2 |\xi|^2}, \quad \xi, x \in \mathbf{R}^n .$$

由傅里叶变换的性质(2)，并令 $g(x) = \exp(-\pi |x|^2)$，可知

$$\hat{\varphi}(y) = t^{-n} e^{-\pi \frac{|x-y|^2}{t^2}} = g_t(x-y),$$

其中 $g_t(x) = t^{-n} g\left(\frac{x}{t}\right)$. 从而由乘法公式得

$$\begin{aligned}
&\int_{\mathbf{R}^n} e^{-\pi t^2 |\xi|^2} \cdot e^{2\pi i x \cdot \xi} \hat{f}(\xi) d\xi = \int_{\mathbf{R}^n} \hat{f}(\xi) \varphi(\xi) d\xi \\
&= \int_{\mathbf{R}^n} f(y) \hat{\varphi}(y) dy = \int_{\mathbf{R}^n} f(y) g_t(x-y) dy \\
&= g_t * f(x).
\end{aligned}$$

由于 $\exp(-\pi |x|^2)$ 在 $\mathbf{R}^n$ 上的积分等于 1，根据逼近恒等定理有

$$\lim_{t \to 0} \| g_t * f - f \|_1 = 0.$$

另一方面，因为 $\hat{f} \in L^1(\mathbf{R}^n)$，所以由控制收敛定理又可得

$$\lim_{t \to 0} \int_{\mathbf{R}^n} e^{-\pi t^2 |\xi|^2} \cdot e^{2\pi i x \cdot \xi} \hat{f}(\xi) d\xi = \int_{\mathbf{R}^n} \hat{f}(\xi) e^{2\pi i x \cdot \xi} d\xi.$$

这就说明 $f(x) = \mathcal{F}^{-1}(\hat{f})(x)$, a.e. $x \in \mathbf{R}^n$. 同理有 $\mathcal{F}^{-1}(\hat{f})(x) = f(x)$ a.e. $x \in \mathbf{R}^n$.

注 (1) 若 $f \in L^1, \hat{f} \in L^1$，则 $\mathcal{F}^{-1}(\hat{f})(x)$ 是一致连续且当 $|x| \to \infty$ 时趋于零. 因此，改变在一个零测集上的值后，$f(x)$ 就成为一个连续函数，且使得对一切 $x \in \mathbf{R}^n$ 有 $f(x) = \mathcal{F}^{-1}(\hat{f})(x)$.

(2) 若 $f \in L^1(\mathbf{R}^n)$ 且 $\hat{f} = 0$，则

$$f(x)=0,\quad \text{a.e. } x\in\mathbf{R}^n.$$

7.6.2　$L^2(\mathbf{R}^n)$中的傅里叶变换

对于 $f\in L^2\left(\mathbf{R}^n\right)$，按通常收敛的意义，用于定义傅里叶变换的积分不一定存在.虽然如此，它仍可按某种较自然的方法导出，而且由于 L^2 是希尔伯特空间，其傅里叶变换的理论是最完善的.

我们的思路是这样的：考虑到 $L^1\cap L^2(\mathbf{R}^n)$ 在 $L^2\left(\mathbf{R}^n\right)$（以及 $L^1\left(\mathbf{R}^n\right)$）中稠密，而且是 $L^2\left(\mathbf{R}^n\right)$（以及 $L^1\left(\mathbf{R}^n\right)$）中的线性子空间，可以从 $L^1\left(\mathbf{R}^n\right)$ 的傅里叶变换出发再拓广于 $L^2\left(\mathbf{R}^n\right)$.

引理 7.6.1　设 $f\in L^1\cap L^2(\mathbf{R}^n)$，则 $\hat{f}\in L^2(\mathbf{R}^n)$，且有

$$\left\|\hat{f}\right\|_2=\|f\|_2 .$$

证明　令 $X=\left\{f\in L^1(\mathbf{R}^n):\hat{f}\in L^1(\mathbf{R}^n)\right\}$，显然，由 $L^1\left(\mathbf{R}^n\right)$ 中的反演定理可知 $X\subset L^2(\mathbf{R}^n)$. 又因速降函数属于 X，所以 X 在 $L^2(\mathbf{R}^n)$ 中稠密.

若 $f,g\in X$，且记 $h(x)=\overline{\hat{g}(x)}$，则

$$\hat{h}(\xi)=\int_{\mathbf{R}^n}\overline{\hat{g}(x)}\mathrm{e}^{-2\pi\mathrm{i}\xi\cdot x}\mathrm{d}x=\overline{\int_{\mathbf{R}^n}\hat{g}(x)\mathrm{e}^{2\pi\mathrm{i}\xi\cdot x}\mathrm{d}x}=\overline{g(\xi)} .$$

由此知

$$\begin{aligned}\int_{\mathbf{R}^n}f(x)\overline{g(x)}\mathrm{d}x&=\int_{\mathbf{R}^n}f(x)\hat{h}(x)\mathrm{d}x\\&=\int_{\mathbf{R}^n}\hat{f}(x)h(x)\mathrm{d}x=\int_{\mathbf{R}^n}\hat{f}(x)\overline{\hat{g}(x)}\mathrm{d}x.\end{aligned}$$

取 $g(x)=f(x)$，得 $\left\|\hat{f}\right\|_2=\|f\|_2$.

设 $f\in L^1\cap L^2(\mathbf{R}^n)$，并作 $g(x)=\exp(-\pi|x|^2)$. 由杨(Young)不等式知 $g_t*f\in L^1\cap L^2(\mathbf{R}^n)$. 注意到

$$(g_t*\hat{f})(\xi)=\mathrm{e}^{-\pi|\xi|^2}\hat{f}(\xi),$$

而且 $\hat{f}(\xi)$ 是有界的，易知 $g_t*f\in X$. 从而由上述推证知

$$\left\|\widehat{g_t*f}\right\|_2=\|g_t*f\|_2 .$$

根据逼近恒等定理，可知当 $t\to 0$ 时，g_t*f 依 L^1 以及 L^2 的意义收敛到 f. 因此，当 $t\to 0$ 时，$\widehat{g_t*f}$ 是一致且依 L^2 意义收敛到 $\hat{f}$，由此得引理结论

$$\left\|\hat{f}\right\|_2 = \|f\|_2 .$$

如果我们用线性算子 $F: L^1 \cap L^2 \to L^2$ 的角度去考虑上一引理, 那么上述结论指出: F 是一个定义在 $L^2(\mathbf{R}^n)$ 中稠密子集上的连续线性算子. 这样, 就可应用哈恩-巴拿赫(Hahn-Banach)延拓定理来定义一般 L^2 中函数的傅里叶变换.

实际上, 对 $f \in L^2(\mathbf{R}^n)$, 可作

$$f_k \in L^1 \cap L^2(\mathbf{R}^n) \quad (k = 1, 2, \cdots)$$

使得

$$\lim_{k\to\infty} \|f_k - f\|_2 = 0 .$$

由 $\left\|\hat{f}_k - \hat{f}_j\right\|_2 = \|f_k - f_j\|_2$ 可知, 存在 $L^2(\mathbf{R}^n)$ 中函数, 不妨记为 $\hat{f}$, 使得

$$\lim_{k\to\infty} \left\|\hat{f}_k - \hat{f}\right\|_2 = 0 ,$$

易知

$$\left\|\hat{f}\right\|_2 = \lim_{k\to\infty} \left\|\hat{f}_k\right\|_2 = \lim_{k\to\infty} \|f_k\|_2 = \|f\|_2 .$$

注意, 上述理论说明: 对一般的 $f \in L^2$, 其中傅里叶变换 $\hat{f}$ 是作为 $\{\hat{f}_k\}$ 的 L^2 极限来定义的, 其中 $\{f_k\}$ 是 $L^1 \cap L^2$ 中以 f 为 L^2 极限的任一函数列. 例如可以取

$$f_k(x) = \begin{cases} f(x), & |x| \leqslant k, \\ 0, & |x| > k, \end{cases} \quad k = 1, 2, \cdots,$$

而其傅里叶变换为

$$\hat{f}_k(x) = \int_{|y| \leqslant k} f(y) \mathrm{e}^{-2\pi \mathrm{i} x \cdot y} \mathrm{d}y .$$

下述定理说明 L^1 中的乘法公式也可推广到 L^2 中来.

定理 7.6.5 (乘法公式) 设 $f, g \in L^2(\mathbf{R}^n)$, 则

$$\int_{\mathbf{R}^n} \hat{f}(x) g(x) \mathrm{d}x = \int_{\mathbf{R}^n} f(x) \hat{g}(x) \mathrm{d}x .$$

证明 因为对于 $L^1 \cap L^2(\mathbf{R}^n)$ 中函数, 乘法公式成立, 所以我们取定 $g \in L^1 \cap L^2(\mathbf{R}^n)$, 而对 $f \in L^2(\mathbf{R}^n)$, 取 $\{f_k\} \subset L^1 \cap L^2(\mathbf{R}^n)$, 使得

$$\lim_{k\to\infty} \|f_k - f\|_2 = 0 .$$

由 $\hat{g} \in L^2$ 以及弱收敛定理可知

$$\lim_{k\to\infty}\int_{\mathbf{R}^n} f_k(x)\hat{g}(x)\mathrm{d}x = \int_{\mathbf{R}^n} f(x)\hat{g}(x)\mathrm{d}x .$$

另一方面, 有

$$\int_{\mathbf{R}^n} f_k(x)\hat{g}(x)\mathrm{d}x = \int_{\mathbf{R}^n} \hat{f}_k(x)g(x)\mathrm{d}x ,$$

以及

$$\lim_{k\to\infty}\int_{\mathbf{R}^n} \hat{f}_k(x)g(x)\mathrm{d}x = \int_{\mathbf{R}^n} \hat{f}(x)g(x)\mathrm{d}x ,$$

即得

$$\int_{\mathbf{R}^n} \hat{f}(x)g(x)\mathrm{d}x = \int_{\mathbf{R}^n} f(x)\hat{g}(x)\mathrm{d}x .$$

最后, 对于 g 也取 $\{g_k\}\subset L^1\cap L^2(\mathbf{R}^n)$, 使得 $\|g_k-g\|_2\to 0(k\to\infty)$, 再用类似的方法处理即可得证.

定理 7.6.6　记 $\mathcal{F}^{-1}$ 为 $\mathcal{F}$: $L^2(\mathbf{R}^n)\to L^2(\mathbf{R}^n)$ 的逆, 则

$$(\mathcal{F}^{-1}f)(x)=(\mathcal{F}f)(-x),\quad f\in L^2(\mathbf{R}^n).$$

特别地, 如果 $\{f_k\}$ 定义为

$$f_k(x)=\int_{|y|\leqslant k}\hat{f}(x)\mathrm{e}^{2\pi\mathrm{i}x\cdot y}\mathrm{d}y,$$

则

$$\lim_{k\to\infty}\|f_k-f\|_2=0 .$$

类似于 $L^1(\mathbf{R}^n)$ 中的卷积的傅里叶变换, 我们也有以下定理.

定理 7.6.7　若 $f,g\in L^2(\mathbf{R}^n)$, 则 $(f*g)^\wedge(x)=\hat{f}(x)\cdot\hat{g}(x)$.

本章小结

1. 傅里叶积分定理

若 $f(t)$ 在 $(-\infty,+\infty)$ 上满足

(1) $f(t)$ 在任一有限区间上满足狄利克雷条件;

(2) $f(t)$ 在无限区间 $(-\infty,+\infty)$ 上绝对可积(即 $\int_{-\infty}^{+\infty}|f(t)|\mathrm{d}t$ 收敛), 则有

$$f(t)=\frac{1}{2\pi}\int_{-\infty}^{+\infty}\left[\int_{-\infty}^{+\infty}f(\tau)\mathrm{e}^{-\mathrm{i}w\tau}\mathrm{d}\tau\right]\mathrm{e}^{\mathrm{i}\omega t}\mathrm{d}\omega$$

成立, 在 $f(t)$ 的间断点 t 处, 等式左端应以 $\frac{f(t-0)+f(t+0)}{2}$ 来代替.

2. 傅里叶变换

称

$$F(\omega)=\int_{-\infty}^{+\infty}f(t)\mathrm{e}^{-\mathrm{i}\omega t}\mathrm{d}t$$

为 $f(t)$ 的傅里叶变换. 称

$$f(t)=\frac{1}{2\pi}\int_{-\infty}^{+\infty}F(\omega)\mathrm{e}^{\mathrm{i}\omega t}\mathrm{d}\omega$$

为 $F(\omega)$ 的傅里叶逆变换.

3. 单位脉冲函数及其性质

一个函数称为 δ-函数, 记之为 $\delta(t)$, 如果它满足:

$$\delta(t)=\begin{cases}0, & t\neq 0,\\ \infty, & t=0,\end{cases}\qquad \int_{-\infty}^{+\infty}\delta(t)\mathrm{d}t=1.$$

性质 1　设 $f(t)$ 是任意连续函数, 恒有

$$\int_{-\infty}^{+\infty}\delta(t-t_0)f(t)\mathrm{d}t=f(t_0)\quad (t_0\neq 0).$$

性质 2　设 $a\in\mathbf{R}, a\neq 0$, 则

$$\delta(at)=\frac{1}{|a|}\delta(t).$$

性质 3　设函数 $g(t)$ 在 $(-\infty,+\infty)$ 上连续, 则

$$g(t)\delta(t-t_0)=g(t_0)\delta(t-t_0),\quad t_0\in(-\infty,+\infty).$$

性质 4

$$\delta^{(n)}(-t)=(-1)^n\delta^{(n)}(t).$$

4. 傅里叶变换的性质

性质 1 (线性性质)　设 $F_1(\omega)=\mathcal{F}[f_1(t)], F_2(\omega)=\mathcal{F}[f_2(t)], k_1, k_2$ 是常数, 则

$$\mathcal{F}\left[k_1f_1(t)+k_2f_2(t)\right]=k_1F_1(\omega)+k_2F_2(\omega),$$

$$\mathcal{F}^{-1}\left[k_1F_1(\omega)+k_2F_2(\omega)\right]=k_1f_1(t)+k_2f_2(t).$$

性质 2 (位移性质)　设 $F(w)=\mathcal{F}(f(t))$，则

$$\mathcal{F}\left[f(t\pm t_0)\right]=\mathrm{e}^{\pm\mathrm{i}\omega t_0}\mathcal{F}\left[f(t)\right].$$

$$\mathcal{F}^{-1}\left[F(\omega\pm\omega_0)\right]=\mathrm{e}^{\mp\mathrm{i}\omega_0 t}\mathcal{F}^{-1}\left[F(\omega)\right].$$

性质 3 (坐标缩放性质)　设 $F(\omega)=\mathcal{F}\left[f(t)\right]$,$a$ 为非零常数，则

$$\mathcal{F}\left[f(at)\right]=\frac{1}{|a|}F\left(\frac{\omega}{a}\right).$$

性质 4 (对称性质)　设 $\mathcal{F}\left[f(t)\right]=F(\omega)$，则 $\mathcal{F}\left[F(t)\right]=2\pi f(-\omega)$.

性质 5 (微分性质)　设 $\mathcal{F}\left[f(t)\right]=F(\omega)$，则有

$$\mathcal{F}\left[f^{(n)}(t)\right]=(\mathrm{i}\omega)^n\mathcal{F}\left[f(t)\right].$$

性质 6 (积分性质)　如果当 $t\to+\infty$ 时，有 $g(t)=\int_{-\infty}^{t}f(t)\mathrm{d}t\to 0$，那么

$$\mathcal{F}\left[\int_{-\infty}^{t}f(t)\mathrm{d}t\right]=\frac{1}{\mathrm{i}\omega}\mathcal{F}\left[f(t)\right].$$

性质 7 (乘积定理)　若记 $F_1(\omega)=\mathcal{F}\left[f_1(t)\right]$, $F_2(\omega)=\mathcal{F}\left[f_2(t)\right]$，则

$$\int_{-\infty}^{+\infty}f_1(t)f_2(t)\mathrm{d}t=\frac{1}{2\pi}\int_{-\infty}^{+\infty}\overline{F_1(\omega)}F_2(\omega)\mathrm{d}\omega=\frac{1}{2\pi}\int_{-\infty}^{+\infty}F_1(\omega)\overline{F_2(\omega)}\mathrm{d}\omega.$$

性质 8 (帕塞瓦尔定理)　若记 $F(\omega)=\mathcal{F}\left[f(t)\right]$，则

$$\int_{-\infty}^{+\infty}\left[f(t)\right]^2\mathrm{d}t=\frac{1}{2\pi}\int_{-\infty}^{+\infty}|F(\omega)|^2\mathrm{d}\omega.$$

5. 卷积及其性质

已知函数 $f_1(t),f_2(t)$，称积分

$$\int_{-\infty}^{+\infty}f_1(\tau)f_2(t-\tau)\mathrm{d}\tau$$

为函数 $f_1(t)$ 与 $f_2(t)$ 的卷积，记为 $f_1(t)*f_2(t)$.

性质 1 (交换律)　$f_1(t)*f_2(t)=f_2(t)*f_1(t)$;

性质 2 (结合律)　$f_1(t)*\left[f_2(t)*f_3(t)\right]=\left[f_1(t)*f_2(t)\right]*f_3(t)$;

性质 3 (分配律) $f_1(t)*\left[f_2(t)+f_3(t)\right]=f_1(t)*f_2(t)+f_1(t)*f_3(t)$;

性质 4 (数乘结合律) $a\left[f_1(t)*f_2(t)\right]=\left[af_1(t)\right]*f_2(t)=f_1(t)*\left[af_2(t)\right]$.

习 题 7

1. 判断下列命题真假, 并说明理由.

(1) 设 $a>0$, 则积分 $\int_{-\infty}^{+\infty}\delta(at-t_0)f(t)\mathrm{d}t=f\left(\dfrac{t_0}{a}\right)$;

(2) 设 $\mathcal{F}\left[f(t)\right]=F(\omega)$, 则 $\mathcal{F}\left[f(1-t)\right]=F(-\omega)\mathrm{e}^{-\mathrm{i}\omega}$;

(3) 设 $\mathcal{F}\left[f(t)\right]=F(\omega)$, 则当 $f(t)$ 为奇函数时, $F(\omega)$ 必为偶函数;

(4) $\mathcal{F}\left[\int_0^1\mathrm{e}^{-t^2}\mathrm{d}t\right]=2\pi\delta(\omega)\int_0^1\mathrm{e}^{-t^2}\mathrm{d}t$;

(5) 设 $\mathcal{F}\left[f(t)\right]=F(\omega)$, 则

$$2\pi\mathcal{F}\left[f^2(t)\right]=\int_{-\infty}^{+\infty}F(\tau)F(\omega-\tau)\mathrm{d}\tau .$$

2. 试证: 若 $f(t)$ 满足傅里叶积分定理的条件, 则有

$$f(t)=\int_0^{+\infty}a(\omega)\cos\omega t\mathrm{d}\omega+\int_0^{+\infty}b(\omega)\sin\omega t\mathrm{d}\omega ,$$

其中

$$a(\omega)=\frac{1}{\pi}\int_{-\infty}^{+\infty}f(\tau)\cos\omega\tau\mathrm{d}\tau,$$

$$b(\omega)=\frac{1}{\pi}\int_{-\infty}^{+\infty}f(\tau)\sin\omega\tau\mathrm{d}\tau,$$

特别地, 当 $f(t)$ 为奇函数时, 有

$$f(t)=\int_0^{+\infty}b(\omega)\sin\omega t\mathrm{d}\omega,$$

其中

$$b(\omega)=\frac{2}{\pi}\int_0^{+\infty}f(\tau)\sin\omega\tau\mathrm{d}\tau.$$

当 $f(t)$ 为偶函数时, 有

$$f(t)=\int_0^{+\infty}a(\omega)\cos\omega t\mathrm{d}\omega,$$

其中

$$a(\omega)=\frac{2}{\pi}\int_0^{+\infty}f(\tau)\sin\omega\tau\mathrm{d}\tau.$$

3. 试求 $f(t)=\mathrm{e}^{-|t|}$ 的傅里叶变换.

4. 试求矩形脉冲函数 $f(t)=\begin{cases}A, & 0\leqslant t\leqslant \tau,\\ 0, & \text{其他}\end{cases}$ 的傅里叶变换.

5. 求下列函数的傅里叶积分.

(1) $f(t)=\begin{cases}0, & -\infty<t<-1,\\ -1, & -1<t<0,\\ 1, & 0<t<1,\\ 0, & 1<t<+\infty;\end{cases}$　　(2) $f(t)=\delta(t)$.

6. 求函数 $f(t)=\begin{cases}1-t^2, & t^2\leqslant 1,\\ 0, & t^2>1\end{cases}$ 的傅里叶积分, 并计算

$$\int_0^{+\infty}\frac{x\cos x-\sin x}{x^3}\cdot\cos\frac{x}{2}\mathrm{d}x.$$

7. 试证 $F(\omega)=\delta(\omega+1)-\delta(\omega-1)$ 的傅里叶逆变换 $f(t)=\dfrac{\sin t}{\pi \mathrm{i}}$.

8. 求符号函数 $\operatorname{sgn} t=\begin{cases}-1, & t<0,\\ 1, & t>0\end{cases}$ 的傅里叶变换. (提示: $\operatorname{sgn} t=2u(t)-1$)

9. 求函数 $f(t)=\sin 2t\cos t$ 的傅里叶变换.

10. 利用位移性质计算下列函数的傅里叶变换.

(1) $u(t-C)$;　(2) $\dfrac{1}{2}[\delta(t+a)+\delta(t-a)]$;　(3) $\cos\left(2t-\dfrac{\pi}{3}\right)$.

11. 若 $F(\omega)=\mathcal{F}[f(t)]$, 证明(像函数的微分性质)

$$\frac{\mathrm{d}}{\mathrm{d}\omega}F(\omega)=\mathcal{F}[-\mathrm{i}tf(t)],$$

并计算 $\mathcal{F}[t]$.

12. 若 $F(\omega)=\mathcal{F}[f(t)]$, 证明

$$\mathcal{F}[f(t)\cos\omega_0 t]=\frac{1}{2}[F(\omega-\omega_0)+F(\omega+\omega_0)],$$

$$\mathcal{F}[f(t)\sin\omega_0 t]=\frac{1}{2\mathrm{i}}[F(\omega-\omega_0)-F(\omega+\omega_0)].$$

13. 证明下列式子:

(1) $\mathrm{e}^{at}[f_1(t)*f_2(t)]=[\mathrm{e}^{at}f_1(t)]*[\mathrm{e}^{at}f_2(t)]$　(a为常数);

(2) $\dfrac{\mathrm{d}}{\mathrm{d}t}[f_1(t)*f_2(t)]=\dfrac{\mathrm{d}}{\mathrm{d}t}f_1(t)*f_2(t)=f_1(t)*\dfrac{\mathrm{d}}{\mathrm{d}t}f_2(t)$.

14. 若已知

$$f_1(t)=\begin{cases}0, & t<0,\\ \mathrm{e}^{-t}, & t\geqslant 0,\end{cases}\quad f_2(t)=\begin{cases}\sin t, & 0\leqslant t\leqslant\dfrac{\pi}{2},\\ 0, & \text{其他}.\end{cases}$$

求 $f_1(t) * f_2(t)$.

15. 若 $F_1(\omega)=\mathcal{F}\left[f_1(t)\right], F_2(\omega)=\mathcal{F}\left[f_2(t)\right]$，证明

$$\mathcal{F}\left[f_1(t)\cdot f_2(t)\right]=\frac{1}{2\pi}F_1(\omega)*F_2(\omega).$$

16. 求下列函数的傅里叶变换.

(1) $f(t)=\cos\omega_0 t\cdot u(t)$;　　(2) $f(t)=\mathrm{e}^{\mathrm{i}\omega_0 t}u(t)$;

(3) $f(t)=\mathrm{e}^{\mathrm{i}\omega_0 t}u(t-t_0)$;　　(4) $f(t)=\mathrm{e}^{\mathrm{i}\omega_0 t}tu(t)$.

17. 试证:

(1) $t\delta'(t)=-\delta(t)$;　　(2) $t^2\delta'(t)=0$.

18. 试证 $\delta(t)$ 是偶函数，即 $\delta(-t)=\delta(t)$.

19. 试求下列函数的傅里叶变换:

(1) t;　　(2) $\delta'(t)$;　　(3) $1-\delta(t-1)+\delta''(t+1)$.

思考题　试求下列反常积分:

(1) $\int_{-\infty}^{+\infty}\left(\frac{\sin x}{t}\right)^2\mathrm{d}t$;　　(2) $\int_{-\infty}^{+\infty}\frac{1-\cos x}{t^2}\mathrm{d}t$.

Chapter

第8章 拉普拉斯变换

拉普拉斯变换理论是在19世纪末发展起来的, 是由法国数学家拉普拉斯给出的严密的数学定义, 称之为拉普拉斯变换, 简称拉氏变换. 拉普拉斯变换是一类重要的积分变换. 它的理论与方法在自然科学与工程技术中均有极其广泛的应用.

8.1 拉普拉斯变换的概念

8.1.1 拉氏变换的定义

在傅里叶变换的学习中, 我们可以看出傅里叶变换存在两个缺点. 第一, 在古典意义下, 当一个函数它满足了狄利克雷条件, 还满足在$(-\infty,+\infty)$内绝对可积的条件时, 才存在傅里叶变换. 众所周知, 绝对可积的条件是比较强的, 许多常见的初等函数, 如多项式函数、常数函数、正弦函数、余弦函数, 都不满足这个条件. 第二, 可以进行傅里叶变换的函数必须在整个数轴上有定义, 但在物理、线性控制以及无线电技术等实际应用中, 许多以时间t作为自变量的函数往往在$t<0$时是无意义的或者不需要知道$t<0$的情况. 因此, 傅里叶变换要求函数的条件比较强, 在实际应用中受到了限制.

对此, 我们给出了解决方法: 对任意一个函数$f(t)$, 经过适当的改造使其能进行古典意义下的傅里叶变换. 首先将$f(t)$乘以单位阶跃函数

$$u(t)=\begin{cases}0, & t<0,\\ 1, & t>0,\end{cases}$$

得到$f(t)u(t)$, 此时若对其求傅里叶变换就将积分区间$(-\infty,+\infty)$变成了$[0,+\infty)$, 这样当$t<0$时, 在$f(t)$没有定义或者不需要知道的情况下问题就解决了. 但是仍

不能回避在$[0,+\infty)$绝对可积的限制. 为此, 我们考虑当$t \to +\infty$时, 指数衰减函数$\mathrm{e}^{-\beta t}(\beta>0)$, 与$f(t)u(t)$相乘, 可得$f(t)u(t)\mathrm{e}^{-\beta t}(\beta>0)$. 一般说来, 只要$\beta$选取适当, 这个函数的傅里叶变换总是存在的. 对函数$f(t)$进行先乘以$u(t)\mathrm{e}^{-\beta t}$ $(\beta>0)$, 再取傅里叶变换的运算, 就产生了拉普拉斯变换.

对函数$f(t)u(t)\mathrm{e}^{-\beta t}(\beta>0)$取傅里叶变换, 可得

$$F_\beta(\omega)=\int_{-\infty}^{+\infty} f(t)u(t)\mathrm{e}^{-\beta t}\mathrm{e}^{-\mathrm{i}\omega t}\mathrm{d}t=\int_0^{+\infty} f(t)\mathrm{e}^{-(\beta+\mathrm{i}\omega)t}\mathrm{d}t=\int_0^{+\infty} f(t)\mathrm{e}^{-st}\mathrm{d}t,$$

其中

$$s=\beta+\mathrm{i}\omega,\quad f(t)=f(t)u(t),$$

如果再设

$$F(s)=F_\beta\left(\frac{s-\beta}{\mathrm{i}}\right),$$

于是

$$F(s)=\int_0^{+\infty} f(t)\mathrm{e}^{-st}\mathrm{d}t.$$

这是由实函数$f(t)$通过一种新的变换得到的复变函数, 这种变换就是本节要定义的拉普拉斯变换, 即拉氏变换.

定义 8.1.1 设$f(t)$在$t>0$上有定义, 且积分$F(s)=\int_0^{+\infty} f(t)\mathrm{e}^{-st}\mathrm{d}t$($s$是复参变量)在$s$的某一邻域内收敛, 则由这个积分确定的函数

$$F(s)=\int_0^{+\infty} f(t)\mathrm{e}^{-st}\mathrm{d}t \tag{8.1.1}$$

称为函数$f(t)$的拉普拉斯变换, 简称$f(t)$的拉氏变换, 并记作$\mathcal{L}[f(t)]$, 即

$$F(s)=\mathcal{L}[f(t)]=\int_0^{+\infty} f(t)\mathrm{e}^{-st}\mathrm{d}t.$$

在式(8.1.1)中的$F(s)$称为$f(t)$的像函数, $f(t)$称为$F(s)$的像原函数.

若$F(s)$是$f(t)$的拉氏变换, 则称$f(t)$是$F(s)$的拉氏逆变换, 记作

$$f(t)=\mathcal{L}^{-1}[F(s)].$$

由(8.1.1)式可知, 函数$f(t)$ $(t\geqslant 0)$的拉氏变换, 实际上就是$f(t)u(t)\mathrm{e}^{-\beta t}$的傅里叶变换.

例 8.1.1　求指数函数 $f(t)=\mathrm{e}^{kt}$ 的拉氏变换(k 为实常数).

解　$\mathcal{L}[f(t)]=\int_0^{+\infty}\mathrm{e}^{kt}\mathrm{e}^{-st}\mathrm{d}t=\int_0^{+\infty}\mathrm{e}^{-(s-k)t}\mathrm{d}t=\dfrac{1}{s-k}\ \left(\mathrm{Re}(s)>k\right)$，即 $\mathcal{L}\left[\mathrm{e}^{kt}\right]=\dfrac{1}{s-k}$.

例 8.1.2　求单位阶跃函数 $u(t)=\begin{cases}0, & t<0,\\ 1, & t>0\end{cases}$ 的拉氏变换.

解　$\mathcal{L}[u(t)]=\int_0^{+\infty}\mathrm{e}^{-st}\mathrm{d}t=-\dfrac{1}{s}\mathrm{e}^{-st}\Big|_0^{+\infty}=\dfrac{1}{s}$，$\mathrm{Re}(s)>0$.

8.1.2　拉氏变换的存在定理

从上面的几个例题可知，拉氏变换存在的条件比傅里叶变换存在的条件弱，但是一个函数存在拉氏变换仍然是需要满足一定条件的. 这些条件就如以下定理所述.

定理 8.1.1 (拉氏变换存在定理)　若函数 $f(t)$ 满足下列条件:

(1) 在 $t\geqslant 0$ 的任一有限区间上连续或分段连续;

(2) 当 $t\to\infty$ 时，$f(t)$ 的增长速度不超过某一指数函数，亦即存在常数 $N>0$ 及 $c>0$，使得 $|f(t)|\leqslant N\mathrm{e}^{ct}$，$0\leqslant t<+\infty$ 成立(满足此条件的函数，称它的增大是指数级的，c 为它的增长指数)，

则 $f(t)$ 的拉氏变换 $F(s)=\int_0^{+\infty}f(t)\mathrm{e}^{-st}\mathrm{d}t$ 在半平面 $\mathrm{Re}(s)>c$ 上一定存在，右端的积分在 $\mathrm{Re}(s)\geqslant c_1>c$ 上绝对收敛而且一致收敛，并且在 $\mathrm{Re}(s)>c$ 的半平面内，$F(s)$ 为解析函数.

证明　略.

物理学和工程技术中常见的函数大都满足这两个条件，而且一个函数的增大是指数级的与函数绝对可积相比，显然前者的条件要弱得多.如 $u(t),t^m,\cos kt$ 等函数都不满足傅里叶积分中绝对可积的条件，但它们都满足拉氏变换存在定理中的条件(2):

$|u(t)|\leqslant 1\cdot\mathrm{e}^{0t}$，此处 $N=1,c=0$;

$|\cos kt|\leqslant 1\cdot\mathrm{e}^{0t}$，此处 $N=1,c=0$;

$|t^m|\leqslant 1\cdot\mathrm{e}^{t}$，此处 $N=1,c=1$ (当 $t\to+\infty$ 时).

由此可见，拉氏变换的应用就更广泛(如在线性系统分析中). 而且，拉氏变换存在定理的条件是充分的，而不是必要的. 比如，对于 $f(t)=t^m$ 来说，当 $m>-1$ 时，其拉氏变换是存在的(见例 8.1.3). 但当 $m=-\dfrac{1}{2}$ 时，$f(t)=\dfrac{1}{\sqrt{t}}$ 却不满足存在定理条件中的条件(1)，因这时 $f(t)$ 在 $t=0$ 为无穷大，不满足在 $t\geqslant 0$ 的任一有限区间上连续或分段连续的要求.

定理 8.1.2 (1) 如果$\int_0^{+\infty} f(t)\mathrm{e}^{-st}\mathrm{d}t$ 在 $s_1=\beta_1+\mathrm{i}\omega_1$ 处收敛，则这个积分在 $\mathrm{Re}(s)>\beta_1$ 上处处收敛，且由这个积分确定的函数 $F(s)$ 在 $\mathrm{Re}(s)>\beta_1$ 上解析.

(2) 如果$\int_0^{+\infty} f(t)\mathrm{e}^{-st}\mathrm{d}t$ 在 $s_2=\beta_2+\mathrm{i}\omega_2$ 处发散，则这个积分在 $\mathrm{Re}(s)<\beta_2$ 上处处发散.

证明 (1) 设 $\Phi(t)=\int_0^t \mathrm{e}^{-s_1\tau} f(\tau)\mathrm{d}\tau$，则对 $t\geqslant 0$，$\Phi(t)$ 是连续的，且有$\int_0^{+\infty} f(t)\cdot\mathrm{e}^{-st}\mathrm{d}t$ 在点 s_1 处收敛，故函数 $\Phi(t)$ 有界，即存在常数 $C>0$，对任意的 $t\geqslant 0$ 成立 $|\Phi(t)|\leqslant C$，因此，当 $\mathrm{Re}(s)>\beta_1$ 时，$\lim\limits_{t\to+\infty}\mathrm{e}^{-(s-s_1)t}\Phi(t)=0$，则 $\Phi'(0)=f(0)$，所以

$$
\begin{aligned}
\int_0^{+\infty} f(t)\,\mathrm{e}^{-st}\mathrm{d}t &= \int_0^{+\infty} \mathrm{e}^{-(s-s_1)t}\Phi'(t)\mathrm{d}t \\
&= \Phi(t)\mathrm{e}^{-(s-s_1)t}\Big|_0^{+\infty} + (s-s_1)\int_0^{+\infty}\Phi(t)\mathrm{e}^{-(s-s_1)t}\mathrm{d}t \\
&= (s-s_1)\int_0^{+\infty}\Phi(t)\mathrm{e}^{-(s-s_1)t}\mathrm{d}t.
\end{aligned}
$$

因右端积分$\int_0^{+\infty}\Phi(t)\,\mathrm{e}^{-(s-s_1)t}\mathrm{d}t$ 绝对收敛，故左端积分在 $\mathrm{Re}(s-s_1)>0$ 上收敛且为解析函数.

(2) 假设结论不对，则存在某个 s'，使得当 $\mathrm{Re}(s')<\beta_2$ 时，$\int_0^{+\infty} f(t)\mathrm{e}^{-s't}\mathrm{d}t$ 收敛. 由(1)推出$\int_0^{+\infty} f(t)\mathrm{e}^{-st}\mathrm{d}t$ 收敛，与假设矛盾，故(2)的结论成立.

由定理 8.1.2，必存在实数 α (或是 $\pm\infty$)，使得在 $\mathrm{Re}(s)>\alpha$ 上积分$\int_0^{+\infty} f(t)\mathrm{e}^{-st}\mathrm{d}t$ 收敛，而在 $\mathrm{Re}(s)<\alpha$ 上积分$\int_0^{+\infty} f(t)\mathrm{e}^{-st}\mathrm{d}t$ 处处发散. 在收敛区域上 $F(s)=\mathcal{L}[f(t)]$ 是 s 的解析函数.这里的 α 叫做拉氏变换 $\mathcal{L}[f(t)]$ 的收敛坐标.

下面再求一些常用函数的拉氏变换.

例 8.1.3 求幂函数 $f(t)=t^m$ 的拉氏变换(m 为正整数).

解 设 $G_m=\int_0^{+\infty} t^m\mathrm{e}^{-st}\mathrm{d}t$，则当 $\mathrm{Re}(s)>0$ 时，$G_0=\int_0^{+\infty}\mathrm{e}^{-st}\mathrm{d}t=\dfrac{1}{s}$. 由分部积分公式得

$$
G_m=t^m\frac{\mathrm{e}^{-st}}{-s}\Bigg|_0^{+\infty}-\int_0^{+\infty} mt^{m-1}\frac{\mathrm{e}^{-st}}{-s}\mathrm{d}t=\frac{m}{s}\int_0^{+\infty} t^{m-1}\mathrm{e}^{-st}\mathrm{d}t=\frac{m}{s}G_{m-1},
$$

因此

$$G_m = \frac{m}{s} \cdot \frac{m-1}{s} \cdot \frac{m-2}{s} \cdot \cdots \cdot \frac{2}{s} \cdot \frac{1}{s} G_0 = \frac{m!}{s} \cdot \frac{1}{s} = \frac{m!}{s^{m+1}},$$

即

$$\mathcal{L}\left[t^m\right] = \frac{m!}{s^{m+1}} \quad \left(\operatorname{Re}(s) > 0\right).$$

一般地有

$$\mathcal{L}\left[t^m\right] = \frac{\Gamma(m+1)}{s^{m+1}} \quad (\operatorname{Re}(s) > 0,\ m > -1 \text{ 为实常数}).$$

例 8.1.4　求指数函数 $f(t) = \mathrm{e}^{kt}$ 的拉氏变换 (k 为实常数).

解　$\mathcal{L}[f(t)] = \int_0^{+\infty} \mathrm{e}^{kt}\mathrm{e}^{-st}\mathrm{d}t = \int_0^{+\infty} \mathrm{e}^{-(s-k)t}\mathrm{d}t$. 此积分在 $\operatorname{Re}(s) > k$ 时收敛, 而且有

$$\int_0^{+\infty} \mathrm{e}^{-(s-k)t}\mathrm{d}t = \frac{1}{s-k},$$

所以

$$\mathcal{L}\left[\mathrm{e}^{kt}\right] = \frac{1}{s-k} \quad (\operatorname{Re}(s) > k\,).$$

例 8.1.5　求余弦函数 $f(t) = \cos kt$ 的拉氏变换 (k 为实常数).

解

$$\begin{aligned}\mathcal{L}[\cos kt] &= \int_0^{+\infty} \cos kt\ \mathrm{e}^{-st}\mathrm{d}t \\ &= \frac{\mathrm{e}^{-st}}{s^2+k^2}[s\cos kt + k\sin kt]\Big|_0^{+\infty} \\ &= \frac{s}{s^2+k^2} \quad (\operatorname{Re}(s) > 0\,).\end{aligned}$$

同理可求得

$$\mathcal{L}[\sin kt] = \frac{k}{s^2+k^2} \quad (\operatorname{Re}(s) > 0\,).$$

例 8.1.6　设 $f(t)$ 是以 T 为周期的周期函数, 即 $f(t+T) = f(t)\ (t > 0)$, 且 $f(t)$ 在一个周期上是连续或分段连续的, 证明

$$\mathcal{L}\left[f(t)\right] = \frac{1}{1-\mathrm{e}^{-sT}}\int_0^T f(t)\mathrm{e}^{-st}\mathrm{d}t \quad \left(\operatorname{Re}(s > 0)\right).$$

证明

$$\begin{aligned}\mathcal{L}\left[f(t)\right] &= \int_0^{+\infty} f(t)\mathrm{e}^{-st}\mathrm{d}t \\ &= \int_0^T f(t)\mathrm{e}^{-st}\mathrm{d}t + \int_T^{2T} f(t)\mathrm{e}^{-st}\mathrm{d}t + \cdots + \int_{kT}^{(k+1)T} f(t)\mathrm{e}^{-st}\mathrm{d}t + \cdots\end{aligned}$$

$$=\sum_{k=0}^{+\infty}\left(\int_{kT}^{(k+1)T} f(t)\mathrm{e}^{-st}\mathrm{d}t\right).$$

又因为

$$\int_{kT}^{(k+1)T} f(t)\mathrm{e}^{-st}\mathrm{d}t=\int_0^T f(u+kT)\mathrm{e}^{-s(u+kT)}\mathrm{d}u=\mathrm{e}^{-skT}\int_0^T f(u)\mathrm{e}^{-su}\mathrm{d}u$$
$$=\mathrm{e}^{-skT}\int_0^T f(t)\mathrm{e}^{-st}\mathrm{d}t\quad (t=kT+u),$$

所以 $\mathcal{L}[f(t)]=\sum_{k=0}^{+\infty}\left(\mathrm{e}^{-skT}\int_0^T f(t)\mathrm{e}^{-st}\mathrm{d}t\right)=\sum_{k=0}^{+\infty}\mathrm{e}^{-skT}\int_0^T f(t)\mathrm{e}^{-st}\mathrm{d}t$

$$=\frac{1}{1-\mathrm{e}^{-sT}}\int_0^T f(t)\mathrm{e}^{-st}\mathrm{d}t\quad (\mathrm{Re}(s)>0).$$

需要指出的是, 满足拉氏变换存在定理条件的函数 $f(t)$ 在 $t=0$ 处有界时, 积分

$$\mathcal{L}[f(t)]=\int_0^{+\infty} f(t)\mathrm{e}^{-st}\mathrm{d}t$$

中的下限取 0^+ 或 0^- 不会影响其结果. 但如果 $f(t)$ 在 $t=0$ 处包含脉冲函数时, 就必须明确指出是 0^+ 还是 0^-, 因为

$$\mathcal{L}_+[f(t)]=\int_{0^+}^{+\infty} f(t)\mathrm{e}^{-st}\mathrm{d}t$$

称为 0^+ 系统, 在电路上表示换路后初始时刻;

$$\mathcal{L}_-[f(t)]=\int_{0^-}^{+\infty} f(t)\mathrm{e}^{-st}\mathrm{d}t$$

称为 0^- 系统, 在电路上表示换路前初始时刻.

可以看出当 $f(t)$ 在 $t=0$ 处有界时, 则

$$\int_{0^-}^{0^+} f(t)\mathrm{e}^{-st}\mathrm{d}t=0,$$

即

$$\mathcal{L}_-[f(t)]=\mathcal{L}_+[f(t)]=\mathcal{L}[f(t)].$$

当 $f(t)$ 在 $t=0$ 处包含了脉冲函数时, 则

$$\int_{0^-}^{0^+} f(t)\mathrm{e}^{-st}\mathrm{d}t\neq 0,$$

即

$$\mathcal{L}_-[f(t)]\neq\mathcal{L}_+[f(t)].$$

为了考虑这一情况, 需将进行拉氏变换的函数 $f(t)$, 当 $t\geqslant 0$ 时有定义扩大为当

$t>0$ 及 $t=0$ 的任意一个邻域内有定义. 这样, 原来的拉氏变换的定义 $\mathcal{L}[f(t)]=\int_0^{+\infty} f(t)\mathrm{e}^{-st}\mathrm{d}t$ 应为

$$\mathcal{L}_{-}[f(t)]=\int_{0^-}^{+\infty} f(t)\mathrm{e}^{-st}\mathrm{d}t .$$

但为了书写方便起见, 仍写成原来的形式.

例 8.1.7　求单位脉冲函数 $\delta(t)$ 的拉氏变换.

解　$\mathcal{L}\left[\delta(t)\right]=\int_0^{+\infty}\delta(t)\mathrm{e}^{-st}\mathrm{d}t=\int_{0^-}^{+\infty}\delta(t)\mathrm{e}^{-st}\mathrm{d}t=\int_{-\infty}^{+\infty}\delta(t)\mathrm{e}^{-st}\mathrm{d}t=\mathrm{e}^{-st}\Big|_{t=0}=1$.

例 8.1.8　求函数 $f(t)=\mathrm{e}^{-\beta t}\delta(t)-\beta\mathrm{e}^{-\beta t}v(t)\,(\beta>0)$ 的拉氏变换, 其中 $v(t)$ 为单位阶跃函数.

解

$$\begin{aligned}\mathcal{L}\left[f(t)\right]&=\int_{0^-}^{+\infty}\left[\mathrm{e}^{-\beta t}\delta(t)-\beta\mathrm{e}^{-\beta t}v(t)\right]\mathrm{e}^{-st}\mathrm{d}t\\&=\int_{0^-}^{+\infty}\delta(t)\mathrm{e}^{-(\beta+s)t}\mathrm{d}t-\beta\int_{0^-}^{+\infty}\mathrm{e}^{-(\beta+s)t}\mathrm{d}t\\&=\mathrm{e}^{-(\beta+s)t}\Big|_{t=0}+\beta\cdot\frac{\mathrm{e}^{-(\beta+s)t}}{s+\beta}\Bigg|_0^{+\infty}\\&=1-\frac{\beta}{s+\beta}=\frac{s}{s+\beta}.\end{aligned}$$

例 8.1.9　求 $\sin 2t\sin 3t$ 的拉氏变换.

解

$$\begin{aligned}\sin 2t\sin 3t&=-\frac{1}{4}\left(\mathrm{e}^{\mathrm{j}2t}-\mathrm{e}^{-\mathrm{j}2t}\right)\left(\mathrm{e}^{\mathrm{j}3t}-\mathrm{e}^{-\mathrm{j}3t}\right)\\&=\frac{1}{4}\left(\mathrm{e}^{\mathrm{j}5t}-\mathrm{e}^{-\mathrm{j}t}-\mathrm{e}^{\mathrm{j}t}+\mathrm{e}^{-\mathrm{j}5t}\right),\end{aligned}$$

则有

$$\begin{aligned}\mathcal{L}[\sin 2t\sin 3t]&=\frac{1}{4}\left[\frac{1}{s+5\mathrm{j}}-\frac{1}{s-\mathrm{j}}-\frac{1}{s+\mathrm{j}}+\frac{1}{s-5\mathrm{j}}\right]\\&=\frac{1}{4}\left[\frac{2s}{s^2+25}-\frac{2s}{s^2+1}\right]\\&=\frac{12s}{(s^2+25)(s^2+1)}.\end{aligned}$$

在实际工作中为了使用方便, 有现成的拉氏变换表可查. 查表求函数的拉氏变换比按定义去做方便得多, 特别是掌握了拉氏变换的性质, 再使用查表的方法, 就能更快地找到所求函数的拉氏变换. 像上面的几个例题就会更简单了. 本书已将工程实际中常遇到一些函数及其拉氏变换列于附录Ⅱ中, 以备读者查用.

8.2 拉氏变换的性质

利用拉氏变换的定义可以求得一些常用函数的像函数, 但是在应用中我们通常不去做这一积分运算, 而是利用拉氏变换的一些基本性质求像函数. 本节介绍拉氏变换的几个性质, 它们在拉氏变换的实际应用中都是很有用的. 为方便起见, 假定在这些性质中, 凡是要求拉氏变换的函数都满足拉氏变换存在定理中的条件, 并且把这些函数的增长指数都统一地取为 c. 在证明性质时不再陈述这些条件.

8.2.1 拉氏变换的性质

性质 8.2.1 (线性性质) 设 α,β 是常数, $\mathcal{L}\left[f_1(t)\right]=F_1(s)$, $\mathcal{L}\left[f_2(t)\right]=F_2(s)$, 则

$$\begin{aligned}&\mathcal{L}\left[\alpha f_1(t)+\beta f_2(t)\right]\\&=\alpha\mathcal{L}\left[f_1(t)\right]+\beta\mathcal{L}\left[f_2(t)\right]=\alpha F_1(s)+\beta F_2(s),\end{aligned}\tag{8.2.1}$$

$$\begin{aligned}&\mathcal{L}^{-1}\left[\alpha F_1(s)+\beta F_2(s)\right]\\&=\alpha\mathcal{L}^{-1}\left[F_1(s)\right]+\beta\mathcal{L}^{-1}\left[F_2(s)\right]=\alpha f_1(t)+\beta f_2(t).\end{aligned}\tag{8.2.2}$$

由拉氏变换的定义及积分性质即可证明这一性质.

例 8.2.1 求双曲正弦函数 $\operatorname{sh} kt$ 的拉氏变换(k 为实常数).

解 因 $\operatorname{sh} kt=\dfrac{\mathrm{e}^{kt}-\mathrm{e}^{-kt}}{2}$, 故由(8.2.1)式得

$$\mathcal{L}[\operatorname{sh} kt]=\frac{1}{2}\left\{\mathcal{L}\left[\mathrm{e}^{kt}\right]-L\left[\mathrm{e}^{-kt}\right]\right\}=\frac{1}{2}\left(\frac{1}{s-k}-\frac{1}{s+k}\right)=\frac{k}{s^2-k^2}\quad(\operatorname{Re}(s)>k).$$

例 8.2.2 求 $f(t)=\sin\omega t$ 的拉氏变换.

解 因为 $f(t)=\sin\omega t=\dfrac{1}{2\mathrm{i}}\left(\mathrm{e}^{\mathrm{i}\omega t}-\mathrm{e}^{-\mathrm{i}\omega t}\right)$, $\mathcal{L}\left[\mathrm{e}^{\mathrm{i}\omega t}\right]=\dfrac{1}{s-\mathrm{i}\omega}$, $\mathcal{L}\left[\mathrm{e}^{-\mathrm{i}\omega t}\right]=\dfrac{1}{s+\mathrm{i}\omega}$, 所以由线性性质得 $\mathcal{L}[\sin\omega t]=\dfrac{1}{2\mathrm{i}}\left(\dfrac{1}{s-\mathrm{i}\omega}-\dfrac{1}{s+\mathrm{i}\omega}\right)=\dfrac{\omega}{s^2+\omega^2}$.

同理可以求得

$$\mathcal{L}[\cos\omega t]=\frac{s}{s^2+\omega^2}.$$

性质 8.2.2 (微分性质) 设 $\mathcal{L}\left[f(t)\right]=F(s)$, 则 $\mathcal{L}\left[f'(t)\right]=sF(s)-f(0)$.

证明　根据拉氏变换的定义, 有

$$\begin{aligned}\mathcal{L}\left[f'(t)\right]&=\int_0^{+\infty} f'(t)\mathrm{e}^{-st}\mathrm{d}t\\&=f(t)\mathrm{e}^{-st}\Big|_0^{+\infty}+s\int_0^{+\infty} f(t)\mathrm{e}^{-st}\mathrm{d}t\\&=-f(0)+s\mathcal{L}\left[f(t)\right]\quad\left(\mathrm{Re}(s)>c\right),\end{aligned}$$

即

$$\mathcal{L}\left[f'(t)\right]=sF(s)-f(0).$$

推论 8.2.1　设 $\mathcal{L}\left[f(t)\right]=F(s)$, 则有

$$\mathcal{L}\left[f^{(n)}(t)\right]=s^nF(s)-s^{n-1}f(0)-s^{n-2}f'(0)-\cdots-f^{(n-1)}(0)\quad(\mathrm{Re}(s)>c).\tag{8.2.3}$$

特别地, 当 $f(0)=f'(0)=\cdots=f^{(n-1)}(0)=0$ 时,

$$\mathcal{L}\left[f^{(n)}(t)\right]=s^nF(s).$$

这个性质使我们在求解 $f(t)$ 的微分方程时有可能转化为 $F(s)$ 的代数方程, 因此它对分析线性系统有着重要的作用.

例 8.2.3　求 $f(t)=\cos\omega t$ 的拉氏变换.

解　因 $f(0)=1, f'(0)=0, f''(t)=-\omega^2\cos\omega t$, 故由(8.2.3)式得

$$\mathcal{L}\left[-\omega^2\cos\omega t\right]=s^2\mathcal{L}[\cos\omega t]-sf(0)-f'(0),$$

即

$$-\omega^2\mathcal{L}[\cos\omega t]=s^2\mathcal{L}[\cos\omega t]-s,$$

移项化简得

$$\mathcal{L}[\cos\omega t]=\frac{s}{s^2+\omega^2}\quad(\mathrm{Re}(s)>0).$$

同理可得

$$\mathcal{L}[\sin\omega t]=\frac{\omega}{s^2+\omega^2}\quad(\mathrm{Re}(s)>0).$$

例 8.2.4　求函数 $f(t)=t^m$ 的拉氏变换.

解　因 $f(0)=f'(0)=\cdots=f^{(m-1)}(0)=0, f^{(m)}(t)=m!, \mathcal{L}[1]=\dfrac{1}{s}$, 所以

$$m!\mathcal{L}[1]=s^m\mathcal{L}\left[t^m\right]$$

$$\mathcal{L}\left[t^m\right]=\frac{m!}{s^{m+1}}.$$

此外, 由拉氏变换存在定理, 还可以得到像函数的微分性质.

若$\mathcal{L}\left[f(t)\right]=F(s)$, 则

$$f'(s)=\mathcal{L}\left[-tf(t)\right]\quad(\mathrm{Re}(s)>c). \tag{8.2.4}$$

一般地, 对自然数n, 有

$$F^n(s)=(-1)^n\mathcal{L}\left[t^nf(t)\right]\quad(\mathrm{Re}(s)>c). \tag{8.2.5}$$

例 8.2.5 求函数$f(t)=t\mathrm{sh}\,kt$的拉氏变换.

解 因为$\mathcal{L}[\mathrm{sh}\,sk]=\dfrac{k}{s^2-k^2}$ $(\mathrm{Re}(s)>k)$, 由(8.2.4)得

$$\mathcal{L}[t\mathrm{sh}\,kt]=-\frac{\mathrm{d}}{\mathrm{d}s}\left[\frac{k}{s^2-k^2}\right]=\frac{2ks}{(s^2-k^2)^2}\quad(\mathrm{Re}(s)>k).$$

同理可得

$$\mathcal{L}[t\mathrm{ch}\,kt]=\frac{s^2+k^2}{(s^2-k^2)^2}\quad(\mathrm{Re}(s)>k).$$

例 8.2.6 求函数$F[s]=\ln\dfrac{s+1}{s-1}$的拉氏逆变换.

解 由$F'(s)=\dfrac{s-1}{s+1}\cdot\dfrac{s-1-s-1}{(s-1)^2}=\dfrac{1}{s+1}-\dfrac{1}{s-1}$及微分性质得

$$\begin{aligned}\mathcal{L}^{-1}\left[F(s)\right]&=-\frac{1}{t}\cdot\mathcal{L}^{-1}\left[F'(s)\right]\\&=-\frac{1}{t}\cdot\left\{\mathcal{L}^{-1}\left[\frac{1}{s+1}\right]-\mathcal{L}^{-1}\left[\frac{1}{s-1}\right]\right\}=\frac{1}{t}\left(\mathrm{e}^t-\mathrm{e}^{-t}\right)=\frac{2}{t}\mathrm{sh}\,t.\end{aligned}$$

性质 8.2.3 (积分性质) 设$\mathcal{L}\left[f(t)\right]=F(s)$, 有$\mathcal{L}\left[\int_0^t f(\tau)\mathrm{d}\tau\right]=\dfrac{1}{s}F(s)$.

证明 设$\varphi(t)=\int_0^t f(\tau)\mathrm{d}\tau$, 则$\varphi'(t)=f(t),\varphi(0)=0$, 因此由积分性质得

$$\mathcal{L}\left[f(t)\right]=s\mathcal{L}\left[\int_0^t f(\tau)\mathrm{d}\tau\right]-\varphi(0),$$

所以由此得到

$$\mathcal{L}\left[\int_0^t f(\tau)\mathrm{d}\tau\right]=\frac{1}{s}F(s).$$

一般地，有 $\mathcal{L}\left[\int_0^t \mathrm{d}\tau\int_0^t \mathrm{d}\tau\cdots\int_0^t f(\tau)\mathrm{d}\tau\right]=\frac{1}{s^n}F(s)$，这里包含 n 个积分号，$n=1,2,\cdots$.

此外，由拉氏变换存在定理，还可以得到像函数的积分性质.

设 $\lim\limits_{t\to 0^+}\frac{f(t)}{t}$ 存在，且积分 $\int_s^\infty F(u)\mathrm{d}u$ 收敛，则

$$\int_s^\infty F(u)\mathrm{d}u=\mathcal{L}\left[\frac{f(t)}{t}\right]. \tag{8.2.6}$$

一般地，若 $\lim\limits_{t\to 0^+}\frac{f(t)}{t}$ 存在，有 $\mathcal{L}\left[\frac{f(t)}{t^n}\right]=\int_s^\infty \mathrm{d}u\int_s^\infty \mathrm{d}u\cdots\int_s^\infty F(u)\mathrm{d}u$，这里包含 n 个积分号，$n=1,2,\cdots$.

证明 $\int_s^\infty F(u)\mathrm{d}u=\int_s^\infty\int_0^{+\infty} f(t)\mathrm{e}^{-ut}\mathrm{d}t\mathrm{d}u=\int_0^{+\infty} f(t)\int_s^\infty \mathrm{e}^{-ut}\mathrm{d}u\mathrm{d}t$

$$=\int_0^{+\infty} f(t)\left[-\frac{\mathrm{e}^{-ut}}{t}\bigg|_{u=s}^{\infty}\right]\mathrm{d}t=\int_0^{+\infty}\frac{f(t)}{t}\mathrm{e}^{-st}\mathrm{d}t=\mathcal{L}\left[\frac{f(t)}{t}\right].$$

推论 8.2.2 如果积分 $\int_0^{+\infty}\frac{f(t)}{t}\mathrm{d}t$ 收敛，则有

$$\int_0^{+\infty}\frac{f(t)}{t}\mathrm{d}t=\int_0^\infty F(s)\mathrm{d}s. \tag{8.2.7}$$

事实上，由式(8.2.3)得

$$\int_s^\infty F(u)\mathrm{d}u=\mathcal{L}\left[\frac{f(t)}{t}\right]=\int_0^{+\infty}\frac{f(t)}{t}\mathrm{e}^{-st}\mathrm{d}t,$$

令 $s\to 0$ 即可.

例 8.2.7 求函数 $f(t)=\frac{\sin t}{t}$ 的拉氏变换，并求积分 $\int_0^{+\infty}\frac{\sin t}{t}\mathrm{d}t$.

解 已知 $\mathcal{L}[\sin t]=\frac{1}{s^2+1}$，因此由式(8.2.6)得

$$\mathcal{L}\left[\frac{\sin t}{t}\right]=\int_s^\infty\frac{1}{u^2+1}\mathrm{d}u=\frac{\pi}{2}-\arctan s.$$

再由式(8.2.7)得

$$\int_0^{+\infty} \frac{\sin t}{t} \mathrm{d}t = \frac{\pi}{2}.$$

性质 8.2.4 (位移性质)　设$\mathcal{L}[f(t)] = F(s)$，则有

$$\mathcal{L}\left[\mathrm{e}^{at} f(t)\right] = F(s-a) \quad (\mathrm{Re}(s-a) > c).$$

证明　根据定义有

$$\mathcal{L}\left[\mathrm{e}^{at} f(t)\right] = \int_0^{+\infty} \mathrm{e}^{at} f(t) \mathrm{e}^{-st} \mathrm{d}t = \int_0^{+\infty} f(t) \mathrm{e}^{-(s-a)t} \mathrm{d}t = F(s-a) \quad (\mathrm{Re}(s-a) > c).$$

由此看出，上式右端只是在$F(s)$中把s换成$s-a$，所以结论得证，即

$$\mathcal{L}\left[\mathrm{e}^{at} f(t)\right] = F(s-a) \quad (\mathrm{Re}(s-a) > c).$$

这个性质表明了一个像原函数乘以指数函数e^{at}的拉氏变换等于其像函数作位移a.

例 8.2.8　求$\mathcal{L}\left[\mathrm{e}^{-at} \sin kt\right]$.

解　因为$\mathcal{L}[\sin kt] = \dfrac{k}{s^2 + k^2}$，所以由位移性质可得

$$\mathcal{L}\left[\mathrm{e}^{-at} \sin kt\right] = \frac{k}{(s+a)^2 + k^2}.$$

例 8.2.9　求$\mathcal{L}\left[t\mathrm{e}^{at} \sin at\right]$.

解　因为$\mathcal{L}\left[\mathrm{e}^{at} \sin at\right] = \dfrac{a}{(s-a)^2 + a^2}$，所以

$$\mathcal{L}\left[t\mathrm{e}^{at} \sin at\right] = -\left(\frac{a}{(s-a)^2 + a^2}\right)' = \frac{2a(s-a)}{\left(s^2 - 2as + 2a^2\right)^2}.$$

同理可得

$$\mathcal{L}\left[t\mathrm{e}^{at} \cos at\right] = \frac{(s-a)^2 - a^2}{\left[(s-a)^2 + a^2\right]^2} = \frac{s^2 - 2as}{\left(s^2 - 2as + 2a^2\right)^2}.$$

例 8.2.10　求$\mathcal{L}\left[\int_0^{+\infty} t\mathrm{e}^{at} \sin at \mathrm{d}t\right]$.

解　由上例及积分性质得

$$\mathcal{L}\left[\int_0^{+\infty} t\mathrm{e}^{at} \sin at \mathrm{d}t\right] = \frac{1}{s} \mathcal{L}\left[t\mathrm{e}^{at} \sin at\right] = \frac{2a(s-a)}{s\left[(s-a)^2 + a^2\right]^2}.$$

同理可得

$$\mathcal{L}\left[\int_0^{+\infty} t\mathrm{e}^{at}\cos at\mathrm{d}t\right]=\frac{1}{s}\mathcal{L}\left[t\mathrm{e}^{at}\sin at\right]=\frac{s-2a}{\left[(s-a)^2+a^2\right]^2}.$$

性质 8.2.5 (延迟性质)　设 $\mathcal{L}[f(t)]=F(s)$，且 $t<0$ 时 $f(t)=0$，则对于任一非负实数 τ，有

$$\mathcal{L}[f(t-\tau)]=\mathrm{e}^{-s\tau}F(s),$$

$$\mathcal{L}^{-1}\left[\mathrm{e}^{-s\tau}F(s)\right]=f(t-\tau). \tag{8.2.8}$$

证明　因为

$$\mathcal{L}[f(t-\tau)]=\int_0^{+\infty} f(t-\tau)\mathrm{e}^{-st}\mathrm{d}t=\int_0^{\tau} f(t-\tau)\mathrm{e}^{-st}\mathrm{d}t+\int_{\tau}^{+\infty} f(t-\tau)\mathrm{e}^{-st}\mathrm{d}t, \tag{8.2.9}$$

且由条件可知，当 $t<\tau$ 时，$f(t-\tau)=0$，可知(8.2.9)式右端第一个积分为零，对于第二个积分，令 $t-\tau=u$，有

$$\mathcal{L}[f(t-\tau)]=\int_0^{+\infty} f(t-\tau)\mathrm{e}^{-st}\mathrm{d}t=\int_{\tau}^{+\infty} f(t-\tau)\mathrm{e}^{-st}\mathrm{d}t=\int_0^{+\infty} f(u)\mathrm{e}^{-s(u+\tau)}\mathrm{d}u$$

$$=\mathrm{e}^{-s\tau}\int_0^{+\infty} f(u)\mathrm{e}^{-su}\mathrm{d}u=\mathrm{e}^{-s\tau}F(s)\quad(\mathrm{Re}\,s>c).$$

函数 $f(t-\tau)$ 与 $f(t)$ 相比，$f(t)$ 从 $t=0$ 开始有非零数值，而 $f(t-\tau)$ 从 $t=\tau$ 开始有非零数值，即延迟了一个时间 τ . $f(t-\tau)$ 的图像为 $f(t)$ 的图像沿 t 轴向右平移距离 τ 而得. 这个性质表示以时间 t 为自变量的函数延迟 τ 的拉氏变换等于像函数乘以指数因子 $\mathrm{e}^{-s\tau}$.

利用单位阶函数 $u(t)$，式(8.2.8)中的第一式可以写成

$$\mathcal{L}[f(t-\tau)u(t-\tau)]=\mathrm{e}^{-s\tau}F(s).$$

例 8.2.11　求函数 $u(t-\tau)=\begin{cases}0, & t<\tau,\\ 1, & t\geqslant\tau\end{cases}$ 的拉氏变换.

解　因为 $\mathcal{L}[u(t)]=\dfrac{1}{s}$，所以根据延迟性质可得

$$\mathcal{L}[u(t-\tau)]=\frac{1}{s}\mathrm{e}^{-s\tau}.$$

例 8.2.12　求单个半正弦波 $f(t)=\begin{cases}E\sin\dfrac{2\pi}{T}t, & 0\leqslant t<\dfrac{T}{2},\\ 0, & t\geqslant\dfrac{T}{2}\end{cases}$ 的拉氏变换.

解 设

$$f_1(t)=E\sin\frac{2\pi}{T}tu(t),$$

$$f_2(t)=E\sin\frac{2\pi}{T}\left(t-\frac{T}{2}\right)u\left(t-\frac{T}{2}\right),$$

容易看出，$f(t)=f_1(t)+f_2(t)$，所以我们得到

$$\begin{aligned}\mathcal{L}[f(t)]&=\mathcal{L}[f_1(t)]+\mathcal{L}[f_2(t)]\\&=E\mathcal{L}\left[\sin\frac{2\pi}{T}tu(t)\right]+E\mathcal{L}\left[\sin\frac{2\pi}{T}\left(t-\frac{T}{2}\right)u\left(t-\frac{T}{2}\right)\right]\\&=\frac{E\frac{2\pi}{T}}{s^2+\left(\frac{2\pi}{T}\right)^2}\left(1+e^{-\frac{T}{2}s}\right)\quad\left(\frac{2\pi}{T}=\omega\right).\end{aligned}$$

性质 8.2.6 (相似性质) 设$\mathcal{L}[f(t)]=F(s)$，则对$a>0$有

$$\mathcal{L}[f(at)]=\frac{1}{a}F\left(\frac{s}{a}\right)\quad(\mathrm{Re}(s)>ac).$$

证明 根据定义，当$a>0$时，有

$$\mathcal{L}[f(at)]=\int_0^{+\infty}f(at)e^{-st}dt=\frac{1}{a}\int_0^{+\infty}f(u)e^{-\frac{s}{a}u}du=\frac{1}{a}F\left(\frac{s}{a}\right).$$

例 8.2.13 已知$\mathcal{L}[f(t)]=F(s)$，求$\mathcal{L}[f(at-b)u(at-b)](a>0,b>0)$.

解 求解这个问题要用到相似性质和延迟性质.

方法一 先由延迟性质得

$$\mathcal{L}[f(t-b)u(t-b)]=F(s)e^{-bs},$$

再由相似性质得

$$\mathcal{L}[f(at-b)u(at-b)]=\frac{1}{a}F\left(\frac{s}{a}\right)e^{-s\cdot\frac{b}{a}}.$$

方法二 先由相似性质得

$$\mathcal{L}[f(at)u(at)]=\frac{1}{a}F\left(\frac{s}{a}\right),$$

再由延迟性质得

$$\mathcal{L}\left\{f\left[a\left(t-\frac{b}{a}\right)\right]u\left[a\left(t-\frac{b}{a}\right)\right]\right\}=\frac{1}{a}F\left(\frac{s}{a}\right)\mathrm{e}^{-s\cdot\frac{b}{a}},$$

即

$$\mathcal{L}\left[f(at-b)u(at-b)\right]=\frac{1}{a}F\left(\frac{s}{a}\right)\mathrm{e}^{-s\cdot\frac{b}{a}}.$$

例 8.2.14　求函数 $u(5t-2)=\begin{cases}1, & t\geqslant\dfrac{2}{5},\\ 0, & t<\dfrac{2}{5}\end{cases}$ 的拉氏变换.

解　由相似性质得

$$\mathcal{L}\left[u(5t-2)\right]=\frac{1}{5}\mathcal{L}\left[u(t-2)\right]\Big|_{\frac{s}{5}}.$$

由延迟性质有

$$\begin{aligned}\mathcal{L}\left[u(t-2)\right]&=\mathrm{e}^{-2s}\mathcal{L}[u(t)]\\&=\frac{1}{s}\mathrm{e}^{-2s}.\end{aligned}$$

故

$$\begin{aligned}\mathcal{L}\left[u(5t-2)\right]&=\frac{1}{5s}\mathrm{e}^{-2s}\Big|_{\frac{s}{5}}\\&=\frac{1}{s}\mathrm{e}^{-\frac{2}{5}s}.\end{aligned}$$

例 8.2.15　求函数 $\delta(5t)$ 和 $\delta(5t-5)$ 的拉氏变换.

解　由 $\mathcal{L}\left[\delta(t)\right]=1$，$\mathcal{L}\left[\delta(t-1)\right]=\mathrm{e}^{-s}$ 及相似性质得

$$\mathcal{L}\left[\delta(5t)\right]=\frac{1}{5}\mathcal{L}\left[\delta(t)\right]\Big|_{\frac{s}{5}}=\frac{1}{5}.$$

$$\mathcal{L}\left[\delta(5t-5)\right]=\frac{1}{5}\mathcal{L}\left[\delta(t-1)\right]=\frac{1}{5}\mathrm{e}^{-s}.$$

8.2.2　初值和终值定理

设 $f(t)$ 是拉氏变换的像原函数，称 $f(0)$ 和 $f\left(0^{+}\right)=\lim\limits_{t\to0^{+}}f(t)$ 为 $f(t)$ 的初值；称 $f(+\infty)=\lim\limits_{t\to+\infty}f(t)$ (如果它存在)为 $f(t)$ 的终值.下面两个定理表明，在一定的条

件下应用 $F(s)$ 能够确定初值 $f(0^+)$ 和终值 $f(+\infty)$.

定理 8.2.1 (初值定理) 若 $L[f(t)]=F(s)$，且 $\lim\limits_{s\to\infty} sF(s)$ 存在，则有

$$f(0^+)=\lim_{t\to 0^+} f(t)=\lim_{s\to\infty} sF(s).$$
$$\text{或 } f(0^+)=\lim_{s\to\infty} sF(s). \tag{8.2.10}$$

证明 根据拉氏变换的微分性质，有

$$\mathcal{L}[f'(t)]=s\mathcal{L}[f(t)]-f(0^-)=sF(s)-f(0^-).$$

已知 $\lim\limits_{s\to\infty} sF(s)$ 存在，故 $\lim\limits_{\mathrm{Re}s\to+\infty} sF(s)$ 必存在且有

$$\lim_{s\to\infty} sF(s)=\lim_{\mathrm{Re}s\to+\infty} sF(s).$$

在前式两端取 $\mathrm{Re}(s)\to+\infty$ 的极限，得

$$\lim_{\mathrm{Re}s\to+\infty}\mathcal{L}[f'(t)]=\lim_{\mathrm{Re}s\to+\infty} s\mathcal{L}[f(t)]-f(0^-)=\lim_{\mathrm{Re}s\to+\infty} sF(s)-f(0^-). \tag{8.2.11}$$

但是

$$\begin{aligned}\mathcal{L}[f'(t)]&=\int_{0^-}^{+\infty} f'(t)\mathrm{e}^{-st}\mathrm{d}t=\int_{0^-}^{0^+} f'(t)\mathrm{e}^{-st}\mathrm{d}t+\int_{0^+}^{+\infty} f'(t)\mathrm{e}^{-st}\mathrm{d}t\\&=f(0^+)-f(0^-)+\int_{0^+}^{+\infty} f'(t)\mathrm{e}^{-st}\mathrm{d}t.\end{aligned} \tag{8.2.12}$$

由拉氏变换存在定理的证明知，积分 $\int_{0^+}^{+\infty} f'(t)\mathrm{e}^{-st}\mathrm{d}t$ 在收敛域($\mathrm{Re}s\geqslant c_1>c$)上一致收敛.因此，当 $s\to\infty$ 时，积分号和极限号可以交换，从而

$$\lim_{\mathrm{Re}s\to+\infty}\int_{0^+}^{+\infty} f'(t)\mathrm{e}^{-st}\mathrm{d}t=\int_{0^+}^{+\infty} f'(t)\lim_{\mathrm{Re}s\to+\infty}\mathrm{e}^{-st}\mathrm{d}t=0,$$

结合式(8.2.11)和式(8.2.12)得

$$f(0^+)=\lim_{t\to 0^+} f(t)=\lim_{s\to\infty} sF(s). \tag{8.2.13}$$

定理 8.2.1 表明函数 $f(t)$ 在 $t=0$ 时的函数值可以通过 $f(t)$ 的拉氏变换 $F(s)$ 乘以 s，取 $s\to\infty$ 时的极限值而得到，它建立了函数 $f(t)$ 在坐标原点的值与函数 $sF(s)$ 在无穷远点的值之间的关系.

定理 8.2.2 (终值定理) 若 $\mathcal{L}[f(t)]=F(s)$，且 $sF(s)$ 的所有奇点都在 s 平面的左半部，则

$$f(+\infty)=\lim_{t\to+\infty} f(t)=\lim_{s\to 0} sF(s)$$

或

$$f(+\infty)=\lim_{s\to\infty} sF(s).$$

证明　根据条件及微分性质, 有

$$\mathcal{L}\left[f'(t)\right]=sF(s)-f(0),$$

两边 $s\to 0$ 的极限, 有

$$\lim_{s\to 0}\mathcal{L}\left[f'(t)\right]=\lim_{s\to 0} sF(s)-f(0),$$

但是

$$\begin{aligned}\lim_{s\to 0}\mathcal{L}\left[f(t)\right]&=f\left(0^{+}\right)-f\left(0^{-}\right)+\lim_{s\to 0}\int_{0^{+}}^{+\infty} f'(t)\mathrm{e}^{-st}\mathrm{d}t\\&=f\left(0^{+}\right)-f\left(0^{-}\right)+\int_{0^{+}}^{+\infty}\lim_{s\to 0}\mathrm{e}^{-st} f'(t)\mathrm{d}t\\&=f\left(0^{+}\right)-f\left(0^{-}\right)+\int_{0^{+}}^{+\infty} f'(t)\mathrm{d}t\\&=f\left(0^{+}\right)-f\left(0^{-}\right)+f(t)\Big|_{0^{+}}^{+\infty}\\&=\lim_{t\to+\infty} f(t)-f\left(0^{-}\right)\\&=\lim_{s\to 0} sF(s)-f\left(0^{-}\right),\end{aligned}$$

即

$$\lim_{t\to+\infty} f(t)=f(+\infty)=\lim_{s\to 0} sF(s), \tag{8.2.14}$$

定理 8.2.2 表明函数 $f(t)$ 在 $t\to+\infty$ 时的数值(即稳定值), 可以通过 $f(t)$ 的拉氏变换乘以 s 取 $s\to 0$ 时的极限值得到, 它建立了函数 $f(t)$ 在无穷远点的值与函数 $sH(s)$ 在原点的值之间的关系.

在拉氏变换的应用中, 往往先得到 $F(s)$ 再去求出 $f(t)$. 但有时我们并不关心函数 $f(t)$ 的表达式, 而是需要知道 $f(t)$ 在 $t\to+\infty$ 或 $t\to 0$ 时的性态, 这两个定理给我们提供了方便, 能使我们直接由 $F(s)$ 来求出 $f(t)$ 的两个特殊值 $f\left(0^{+}\right)$ 和 $f(+\infty)$.

例 8.2.16　已知 $\mathcal{L}\left[f(t)\right]=\dfrac{1}{s+a}(a>0)$, 求 $f(0)$ 和 $f(+\infty)$.

解　根据定理 8.2.1 和定理 8.2.2 得

$$f(+\infty)=\lim_{s\to 0} sF(s)=\lim_{s\to 0}\frac{s}{s+a}=0,$$

$$f(0)=\lim_{s\to\infty}sF(s)=\lim_{s\to\infty}\frac{s}{s+a}=1.$$

我们已经知道 $\mathcal{L}\left[\mathrm{e}^{-at}\right]=\dfrac{1}{s+a}$，即 $f(t)=\mathrm{e}^{-at}$，显然本题所求结果与直接由 $f(t)$ 所计算的结果一致.

例 8.2.17 已知 $F(s)=\mathcal{L}\left[f(t)\right]=\dfrac{s^2+1}{s(s+2)}$，求出 $f\left(0^+\right)$ 和 $f(+\infty)$.

解 由 $F(s)=\dfrac{s^2+1}{s(s+2)}=1+\dfrac{1}{2s}-\dfrac{5}{2(s+2)}$ 可得

$$f(t)=\delta(t)+\frac{1}{2}u(t)(1-5\mathrm{e}^{-2t}),$$

可得

$$f\left(0^+\right)=\lim_{t\to0^+}\left(\delta(t)+\frac{1}{2}u(t)(1-5\mathrm{e}^{-2t})\right)=-2,$$

$$f(+\infty)=\lim_{t\to\infty}\left(\delta(t)+\frac{1}{2}u(t)(1-5\mathrm{e}^{-2t})\right)=\frac{1}{2}.$$

在应用上，当电路较为复杂时，初值定理与终值定理的方便之处将显得突出，因为它不需要作逆变换，即可直接求出原函数的初值与终值.

8.3 卷　积

8.3.1 卷积的定义

在傅里叶变换一章里，我们曾经介绍过傅里叶变换的卷积及性质，现在给出拉氏变换的卷积定义.

定义 8.3.1 设函数 $f_1(t),f_2(t)$ 满足条件：当 $t<0$ 时，$f_1(t)=f_2(t)=0$，则将积分 $\int_0^t f_1(\tau)f_2(t-\tau)\mathrm{d}\tau$ 称为 $f_1(t)$ 与 $f_2(t)$ 的卷积，记作 $f_1(t)*f_2(t)$，即

$$f_1(t)*f_2(t)=\int_0^t f_1(\tau)f_2(t-\tau)\mathrm{d}\tau.$$

易见，拉氏变换的卷积定义与傅里叶变换的卷积定义是完全一致的. 因为按傅里叶变换的卷积定义，

$$f_1(t)*f_2(t)=\int_{-\infty}^{+\infty}f_1(\tau)f_2(t-\tau)\mathrm{d}\tau$$

$$=\int_{-\infty}^{0} f_1(\tau) f_2(t-\tau)\mathrm{d}\tau+\int_{0}^{t} f_1(\tau) f_2(t-\tau)\mathrm{d}\tau+\int_{t}^{+\infty} f_1(\tau) f_2(t-\tau)\mathrm{d}\tau .$$

在上式第一个积分中，因为$\tau<0$，故$f_1(\tau)=0$.在第三个积分中，因为$t<\tau$，所以$t-\tau<0$，故$f_2(t-\tau)=0$，因此

$$f_1(t)*f_2(t)=\int_{0}^{t} f_1(\tau) f_2(t-\tau)\mathrm{d}\tau .$$

8.3.2 卷积性质

卷积满足

(i) **交换律**　$f_1(t)*f_2(t)=f_2(t)*f_1(t)$；

(ii) **结合律**　$f_1(t)*[f_2(t)*f_3(t)]=[f_1(t)*f_2(t)]*f_3(t)$；

(iii) **分配律**　$f_1(t)*[f_2(t)+f_3(t)]=f_1(t)*f_2(t)+f_1(t)*f_3(t)$；

(iv) $|f_1(t)*f_2(t)|\leqslant|f_1(t)|*|f_2(t)|$；

(v) $u(t-t_0)*f(t)=\begin{cases}\int_{0}^{t-t_0} f(\tau)\mathrm{d}\tau, & t\geqslant t_0\geqslant 0,\\ 0, & t<t_0,\end{cases}$

特别地，当$t_0=0$时，$u(t)*f(t)=\int_{0}^{t} f(\tau)\mathrm{d}\tau$；

(vi) $f(t)*\delta(t-t_0)=\begin{cases}f(t-t_0), & t\geqslant t_0\geqslant 0,\\ 0, & t<t_0,\end{cases}$

特别地，当$t_0=0$时，$f(t)*\delta(t)=f(t)$.

例 8.3.1　设$f(t)=\begin{cases}\cos t, & t\geqslant 0,\\ 0, & t<0,\end{cases}$求$f(t)*f(t)$.

解　根据定义，

$$\begin{aligned}f(t)*f(t)&=\int_{0}^{t}\cos\tau\cos(t-\tau)\mathrm{d}\tau\\&=\frac{1}{2}\int_{0}^{t}[\cos t+\cos(2\tau-t)]\mathrm{d}\tau=\frac{1}{2}(t\cos t+\sin t).\end{aligned}$$

例 8.3.2　设$f_1(t)=\begin{cases}t, & t\geqslant 0,\\ 0, & t<0,\end{cases}$　$f_2(t)=\begin{cases}\sin t, & t\geqslant 0,\\ 0, & t<0,\end{cases}$求$f_1(t)*f_2(t)$.

解　$$\begin{aligned}f_1(t)*f_2(t)&=t*\sin t=\int_{0}^{t}\tau\sin(t-\tau)\mathrm{d}\tau\\&=\tau\cos(t-\tau)\Big|_0^t-\int_{0}^{t}\cos(t-\tau)\mathrm{d}\tau\\&=t-\sin t.\end{aligned}$$

8.3.3 卷积定理

拉氏变换的卷积性质不仅能够用它来求出某些函数的拉氏变换，而且在线性系统的研究中起着重要作用.

定理 8.3.1 假设 $f_1(t),f_2(t)$ 满足拉氏变换存在定理中的条件，且 $\mathcal{L}\left[f_1(t)\right]=F_1(s)$，$\mathcal{L}\left[f_2(t)\right]=F_2(s)$，则 $f_1(t)*f_2(t)$ 的拉氏变换一定存在，且

$$\begin{cases}\mathcal{L}\left[f_1(t)*f_2(t)\right]=F_1(s)F_2(s),\\ \mathcal{L}^{-1}\left[F_1(s)F_2(s)\right]=f_1(t)*f_2(t).\end{cases}$$

证明 易得证 $f_1(t)*f_2(t)$ 满足拉氏变换存在定理中的条件.

$$\begin{aligned}\mathcal{L}\left[f_1(t)*f_2(t)\right]&=\int_0^{+\infty}\left[f_1(t)*f_2(t)\right]\mathrm{e}^{-st}\mathrm{d}t\\&=\int_0^{+\infty}\left[\int_0^t f_1(\tau)f_2(t-\tau)\mathrm{d}\tau\right]\mathrm{e}^{-st}\mathrm{d}t,\end{aligned}$$

由上式及二重积分绝对可积，可交换积分次序性，得

$$\mathcal{L}\left[f_1(t)*f_2(t)\right]=\int_0^{+\infty}f_1(\tau)\left[\int_\tau^{+\infty}f_2(t-\tau)\mathrm{e}^{-st}\mathrm{d}t\right]\mathrm{d}\tau,$$

令 $t-\tau=u$，则

$$\int_\tau^{+\infty}f_2(t-\tau)\mathrm{e}^{-st}\mathrm{d}t=\int_0^{+\infty}f_2(u)\mathrm{e}^{-su}\mathrm{e}^{-s\tau}\mathrm{d}u=\mathrm{e}^{-s\tau}F_2(s),$$

所以

$$\mathcal{L}\left[f_1(t)*f_2(t)\right]=\int_0^{+\infty}f_1(\tau)\mathrm{e}^{-s\tau}F_2(s)\mathrm{d}\tau=F_1(s)F_2(s).$$

不难推证，如果 $f_k(t)(k=1,2,\cdots,n)$ 满足拉氏变换存在定理中的条件且 $\mathcal{L}\left[f_k(t)\right]=F_k(s)(k=1,2,\cdots,n)$，则

$$\mathcal{L}\left[f_1(t)*f_2(t)*\cdots*f_n(t)\right]=F_1(s)F_2(s)\cdots F_n(s).$$

在拉氏变换的应用中卷积定理起着十分重要的作用.

例 8.3.3 设 $F(s)=\dfrac{s^2}{\left(s^2+1\right)^2}$，求 $f(t)$.

解　$f(t)=\mathcal{L}^{-1}\left[\dfrac{s^2}{\left(s^2+1\right)^2}\right]=\mathcal{L}^{-1}\left[\dfrac{s}{s^2+1}\cdot\dfrac{s}{s^2+1}\right]$，由卷积定理及例 8.3.1,

$$f(t)=\cos t*\cos t=\frac{1}{2}(t\cos t+\sin t).$$

例 8.3.4　设$F(s)=\dfrac{s^3-s+4}{s^4-1}$，求 $f(t)$.

解

$$\begin{aligned}F(s)&=\frac{s^3-s+4}{s^4-1}=\frac{s-2}{s^2+1}+\frac{2}{s^2-1}\\&=\frac{s}{s^2+1}-\frac{2}{s^2+1}+\frac{2}{s^2-1},\end{aligned}$$

故

$$\begin{aligned}f(t)&=\mathcal{L}^{-1}\left[\frac{s}{\left(s^2+1\right)}\right]-2\mathcal{L}^{-1}\left[\frac{1}{s^2+1}\right]+2\mathcal{L}^{-1}\left[\frac{1}{s^2-1}\right]\\&=\cos t-2\sin t+2\operatorname{sh} t.\end{aligned}$$

8.4　拉氏逆变换

前面几节主要讨论了已知函数 $f(t)$ 求它的拉氏变换 $F(s)$ 的问题. 但是在实际问题的应用中，不可避免要遇到其相反的问题，即已知 $f(t)$ 的拉氏变换 $F(s)$，求其像原函数 $f(t)$ 的问题. 如果 $F(s)$ 在附录Ⅱ的表中可以直接查到，求逆变换的问题就比较容易解决. 同时通过应用拉氏变换的几个性质，特别是卷积定理，确实也能在某些情况下，对这个问题给出满意的回答. 然而，在实际问题中经常遇到的 $F(s)$ 并非那样简单.如果 $F(s)$ 较复杂时，只用前几节的方法很不方便，因此必须研究求其逆变换的一般方法.

8.4.1　反演积分公式

由拉氏变换的概念可知，函数 $f(t)$ 的拉氏变换实际上是 $f(t)u(t)\mathrm{e}^{-\beta t}\,(\beta>0)$ 的傅里叶变换.于是当 $f(t)u(t)\mathrm{e}^{-\beta t}\,(\beta>0)$ 满足傅里叶积分定理的条件时，根据傅里叶积分公式，$f(t)$ 在连续点处,

$$f(t)u(t)\mathrm{e}^{-\beta t}=\frac{1}{2\pi}\int_{-\infty}^{+\infty}\left[\int_{-\infty}^{+\infty}f(\tau)u(\tau)\mathrm{e}^{-\beta\tau}\mathrm{e}^{-\mathrm{i}\omega\tau}\mathrm{d}\tau\right]\mathrm{e}^{\mathrm{i}\omega t}\mathrm{d}\omega$$
$$=\frac{1}{2\pi}\int_{-\infty}^{+\infty}\mathrm{e}^{\mathrm{i}\omega t}\int_{0}^{+\infty}f(\tau)\mathrm{e}^{-(\beta+\mathrm{i}\omega)\tau}\mathrm{d}\tau\mathrm{d}\omega$$
$$=\frac{1}{2\pi}\int_{-\infty}^{+\infty}F(\beta+\mathrm{i}\omega)\mathrm{e}^{\mathrm{i}\omega t}\mathrm{d}\omega\quad(t>0),$$

等式两端同乘 $\mathrm{e}^{\beta t}$，且注意到这个因子与积分变量 ω 无关，故 $t>0$ 时，令 $\beta+\mathrm{i}\omega=s$，

$$f(t)=\frac{1}{2\pi\mathrm{i}}\int_{\beta-\mathrm{i}\infty}^{\varphi+\mathrm{i}\infty}F(s)\mathrm{e}^{st}\mathrm{d}s\quad(t>0),\tag{8.4.1}$$

其中 $\beta>c$，c 是 $f(t)$ 的增长指数. 积分路径是在右半平面 $\mathrm{Re}\,s>c$ 上任意一条直线 $\mathrm{Re}\,s=\beta$ 上.

式(8.4.1)就是从像函数 $F(s)$ 求它的像原函数 $f(t)$ 的一般公式，右端的积分称为拉氏反演积分公式. 显然，求出了反演积分也就求出了拉氏逆变换. 公式(8.4.1)与

$$F(s)=\int_{0}^{+\infty}f(t)\mathrm{e}^{-st}\mathrm{d}t$$

构成一对互逆的积分变换公式. 由于公式(8.4.1)右端的反演积分是一个复变函数积分，所以计算起来通常比较困难. 但当 $F(s)$ 满足一定条件时，可以用留数来计算它. 下面的定理提供了计算反演积分的方法.

定理 8.4.1　若函数 $F(s)$ 在平面上除有限个孤立奇点 $s_1,s_2,\cdots,s_n$ 外处处解析. 适当选取 β，使这些奇点全在 $\mathrm{Re}(s)<\beta$ 的范围内，且当 $s\to\infty$ 时，$F(s)\to0$，则有

$$\frac{1}{2\pi\mathrm{i}}\int_{\beta-\mathrm{i}\infty}^{\beta+\mathrm{i}\infty}F(s)\mathrm{e}^{st}\mathrm{d}s=\sum_{k=1}^{n}\mathrm{Res}\left[F(s)\mathrm{e}^{st},s_k\right]\quad(t>0).\tag{8.4.2}$$

当 $F(s)$ 为有理函数时，定理 8.4.1 变得更为简单.

定理 8.4.2　若函数 $F(s)$ 为有理函数：$F(s)=\dfrac{A(s)}{B(s)}$，其中 $A(s),B(s)$ 是互质多项式，$A(s)$ 的次数为 n，$B(s)$ 的次数为 m，且 $n<m$. 又假定 $B(s)$ 的零点为 $s_1,s_2,\cdots,s_k$，其阶数分别为 $p_1,p_2,\cdots,p_k\left(\sum\limits_{j=1}^{k}p_j=m\right)$，那么在 $f(t)$ 的连续点处成立

$$f(t)=\sum_{j=1}^{k}\frac{1}{(p_j-1)!}\lim_{s\to s_j}\frac{\mathrm{d}^{p_j-1}}{\mathrm{d}s^{p_j-1}}\left[(s-s_j)^{p_j}\frac{A(s)}{B(s)}\mathrm{e}^{st}\right]\quad(t>0).\tag{8.4.3}$$

特别地，如果 $B(s)$ 有 m 个单零点 $s_1,s_2,\cdots,s_m$，那么在 $f(t)$ 的连续点处成立

$$f(t)=\sum_{j=1}^{m}\frac{A(s_j)}{B'(s_j)}e^{s_j t}\quad (t>0), \tag{8.4.4}$$

在 $f(t)$ 的间断点 $t_0>0$ 处, 式(8.4.3)和(8.4.4)左端应以 $\frac{1}{2}\left[f\left(t_0^{+0}\right)+f\left(t_0^{-0}\right)\right]$ 代替.

8.4.2　拉氏逆变换的求法

例 8.4.1　求 $F(s)=\dfrac{1}{s^2+1}$ 的拉氏逆变换.

解　$F(s)$ 有两个奇点: $s_1=\mathrm{i}, s_2=-\mathrm{i}$, 则有

$$\begin{aligned}f(t)&=\operatorname{Res}\left[F(s)e^{st},\mathrm{i}\right]+\operatorname{Res}\left[F(s)e^{st},-\mathrm{i}\right]\\&=\frac{1}{2s}e^{st}\Big|_{s=\mathrm{i}}+\frac{1}{2s}e^{st}\Big|_{s=-\mathrm{i}}\\&=\frac{1}{2\mathrm{i}}e^{\mathrm{i}t}-\frac{1}{2\mathrm{i}}e^{-\mathrm{i}t}\\&=\sin t\quad (t>0).\end{aligned}$$

例 8.4.2　求 $F(s)=\dfrac{s}{s^2+1}$ 的拉氏逆变换.

解　这里 $B(s)=s^2+1$, $s=\pm\mathrm{i}$ 是它的两个一级零点, 故由式(8.4.4)得

$$\begin{aligned}f(t)&=\mathcal{L}^{-1}\left[\frac{s}{s^2+1}\right]=\frac{s}{2s}e^{st}\Big|_{s=\mathrm{i}}+\frac{s}{2s}e^{st}\Big|_{s=-\mathrm{i}}\\&=\frac{1}{2}\left(e^{\mathrm{i}t}+e^{-\mathrm{i}t}\right)=\cos t\quad (t>0).\end{aligned}$$

这和熟知的结果 $\mathcal{L}[\cos kt]=\dfrac{s}{s^2+k^2}$ 一致.

例 8.4.3　求 $F(s)=\dfrac{1}{s(s-1)^2}$ 的拉氏逆变换.

解　这里 $B(s)=s(s-1)^2$, $s=0$ 为一级零点, $s=1$ 为二级零点, 由式(8.4.3)得

$$\begin{aligned}f(t)&=\lim_{s\to 0}\frac{se^{st}}{s(s-1)^2}+\lim_{s\to 1}\frac{\mathrm{d}}{\mathrm{d}s}\left[(s-1)^2\frac{1}{s(s-1)^2}e^{st}\right]\\&=1+\lim_{s\to 1}\frac{\mathrm{d}}{\mathrm{d}s}\left[\frac{1}{s}e^{st}\right]\\&=1+\lim_{s\to 1}\left[\frac{t}{s}e^{st}-\frac{1}{s^2}e^{st}\right]\end{aligned}$$

$$=1+\left(te^t-e^t\right)=1+e^t(t-1)\quad(t>0).$$

例 8.4.4 求 $F(s)=\dfrac{s}{(s+1)^3(s-1)^2}$ 的拉氏逆变换.

解 这里 $B(s)=(s+1)^3(s-1)^2$，$s=-1$ 为三级零点，$s=1$ 为二级零点，由式(8.4.3)可得

$$f(t)=\frac{1}{2}\lim_{s\to-1}\frac{d^2}{ds^2}\left[(s+1)^3\frac{1}{(s+1)^3(s-1)^2}e^{st}\right]+\lim_{s\to1}\frac{d}{ds}\left[(s-1)^2\frac{1}{(s+1)^3(s-1)^2}e^{st}\right]$$

$$=\frac{e^{-t}}{16}\left(1-2t^2\right)+\frac{e^t}{16}(2t-1)\ \ (t>0).$$

此题还可用部分分式和查表的方法来解决.

例 8.4.5 求 $F(s)=\dfrac{1}{(s+1)(s-2)(s+3)}$ 的拉氏逆变换.

解 *方法一* 查表, 根据附录Ⅱ, 得

$$f(t)=\frac{e^{-t}}{(-2-1)(3-1)}+\frac{e^{2t}}{(1+2)(3+2)}+\frac{e^{-3t}}{(1-3)(-2-3)}$$

$$=-\frac{1}{6}e^{-t}+\frac{1}{15}e^{2t}+\frac{1}{10}e^{-3t}.$$

方法二 这里 $B(s)=(s+1)(s-2)(s+3)$，$s_1=-1,s_2=2,s_3=-3$ 是它的三个一级零点, 由式(8.4.4)得

$$f(t)=\lim_{s\to-1}\frac{1}{(s-2)(s+3)}e^{st}+\lim_{s\to2}\frac{1}{(s+1)(s+3)}e^{st}+\lim_{s\to-3}\frac{1}{(s+1)(s-2)}e^{st}$$

$$=\frac{e^{-t}}{(-2-1)(3-1)}+\frac{e^{2t}}{(1+2)(3+2)}+\frac{e^{-3t}}{(1-3)(-2-3)}$$

$$=-\frac{1}{6}e^{-t}+\frac{1}{15}e^{2t}+\frac{1}{10}e^{-3t}.$$

方法三 利用部分分式的方法, 有

$$F(s)=\frac{1}{(s+1)(s-2)(s+3)}=\frac{-\frac{1}{6}}{s+1}+\frac{\frac{1}{15}}{s-2}+\frac{\frac{1}{10}}{s+3},$$

同样可以得到

$$f(t)=-\frac{1}{6}e^{-t}+\frac{1}{15}e^{2t}+\frac{1}{10}e^{-3t}.$$

例 8.4.6　求 $F(s)=\dfrac{s^2+2s+3}{(s^2+2s+2)(s^2+2s+5)}$ 的拉氏逆变换.

解　*方法一*　设

$$\frac{s^2+2s+3}{(s^2+2s+2)(s^2+2s+5)}=\frac{As+B}{s^2+2s+2}+\frac{Cs+D}{s^2+2s+5}, \tag{8.4.5}$$

令 $s=0$，代入式(8.4.5)，得 $\dfrac{3}{10}=\dfrac{B}{2}+\dfrac{D}{5}$，将式(8.4.5)乘上 s，并令 $s\to\infty$：$0=A+C$

令 $s=1$，代入式(8.4.5)，得 $\dfrac{3}{20}=\dfrac{A+B}{5}+\dfrac{C+D}{8}$，

令 $s=-1$，代入式(8.4.5)，得 $\dfrac{1}{2}=-A+B+\dfrac{D-C}{4}$，解得 $A=0,B=\dfrac{1}{3},C=0,D=\dfrac{2}{3}$，故

$$\frac{s^2+2s+3}{(s^2+2s+2)(s^2+2s+5)}=\frac{\frac{1}{3}}{s^2+2s+2}+\frac{\frac{2}{3}}{s^2+2s+5}$$
$$=\frac{1}{3}\frac{1}{(s+1)^2+1}+\frac{2}{3}\frac{1}{(s+1)^2+4}.$$

所以

$$f(t)=\frac{1}{3}\mathrm{e}^{-t}\sin t+\frac{2}{3}\frac{1}{2}\mathrm{e}^{-t}\sin 2t=\frac{1}{3}\mathrm{e}^{-t}(\sin t+\sin 2t)\quad (t>0).$$

方法二　设 $F(s)=\dfrac{A}{s+1-\mathrm{i}}+\dfrac{B}{s+1+\mathrm{i}}\dfrac{C}{s+1-2\mathrm{i}}+\dfrac{D}{s+1+2\mathrm{i}}$，解得

$$A=C=\frac{1}{6\mathrm{i}},\quad B=D=-\frac{1}{6\mathrm{i}},$$

所以

$$f(t)=\frac{1}{6\mathrm{i}}\left[\mathrm{e}^{-(1-\mathrm{i})t}-\mathrm{e}^{-(1+\mathrm{i})t}+\mathrm{e}^{-(1-2\mathrm{i})t}-\mathrm{e}^{-(1+2\mathrm{i})t}\right]$$
$$=\frac{1}{3}\mathrm{e}^{-t}\left(\frac{\mathrm{e}^{\mathrm{i}t}-\mathrm{e}^{-\mathrm{i}t}}{2\mathrm{i}}+\frac{\mathrm{e}^{2\mathrm{i}t}-\mathrm{e}^{-2\mathrm{i}t}}{2\mathrm{i}}\right)$$
$$=\frac{1}{3}\mathrm{e}^{-t}(\sin t+\sin 2t)\quad (t>0).$$

例 8.4.7 求 $F(s)=\dfrac{s^3+5s^2+9s+7}{(s+1)(s+2)}$ 的拉氏逆变换.

解 整理得

$$F(s)=s+2+\frac{s+3}{(s+1)(s+2)},$$

现在式中最后一项满足 $n<m$ 的要求, 可按部分分式展开方法分解得

$$F(s)=s+2+\frac{2}{s+1}-\frac{1}{s+2},$$

所以

$$f(t)=\delta'(t)+2\delta(t)+2\mathrm{e}^{-t}-\mathrm{e}^{-2t}\quad (t>0),$$

其中, $\delta'(t)$ 是单位脉冲函数 $\delta(t)$ 的导数.

对此, 我们有

$$\begin{aligned}\mathcal{L}[\delta'(t)]&=\int_{0^-}^{+\infty}\delta'(t)\mathrm{e}^{-st}\mathrm{d}t=\int_{-\infty}^{+\infty}\delta'(t)\mathrm{e}^{-st}\mathrm{d}t=\int_{-\infty}^{+\infty}\mathrm{e}^{-st}\mathrm{d}\delta(t)\\&=\delta(t)\mathrm{e}^{-st}\Big|_{-\infty}^{+\infty}-\int_{-\infty}^{+\infty}(-s)\delta(t)\mathrm{e}^{-st}\mathrm{d}t=s\int_{-\infty}^{+\infty}\delta(t)\mathrm{e}^{-st}\mathrm{d}t=s,\\\mathcal{L}[\delta''(t)]&=\int_{0^-}^{+\infty}\delta''(t)\mathrm{e}^{-st}\mathrm{d}t=\int_{-\infty}^{+\infty}\delta''(t)\mathrm{e}^{-st}\mathrm{d}t=\int_{-\infty}^{+\infty}\mathrm{e}^{-st}\mathrm{d}\delta'(t)\\&=\delta'(t)\mathrm{e}^{-st}\Big|_{-\infty}^{+\infty}-\int_{-\infty}^{+\infty}(-s)\delta'(t)\mathrm{e}^{-st}\mathrm{d}t=s\int_{-\infty}^{+\infty}\delta'(t)\mathrm{e}^{-st}\mathrm{d}t=s^2.\end{aligned}$$

依次类推, 可以得到

$$\mathcal{L}\left[\delta^{(n)}(t)\right]=\int_{0^-}^{+\infty}\delta^{(n)}(t)\mathrm{e}^{-st}\mathrm{d}t=s^n.$$

到目前为止, 大家已了解多种求拉氏递变换的方法. 例如, 利用卷积定理与部分分式, 还可以利用反演积分与留数定理. 这些方法各有缺点, 使用哪种方法简便就用哪一种. 有时还可以用拉氏变换的性质. 以上方法中除留数理论的情况之外, 都需要知道一些最基本的拉氏变换对. 此外, 还可以用查表的方法.

8.5 拉氏变换的应用

拉氏变换在线性系统的分析和研究中起着重要的作用, 而且拉氏变换在工程技术中也有着广泛的应用, 它在力学系统、电路系统、机电系统、数理经济系统以及自动控制理论和随机分析理论的研究中也具有重要的作用.

在讨论常系数线性常微分方程的初值问题的解法时, 拉氏变换是一个有力的工

具. 其基本思路是, 对所给方程的两端进行拉氏变换, 然后根据拉氏变换的性质, 例如线性性质、微分性质等, 得出有关像函数的代数方程, 根据这个代数方程求出函数的像函数. 最后通过求其逆变换的方法得出所给方程的解. 由于在取拉氏变换时, 方程和初始条件同时用到, 故用拉氏变换解微分方程的初值问题特别方便. 这种解法如图 8.5.1 所示.

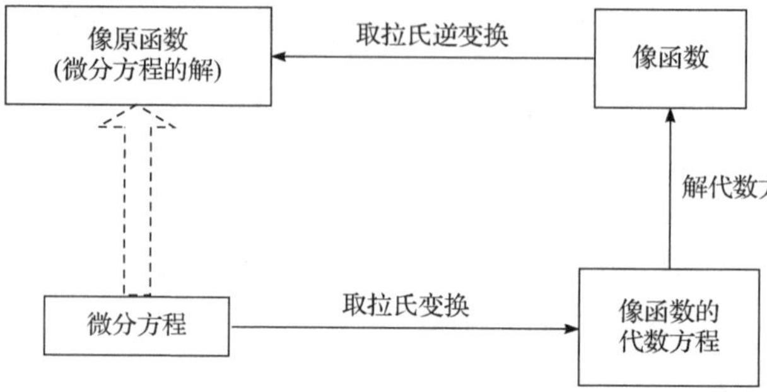

图 8.5.1

例 8.5.1　求方程 $y''+2y'-3y=\mathrm{e}^{-t}$ 满足初始条件 $y\big|_{t=0}=0$, $y'\big|_{t=0}=1$ 的解.

解　设 $\mathcal{L}\left[y(t)\right]=Y(s)$, 对方程两边取拉氏变换, 并考虑到初始条件, 则得

$$s^2Y(s)-1+2sY(s)-3Y(s)=\frac{1}{s+1},$$

整理后解出 $Y(s)$, 得

$$Y(s)=\frac{s+2}{(s+1)(s-1)(s+3)}.$$

取它的逆变换便可以得出所求函数 $y(t)$. 由于

$$Y(s)=\frac{s+2}{(s+1)(s-1)(s+3)}=\frac{-\frac{1}{4}}{s+1}+\frac{\frac{3}{8}}{s-1}+\frac{-\frac{3}{8}}{s+3}.$$

所以有

$$y(t)=-\frac{1}{4}\mathrm{e}^{-t}+\frac{3}{8}\mathrm{e}^{t}-\frac{1}{8}\mathrm{e}^{-3t}\quad(t>0).$$

例 8.5.2　求方程 $y''+y=t$ 满足初始条件 $y\big|_{t=0}=1$, $y'\big|_{t=0}=-2$ 的解.

解　设 $\mathcal{L}\left[y(t)\right]=Y(s)$, 对方程两边取拉氏变换, 并考虑到初始条件,

$$\mathcal{L}[y'']+\mathcal{L}[y]=\mathcal{L}[t],$$

$$s^2Y(s)-s+2+Y(s)=\frac{1}{s^2}.$$

由于

$$\begin{aligned}Y(s)&=\frac{1}{s^2\left(s^2+1\right)}+\frac{s-2}{s^2+1}\\&=\frac{1}{s^2}-\frac{1}{s^2+1}+\frac{s}{s^2+1}-\frac{2}{s^2+1}\\&=\frac{1}{s^2}+\frac{s}{s^2+1}-\frac{3}{s^2+1}.\end{aligned}$$

取它的逆变换便可以得出所求函数 $y(t)$,

$$y(t)=\mathcal{L}^{-1}\left[\frac{1}{s^2}+\frac{s}{s^2+1}-\frac{3}{s^2+1}\right]=t+\cos t-3\sin t\quad(t>0).$$

例 8.5.3 求常系数线性微分方程的初值问题

$$\begin{cases}x''(t)-2x'(t)+2x(t)=2\mathrm{e}^t\cos t,\\x(0)=x'(0)=0\end{cases}$$

的解.

解 设 $\mathcal{L}\left[x(t)\right]=X(s)$, 并考虑到初始条件,

$$s^2X(s)-2sX(s)+2X(s)=\frac{2(s-1)}{(s-1)^2+1},$$

得

$$X(s)=\frac{2(s-1)}{\left[(s-1)^2+1\right]^2}=-\left[\frac{1}{(s-1)^2+1}\right]',$$

对方程两边取拉氏变换得出所求函数 $x(t)$,

$$x(t)=\mathcal{L}^{-1}\left[\frac{2(s-1)}{\left[(s-1)^2+1\right]^2}\right]=\mathcal{L}^{-1}\left[-\left[\frac{1}{(s-1)^2+1}\right]'\right]=t\mathrm{e}^t\sin t\quad(t>0).$$

例 8.5.4 求微分方程 $ty''+y'+4ty=0$ 满足 $y|_{t=0}=3$, $y'|_{t=0}=0$ 的解.

解 设 $\mathcal{L}\left[y(t)\right]=Y(s)$, 对方程两边取拉氏变换, 并注意

$$\mathcal{L}[ty'']=-\frac{\mathrm{d}}{\mathrm{d}s}\mathcal{L}[y''],$$

$$\mathcal{L}[ty] = -\frac{\mathrm{d}}{\mathrm{d}s}\mathcal{L}[y] = -\frac{\mathrm{d}Y}{\mathrm{d}s},$$

得

$$-\frac{\mathrm{d}}{\mathrm{d}s}\left[s^2Y(s) - sy(0) - y'(0)\right] + sY(s) - y(0) - 4\frac{\mathrm{d}}{\mathrm{d}s}Y(s) = 0.$$

把 $y\big|_{t=0} = 3$, $y'\big|_{t=0} = 0$ 代入上式，整理得

$$\left(s^2 + 4\right)\frac{\mathrm{d}Y}{\mathrm{d}s} + sY = 0.$$

这是关于 Y 的齐次线性方程(也是变量可分离的方程)，于是其通解为

$$Y(s) = C\mathrm{e}^{-\int \frac{s}{s^2+4}\mathrm{d}s} = \frac{C}{\sqrt{s^2+4}},$$

查看附录Ⅱ的 74 式得

$$y(t) = CJ_0(2t).$$

其中 $J_0(t)$ 是零阶第一类贝塞尔(Bessel)函数，且 $J_0(0) = 1$．于是，由于初值条件 $y(0) = 1$，得 $C = 3$，因此

$$y(t) = 3J_0(2t).$$

例 8.5.5　求方程组

$$\begin{cases} y'' - x'' + x' - y = \mathrm{e}^t - 2, \\ 2y'' - x'' - 2y' + x = -t \end{cases}$$

满足初始条件

$$\begin{cases} y(0) = y'(0) = 0, \\ x(0) = x'(0) = 0 \end{cases}$$

的解.

解　对方程组的两个方程两边取拉氏变换，设 $\mathcal{L}[x(t)] = X(s)$，$\mathcal{L}[y(t)] = Y(s)$，并考虑到初始条件，则得

$$\begin{cases} s^2Y(s) - s^2X(s) + sX(s) - Y(s) = \dfrac{1}{s-1} - \dfrac{2}{s}, \\ 2s^2Y(s) - s^2X(s) - 2sY(s) + X(s) = -\dfrac{1}{s^2}, \end{cases}$$

整理化简后为

$$\begin{cases}(s+1)Y(s)-sX(s)=\dfrac{-s+2}{s(s-1)^2},\\ 2sY(s)-(s+1)X(s)=-\dfrac{1}{s^2(s-1)},\end{cases}$$

解这个代数方程组得

$$\begin{cases}Y(s)=\dfrac{1}{s(s-1)^2},\\ X(s)=\dfrac{2s-1}{s^2(s-1)^2},\end{cases}$$

利用所学的方法来求解它们的逆变换.

对于 $Y(s)=\dfrac{1}{s(s-1)^2}$，根据前面的例 8.4.3 可得

$$y(t)=1+te^t-e^t.$$

对于 $X(s)=\dfrac{2s-1}{s^2(s-1)^2}$，它具有两个二级极点：$s=0,s=1$．所以

$$x(t)=\lim_{s\to0}\frac{d}{ds}\left[\frac{2s-1}{(s-1)^2}e^{st}\right]+\lim_{s\to1}\frac{d}{ds}\left[\frac{2s-1}{s^2}e^{st}\right]=-t+te^t,$$

故得方程组的解

$$\begin{cases}y(t)=1+te^t-e^t,\\ x(t)=-t+te^t.\end{cases}$$

本 章 小 结

一、拉氏变换的概念

1. 拉氏变换的定义

设 $f(t)$ 在 $t\geqslant0$ 上有定义，且积分 $F(s)=\int_0^{+\infty}f(t)e^{-st}dt$ (s 是复参变量)在 s 的某一邻域内收敛，则由这个积分确定的函数

$$F(s)=\int_0^{+\infty}f(t)e^{-st}dt$$

称为函数 $f(t)$ 的拉普拉斯变换，简称 $f(t)$ 的拉氏变换，并记作 $\mathcal{L}[f(t)]$，即

$$F(s)=\mathcal{L}\left[f(t)\right]=\int_0^{+\infty}f(t)\,\mathrm{e}^{-st}\mathrm{d}t.$$

$F(s)$称为$f(t)$的像函数，$f(t)$称为$F(s)$的像原函数.

函数$f(t)(t\geqslant 0)$的拉氏变换，实际上就是$f(t)u(t)\mathrm{e}^{-\beta t}$的傅里叶变换.

2. 拉氏变换存在定理

若函数$f(t)$满足下列条件:

(1) 在$t\geqslant 0$的任一有限区间上连续或分段连续;

(2) 当$t\to+\infty$时，$f(t)$的增长速度不超过某一指数函数，亦即存在常数$N>0$及$c\geqslant 0$，使得$|f(t)|\leqslant N\mathrm{e}^{ct}$，$0\leqslant t<+\infty$成立(满足此条件的函数，称它的增大是指数级的，$c$为它的增长指数)，

则$f(t)$的拉氏变换$F(s)=\int_0^{+\infty}f(t)\mathrm{e}^{-st}\mathrm{d}t$在半平面$\mathrm{Re}(s)>c$上一定存在，右端的积分在$\mathrm{Re}(s)\geqslant c_1>c$上绝对收敛而且一致收敛，并且在$\mathrm{Re}(s)>c$的半平面内，$F(s)$为解析函数.

3. 一些常见函数的拉氏变换

$$\mathcal{L}\left[\delta(t)\right]=1;$$

$$\mathcal{L}\left[\mathrm{e}^{kt}\right]=\frac{1}{s-k};$$

$$\mathcal{L}\left[u(t)\right]=\frac{1}{s}\quad\left(\mathrm{Re}(s)>0\right);$$

$$\mathcal{L}\left[t^m\right]=\frac{m!}{s^{m+1}}\quad\left(\mathrm{Re}(s)>0,m\in\mathbf{Z}_+\right);$$

$$\mathcal{L}[\sin kt]=\frac{k}{s^2+k^2}\quad(\mathrm{Re}(s)>0);$$

$$\mathcal{L}[\cos kt]=\frac{s}{s^2+k^2}\quad(\mathrm{Re}(s)>0).$$

设$f(t)$是以T为周期的周期函数，则

$$\mathcal{L}\left[f(t)\right]=\frac{1}{1-\mathrm{e}^{-sT}}\int_0^T f(t)\mathrm{e}^{-st}\mathrm{d}t\quad\left(\mathrm{Re}(s)>0\right).$$

二、拉氏变换的性质

性质 1 (线性性质)　设α,β是常数，$\mathcal{L}\left[f_1(t)\right]=F_1(s)$，$\mathcal{L}\left[f_2(t)\right]=F_2(s)$，则

$$\mathcal{L}\left[\alpha f_1(t)+\beta f_2(t)\right]=\alpha\mathcal{L}\left[f_1(t)\right]+\beta\mathcal{L}\left[f_2(t)\right]=\alpha F_1(s)+\beta F_2(s),$$

$$\mathcal{L}^{-1}\left[\alpha F_1(s)+\beta F_2(s)\right]=\alpha\mathcal{L}^{-1}\left[F_1(s)\right]+\beta\mathcal{L}^{-1}\left[F_2(s)\right]=\alpha f_1(t)+\beta f_2(t).$$

性质 2 (微分性质) 设 $\mathcal{L}\left[f(t)\right]=F(s)$，则 $\mathcal{L}\left[f'(t)\right]=sF(s)-f(0)$.

推论 设 $\mathcal{L}\left[f(t)\right]=F(s)$，则有

$$\mathcal{L}\left[f^{(n)}(t)\right]=s^nF(s)-s^{n-1}f(0)-s^{n-2}f'(0)-\cdots-f^{(n-1)}(0)\quad(\mathrm{Re}(s)>c).$$

特别地，当 $f(0)=f'(0)=\cdots=f^{(n-1)}(0)=0$ 时，

$$\mathcal{L}\left[f^{(n)}(t)\right]=s^nF(s).$$

性质 3 (积分性质) 设 $\mathcal{L}\left[f(t)\right]=F(s)$，有 $\mathcal{L}\left[\int_0^t f(\tau)\mathrm{d}\tau\right]=\frac{1}{s}F(s)$.

推论 如果积分 $\int_0^{\infty}\frac{f(t)}{t}\mathrm{d}t$ 收敛，则有

$$\int_0^{+\infty}\frac{f(t)}{t}\mathrm{d}t=\int_0^{\infty}F(s)\mathrm{d}s.$$

性质 4 (位移性质) 设 $\mathcal{L}\left[f(t)\right]=F(s)$，则有

$$\mathcal{L}\left[\mathrm{e}^{at}f(t)\right]=F(s-a)\quad\left(\mathrm{Re}(s-a)>c\right).$$

性质 5 (延迟性质) 设 $\mathcal{L}\left[f(t)\right]=F(s)$，且 $t<0$ 时 $f(t)=0$，则对于任一非负实数 τ，有

$$\mathcal{L}\left[f(t-\tau)\right]=\mathrm{e}^{-s\tau}F(s),$$

$$\mathcal{L}^{-1}\left[\mathrm{e}^{-s\tau}F(s)\right]=f(t-\tau).$$

性质 6 (相似性质) 设 $\mathcal{L}\left[f(t)\right]=F(s)$，则对 $a>0$ 有

$$\mathcal{L}\left[f(at)\right]=\frac{1}{a}F\left(\frac{s}{a}\right)\quad(\mathrm{Re}(s)>ac).$$

性质 7 (初值定理与终值定理)

初值定理 若 $\mathcal{L}\left[f(t)\right]=F(s)$，且 $\lim\limits_{s\to\infty}sF(s)$ 存在，则有

$$f(0^+)=\lim_{t\to0^+}f(t)=\lim_{s\to\infty}sF(s).$$

终值定理 若 $\mathcal{L}\left[f(t)\right]=F(s)$，且 $sF(s)$ 的所有奇点都在 s 平面的左半部，则

$$f(+\infty)=\lim_{t\to\infty}f(t)=\lim_{s\to 0}sF(s).$$

三、卷积

1. 卷积的定义

设函数 $f_1(t), f_2(t)$ 满足条件：当 $t<0$ 时，$f_1(t)=f_2(t)=0$，则将积分 $\int_0^t f_1(\tau)f_2(t-\tau)\mathrm{d}\tau$ 称为 $f_1(t)$ 与 $f_2(t)$ 的卷积，记作 $f_1(t)*f_2(t)$，即

$$f_1(t)*f_2(t)=\int_0^t f_1(\tau)f_2(t-\tau)\mathrm{d}\tau.$$

2. 卷积的性质

性质 1 (交换律)　$f_1(t)*f_2(t)=f_2(t)*f_1(t)$；

性质 2 (结合律)　$f_1(t)*[f_2(t)*f_3(t)]=[f_1(t)*f_2(t)]*f_3(t)$；

性质 3 (分配律)　$f_1(t)*[f_2(t)+f_3(t)]=f_1(t)*f_2(t)+f_1(t)*f_3(t)$；

性质 4　$|f_1(t)*f_2(t)|\leqslant|f_1(t)|*|f_2(t)|$；

性质 5　$u(t-t_0)*f(t)=\begin{cases}\int_0^{t-t_0}f(\tau)\mathrm{d}\tau, & t\geqslant t_0\geqslant 0,\\ 0, & t<t_0,\end{cases}$

特别地，当 $t_0=0$ 时，$u(t)*f(t)=\int_0^t f(\tau)\mathrm{d}\tau$；

性质 6　$f(t)*\delta(t-t_0)=\begin{cases}f(t-t_0), & t\geqslant t_0\geqslant 0,\\ 0, & t<t_0,\end{cases}$

特别地，当 $t_0=0$ 时，$f(t)*\delta(t)=f(t)$.

3. 卷积定理

假设 $f_1(t), f_2(t)$ 满足拉氏变换存在定理中的条件，且 $\mathcal{L}[f_1(t)]=F_1(s)$，$\mathcal{L}[f_2(t)]=F_2(s)$，则 $f_1(t)*f_2(t)$ 的拉氏变换一定存在，且

$$\begin{cases}\mathcal{L}[f_1(t)*f_2(t)]=F_1(s)F_2(s),\\ \mathcal{L}^{-1}[F_1(s)F_2(s)]=f_1(t)*f_2(t).\end{cases}$$

四、拉氏逆变换

(1) 若函数 $F(s)$ 在平面上除有限个孤立奇点 $s_1, s_2, \cdots, s_n$ 外处处解析. 适当选取

β，使这些奇点全在 $\mathrm{Re}(s)<\beta$ 的范围内，且当 $s\to\infty$ 时，$F(s)\to 0$，则有

$$\frac{1}{2\pi\mathrm{i}}\int_{\beta-\mathrm{i}\infty}^{\beta+\mathrm{i}\infty}F(s)\mathrm{e}^{st}\mathrm{d}s=\sum_{k=1}^{n}\mathrm{Res}\left[F(s)\mathrm{e}^{st},s_k\right]\quad(t>0).$$

(2) 若函数 $F(s)$ 为有理函数：$F(s)=\dfrac{A(s)}{B(s)}$，其中 $A(s),B(s)$ 是互质多项式，$A(s)$ 的次数为 n，$B(s)$ 的次数为 m，且 $n<m$.又假定 $B(s)$ 的零点为 $s_1,s_2,\cdots,s_k$，其级数分别为 $p_1,p_2,\cdots,p_k\left(\sum\limits_{j=1}^{k}p_j=m\right)$，那么在 $f(t)$ 的连续点处成立

$$f(t)=\sum_{j=1}^{k}\frac{1}{(p_j-1)!}\lim_{s\to s_j}\frac{\mathrm{d}^{p_j-1}}{\mathrm{d}s^{p_j-1}}\left[(s-s_j)^{p_j}\frac{A(s)}{B(s)}\mathrm{e}^{st}\right],$$

特别地，如果 $B(s)$ 有 m 零个单零点 $s_1,s_2,\cdots,s_m$，那么在 $f(t)$ 的连续点处成立

$$f(t)=\sum_{j=1}^{m}\frac{A(s_j)}{B'(s_j)}\mathrm{e}^{s_jt}\quad(t>0).$$

在 $f(t)$ 的间断点 $t_0>0$ 处，上面两式左端应以 $\dfrac{1}{2}\left[f\left(t_0^{+0}\right)+f\left(t_0^{-0}\right)\right]$ 代替.

五、拉氏变换的应用

拉氏变换在线性系统的分析和研究中起着重要的作用，而且拉氏变换在工程技术中也有着广泛的应用，它在力学系统、电路系统、机电系统、数理经济系统以及自动控制理论和随机分析理论的研究中也具有重要的作用.

在讨论常系数线性常微分方程的初值问题的解法时，拉氏变换是一个有力的工具. 其基本思路是，对所给方程的两端进行拉氏变换，然后根据拉氏变换的性质，例如线性性质、微分性质、积分性质等，得出有关像函数的代数方程，进而求出函数的像函数. 最后通过求其逆变换的方法得出所给方程的解. 由于在取拉氏变换时，方程和初始条件同时用到，故用拉氏变换解微分方程的初值问题特别方便.

习 题 8

1. 用定义求下列函数的拉氏变换，并用查表的方法来验证结果.

(1) $f(t)=t^2$；

(2) $f(t)=\cos^2 2t$；

(3) $f(t)=\sin t\cos t$；

(4) $f(t)=\sin\dfrac{t}{5}$；

(5) $f(t)=\mathrm{sh}\,kt$；

(6) $f(t)=\mathrm{e}^{-3t}$.

2. 求下列函数的拉氏变换.

(1) $f(t)=\begin{cases}3, & 0\leqslant t<2,\\ -1, & 2\leqslant t<4,\\ 0, & t\geqslant 4;\end{cases}$

(2) $f(t)=\begin{cases}t+1, & 0<t<3,\\ 0, & t\geqslant 3;\end{cases}$

(3) $f(t)=\begin{cases}3, & t<\dfrac{\pi}{2},\\ \cos t, & t>\dfrac{\pi}{2};\end{cases}$

(4) $f(t)=\mathrm{e}^{2t}+5\delta(t)$;

(5) $f(t)=\delta(t)\cos t-u(t)\sin t$;

(6) $f(t)$ 以 $4T$ 为周期且在一个周期内的表达式为

$$f(t)=\begin{cases}1, & 0\leqslant t<T,\\ 0, & T\leqslant t<2T,\\ -1, & 2T\leqslant t<3T,\\ 0, & 3T\leqslant t<4T.\end{cases}$$

3. 设 $f(t)$ 是以 2π 为周期的函数, 且在一个周期内的表达式为

$$f(t)=\begin{cases}\sin t, & 0<t\leqslant\pi,\\ 0, & \pi<t\leqslant 2\pi,\end{cases}$$

求 $\mathcal{L}[f(t)]$.

4. 求下列函数的拉氏变换.

(1) $f(t)=5\sin 2t-3\cos 2t$;

(2) $f(t)=1-t\mathrm{e}^{t}$;

(3) $f(t)=3t^{1/3}+4\mathrm{e}^{2t}$;

(4) $f(t)=\dfrac{t}{2a}\sin at$;

(5) $f(t)=\dfrac{\sin at}{t}$;

(6) $f(t)=3t^{3}-3t^{5/4}+7$;

(7) $f(t)=\mathrm{e}^{-3t}\cos 4t$;

(8) $f(t)=\mathrm{e}^{-2t}\sin 6t$;

(9) $f(t)=t^{n}\mathrm{e}^{at}$ (n为整数);

(10) $f(t)=u(3t-5)$;

(11) $f(t)=\dfrac{\mathrm{e}^{3t}}{\sqrt{t}}$;

(12) $f(t)=u(1-\mathrm{e}^{-t})$.

5. 利用像函数的导数公式计算下列各式.

(1) $f(t)=t\mathrm{e}^{-3t}\sin 2t$, 求 $F(s)$;

(2) $f(t)=t\int_{0}^{t}\mathrm{e}^{-3\tau}\sin 2\tau\mathrm{d}\tau$, 求 $F(s)$;

(3) $f(t)=\int_{0}^{t}\tau\mathrm{e}^{-3\tau}\sin 2\tau\mathrm{d}\tau$, 求 $F(s)$.

6. 求下列卷积.

(1) $t*t$;

(2) $t*\mathrm{e}^{t}$;

(3) $\cos t*\cos t$;

(4) $\sin t*\cos t$;

(5) $\mathrm{e}^{kt}\sin t*\mathrm{e}^{kt}\cos t$;

(6) $t*\sin t$.

7. 利用像函数的积分公式计算下列各式.

(1) $\dfrac{1-\mathrm{e}^{-t}}{t}$, 求 $F(s)$;

(2) $\dfrac{\mathrm{e}^{-3t}\sin 2t}{t}$, 求 $F(s)$;

(3) $\displaystyle\int_0^t \frac{\mathrm{e}^{-3\tau}\sin 2\tau}{\tau}\mathrm{d}\tau$, 求 $F(s)$;

(4) $\dfrac{s}{\left(s^2-1\right)^2}$, 求 $f(t)$.

8. 利用拉氏变换的性质求下列函数的拉氏变换.

(1) $f(t)=\dfrac{\mathrm{e}^{bt}-\mathrm{e}^{at}}{t}$;

(2) $f(t)=t^2\sin 2t$;

(3) $f(t)=\sin\omega t-\omega t\cos\omega t$;

(4) $f(t)=t\mathrm{sh}\omega t$.

9. 求下列函数的拉氏逆变换.

(1) $F(s)=\dfrac{4}{s^2+8}$;

(2) $F(s)=\dfrac{1}{s^4}$;

(3) $F(s)=\dfrac{1}{(s+3)^4}$;

(4) $F(s)=\dfrac{1}{s+3}$;

(5) $F(s)=\dfrac{4s+5}{s^2+8}$;

(6) $F(s)=\dfrac{s-1}{s^2-s-6}$.

10. 设 $f_1(t)$, $f_2(t)$ 均满足拉氏变换存在定理的条件(若它们的增长指数均为 c_0), 且 $L\left[f_1(t)\right]=F_1(s)$, $L\left[f_2(t)\right]=F_2(s)$, 则乘积 $f_1(t)\ f_2(t)$ 的拉氏变换一定存在, 且

$$L\left[f_1(t)f_2(t)\right]=\frac{1}{2\pi\mathrm{i}}\int_{\beta-\mathrm{i}\infty}^{\beta+\mathrm{i}\infty}F_1(q)F_2(s-q)\mathrm{d}q,$$

其中 $\beta>0$, $\mathrm{Re}(s)>\beta+c_0$.

11. 求下列函数的拉氏逆变换, 并用另一种方法加以验证.

(1) $F(s)=\dfrac{3}{s^2-a^2}$;

(2) $F(s)=\dfrac{s}{(s-a)(s-b)}$;

(3) $F(s)=\dfrac{s-c}{(s+a)(s-b)^2}$;

(4) $F(s)=\dfrac{s^2+3a^2}{\left(s^2+a^2\right)^2}$;

(5) $F(s)=\dfrac{1}{\left(s^2+a^2\right)s^3}$;

(6) $F(s)=\dfrac{1}{s(s+a)(s+b)}$;

(7) $F(s)=\dfrac{1}{s(s+a)(s-b)}$;

(8) $F(s)=\dfrac{s^2+2s-1}{s(s-1)^2}$;

(9) $F(s)=\dfrac{1}{s^2\left(s^2-1\right)}$;

(10) $F(s)=\dfrac{s}{\left(s^2+1\right)\left(s^2+4\right)}$.

12. 求下列函数的像原函数.

(1) $F(s)=\dfrac{1}{\left(s^2+9\right)^2}$;

(2) $F(s)=-\dfrac{s}{s-2}$;

(3) $F(s)=\dfrac{2s+1}{s(s-1)(s+12)}$;

(4) $F(s)=\dfrac{1}{s^4+7s^2+4}$;

(5) $F(s)=\dfrac{s+2}{\left(s^2+4s+5\right)^2}$;　　　　(6) $F(s)=\ln\dfrac{s^2-1}{s^2}$.

13. 求解微分(积分)方程.

(1) $y''-6y'+9y=\mathrm{e}^{3t}, y(0)=y'(0)=0$;

(2) $y''-2y'+2y=2\mathrm{e}^{t}\cos t, y(0)=y'(0)=0$;

(3) $y'''+3y''+3y'+y=6\mathrm{e}^{-t},\quad y(0)=y'(0)=y''(0)=0$;

(4) $y''-3y'+2y=5,\quad y|_{t=0}=1, y'|_{t=0}=2$;

(5) $y''-2y'+5y=\mathrm{e}^{t}\sin 2t,\quad y(0)=0, y'(0)=\dfrac{7}{4}$;

(6) $y'''+2y''+y'=-2\mathrm{e}^{-2t},\quad y(0)=2, y'(0)=y''(0)=0$;

(7) $\begin{cases} x'+x-y=\mathrm{e}^{t}, \\ y'+3x-2y=2\mathrm{e}^{t}, \end{cases} x(0)=y(0)=1$;

(8) $\begin{cases} x'+2x+2y=10\mathrm{e}^{2t}, \\ y'-2x+y=2\mathrm{e}^{t}, \end{cases} x(0)=1, y(0)=3$;

(9) $f(t)=2t+\int_0^t \sin(t-\tau)f(\tau)\mathrm{d}\tau$;

(10) $f(t)=\sin t+2\int_0^t \cos(t-\tau)f(\tau)\mathrm{d}\tau$.

Chapter

第9章 Z 变换

Z 变换是在离散系统分析中非常重要的数学变换, 其可将差分方程转化为简单的代数方程, 也提供了求解线性差分方程的简便方法. 本章主要介绍 Z 变换的基本概念、Z 变换的性质、Z 逆变换的求解方法以及 Z 变换的应用等内容, 其中学习要点如下:

(1) 理解 Z 变换的定义, 掌握常用的 Z 变换;

(2) 掌握 Z 变换的性质以及利用性质求解 Z 变换的方法;

(3) 掌握 Z 逆变换的求解方法;

(4) 利用 Z 变换求解差分方程.

9.1 Z 变换的基本概念

9.1.1 序列、差分和差分方程

1. *序列*

序列是指自变量 n 取整数时的函数 $f(n)$, 或指数的有序集合. 序列可以是有限的, 也可以是无限的; 序列亦可分为双边序列和右边序列. 从所有整数到集合的函数叫做双边序列, 即自变量 n 取所有整数的序列; 从非负整数到集合的函数叫做右边序列, 即自变量 n 取非负整数的序列.

例 9.1.1 $f(n)=2(n-1)^2$ (n 为整数) 为双边序列, 也可表示为

$$\{\cdots,32,18,8,\underline{2},0,2,8,\cdots\}.$$

注 $\underline{2}$ 表示 $f(n)$ 在 $n=0$ 时的取值.

例 9.1.2 $f(n)=2(n-1)^2$ (n为非负整数) 为右边序列, 也可表示为 $\{\underline{2},0,2,8,\cdots\}$.

2. 差分

1) 差分的概念

定义 9.1.1　对于序列 $f(n)$，我们称 $f(n+1)-f(n)$ 为 $f(n)$ 的一阶向前差分，记为 $\Delta f(n)$，即

$$\Delta f(n)=f(n+1)-f(n), \tag{9.1.1}$$

并称 $f(n)-f(n-1)$ 为 $f(n)$ 的一阶向后差分，记为 $\nabla f(n)$，即

$$\nabla f(n)=f(n)-f(n-1). \tag{9.1.2}$$

注　一阶向前差分 $\Delta f(n)$ 和一阶向后差分 $\nabla f(n)$ 均为序列 $f(n)$ 的一阶差分.

由式(9.1.1)和式(9.1.2)易知

$$\nabla f(n)=\Delta f(n-1). \tag{9.1.3}$$

我们分别定义左移算子 l 和右移算子 r 如下:

$$lf(n)=f(n-1),\quad \cdots,\quad l^k f(n)=f(n-k),$$

$$rf(n)=f(n+1),\quad \cdots,\quad r^k f(n)=f(n+k),$$

那么一阶差分也可用左移和右移算子表示，即

$$\Delta f(n)=(r-1)f(n), \tag{9.1.4}$$

$$\nabla f(n)=(1-l)f(n). \tag{9.1.5}$$

2) 高阶差分

容易看出，一阶向前差分 $\Delta f(n)$ 仍为一序列，我们称 $\Delta f(n+1)-\Delta f(n)$ 为序列 $f(n)$ 的二阶向前差分，记为 $\Delta^2 f(n)$，即

$$\begin{aligned}\Delta^2 f(n)&=\Delta f(n+1)-\Delta f(n)\\&=f(n+2)-2f(n+1)+f(n)=(r-1)^2 f(n).\end{aligned} \tag{9.1.6}$$

同理，称 $\nabla f(n)-\nabla f(n-1)$ 为序列 $f(n)$ 的二阶向后差分，记为 $\nabla^2 f(n)$，即

$$\begin{aligned}\nabla^2 f(n)&=\nabla f(n)-\nabla f(n-1)\\&=f(n)-2f(n-1)+f(n-2)=(1-l)^2 f(n).\end{aligned} \tag{9.1.7}$$

注　$\Delta^2 f(n)$ 和 $\nabla^2 f(n)$ 均为序列 $f(n)$ 的二阶差分.

类似地，我们可以给出 k 阶向前差分和 k 阶向后差分的定义. 一般地，k 阶向前差分和 k 阶向后差分也可以用左移算子和右移算子表示，即

$$\Delta^k f(n)=(r-1)^k f(n), \tag{9.1.8}$$

$$\nabla^k f(n) = (1-l)^k f(n). \tag{9.1.9}$$

由一阶向前差分 $\Delta f(n)$ 和一阶向后差分 $\nabla f(n)$ 之间的关系式(9.1.3)可类似得到

$$\nabla^k f(n) = \Delta^k f(n-1), \tag{9.1.10}$$

由差分与序列之间的关系，我们可以用差分来表示序列，例如

$$f(n+1) = f(n) + \Delta f(n) = (1+\Delta) f(n), \tag{9.1.11}$$

$$f(n-1) = f(n) - \nabla f(n) = (1-\nabla) f(n). \tag{9.1.12}$$

一般地，

$$f(n+k) = (1+\Delta)^k f(n), \tag{9.1.13}$$

$$f(n-k) = (1-\Delta)^k f(n). \tag{9.1.14}$$

例 9.1.3 求序列 $f(n) = 2(n+1)^2$ 的各阶向前差分.

解

$$\Delta f(n) = 2(n+2)^2 - 2(n+1)^2 = 4n+6,$$
$$\Delta^2 f(n) = \Delta f(n+1) - \Delta f(n) = 4,$$
$$\Delta^3 f(n) = \Delta^2 f(n+1) - \Delta^2 f(n) = 0.$$

3. *差分方程*

定义 9.1.2 对于序列 $f(n+i), i = 0,1,\cdots,k$，称形如

$$a_k f(n+k) + \cdots + a_1 f(n+1) + a_0 f(n) = A(n)$$

的方程为线性差分方程，其中 $a_0,\cdots,a_k$ 是常数，$A(n)$ 是关于自变量 n 的函数或常数.

规定 把差分方程中最大自变量与最小自变量之差称为该差分方程的阶，而不是用所含差分的最高阶数或只用式中所含的 n 值来确定.

例 9.1.4 试判断差分方程 $3f(n+3) + 2f(n+2) + 5f(n) = 1$ 的阶数.

解 由差分方程可知，最大自变量 $n+3$ 与最小自变量 n 之差为 3，所以该差分方程的阶数为 3.

例 9.1.5 试判断差分方程 $\Delta^2 f(n) + \Delta f(n) + f(n) + a = 0$ 的阶数.

解 由式(9.1.6)可得

$$\Delta^2 f(n) + \Delta f(n) + f(n) = \Delta f(n+1) + f(n) = f(n+2) - f(n+1) + f(n),$$

故原方程可化为

$$f(n+2) - f(n+1) + f(n) = -a.$$

因为最大自变量与最小自变量只差 2, 所以该差分方程的阶数为 2.

9.1.2　Z 变换的定义

定义 9.1.3　设 $f(n)$ 为右边序列, z 为复变量, 如果级数 $\sum_{n=0}^{\infty} f(n)z^{-n}$ 在 z 平面的某一区域内收敛, 那么称

$$F(z)=\sum_{n=0}^{\infty} f(n)z^{-n} \tag{9.1.15}$$

为序列 $f(n)$ 的(单边) Z 变换, 并记为

$$F(z)=Z[f(n)],$$

且称 $f(n)$ 为 $F(z)$ 的 Z 逆变换, 并记为

$$f(n)=Z^{-1}[F(z)].$$

定义 9.1.4　设 $f(n)$ 为一双边序列, z 为复变量, 如果级数 $\sum_{n=-\infty}^{\infty} f(n)z^{-n}$ 在 z 平面的某一区域内收敛, 那么称

$$F(z)=\sum_{n=-\infty}^{\infty} f(n)z^{-n} \tag{9.1.16}$$

为序列 $f(n)$ 的双边 Z 变换, 并记为

$$F(z)=Z[f(n)],$$

且称 $f(n)$ 为 $F(z)$ 的双边 Z 逆变换, 并记为

$$f(n)=Z^{-1}[F(z)].$$

注　由于双边 Z 变换 $F(z)=\sum_{n=-\infty}^{\infty} f(n)z^{-n}=\sum_{n=-1}^{-\infty} f(n)z^{-n}+\sum_{n=0}^{\infty} f(n)z^{-n}$ 为洛朗级数, 其中 $\sum_{n=-1}^{-\infty} f(n)z^{-n}$ 是洛朗级数的正则部, $\sum_{n=0}^{\infty} f(n)z^{-n}$ 是其主部. 故双边序列的 Z 变换可用洛朗级数的理论知识来解决, 所以, 本章主要讨论右边序列的相关知识, 所涉及的序列均为右边序列.

9.1.3　Z 变换存在性定理

定理 9.1.1　对于序列 $f(n)$, 如果存在常数 $M>0, R>0$, 使得当 n 充分大时, 有不等式

$$|f(n)| \leqslant MR^{n} \tag{9.1.17}$$

成立, 那么

(1) 序列 $f(n)$ 的 Z 变换 $F(z)$ 在区域 $|z|>R$ 内一定存在;

(2) 级数 $\sum\limits_{n=0}^{\infty} f(n)z^{-n}$ 在 $|z|>R$ 内绝对一致收敛;

(3) $F(z)$ 在 $|z|>R$ 内处处解析.

证明 由于 $\sum\limits_{n=0}^{\infty} f(n)z^{-n}=\sum\limits_{n=0}^{N-1} f(n)z^{-n}+\sum\limits_{n=N}^{\infty} f(n)z^{-n}$, 则

$$\left|\sum_{n=0}^{\infty} f(n)z^{-n}\right| \leqslant \sum_{n=0}^{N-1}|f(n)|\left|z^{-n}\right|+\sum_{n=N}^{\infty}|f(n)|\left|z^{-n}\right|.$$

记 $C=\max\limits_{0\leqslant n\leqslant N-1}\{|f(n)|\}$, 且设 $|z|=r>R$, 则

$$\sum_{n=0}^{N-1}|f(n)||z|^{-n} \leqslant C\sum_{n=0}^{N-1} r^{-n}=C\frac{1-r^{-N}}{1-r^{-1}},$$

由题意知, 当 n 充分大时, $|f(n)|\leqslant MR^n$, 则

$$\sum_{n=N}^{\infty}|f(n)||z|^{-n} \leqslant M\sum_{n=N}^{\infty} R^n r^{-n}=\frac{M(R/r)^N}{1-R/r},$$

所以, 当 $|z|>R$ 时, 有

$$\left|\sum_{n=0}^{\infty} f(n)z^{-n}\right| \leqslant C\frac{1-r^{-N}}{1-r^{-1}}+\frac{M(R/r)^N}{1-R/r},$$

易知, $\dfrac{1-r^{-N}}{1-r^{-1}}$ 和 $\dfrac{M(R/r)^N}{1-R/r}$ 在 $|z|>R$ 内一致收敛, 因此由比较判别法可得, 级数 $\sum\limits_{n=0}^{\infty} f(n)z^{-n}$ 在 $|z|>R$ 内绝对一致收敛, 故 $F(z)=\sum\limits_{n=0}^{\infty} f(n)z^{-n}$ 在区域 $|z|>R$ 内一定存在, 并且 $F(z)$ 在 $|z|>R$ 内解析.

9.1.4 *Z* 变换的收敛域

所谓收敛域是指, 对于任意给定的序列 $f(n)$, 能使其 Z 变换 $F(z)=\sum\limits_{n=0}^{\infty} f(n)z^{-n}$ 收敛的所有 z 值的集合, 即满足 $\sum\limits_{n=0}^{\infty}\left|f(n)z^{-n}\right|<\infty$ 的区域, 这是 Z 变换 $F(z)$ 收敛的充要条件.

对于不同的序列 $f(n)$, 由于收敛域不同, 其所对应的 Z 变换有可能是相同的, 因此在确定 Z 变换时, 必须指明其收敛域.

Z 变换收敛域的确定方法大致有以下四种.

(1) **比值判定法**　令

$$\lim_{n\to\infty}\left|\frac{f(n+1)z^{-n-1}}{f(n)z^{-n}}\right|=\lim_{n\to\infty}\left|\frac{f(n+1)z^{-1}}{f(n)}\right|=\rho .$$

若 $\rho<1$, 则收敛; 若 $\rho>1$, 则发散; 若 $\rho=1$, 则可能发散, 也可能收敛.

(2) **根值判定法**　令

$$\lim_{n\to\infty}\sqrt[n]{\left|f(n)z^{-n}\right|}=\lim_{n\to\infty}\left|z^{-1}\right|\sqrt[n]{\left|f(n)\right|}=\rho .$$

若 $\rho<1$, 则收敛; 若 $\rho>1$, 则发散; 若 $\rho=1$, 则可能发散, 也可能收敛.

(3) 由存在定理中的 R, 可知 Z 变换的收敛域 $|z|>R$.

(4) 对于右边序列 $f(n)$, 通过根值判定法可知, $|z|>\lim\limits_{n\to\infty}\sqrt[n]{|f(n)|}=R_1$, 说明右边序列的收敛域是在包括正无穷点的半径为 R_1 的圆外. 此外, 若已给出 $F(z)$ 的表达式, 则可先找出 $F(z)$ 的所有奇点, 那么收敛域圆周 $|z|=R$ 必通过离原点最远的那个奇点.

例 9.1.6　设序列 $f(n)$ 的 Z 变换为 $F(z)=\dfrac{z^2+1}{(z-1)(z+2)(z^2+9)}$, 试确定 Z 变换的收敛域, 并讨论 $F(z)$ 的解析性.

解　易知, $F(z)$ 的奇点分别为 $z_1=1,z_2=-2,z_3=3\mathrm{i},z_4=-3\mathrm{i}$, 则距离原点最远的奇点为 z_3 和 z_4, 因此 Z 变换的收敛域为 $|z|>3$. 在收敛域 $|z|>3$ 内, $F(z)$ 解析; 在 $|z|<3$ 内, Z 变换不存在, 计算 $F(z)$ 没有意义.

例 9.1.7　设 $f(n)=\begin{cases}5^n, & n=0,2,4,\cdots,\\ 2^n, & n=1,3,5,\cdots,\end{cases}$ 求 $F(z)$, 并讨论其收敛域.

解　由式(9.1.15)可得

$$\begin{aligned}F(z)&=\sum_{n=0}^{+\infty}f(n)z^{-n}\\&=\sum_{m=0}^{+\infty}f(2m)z^{-2m}+\sum_{k=0}^{+\infty}f(2k+1)z^{-(2k+1)}\\&=\sum_{m=0}^{+\infty}5^{2m}z^{-2m}+\sum_{k=0}^{+\infty}2^{2k+1}z^{-(2k+1)}\\&=\frac{z^2}{z^2-25}+\frac{2z}{z^2-4},\end{aligned}$$

则 $F(z)$ 的奇点分别为 $z_1=5,z_2=-5,z_3=2,z_4=-2$, 故 $F(z)$ 的收敛域为 $|z|>5$.

9.1.5 常用序列的 Z 变换举例

例 9.1.8 求单位脉冲序列 $\delta(n)=\begin{cases}1, & n=0,\\ 0, & n\neq 0\end{cases}$ 的 Z 变换 $Z\left[\delta(n)\right]$ 及 $Z\left[\delta(n-k)\right]$ $(k>0)$.

解 由式 (9.1.15)可得

$$Z\left[\delta(n)\right]=\sum_{n=0}^{+\infty}\delta(n)z^{-n}=1,$$

$$Z\left[\delta(n-k)\right]=\sum_{n=0}^{+\infty}\delta(n-k)z^{-n}=z^{-k}\quad(|z|>0).$$

例 9.1.9 求单位阶跃序列 $u(n)=\begin{cases}1, & n\geqslant 0,\\ 0, & n<0\end{cases}$ 的 Z 变换.

解 $F(z)=Z\left[u(n)\right]=\sum\limits_{n=0}^{+\infty}u(n)z^{-n}=\sum\limits_{n=0}^{+\infty}z^{-n}=\dfrac{z}{z-1}\quad(|z|>1)$.

例 9.1.10 求单位斜坡序列 $r(n)=n$ 的 Z 变换.

解 $F(z)=Z\left[r(n)\right]=\sum\limits_{n=0}^{\infty}nz^{-n}=\dfrac{1}{z}+\dfrac{2}{z^2}+\dfrac{3}{z^3}+\cdots\dfrac{n}{z^n}+\cdots$, 则

$$zF(z)=1+\frac{2}{z}+\frac{3}{z^2}+\cdots+\frac{n}{z^{n-1}}+\cdots,$$

两式相减可得

$$(z-1)F(z)=1+\frac{1}{z}+\frac{1}{z^2}+\frac{1}{z^3}+\cdots+\frac{1}{z^n}+\cdots=\frac{z}{z-1},$$

所以

$$F(z)=\frac{z}{(z-1)^2}\quad(|z|>1).$$

例 9.1.11 求指数序列 $f(n)=a^n$ 的 Z 变换.

解 $F(z)=Z\left[f(n)\right]=\sum\limits_{n=0}^{\infty}a^n z^{-n}=\dfrac{z}{z-a}\quad(|z|>|a|)$.

例 9.1.12 分别求正弦序列 $f_1(n)=\sin\omega_0 n$ 和余弦序列 $f_2(n)=\cos\omega_0 n$ 的 Z 变换.

解 我们知道 $\sin\omega_0 n=\dfrac{\mathrm{e}^{\mathrm{i}\omega_0 n}-\mathrm{e}^{-\mathrm{i}\omega_0 n}}{2\mathrm{i}}$ 且 $\cos\omega_0 n=\dfrac{\mathrm{e}^{\mathrm{i}\omega_0 n}+\mathrm{e}^{-\mathrm{i}\omega_0 n}}{2}$, 则

$$F_1(z)=Z\left[\sin\omega_0 n\right]=Z\left[\frac{e^{i\omega_0 n}-e^{-i\omega_0 n}}{2i}\right]=\frac{z\sin\omega_0}{z^2-2z\cos\omega_0+1}\quad(|z|>1),$$

$$F_2(z)=Z\left[\cos\omega_0 n\right]=Z\left[\frac{e^{i\omega_0 n}-e^{-i\omega_0 n}}{2}\right]=\frac{z(z-\cos\omega_0)}{z^2-2z\cos\omega_0+1}\quad(|z|>1).$$

9.2　Z 变换的性质

为了叙述方便，假定凡是要求 Z 变换的序列都满足 Z 变换存在定理的条件.

9.2.1　线性性质

性质 9.2.1　对于序列 $f_1(n)$ 和 $f_2(n)$，如果 $Z[f_1(n)]=F_1(z),|z|>R_1$ 且 $Z[f_2(n)]=F_2(z),|z|>R_2$，那么

$$Z[\alpha f_1(n)+\beta f_2(n)]=\alpha F_1(z)+\beta F_2(z),\quad |z|>R, \tag{9.2.1}$$

其中 α,β 是任意常数，$R=\max(R_1,R_2)$.

证明　由式(9.1.15)可得

$$\begin{aligned}Z[\alpha f_1(n)+\beta f_2(n)]&=\sum_{n=0}^{\infty}(\alpha f_1(n)+\beta f_2(n))z^{-n}\\&=\alpha\sum_{n=0}^{\infty}f_1(n)z^{-n}+\beta\sum_{n=0}^{\infty}f_2(n)z^{-n}\\&=\alpha Z[f_1(n)]+\beta Z[f_2(n)]\\&=\alpha F_1(z)+\beta F_2(z).\end{aligned}$$

注　一般情况下，两序列和的 Z 变换的收敛域为两序列的收敛域的公共部分，但是如果现行组合中某些零点与极点相互抵消，那么收敛域可能扩大.

9.2.2　左移性质

性质 9.2.2　对于序列 $f(n)$，如果 $Z[f(n)]=F(z),\ |z|>R$，那么

$$Z[f(n+k)]=z^k\left[F(z)-\sum_{n=0}^{k-1}f(n)z^{-n}\right],\quad |z|>R, \tag{9.2.2}$$

其中 k 为任意正整数.

证明　由 Z 变换定义可知

$$Z[f(n+k)]=\sum_{n=0}^{\infty}f(n+k)z^{-n}$$
$$=z^k\sum_{n=0}^{\infty}f(n+k)z^{-(n+k)}$$
$$=z^k\left[\sum_{m=0}^{\infty}f(m)z^{-m}-\sum_{m=0}^{k-1}f(m)z^{-m}\right]$$
$$=z^k\left[F(z)-\sum_{n=0}^{k-1}f(n)z^{-n}\right].$$

特殊地，当 $k=1$ 和 $k=2$ 时，有

$$Z[f(n+1)]=z\left[F(z)-f(0)\right], \tag{9.2.3}$$

$$Z[f(n+2)]=z^2\left[F(z)-f(0)-f(1)z^{-1}\right]. \tag{9.2.4}$$

例 9.2.1 求 $Z\left[n^2\right]$ 和 $Z\left[(n+1)^2\right]$.

解 令 $f(n)=n^2$，则 $f(n+1)=(n+1)^2$，易知

$$f(n+1)-f(n)=2n+1. \tag{9.2.5}$$

不妨设 $Z\left[f(n)\right]=F(z)$，对式(9.2.5)两边分别求 Z 变换得

$$Z\left[f(n+1)-f(n)\right]=Z[2n+1].$$

由式(9.2.1)和式(9.2.3)可得

$$Z\left[f(n+1)-f(n)\right]=Z\left[f(n+1)\right]-Z\left[f(n)\right]$$
$$=z\left[F(z)-f(0)\right]-F(z)=(z-1)F(z).$$

又因为

$$Z[2n+1]=2Z[r(n)]+Z[u(n)]$$
$$=\frac{2z}{(z-1)^2}+\frac{z}{z-1}=\frac{z(z+1)}{(z-1)^2}\quad(|z|>1),$$

则

$$(z-1)F(z)=\frac{z(z+1)}{(z-1)^2}\quad(|z|>1),$$

故

$$Z[n^2]=F(z)=\frac{z(z+1)}{(z-1)^3}\quad(|z|>1). \tag{9.2.6}$$

由式(9.2.3)可得

$$Z\left[(n+1)^2\right]=\frac{z^2(z+1)}{(z-1)^3}\quad(|z|>1).$$

9.2.3　右移性质

性质 9.2.3　对于序列 $f(n)$，如果 $Z[f(n)]=F(z),|z|>R$，那么

$$Z\left[f(n-k)u(n-k)\right]=z^{-k}F(z),\quad |z|>R, \tag{9.2.7}$$

其中 k 为任意正整数.

证明　由前面知，$u(n)=\begin{cases}1, & n\geqslant 0,\\ 0, & n<0,\end{cases}$ 并由式(9.1.15)可得

$$\begin{aligned}Z\left[f(u-k)u(n-k)\right]&=\sum_{n=0}^{+\infty}f(n-k)u(n-k)z^{-n}\\&=\sum_{n=k}^{+\infty}f(n-k)z^{-n}=z^{-k}\sum_{n=k}^{+\infty}f(n-k)z^{-(n-k)}\\&=z^{-k}\sum_{m=0}^{+\infty}f(m)z^{-m}=z^{-k}F(z).\end{aligned}$$

例 9.2.2　求 $Z\left[(n-2)^2u(n-2)\right]$.

解　令 $f(n)=n^2$ 且 $Z\left[f(n)\right]=F(z)$，取 $k=2$，则由式(9.2.7)可得

$$Z\left[(n-2)^2u(n-2)\right]=z^{-2}F(z),$$

由式(9.2.6)可得

$$F(z)=Z\left[n^2\right]=\frac{z(z+1)}{(z-1)^3}\quad(|z|>1),$$

故

$$Z\left[(n-2)^2u(n-2)\right]=\frac{(z+1)}{z(z-1)^3}\quad(|z|>1).$$

9.2.4　初值定理

定理 9.2.1　对于右边序列 $f(n)$，如果 $Z\left[f(n)\right]=F(z)$，那么

$$f(0)=\lim_{z\to\infty}F(z). \tag{9.2.8}$$

证明　由式(9.1.15)可知

$$F(z)=\sum_{n=0}^{+\infty}f(n)z^{-n}=f(0)+\sum_{n=1}^{+\infty}f(n)z^{-n}.$$

对上式两边同时取极限得

$$\lim_{z\to\infty}F(z)=f(0)+\lim_{z\to\infty}\sum_{n=1}^{\infty}f(n)z^{-n}.$$

由 Z 变换存在定理可知，在收敛域 $|z|>R$ 内，级数 $\sum\limits_{n=1}^{\infty}f(n)z^{-n}$ 绝对一致收敛，因此其求和与求极限顺序可交换，即

$$\lim_{z\to\infty}\sum_{n=1}^{\infty}f(n)z^{-n}=\sum_{n=1}^{\infty}\lim_{z\to\infty}f(n)z^{-n}=0,$$

则

$$\lim_{z\to\infty}F(z)=f(0).$$

9.2.5　终值定理

定理 9.2.2　对于右边序列 $f(n)$，如果 $Z\left[f(n)\right]=F(z)$，且 $\lim\limits_{n\to\infty}f(n)$ 存在，那么

$$\lim_{n\to\infty}f(n)=\lim_{z\to\infty}(z-1)F(z). \tag{9.2.9}$$

证明　由线性性质和左移性质可得

$$\begin{aligned}Z\left[f(n+1)-f(n)\right]&=Z\left[f(n+1)\right]-Z\left[f(n)\right]\\&=z\left[F(z)-f(0)\right]-F(z)\\&=(z-1)F(z)-zf(0),\end{aligned}$$

且

$$Z\left[f(n+1)-f(n)\right]=\lim_{n\to\infty}\sum_{k=0}^{n}\left[f(k+1)-f(k)\right]z^{-k},$$

故

$$(z-1)F(z)-zf(0)=\lim_{n\to\infty}\sum_{k=0}^{n}\left[f(k+1)-f(k)\right]z^{-k},$$

上式两边同时取极限可得

$$\begin{aligned}&\lim_{z\to 1}(z-1)F(z)-zf(0)\\&=\lim_{z\to 1}\lim_{n\to\infty}\sum_{k=0}^{n}\left[f(k+1)-f(k)\right]z^{-k}\\&=\lim_{n\to\infty}f(n+1)-f(0),\end{aligned}$$

则

$$\lim_{n\to\infty}f(n)=\lim_{z\to 1}(z-1)F(z).$$

由上面的证明过程可知，终值定理必须在 $\lim\limits_{n\to\infty}f(n)$ 存在时才有意义，即 $F(z)$ 的极点必须在单位圆内(如果位于单位圆上，则只能是一级极点 $z=1$).

下面举例说明终值定理的使用条件.

例 9.2.3　设序列 $f(n)=\left(1+2^{n}\right)u(n)$，通过计算可得 $F(z)=\dfrac{z}{z-1}+\dfrac{z}{z-2}$，则 $\lim\limits_{z\to 1}\left[(z-1)F(z)\right]=1$，但是序列极限 $\lim\limits_{n\to\infty}f(n)$ 不存在，故不满足终值定理的条件，因此，$\lim\limits_{n\to\infty}f(n)\neq\lim\limits_{z\to\infty}(z-1)F(z)$.

9.2.6　z 域微分性质

性质 9.2.4　对于序列 $f(n)$，如果 $F(z)=Z\left[f(n)\right]$，$|z|>R$，那么

$$Z\left[nf(n)\right]=-z\frac{\mathrm{d}F(z)}{\mathrm{d}z},\quad |z|>R, \tag{9.2.10}$$

对上式结果推广可得

$$Z\left[n^{2}f(n)\right]=-z\frac{\mathrm{d}}{\mathrm{d}z}\left[-z\frac{\mathrm{d}F(z)}{\mathrm{d}z}\right],\quad |z|>R, \tag{9.2.11}$$

$$Z\left[n^{m}f(n)\right]=\left(-z\frac{\mathrm{d}}{\mathrm{d}z}\right)^{(m)}F(z),\quad |z|>R, \tag{9.2.12}$$

其中，$\left(-z\dfrac{\mathrm{d}}{\mathrm{d}z}\right)^{(m)}=-z\dfrac{\mathrm{d}}{\mathrm{d}z}\left\{-z\dfrac{\mathrm{d}}{\mathrm{d}z}\left[-z\dfrac{\mathrm{d}}{\mathrm{d}z}\cdots\left(-z\dfrac{\mathrm{d}}{\mathrm{d}z}\right)\right]\right\}$，共求 m 次导数.

证明　因为 $F(z)=Z\left[f(n)\right]=\sum\limits_{n=0}^{\infty}f(n)z^{-n}$，$|z|>R$，则

$$\frac{\mathrm{d}F(z)}{\mathrm{d}z}=\frac{\mathrm{d}}{\mathrm{d}z}\left(\sum_{n=0}^{\infty}f(n)z^{-n}\right),$$

由于级数一致收敛，故可交换求和与求导的次序，则有

$$\frac{\mathrm{d}F(z)}{\mathrm{d}z}=-\sum_{n=0}^{\infty}nf(n)z^{-n-1}=-z^{-1}\sum_{n=0}^{\infty}nf(n)z^{-n}=-z^{-1}Z\left[nf(n)\right],$$

所以 $Z\left[nf(n)\right]=-z\frac{\mathrm{d}F(z)}{\mathrm{d}z},|z|>R$.

同理可证式(9.2.11)和(9.2.12)成立.

例 9.2.4　利用 z 域微分性质求序列 $f(n)=na^nu(n)$ 的 Z 变换.

解　令 $f_1(n)=a^nu(n)$，则

$$F_1(z)=Z\left[f_1(n)\right]=Z\left[a^nu(n)\right]=\frac{1}{1-az^{-1}},\quad |z|>|a|.$$

利用 z 域微分性质可知

$$Z\left[f(n)\right]=Z\left[nf_1(n)\right]=-z\frac{\mathrm{d}}{\mathrm{d}z}\left[\frac{1}{1-az^{-1}}\right]=\frac{az^{-1}}{\left(1-az^{-1}\right)^2},\quad |z|>|a|.$$

9.2.7　z 域尺度变换性质

性质 9.2.5　对于序列 $f(n)$，如果 $F(z)=Z[f(n)](R_1<|z|<R_2)$，那么

$$Z\left[a^nf(n)\right]=F\left(\frac{z}{a}\right)\quad\left(R_1<\left|\frac{z}{a}\right|<R_2\right),\tag{9.2.13}$$

其中 a 为非零常数.

证明　$Z\left[a^nf(n)\right]=\sum_{n=0}^{\infty}a^nf(n)z^{-n}=\sum_{n=0}^{\infty}f(n)\left(\frac{z}{a}\right)^{-n}=F\left(\frac{z}{a}\right)\quad\left(R_1<\left|\frac{z}{a}\right|<R_2\right).$

由证明过程同理可得

$$Z\left[a^{-n}f(n)\right]=F(az)\quad(R_1<|az|<R_2),$$

$$Z\left[(-1)^nf(n)\right]=F(-z)\quad(R_1<|z|<R_2).$$

9.2.8　时域卷积定理

定理 9.2.3　设 $f_1(n),f_2(n)$ 为两个右边序列，且 $Z\left[f_1(n)\right]=F_1(z),\ |z|>R_1$，$Z\left[f_2(n)\right]=F_2(z),|z|>R_2$，设 $f(n)$ 为 $f_1(n)$ 与 $f_2(n)$ 的离散卷积和，即满足

$$f(n)=f_1(n)*f_2(n)=\sum_{k=0}^{n}f_1(k)f_2(n-k),\tag{9.2.14}$$

那么

$$F[z]=Z\left[f_1(n)*f_2(n)\right]=F_1(z)F_2(z),\quad |z|>\max(R_1,R_2).\tag{9.2.15}$$

证明　由 Z 变换的定义和式(9.2.14)可得

$$Z[f_1(n)*f_2(n)]=\sum_{n=0}^{\infty}\left[\sum_{k=0}^{n}f_1(k)f_2(n-k)\right]z^{-n}.$$

考虑到当 $n<0$ 时，$f_1(n)=f_2(n)=0$，故上式右边将 k 的求和上限改为 ∞，其结果不变，交换求和次序可得

$$\begin{aligned}Z[f_1(n)*f_2(n)]&=\sum_{n=0}^{\infty}\left[\sum_{k=0}^{n}f_1(k)f_2(n-k)\right]z^{-n}\\&=\sum_{k=0}^{\infty}f_1(k)\left[\sum_{n=0}^{\infty}f_2(n-k)z^{-n}\right]\\&=\sum_{k=0}^{\infty}f_1(k)z^{-k}\left[\sum_{n=k}^{\infty}f_2(n-k)z^{-(n-k)}\right]\\&=\left(\sum_{k=0}^{\infty}f_1(k)z^{-k}\right)F_2(z)\\&=F_1(z)F_2(z).\end{aligned}$$

例 9.2.5　已知 $f_1(n)=a^n u(n)$，$f_2(n)=u(n)$，且 $|a|<1$，试求 $Z[f_1(n)*f_2(n)]$.

解　通过计算可知

$$F_1(z)=\frac{z}{z-a},\quad |z|>|a|,$$

$$F_2(z)=\frac{z}{z-1},\quad |z|>1,$$

由式(9.2.15)可得

$$Z[f_1(n)*f_2(n)]=\frac{z^2}{(z-a)(z-1)},\quad |z|>1.$$

9.3　Z 逆变换

9.3.1　Z 逆变换的定义

由定义 9.1.3 可知，如果已知 $F(z)$ (包括收敛域)为某一右边序列 $f(n)$ 的 Z 变换，反过来求序列 $f(n)$ 的变换称为 Z 逆变换，记作

$$f(n)=Z^{-1}[F(z)].$$

9.3.2 求 Z 逆变换的常用方法

1. 留数法 (围线积分法)

1) Z 逆变换的围线积分公式

定理 9.3.1 如果函数 $F(z)=\sum_{n=0}^{\infty}f(n)z^{-n}$ 在收敛域 $|z|>R$ 内解析, 那么

$$f(n)=\frac{1}{2\pi i}\oint_C F(z)z^{n-1}dz \quad (n=0,1,\cdots), \tag{9.3.1}$$

其中, C 为 $|z|>R$ 内任意一条包围坐标原点的闭曲线, 且以逆时针方向为正方向. 式(9.3.1)即为 Z 逆变换的围线积分公式, 又称为 Z 变换反演积分.

证明 由于 $F(z)=\sum_{n=0}^{\infty}f(n)z^{-n}$, 在等式两边同时乘以 z^{m-1}, 可得

$$F(z)z^{m-1}=\sum_{n=0}^{\infty}f(n)z^{m-n-1},$$

对上式两边沿曲线 C 求积分得

$$\oint_C F(z)z^{m-1}dz=\oint_C\sum_{n=0}^{\infty}f(n)z^{m-n-1}dz.$$

由于级数 $\sum_{n=0}^{\infty}f(n)z^{m-n-1}$ 在收敛域 $|z|>R$ 内一致收敛, 故可交换积分与求和次序, 则有

$$\oint_C F(z)z^{m-1}dz=\sum_{n=0}^{\infty}f(n)\oint_C z^{m-n-1}dz.$$

由柯西积分公式

$$\oint_C z^{m-n-1}dz=\begin{cases}2\pi i, & n=m,\\ 0, & n\neq m,\end{cases}$$

可得

$$\oint_C F(z)z^{m-1}dz=2\pi i f(m),$$

即

$$f(n)=\frac{1}{2\pi i}\oint_C F(z)z^{n-1}dz.$$

2) 用留数定理求围线积分

如果 $F(z)$ 在域 $|z|\leqslant R$ 内只有有限个极点 $z_1,z_2,\cdots,z_l$, 那么围线积分等于围线

C 内所有极点的留数之和，即

$$f(n)=\sum_{k=1}^{l}\text{Res}\left[F(z)z^{n-1},z_k\right]. \tag{9.3.2}$$

对于单级极点 z_k，　$\text{Res}\left[F(z)z^{n-1},z_k\right]=\left[(z-z_k)F(z)z^{n-1}\right]\Big|_{z=z_k}$.

对于 r 级极点 z_k，$\text{Res}\left[F(z)z^{n-1},z_k\right]=\dfrac{1}{(r-1)!}\left\{\dfrac{\mathrm{d}^{r-1}}{\mathrm{d}z^{r-1}}\left[\left(z-z_k\right)^r F(z)z^{n-1}\right]\right\}\Bigg|_{z=z_k}$.

例 9.3.1　求 $F\left(z\right)=\dfrac{2z^2-3z+1}{\left(z+1\right)\left(z-5\right)},|z|>5$ 的 Z 逆变换.

解　$f(n)=\sum\limits_{k}\text{Res}\left[F(z)z^{n-1},z_k\right]=\sum\limits_{k}\text{Res}\left[\dfrac{2z^2-3z+1}{(z+1)(z-5)}z^{n-1},z_k\right].$

当 $n=0$ 时，$z_1=0$ 为 $F\left(z\right)z^{-1}$ 的一级极点，当 $n\geqslant 1$ 时，$z_2=-1$，$z_3=5$ 为 $F\left(z\right)$ 的一级极点，由计算公式可得

$$\text{Res}\left[F(z)z^{n-1},0\right]=\left[z\frac{2z^2-3z+1}{(z+1)(z-5)}z^{-1}\right]\Bigg|_{z=0}=-\frac{1}{5}\delta(n),$$

$$\text{Res}\left[F(z)z^{n-1},-1\right]=\left[(z+1)\frac{2z^2-3z+1}{\left(z+1\right)\left(z-5\right)}z^{n-1}\right]\Bigg|_{z=-1}=\left(-1\right)^n u\left(n-1\right),$$

$$\text{Res}\left[F(z)z^{n-1},5\right]=\left[(z-5)\frac{2z^2-3z+1}{(z+1)(z-5)}z^{n-1}\right]\Bigg|_{z=5}=\frac{6}{5}5^n u(n-1),$$

故 $f(n)=-\dfrac{1}{5}\delta(n)+\left[(-1)^n+\dfrac{6}{5}5^n\right]u(n-1)$.

2. 长除法 (幂级数展开法)

如果得到的 Z 变换 $F\left(z\right)$ 是幂级数形式的，那么序列 $f\left(n\right)$ 便是幂级数 $F(z)=\sum\limits_{n=0}^{\infty}f(n)z^{-n}$ 中 z^{-n} 项的系数，所以在给定 $F\left(z\right)$ 的函数表示的情况下，我们可以利用长除法求得幂级数展开式，进而求得序列 $f\left(n\right)$.

例 9.3.2　已知 $F\left(z\right)=\dfrac{z}{z^2-2z+1}$，$|z|>1$，求其 Z 逆变换 $f\left(n\right)$.

解

$$
\begin{array}{r}
z^{-1}+2z^{-2}+3z^{-3}+4z^{-4}+\cdots \\
z^2-2z+1\overline{\big)\qquad\qquad\qquad\qquad\qquad z} \\
\underline{z-2+z^{-1}} \\
2-z^{-1} \\
\underline{2-4z^{-1}+2z^{-2}} \\
3z^{-1}-2z^{-2} \\
\underline{3z^{-1}-6z^{-2}+3z^{-3}} \\
4z^{-2}-3z^{-3} \\
\underline{4z^{-2}-8z^{-3}+4z^{-4}} \\
5z^{-3}-4z^{-4}
\end{array}
$$

由于 $F(z)=f(0)z^{-0}+f(1)z^{-1}+f(2)z^{-2}+\cdots$，所以 $f(n)=\{0,1,2,3,\cdots\}$.

3. 部分分式法

我们知道常用的 Z 变换为 $F(z)=Z[\delta(n)]=1,|z|\geqslant 0$ 及 $F(z)=Z[a^n u(n)]=\dfrac{z}{z-a},|z|>|a|$，所以在对 $F(z)$ 做部分分式展开时，应该力求得到形如 $\dfrac{z}{z-a}$ 的表达式. 利用部分分式展开法求得 Z 逆变换的一般步骤如下:

(1) 将 $F(z)$ 除以 z，得到 $\dfrac{F(z)}{z}$;

(2) 将 $\dfrac{F(z)}{z}$ 展开成部分分式的和;

(3) 将展开的部分分式乘以 z，得到 $F(z)$ 的表达式;

(4) 对各部分分式进行 Z 逆变换;

(5) 写出原序列 $f(n)$.

如果 $F(z)$ 只含有单极点 $z_0=0,z_1,z_2,\cdots,z_N$，那么

$$\frac{F(z)}{z}=\frac{A_0}{z}+\frac{A_1}{z-z_1}+\cdots+\frac{A_N}{z-z_N}=\frac{A_0}{z}+\sum_{i=1}^{N}\frac{A_i}{z-z_i},$$

则

$$F(z)=A_0+\sum_{i=1}^{N}\frac{A_i z}{z-z_i},$$

其中,

$$A_0=[F(z)]_{z=0}$$

$$A_i = \left[(z - z_i) \frac{F(z)}{z} \right]_{z=z_i}, \quad i = 1, 2, \cdots, N.$$

因此,

$$f(n) = A_0 \delta(n) + \sum_{i=1}^{N} A_i (z_i)^n u(n).$$

如果 $F(z)$ 含有一 r 级极点 z_1, 那么

$$F(z) = A_0 + \sum_{j=1}^{r} \frac{B_j z}{(z - z_1)^j} + \sum_{i=r+1}^{N} \frac{A_i z}{z - z_i},$$

其中, A_i 的确定跟单极点的确定方法相同, B_j 的确定如下

$$B_j = \frac{1}{(r-j)!} \left[\frac{\mathrm{d}^{r-j}}{\mathrm{d}z^{r-j}} (z - z_1)^r \frac{F(z)}{z} \right]_{z=z_1}, \quad j = 1, 2, \cdots, r.$$

那么查表可得

$$f(n) = A_0 \delta(n) + \sum_{i=r+1}^{N} A_i (z_i)^n u(n) + \sum_{j=1}^{r} B_j \frac{n!}{(n-j+1)!(j-1)!} (z_1)^{n-j+1} u(n).$$

例 9.3.3 用部分分式法求 $F(z) = \dfrac{z^2}{2z^2 - 3z + 1}$, $|z| > 1$ 的 Z 逆变换.

解 $\dfrac{F(z)}{z} = \dfrac{z}{2z^2 - 3z + 1} = \dfrac{z}{(z-1)(2z-1)}$, 将 $\dfrac{F(z)}{z}$ 展开成部分分式的和

$$\frac{F(z)}{z} = \frac{A_0}{z} + \frac{A_1}{z-1} + \frac{A_2}{z - \frac{1}{2}},$$

其中, $A_0 = [F(z)]_{z=0} = 0, A_1 = \left[(z-1) \dfrac{F(z)}{z} \right]_{z=1} = 1, A_2 = \left[\left(z - \dfrac{1}{2} \right) \dfrac{F(z)}{z} \right]_{z=\frac{1}{2}} = -\dfrac{1}{2}$,

所以,

$$F(z) = \frac{z}{z-1} - \frac{z}{2\left(z - \frac{1}{2} \right)},$$

则

$$f(n) = u(n) - \frac{1}{2} \left(\frac{1}{2} \right)^n u(n) = \left(1 - \frac{1}{2^{n+1}} \right) u(n).$$

由于 $f(n)$ 为右边序列, 故 $f(n) = 1 - \dfrac{1}{2^{n+1}}$.

例 9.3.4 用部分分式法求 $F(z)=\dfrac{z(z+1)}{(z-3)(z-1)^2}$ 的 Z 逆变换.

解 由表达式可知，$z_1=1$ 为 $F(z)$ 的二级极点，$z_2=3$ 为单极点，$\dfrac{F(z)}{z}=\dfrac{z+1}{(z-3)(z-1)^2}$，将 $\dfrac{F(z)}{z}$ 展开成部分分式的和

$$\frac{F(z)}{z}=\frac{A_0}{z}+\frac{A_1}{z-3}+\frac{B_1}{z-1}+\frac{B_2}{(z-1)^2}$$

其中,

$$A_0=\left[F(z)\right]_{z=0}=0,\quad A_1=\left[(z-3)\frac{F(z)}{z}\right]_{z=3}=1,$$

$$B_1=\frac{1}{(2-1)!}\left[\frac{\mathrm{d}}{\mathrm{d}z}(z-1)^2\frac{F(z)}{z}\right]_{z=1}=-1,\quad B_2=\frac{1}{(2-2)!}\left[(z-1)^2\frac{F(z)}{z}\right]_{z=1}=-1.$$

所以,

$$\frac{F(z)}{z}=\frac{1}{z-3}-\frac{1}{z-1}-\frac{1}{(z-1)^2},$$

则

$$F(z)=\frac{z}{z-3}-\frac{z}{z-1}-\frac{z}{(z-1)^2},$$

故有

$$f(n)=\left(3^n-n-1\right)u(n)=3^n-n-1.$$

9.4 Z 变换的应用

单边 Z 变换经常用来求解线性常系数差分方程的解，其一般步骤如下:

(1) 利用 Z 变换将差分方程化为像函数的代数方程;

(2) 求解代数方程得到像函数;

(3) 求像函数的 Z 逆变换得到差分方程的解，即离散序列.

例 9.4.1 用 Z 变换法求差分方程 $y(n+2)+2y(n+1)+y(n)=1$ 满足初始条件 $y(0)=1$，$y(1)=0$ 的解.

解 设 $Z\left[y(n)\right]=Y(z)$，在方程两边取 Z 变换，并利用左移性质可得

$$z^2\left[Y(z)-y(0)-y(1)z^{-1}\right]+2z[Y(z)-y(0)]+Y(z)=\frac{z}{z-1}.$$

将 $y(0)=1$，$y(1)=0$ 代入上式可得

$$z^2[Y(z)-1]+2z[Y(z)-1]+Y(z)=\frac{z}{z-1}.$$

整理上式, 并进行部分分式展开可得

$$Y(z)=\frac{z^3+z^2-z}{(z+1)^2(z-1)}=\frac{A_1 z}{z-1}+\frac{B_1 z}{z+1}+\frac{B_2 z}{(z+1)^2}.$$

通过计算可得

$$Y(z)=\frac{1}{4}\frac{z}{z-1}+\frac{3}{4}\frac{z}{z+1}+\frac{1}{2}\frac{z}{(z+1)^2}.$$

所以,

$$y(n)=\frac{1}{4}+(-1)^n\left(\frac{3}{4}-\frac{1}{2}n\right).$$

例 9.4.2　用 Z 变换法求差分方程 $y(n)+3y(n-1)=a$ 满足初始条件 $y(-1)=b$ 的解, 其中 a,b 为常数.

解　设 $Z\left[y(n)\right]=Y(z)$，在方程两边取 Z 变换, 利用线性和右移性质, 并将初值代入, 整理可得

$$Y(z)+3b+3z^{-1}Y(z)=\frac{a}{1-z^{-1}},$$

通过计算可得

$$Y(z)=\frac{-3b}{1+3z^{-1}}+\frac{a}{\left(1+3z^{-1}\right)\left(1-z^{-1}\right)}.$$

本 章 小 结

本章主要讨论的是单边 Z 变换的有关问题, 涉及 Z 变换的定义、存在性定理及其收敛域, 而 9.2 节中的 Z 变换的性质是本章的重点内容, 主要有线性性质、左移性质、右移性质、初值定理、终值定理、z 域微分性质、z 域尺度变换性质以及时域卷积定理等. 此外, 留数法、长除法和部分分式法又提供了求解 Z 逆变换的方法, 更加完善了 Z 变换的体系. 最后, 利用 Z 变换求解线性常系数差分方程是对 Z 变换知识体系的升华, 也是求解差分方程的常用方法.

习　题　9

1. 求下列序列的 Z 变换，并指出其收敛域.

(1) $\delta(n-5)$；　(2) $\delta(n+5)$；　(3) $\left(\frac{1}{5}\right)^n u(n-5)$；

(4) $\left(\frac{1}{2}\right)^n u(n)+\delta(n)$；　(5) $\left(-\frac{1}{3}\right)^n u(n)$；　(6) $\delta(n)-\frac{1}{8}\delta(n-3)$；

(7) $\left(\frac{1}{2}\right)^n \left[u(n)-u(n-10)\right]$；　(8) $\left(\frac{1}{2}\right)^n u(n)+\left(\frac{1}{3}\right)^n u(n)$.

2. 求下列序列的 Z 变换.

(1) $2n+5\sin\frac{n\pi}{4}-3a^n$；　(2) a^{n+3}；　(3) $\cosh(bn)$；

(4) $\cos\left(2n+\frac{\pi}{4}\right)$；　(5) $\cos(3n)\sin(3n)$；　(6) $(\cos\theta+\mathrm{i}\sin\theta)^n$；

(7) $\sin n\sin(2n)$；　(8) $\frac{3^n+3^{-n}}{n!}$；　(9) $\frac{1^n-(-1)^n}{n}$；

(10) $a^n\sin(n\varphi)\cos(n\theta)$；　(11) $n\cos(n\theta)$.

3. 给定序列 $f(n)=\begin{cases}1, & 0\leqslant n\leqslant 5,\\ 0, & 其他,\end{cases}$ 设 $g(n)=f(n)-f(n-1)$，试求序列 $g(n)$，并计算其 Z 变换.

4. 试证

$$Z\left[\frac{a}{a-b}a^n-\frac{b}{a-b}b^n\right]=\frac{z^2}{(z-a)(z-b)},$$

其中 a,b 为常数，且 $a\neq b$.

5. 设 $Z[f(n)]=\frac{z}{z-1}+\frac{z}{z+1}$，求 $Z[f(n+2)]$.

6. 设 $F(z)=\frac{2z^2+3z+4}{(z-3)^2}$，求 $f(0),f(1),f(2)$.

7. 利用终值定理求 $\lim\limits_{n\to\infty}\sum\limits_{r=0}^{n}\left(\frac{1}{2}\right)^r$.

8. 若 $F(z)=\frac{z}{z-3}$，求 $f(0),f(\infty)$.

9. 利用卷积定理求 $h(n)=f(n)*g(n)$，其中

(1) $f(n)=a^n u(n), g(n)=\delta(n-2)$；

(2) $f(n)=a^n u(n), g(n)=u(n-1)$.

10. 求下列函数的 Z 逆变换.

(1) $F(z)=\frac{1}{z-3}$；　(2) $F(z)=\frac{3z}{1+3z}$；　(3) $F(z)=\frac{1}{1-az^{-1}}$；

(4) $F(z)=\dfrac{1-\dfrac{1}{2}z^{-1}}{1+\dfrac{3}{4}z^{-1}+\dfrac{1}{8}z^{-2}}$; (5) $F(z)=\dfrac{1-\dfrac{1}{3}z^{-1}}{\left(1-z^{-1}\right)\left(1+2z^{-1}\right)}$.

11. 用留数法、部分分式法和长除法, 求 $F(z)=\dfrac{10z}{(z-1)(z-2)}$ 的 Z 逆变换.

12. 用留数法求下列函数的 Z 逆变换.

(1) $F(z)=\dfrac{z}{(z-1)^2(z-2)}$; (2) $F(z)=\dfrac{z^2}{\left(\mathrm{e}z-1\right)^2}$.

13. 解下列差分方程.

(1) $\begin{cases} y(n+2)+y(n+1)+y(n)=u(n), \\ y(0)=1, y(1)=2; \end{cases}$

(2) $\begin{cases} y(n)+5y(n-1)=nu(n), \\ y(-1)=0; \end{cases}$

(3) $\begin{cases} y(n+1)-y(n)=\sin n, \\ y(0)=-1; \end{cases}$

(4) $\begin{cases} y(n+1)-y(n)=\displaystyle\sum_{k=0}^{n}\sin k, \\ y(0)=0; \end{cases}$

(5) $\begin{cases} y(n)+2y(n-1)=(n-2)u(n), \\ y(0)=1; \end{cases}$

(6) $\begin{cases} y(n)+y(n-1)-y(n-2)=10u(n), \\ y(-1)=4, \quad y(-2)=6. \end{cases}$

References / 参考文献

白艳萍, 雷英杰, 杨明. 2004. 复变函数与积分变换[M]. 北京: 国防工业出版社.
包革军, 盖云英, 冉启文. 1998. 积分变换[M]. 哈尔滨: 哈尔滨工业大学出版社.
刘建亚. 2005. 复变函数与积分变换[M]. 北京: 高等教育出版社.
刘向丽. 2009. 复变函数与积分变换[M]. 北京: 机械工业出版社.
刘子瑞, 梅家斌. 2007. 复变函数与积分变换[M]. 北京: 科学出版社.
路见可, 钟寿国, 刘士强. 2007. 复变函数[M]. 2 版. 武汉: 武汉大学出版社.
路线. 2010. 复变函数与积分变换[M]. 北京: 科学出版社.
普里瓦洛夫. 2013. 复变函数引论[M]. 闵嗣鹤, 等译. 哈尔滨: 哈尔滨工业大学出版社.
宋叔尼, 孙涛, 张国伟. 2006. 复变函数与积分变换[M]. 北京: 科学出版社.
苏变萍, 陈东立. 2003. 复变函数与积分变换[M]. 北京: 高等教育出版社.
孙振绮. 2011. 复变函数论与运算微积[M]. 北京: 机械工业出版社.
王忠仁, 张静. 2006. 工程数学[M]. 北京: 高等教育出版社.
邢宇明, 包革军. 2010. 复变函数与积分变换[M]. 哈尔滨: 哈尔滨工业大学出版社.
熊大国. 1990. 积分变换[M]. 北京: 北京理工大学出版社.
余家荣. 1999. 复变函数[M]. 3 版. 北京: 高等教育出版社.
张宗达. 2008. 工科数学分析[M]. 3 版. 北京: 高等教育出版社.
钟玉泉. 1996. 复变函数学习指导书[M]. 北京: 高等教育出版社.
周民强. 1999. 调和分析讲义: 实变方法[M]. 北京: 北京大学出版社.

附录 I　傅里叶变换简表

	$f(t)$	$F(\omega)$
1	矩形单脉冲函数 $f(t)=\begin{cases}E, & \lvert t\rvert\leqslant\dfrac{\tau}{2},\\0, & 其他\end{cases}$	$2E\dfrac{\sin\dfrac{\omega\tau}{2}}{\omega}$
2	指数衰减函数 $f(t)=\begin{cases}0, & t<0,\\e^{-\beta t}, & t\geqslant 0\end{cases}\ (\beta>0)$	$\dfrac{1}{\beta+i\omega}$
3	三角形脉冲函数 $f(t)=\begin{cases}\dfrac{2A}{\tau}\left(\dfrac{\tau}{2}+t\right), & -\dfrac{\tau}{2}\leqslant t<0,\\\dfrac{2A}{\tau}\left(\dfrac{\tau}{2}-t\right), & 0\leqslant t<\dfrac{\tau}{2},\\0, & 其他\end{cases}$	$\dfrac{4A}{\tau\omega^2}\left(1-\cos\dfrac{\omega\tau}{2}\right)$
4	钟形脉冲函数 $f(t)=Ae^{-\beta t^2}\ (\beta>0)$	$A\sqrt{\dfrac{\pi}{\beta}}e^{-\frac{\omega^2}{4\beta}}$
5	傅里叶核 $f(t)=\dfrac{\sin\omega_0 t}{\pi t}$	$f(\omega)=\begin{cases}1, & \lvert\omega\rvert\leqslant\omega_0,\\0, & 其他\end{cases}$
6	高斯分布函数 $f(t)=\dfrac{1}{\sqrt{2\pi}\sigma}e^{-\frac{t^2}{2\sigma^2}}$	$e^{-\frac{\sigma^2\omega^2}{2}}$
7	矩形射频脉冲 $f(t)=\begin{cases}E\cos\omega_0 t, & \lvert t\rvert\leqslant\dfrac{\tau}{2},\\0, & 其他\end{cases}$	$\dfrac{E\tau}{2}\left[\dfrac{\sin(\omega-\omega_0)\frac{\tau}{2}}{(\omega-\omega_0)\frac{\tau}{2}}+\dfrac{\sin(\omega+\omega_0)\frac{\tau}{2}}{(\omega+\omega_0)\frac{\tau}{2}}\right]$
8	单位脉冲函数 $f(t)=\delta(t)$	1
9	周期性脉冲函数 $f(t)=\sum\limits_{n=-\infty}^{+\infty}\delta(t-nT)$ (t 为脉冲函数的周期)	$\dfrac{2\pi}{T}\sum\limits_{n=-\infty}^{+\infty}\delta\left(\omega-\dfrac{2n\pi}{T}\right)$
10	$f(t)=\cos\omega_0 t$	$\pi[\delta(\omega+\omega_0)+\delta(\omega-\omega_0)]$
11	$f(t)=\sin\omega_0 t$	$i\pi[\delta(\omega+\omega_0)-\delta(\omega-\omega_0)]$
12	单位阶跃函数 $u(t)=\begin{cases}1, & t\geqslant 0,\\0, & t<0\end{cases}$	$\dfrac{1}{i\omega}+\pi\delta(\omega)$

续表

	$f(t)$	$F(\omega)$
13	$u(t-\tau)$	$\frac{1}{\mathrm{i}\omega}\mathrm{e}^{-\mathrm{i}\omega\tau}+\pi\delta(\omega)$
14	$u(t)\cdot t$	$-\frac{1}{\omega^2}+\pi\mathrm{i}\delta'(\omega)$
15	$u(t)\cdot t^n$	$\frac{n!}{(\mathrm{i}\omega)^{n+1}}+\pi\mathrm{i}^n\delta^{(n)}(\omega)$
16	$u(t)\sin at$	$\frac{a}{a^2-\omega^2}+\frac{\pi}{2\mathrm{i}}[\delta(\omega-\omega_0)-\delta(\omega+\omega_0)]$
17	$u(t)\cos at$	$\frac{\mathrm{i}\omega}{a^2-\omega^2}+\frac{\pi}{2}[\delta(\omega-\omega_0)+\delta(\omega+\omega_0)]$
18	$u(t)\cdot\mathrm{e}^{\mathrm{i}at}$	$\frac{1}{\mathrm{i}(\omega-a)}+\pi\delta(\omega-a)$
19	$u(t-c)\cdot\mathrm{e}^{\mathrm{i}at}$	$\frac{1}{\mathrm{i}(\omega-a)}\mathrm{e}^{-\mathrm{i}(\omega-a)t}+\pi\delta(\omega-a)$
20	$u(t)\cdot\mathrm{e}^{\mathrm{i}at}t^n$	$\frac{n!}{[\mathrm{i}(\omega-a)]^{n+1}}+\pi\mathrm{i}^n\delta^{(n)}(\omega-a)$
21	$\mathrm{e}^{a\|t\|}$，$\mathrm{Re}(a)<0$	$\frac{-2a}{a^2+\omega^2}$
22	$\delta(t-c)$	$\mathrm{e}^{-\mathrm{i}\omega c}$
23	$\delta'(t)$	$\mathrm{i}\omega$
24	$\delta^{(n)}(t)$	$(\mathrm{i}\omega)^n$
25	$\delta^{(n)}(t-c)$	$(\mathrm{i}\omega)^n\mathrm{e}^{-\mathrm{i}\omega c}$
26	1	$2\pi\delta(\omega)$
27	t	$2\pi\mathrm{i}\delta'(\omega)$
28	t^n	$2\pi\mathrm{i}^n\delta^{(n)}(\omega)$
29	$\mathrm{e}^{\mathrm{i}at}$	$2\pi\delta(\omega-a)$
30	$t^n\cdot\mathrm{e}^{\mathrm{i}at}$	$2\pi\mathrm{i}^n\delta^{(n)}(\omega-a)$
31	$\frac{1}{a^2+t^2}$，$\mathrm{Re}(a)<0$	$-\frac{\pi}{a}\mathrm{e}^{a\|\omega\|}$
32	$\frac{t}{(a^2+t^2)^2}$，$\mathrm{Re}(a)<0$	$\frac{\mathrm{i}\omega\pi}{2a}\mathrm{e}^{a\|\omega\|}$
33	$\frac{\mathrm{e}^{\mathrm{i}bt}}{a^2+t^2}$，$\mathrm{Re}(a)<0$，$b$ 为实数	$-\frac{\pi}{a}\mathrm{e}^{a\|\omega-b\|}$

续表

	$f(t)$	$F(\omega)$
34	$\frac{\cos bt}{a^2+t^2}$，$\mathrm{Re}(a)<0$，b 为实数	$-\frac{\pi}{2a}(\mathrm{e}^{a\|\omega-b\|}-\mathrm{e}^{a\|\omega+b\|})$
35	$\frac{\sin bt}{a^2+t^2}$，$\mathrm{Re}(a)<0$，b 为实数	$-\frac{\pi}{2a\mathrm{i}}(\mathrm{e}^{a\|\omega-b\|}-\mathrm{e}^{a\|\omega+b\|})$
36	$\frac{\sin\mathrm{h}at}{\sin\mathrm{h}\pi t}$，$-\pi<a<\pi$	$\frac{\sin a}{\cos\mathrm{h}\omega+\cos a}$
37	$\frac{\sin\mathrm{h}at}{\cos\mathrm{h}\pi t}$，$-\pi<a<\pi$	$-2\mathrm{i}\frac{\sin\frac{a}{2}\sinh\frac{\omega}{2}}{\cos\mathrm{h}\omega+\cos a}$
38	$\frac{\cos\mathrm{h}at}{\cos\mathrm{h}\pi t}$，$-\pi<a<\pi$	$2\frac{\cos\frac{a}{2}\cosh\frac{\omega}{2}}{\cos\mathrm{h}\omega+\cos a}$
39	$\frac{1}{\cosh at}$	$\frac{\pi}{a}\frac{1}{\cosh\frac{\pi\omega}{2a}}$
40	$\sin at^2$	$\sqrt{\frac{\pi}{a}}\cdot\cos\left(\frac{\omega^2}{4a}+\frac{\pi}{4}\right)$
41	$\cos at^2$	$\sqrt{\frac{\pi}{a}}\cdot\cos\left(\frac{\omega^2}{4a}-\frac{\pi}{4}\right)$
42	$\frac{1}{t}\sin at$	$\begin{cases}\pi, & \|\omega\|\leqslant a,\\ 0, & \|\omega\|>a\end{cases}$
43	$\frac{1}{t^2}\sin^2 at$	$\begin{cases}\pi\left(a-\frac{\|\omega\|}{2}\right), & \|\omega\|\leqslant 2a,\\ 0, & \|\omega\|>2a\end{cases}$
44	$\frac{\sin at}{\sqrt{\|t\|}}$	$\mathrm{i}\sqrt{\frac{\pi}{2}}\cdot\left(\frac{1}{\sqrt{\|\omega+a\|}}-\frac{1}{\sqrt{\|\omega-a\|}}\right)$
45	$\frac{\cos at}{\sqrt{\|t\|}}$	$\sqrt{\frac{\pi}{2}}\cdot\left(\frac{1}{\sqrt{\|\omega+a\|}}+\frac{1}{\sqrt{\|\omega-a\|}}\right)$
46	$\frac{1}{\sqrt{\|t\|}}$	$\sqrt{\frac{2\pi}{\|\omega\|}}$
47	$\mathrm{sgn}\,t$	$\frac{2}{\mathrm{i}\omega}$
48	$\mathrm{e}^{-at^2}, \mathrm{Re}(a)>0$	$\sqrt{\frac{\pi}{2}}\cdot\mathrm{e}^{-\frac{\omega^2}{4a}}$
49	$\|t\|$	$\frac{-2}{\omega^2}$
50	$\frac{1}{\|t\|}$	$\frac{\sqrt{2\pi}}{\|\omega\|}$

附录Ⅱ　拉普拉斯变换简表

	$f(t)$	$F(s)$
1	1	$\frac{1}{s}$
2	e^{at}	$\frac{1}{s-a}$
3	$t^m (m>-1)$	$\frac{\Gamma(m+1)}{s^{m+1}}$
4	$t^m e^{at}\ (m>-1)$	$\frac{\Gamma(m+1)}{(s-a)^{m+1}}$
5	$\sin at$	$\frac{a}{s^2+a^2}$
6	$\cos at$	$\frac{s}{s^2+a^2}$
7	$\mathrm{sh}\ at$	$\frac{a}{s^2-a^2}$
8	$\mathrm{ch}\ at$	$\frac{s}{s^2-a^2}$
9	$t\sin at$	$\frac{2as}{(s^2+a^2)^2}$
10	$t\cos at$	$\frac{s^2-a^2}{(s^2+a^2)^2}$
11	$t\mathrm{sh}\ at$	$\frac{2as}{(s^2-a^2)^2}$
12	$t\mathrm{ch}\ at$	$\frac{s^2+a^2}{(s^2-a^2)^2}$
13	$t^m \sin at\ (m>-1)$	$\frac{\Gamma(m+1)}{2\mathrm{i}(s^2+a^2)^{m+1}}\cdot\left[(s+\mathrm{i}a)^{m+1}-(s-\mathrm{i}a)^{m+1}\right]$
14	$t^m \cos at\ (m>-1)$	$\frac{\Gamma(m+1)}{2\mathrm{i}(s^2+a^2)^{m+1}}\cdot\left[(s+\mathrm{i}a)^{m+1}+(s-\mathrm{i}a)^{m+1}\right]$
15	$e^{-bt}\sin at$	$\frac{a}{(s+b)^2+a^2}$

续表

	$f(t)$	$F(s)$
16	$e^{-bt}\cos at$	$\dfrac{s+b}{(s+b)^2+a^2}$
17	$e^{-bt}\sin(at+c)$	$\dfrac{(s+b)\sin c+a\cos c}{(s+b)^2+a^2}$
18	$\sin^2 t$	$\dfrac{1}{2}\left(\dfrac{1}{s}-\dfrac{s}{s^2+4}\right)$
19	$\cos^2 t$	$\dfrac{1}{2}\left(\dfrac{1}{s}+\dfrac{s}{s^2+4}\right)$
20	$\sin at\sin bt$	$\dfrac{a(a^2-b^2+s^2)}{a^4+2a^2(s^2-b^2)+(b^2+s^2)^2}$
21	$e^{at}-e^{bt}$	$\dfrac{a-b}{(s-a)(s-b)}$
22	$ae^{at}-be^{bt}$	$\dfrac{(a-b)s}{(s-a)(s-b)}$
23	$\dfrac{1}{a}\sin at-\dfrac{1}{b}\sin bt$	$\dfrac{b^2-a^2}{(s^2+a^2)(s^2+b^2)}$
24	$\cos at-\cos bt$	$\dfrac{(b^2-a^2)s}{(s^2+a^2)(s^2+b^2)}$
25	$\dfrac{1}{a^2}(1-\cos at)$	$\dfrac{1}{s(s^2+a^2)}$
26	$\dfrac{1}{a^3}(at-\sin at)$	$\dfrac{1}{s^2(s^2+a^2)}$
27	$\dfrac{1}{a^4}(\cos at-1)+\dfrac{1}{2a^2}t^2$	$\dfrac{1}{s^3(s^2+a^2)}$
28	$\dfrac{1}{a^4}(\operatorname{ch} at-1)-\dfrac{1}{2a^2}t^2$	$\dfrac{1}{s^3(s^2-a^2)}$
29	$\dfrac{1}{2a^3}(\sin at-at\cos at)$	$\dfrac{1}{(s^2+a^2)^2}$
30	$\dfrac{1}{2a}(\sin at+at\cos at)$	$\dfrac{s^2}{(s^2+a^2)^2}$
31	$\dfrac{1}{a^4}(1-\cos at)-\dfrac{1}{2a^3}t\sin at$	$\dfrac{1}{s(s^2+a^2)^2}$
32	$(1-at)e^{-at}$	$\dfrac{s}{(s+a)^2}$
33	$t\left(1-\dfrac{a}{2}\right)e^{-at}$	$\dfrac{2-a}{2(a+s)^2}$

续表

	$f(t)$	$F(s)$
34	$\frac{1}{a}(1-e^{-at})$	$\frac{1}{s(a+s)}$
35[1]	$\frac{1}{ab}+\frac{1}{b-a}\left(\frac{e^{-bt}}{b}-\frac{e^{-at}}{a}\right)$	$\frac{1}{s(s+a)(s+b)}$
36[1]	$\frac{e^{-at}}{(c-a)(b-a)}+\frac{e^{-bt}}{(a-b)(c-b)}+\frac{e^{-ct}}{(b-c)(a-c)}$	$\frac{1}{(s+a)(s+b)(s+c)}$
37[1]	$\frac{ae^{-at}}{(c-a)(b-a)}+\frac{be^{-bt}}{(a-b)(c-b)}+\frac{ce^{-ct}}{(b-c)(a-c)}$	$\frac{s}{(s+a)(s+b)(s+c)}$
38[1]	$\frac{a^2e^{-at}}{(c-a)(b-a)}+\frac{b^2e^{-bt}}{(a-b)(c-b)}+\frac{c^2e^{-ct}}{(b-c)(a-c)}$	$\frac{s^2}{(s+a)(s+b)(s+c)}$
39[1]	$\frac{e^{-at}-e^{-bt}\left[1-(a-b)t\right]}{(a-b)^2}$	$\frac{1}{(s+a)(s+b)^2}$
40[1]	$\frac{\left[a-b(a-b)t\right]e^{-bt}-ae^{-at}}{(a-b)^2}$	$\frac{s}{(s+a)(s+b)^2}$
41	$e^{-at}-e^{\frac{at}{2}}\left(\cos\frac{\sqrt{3}at}{2}-\sqrt{3}\sin\frac{\sqrt{3}at}{2}\right)$	$\frac{3a^2}{s^3+a^3}$
42	$\sin at\,\mathrm{ch}\,at-\cos at\,\mathrm{sh}\,at$	$\frac{4a^3}{s^4+4a^4}$
43	$\frac{1}{2a^2}\sin at\,\mathrm{sh}\,at$	$\frac{s}{s^4+4a^4}$
44	$\frac{1}{2a^3}(\mathrm{sh}\,at-\sin at)$	$\frac{1}{s^4-a^4}$
45	$\frac{1}{2a^2}(\mathrm{ch}\,at-\cos at)$	$\frac{s}{s^4-a^4}$
46	$\frac{1}{\sqrt{\pi t}}$	$\frac{1}{\sqrt{s}}$
47	$2\sqrt{\frac{t}{\pi}}$	$\frac{1}{s\sqrt{s}}$
48	$\frac{1}{\sqrt{\pi t}}e^{at}(1+2at)$	$\frac{s}{(s-a)\sqrt{s-a}}$
49	$\frac{1}{2\sqrt{\pi t^3}}(e^{bt}-e^{at})$	$\sqrt{s-a}-\sqrt{s-b}$
50	$\frac{1}{\sqrt{\pi t}}\cos 2\sqrt{at}$	$\frac{1}{\sqrt{s}}e^{-\frac{a}{s}}$
51	$\frac{1}{\sqrt{\pi t}}\mathrm{ch}\,2\sqrt{at}$	$\frac{1}{\sqrt{s}}e^{\frac{a}{s}}$
52	$\frac{1}{\sqrt{\pi a}}\sin 2\sqrt{at}$	$\frac{1}{s\sqrt{s}}e^{-\frac{a}{s}}$

续表

	$f(t)$	$F(s)$
53	$\frac{1}{\sqrt{\pi a}}\mathrm{sh}2\sqrt{at}$	$\frac{1}{s\sqrt{s}}\mathrm{e}^{\frac{a}{s}}$
54	$\frac{1}{t}(\mathrm{e}^{bt}-\mathrm{e}^{at})$	$\ln\frac{s-a}{s-b}$
55	$\frac{2}{t}\mathrm{sh}\,at$	$\ln\frac{s+a}{s-b}-2\mathrm{arcth}\frac{a}{s}$
56	$\frac{2}{t}(1-\cos at)$	$\ln\frac{s^2+a^2}{s^2}$
57	$\frac{2}{t}(1-\mathrm{ch}\,at)$	$\ln\frac{s^2-a^2}{s^2}$
58	$\frac{1}{t}\sin at$	$\arctan\frac{a}{s}$
59	$\frac{1}{t}(\mathrm{ch}\,at-\cos bt)$	$\ln\sqrt{\frac{s^2+b^2}{s^2-a^2}}$
60(2)	$\frac{1}{\pi t}\sin\left(2a\sqrt{t}\right)$	$\mathrm{erf}\frac{a}{\sqrt{s}}$
61(2)	$\frac{1}{\sqrt{\pi t}}\mathrm{e}^{-2a\sqrt{t}}$	$\frac{1}{\sqrt{s}}\mathrm{e}^{\frac{a^2}{s}}\mathrm{erfc}\left(\frac{a}{\sqrt{s}}\right)$
62	$\mathrm{erfc}\left(\frac{a}{2\sqrt{t}}\right)$	$\frac{1}{s}\mathrm{e}^{-a\sqrt{s}}$
63	$\mathrm{erfc}\left(\frac{t}{2a}\right)$	$\frac{1}{s}\mathrm{e}^{a^2s^2}\mathrm{erfc}(as)$
64	$\frac{1}{\sqrt{\pi t}}\mathrm{e}^{-2\sqrt{at}}$	$\frac{1}{\sqrt{s}}\mathrm{e}^{\frac{a}{s}}\mathrm{erfc}\left(\sqrt{\frac{a}{s}}\right)$
65	$\frac{1}{\sqrt{\pi(t+a)}}$	$\frac{1}{\sqrt{s}}\mathrm{e}^{as}\mathrm{erfc}\left(\sqrt{as}\right)$
66	$\frac{1}{\sqrt{a}}\mathrm{erfc}\left(\sqrt{at}\right)$	$\frac{1}{s\sqrt{s+a}}$
67	$\frac{1}{\sqrt{a}}\mathrm{e}^{at}\mathrm{erfc}\left(\sqrt{at}\right)$	$\frac{1}{\sqrt{s}(s-a)}$
68	$u(t)$	$\frac{1}{s}$
69	$tu(t)$	$\frac{1}{s^2}$
70	$t^m u(t)(m>-1)$	$\frac{1}{s^{m+1}}\Gamma(m+1)$
71	$\delta(t)$	1
72	$\delta^{(n)}(t)$	s^n

续表

	$f(t)$	$F(s)$
73	$\operatorname{sgn} t$	$\frac{1}{s}$
74[(3)]	$J_0(at)$	$\frac{1}{\sqrt{s^2+a^2}}$
75[(3)]	$I_0(at)$	$\frac{1}{\sqrt{s^2-a^2}}$
76	$J_0\left(2\sqrt{at}\right)$	$\frac{1}{s}\mathrm{e}^{-\frac{a}{s}}$
77	$\mathrm{e}^{-bt}I_0(at)$	$\frac{1}{\sqrt{(s+b)^2-a^2}}$
78	$tJ_0(at)$	$\frac{s}{\left(s^2+a^2\right)^{3/2}}$
79	$tI_0(at)$	$\frac{s}{\left(s^2-a^2\right)^{3/2}}$
80	$J_0\left(a\sqrt{t(t+2b)}\right)$	$\frac{1}{\sqrt{s^2+a^2}}\mathrm{e}^{b\left(s-\sqrt{s^2+a^2}\right)}$

(1) 式中 a,b,c 为不相等的常数.

(2) $\operatorname{erf}(x)=\frac{2}{\sqrt{\pi}}\int_0^x \mathrm{e}^{-t^2}\mathrm{d}t$，称为误差函数.

$\operatorname{erfc}(x)=1-\operatorname{erf}(x)=\frac{2}{\sqrt{\pi}}\int_x^{+\infty}\mathrm{e}^{-t^2}\mathrm{d}t$，称为余误差函数.

(3) $I_n(x)=\mathrm{i}^{-n}J_n(\mathrm{i}x)$，$J_n$ 称为第一类 n 阶贝塞尔函数，I_n 称为第一类 n 阶变形的贝塞尔函数，或称为虚变量的贝塞尔函数.

附录Ⅲ 数学软件 Maple 在复变函数与积分变换中的应用

Maple 作为现有的三大数学软件之一，其具有非常强大的数值和符号计算功能、灵活多变的二维、三维以及动画制作技术，其在数学和科学领域享有盛誉，有“数学家的软件”之称. 复变函数与积分变换课程内容丰富，计算较复杂，学习和研究过程可利用 Maple 软件进行运算和检验，节省时间，保证准确性.

1. 复数的计算

Maple软件使用 I 代表 $\mathrm{i}=\sqrt{-1}$，一般可以直接赋值或使用构造函数Complex(x, y). 若是纯虚数 $y\mathrm{i}$ 也可使用Complex(y)，其中x, y为实数. 复数的简单计算是自动运行的.

例1 输入 $x=1+2\mathrm{i}, y=3+4\mathrm{i}$，计算四则运算.

输入：`x:=1+2*I;y:=Complex(3,4);x+y;x-y;x*y;x/y;`

输出：$x:=1+2I, y:=3+4I, 4+6I, -2-2I, -5+10I, \dfrac{11}{25}+\dfrac{2}{25}I$.

例2 输入一个复数 $z=1-\sqrt{3}\mathrm{i}$，取其实部、虚部、共轭复数、模、辐角主值.

输入：`> z:=1-sqrt(3)*I;Re(z);Im(z);abs(z);conjugate(z);argument(z);`

输出：$>1, -\sqrt{3}, 2, 1+\sqrt{3}, -\dfrac{1}{3}\pi$.

注意 在未加说明时，一般变量认为是复数. 如输入 z:=x+I*y; 取其实部 Re(z); 返回的是 $\Re(x+Iy)$ 而非 x，需要说明 x, y 为复数，如下例.

例 3 输入一个复数 $z=x+\mathrm{i}y$，取其实部，模，共轭复数.

输入：`> assume(x,real);assume(y,real);`

`>z:=x+I*y; Re(z);abs(z);conjugate(z) ;`

输出：$>z:=x\sim+Iy\sim, x\sim, \sqrt{x\sim^2+y\sim^2}, x\sim-Iy\sim$,

例 4 求复数 $z=2\sqrt{3}+2\mathrm{i}$ 的 5 次幂及其全部 5 次方根.

输入：`> z:=2*sqrt(3)+2*I;w:=z^5;w:=expand(%);`

输出: $z := 2\sqrt{3} + 2I, w := (2\sqrt{3} + 2I)^5, w := 512I - 512\sqrt{3}$.

有时候软件不会主动计算, 需要使用 expand 函数展开或 simplify 函数化简.

输入:
```
> r:=abs(z);theta:=argument(z);
> for k from 1 to 5 do
 w[k]:=r^(1/5)*( cos( ( 2* k*Pi+theta) /5)
+I* sin( ( 2* k*Pi+theta) /5) );
end do;
```
输出: $r:=4, \theta := \frac{1}{6}\pi,$

$$w_1 := 4^{(1/5)}\left(\cos\left(\frac{13}{30}\pi\right) + I\sin\left(\frac{13}{30}\pi\right)\right),$$

$$w_2 := 4^{(1/5)}\left(-\frac{1}{2}\sqrt{3} + \frac{1}{2}I\right),$$

$$w_3 := 4^{(1/5)}\left(-\cos\left(\frac{7}{30}\pi\right) - I\sin\left(\frac{7}{30}\pi\right)\right),$$

$$w_4 := 4^{(1/5)}\left(\cos\left(\frac{11}{30}\pi\right) - I\sin\left(\frac{11}{30}\pi\right)\right),$$

$$w_5 := 4^{(1/5)}\left(\cos\left(\frac{1}{30}\pi\right) + I\sin\left(\frac{1}{30}\pi\right)\right).$$

若需要数值表示可使用 evalf 函数, 也可使用 convert 函数转换根式表达式.

输入: `> evalf(w[5]);#输出 w[5]的数值`

输出: 1.312279509+.1379261341I

输入: `> convert(w[1],'radical');#将 w1 转换为根式表达`

$$4^{(1/5)}\left(\left(\frac{1}{8} - \frac{1}{8}\sqrt{5}\right)\sqrt{3} + \frac{1}{8}\sqrt{2}\sqrt{5+\sqrt{5}} + I\left(\frac{1}{8}\sqrt{2}\sqrt{3}\sqrt{5+\sqrt{5}} + \frac{1}{8}\sqrt{5} - \frac{1}{8}\right)\right).$$

2. 常见函数及其图形输出

Maple 中常见函数名基本和原名一致. 如指数函数 exp, 对数函数 ln, 三角函数 sin, cos, tan, cot 等, 反三角函数 arcsin, arccos 等.

例 5 输入复数 $z = 3 + 4\mathrm{i}$, 计算常见的初等函数值.

输入:
```
> z:=3.0+4.0*I;exp(z);ln(z);sin(z);cos(z);tan(z);
cot(z);sec(z);csc(z);arcsin(z);arccos(z);arctan(z);arccot
(z);sinh(z);cosh(z);tanh(z);coth(z);arcsinh(z);
```
输出依次如下:

$$-13.12878308-15.20078446I,$$
$$1.609437912+.9272952180I,$$
$$3.853738038-27.01681326I,$$
$$-27.03494560-3.851153335I,$$
$$-.0001873462046+.9993559874I,$$
$$-.0001875877380-1.000644392I,$$
$$-.03625349692+.005164344608I,$$
$$.005174473184+.03627588963I,$$
$$.6339838656+2.305509031I,$$
$$.9368124612-2.305509031I,$$
$$1.448306995+.1589971917I,$$
$$.1224893316-.1589971917I,$$
$$-6.548120041-7.619231720I,$$
$$-6.580663041-7.581552743I,$$
$$1.000709536+.004908258068I,$$
$$.9992669278-.004901182394I,$$
$$2.299914041+.9176168534I.$$

Maple 精于符号运算，如输入 z=3+4*I，那么 exp(z)输出就是 $\exp(3+4I)$，需要使用 evalf 函数显示其浮点数值.

例 6　构造解析函数，已知调和函数 $u=x^3-3xy^2+y$，求解析函数 $f(z)=u+\mathrm{i}v$，使得 $f'(\mathrm{i})=1+\mathrm{i}$.

输入:
```
> u:=x^3-3*x*y^2+y; diff(u,x$2)+diff(u,y$2);
```
输出：$u:=x^3-3xy^2+y$, 0，可判断出 u 为调和函数

输入:
```
> vx:=-diff(u,y);v:=int(vx,x)+phi(y);
> diff(v,y)=diff(u,x);dsolve(%);f:=subs(%,u+I*v);
> subs({x=0,y=1},f)=1+I; solve(%);
>subs({x=(z+conjugate(z))/2,y=(z-conjugate( z))/(2*I)},f);
f:=simplify(%);
```
输出：$vx:=6xy-1, v:=3x^2y-x+\phi(y)$

$$3x^2+\left(\frac{\partial}{\partial y}\phi(y)\right)=3x^2-3y^2,$$

$$\phi(y)=-y^3+\_C1,$$

$$f:=x^3-3xy^2+y+I(3x^2y-x-y^3+\_C1),$$

$$1+I(-1+\_C1)=1+I,$$

$$\_C1:=2,$$

$$\left(\frac{1}{2}z+\frac{1}{2}\overline{z}\right)^3+\frac{3}{4}\left(\frac{1}{2}z+\frac{1}{2}\overline{z}\right)(z-\overline{z})^2-\frac{1}{2}I(z-\overline{z})$$
$$+I\left(-\frac{3}{2}I\left(\frac{1}{2}z+\frac{1}{2}\overline{z}\right)^2(z-\overline{z})-\frac{1}{2}z-\frac{1}{2}\overline{z}-\frac{1}{8}I(z-\overline{z})^3+2\right),$$

$$f:=z^3-Iz+2I.$$

复变函数作图常有命令 complexplot 和 complexplot3d. complexplot 是以 x 轴为实轴, 以 y 轴为虚轴来作图, 而 complexplot3d 则是以 x, y 轴所组成的平面为复平面、z 轴为虚数轴来作图.

Complexplot 函数格式如 complexplot(f, p, h),其中 f 为绘制的函数, p-参数范围(或点图的水平范围), h-水平范围(或点图的垂直范围)(可选).

例 7 作出函数 cos(x+i) 的二维函数图像, x 范围为−1 到 1, 如图 1.

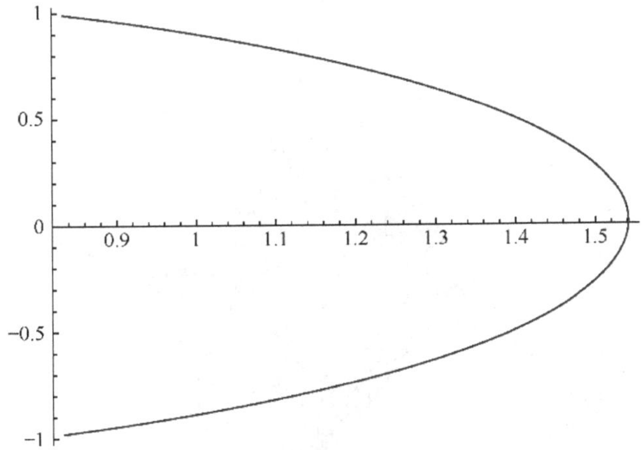

图 1

例 8 画出 sin(z)在−5<x,y<5 的图像.

输入: > with(plots): >f:=z->sin(z);

> complexplot3d(f , -5 - 5*I .. 5 + 5*I);

结果如图 2.

例 9 画出例 6 的函数的局部图像.

输入: > complexplot3d([x^3-3*x*y^2+y,3*x^2*y-x-y^3+2],x=

```
-2..2,y=-2..2);
```

结果如图 3.

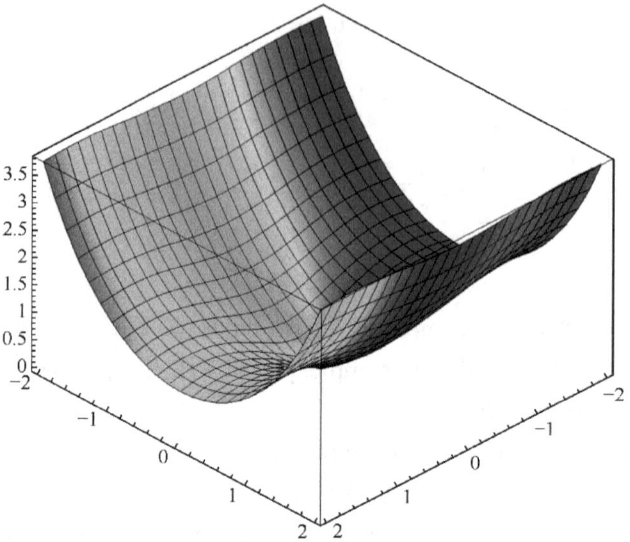

图 2

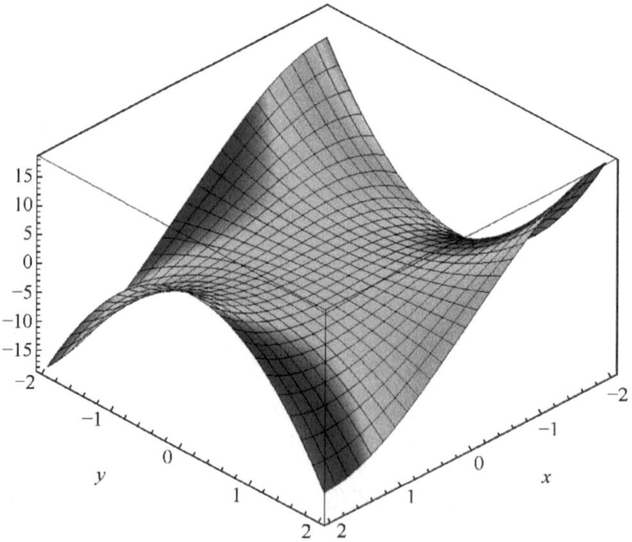

图 3

3. 留数计算

residue(f,x=a)用于计算函数 f 在点 a 处的留数.

例 10 计算 $f(z)=\dfrac{1}{(z-2)^2(z^3-1)}$ 各奇点处的留数.

输入：
```
> f:=1/(z-2)^2/(z^3-1);
> s:=solve(denom(f)=0);#denom为取分母函数
for i from 1 to 5 do
 r[i]:=residue(f,z=s[i]);
end do;
```

输出：$f:=\dfrac{1}{(z-2)^2(z^3-1)}$,

$$s:=2,2,1,-\frac{1}{2}+\frac{1}{2}I\sqrt{3},-\frac{1}{2}-\frac{1}{2}I\sqrt{3}\ ,$$

$$r_1:=\frac{-12}{49},\quad r_2:=\frac{-12}{49},\quad r_3:=\frac{1}{3},\quad r_4:=2\frac{1}{-39-9I\sqrt{3}},\quad r_5:=2\frac{1}{-39+9I\sqrt{3}}.$$

其中 $r4$, $r5$ 未输出我们熟悉的格式，可按以下命令调整.

```
>a:=denom(r[5]);b:=numer(r[5]);
>r[5]:=b*conjugate(a)/abs(a)^2;
```

输出：$a:=-39+9I\sqrt{3},b:=2,r_5:=-\dfrac{13}{294}-\dfrac{1}{98}I\sqrt{3}$.

例 11 使用留数计算积分 $\displaystyle\int_{-\infty}^{+\infty}\frac{x^2-x+2}{x^4+10x^2+9}\mathrm{d}x$.

直接计算

```
>Int(f,z=-infinity..infinity)=int(f,z=-infinity..infinit
y);
```

$$\int_{-\infty}^{\infty}\frac{z^2-z+2}{z^4+10z^2+9}\mathrm{d}z=\frac{5}{12}\pi.$$

使用留数，易知此为有理函数积分，分母多项式次数比分子的高2次. 上半平面奇点有i和3i，积分值为 $2\pi\mathrm{i}(\mathrm{Res}[f,\mathrm{i}]+\mathrm{Res}[f,3\mathrm{i}])$.

```
> r1:=residue(f,z=I);r2:=residue(f,z=3*I); 2*Pi*I*(r1+r2);
```

$$r_1:=\frac{-1}{16}-\frac{1}{16}I,$$

$$r_2:=\frac{1}{16}-\frac{7}{48}I,$$

$$\frac{5}{12}\pi.$$

4. 泰勒级数和洛朗级数

函数 $f(z)$ 可在其解析点展开为泰勒级数，格式如 taylor(expr, eq, n)，其中参数 expr 为展开的函数, eq 为展开点, n 为展开的次数.

例 12　给出 $f(z)=\mathrm{e}^z\sin\left(z^2\right)$ 在 0 点的泰勒级数，展开到 10 阶.

输入：`> taylor(exp(z)*sin(z^2),z=0,11);`

输出：$z^2+z^3+\frac{1}{2}z^4+\frac{1}{6}z^5-\frac{1}{8}z^6-\frac{19}{120}z^7-\frac{59}{720}z^8-\frac{139}{5040}z^9+\frac{19}{13440}z^{10}+O\left(z^{11}\right)$.

函数 $f(z)$ 可在某些圆环域内展开为洛朗级数，格式如 series (expr, eq, n)，参数与 taylor 相同.

例 13　给出 $f(z)=\dfrac{1}{z-\sin z}$ 在 0 点的双边幂级数，展开到 10 阶.

输入：`> f:=1/(z-sin(z));series(f,z=0,10);`

输出：$>f:=\dfrac{1}{z-\sin(z)}$,

$$6z^{-3}+\frac{3}{10}z^{-1}+\frac{11}{1400}z+\frac{17}{126000}z^3+O\left(z^4\right).$$

注　使用此展开也可看出 $\operatorname{Res}[f,z=0]=\dfrac{3}{10}$，从而可知 $\displaystyle\oint_{|z|=1}\frac{1}{z-s\operatorname{in}z}\mathrm{d}z=\frac{3\pi\mathrm{i}}{5}$.

例 14　给出 $f(z)=z^2\sin\left(\dfrac{1}{z}\right)$ 在 0 点的双边幂级数，展开到 10 阶.

输入:`>g:=subs({z=1/t},f);series(g,t=0,10);subs({t=1/z},%);`

输出:

$$g:=\frac{\sin(t)}{t^2},$$

$$t^{-1}-\frac{1}{6}t+\frac{1}{120}t^3-\frac{1}{5040}t^5+\frac{1}{362880}t^7-\frac{1}{39916800}t^9+O\left(t^{11}\right),$$

$$z-\frac{1}{6}\frac{1}{z}+\frac{\frac{1}{120}}{z^3}-\frac{1}{5040}\frac{1}{z^5}+\frac{\frac{1}{362880}}{z^7}-\frac{1}{39916800}\frac{1}{z^9}+O\left(\frac{1}{z^{11}}\right).$$

注　直接使用 `series(f,z=0,10)` 会报错，因为这是个本性奇点.

使用此展开也可看出 $\operatorname{Res}[f,z=0]=-\dfrac{1}{6}$，从而可知 $\displaystyle\oint_{|z|=1}z^2\sin\left(\frac{1}{z}\right)\mathrm{d}z=-\frac{\pi\mathrm{i}}{3}$.

5. 傅里叶积分变换和拉普拉斯积分变换

积分变换需使用引用 inttrans 包，傅里叶变换使用 fourier 函数，格式为 fourier(expr, t, w)，其中 expr 为需要变换的函数，t 为要变换的变量，w 为变换后的变量. 傅里叶逆变换使用 invfourier 函数，laplace, invplalace 分别为拉氏变换及其逆变换，参数格式与 fourier 相同.

例 15　求出下列三个函数的傅里叶变换.

(1) $f_1(t)=1+2t+3t^2$；　(2) $f_2(t)=\ln\left(1+t^2\right)$；　(3) $f_3(t)=\exp\left(-2t^2\right)$.

输入：`> with(inttrans):>f1:=1+2*t+3*t^2;f2:=ln(1+t^2);f3:=exp(-2*t^2);>F1:=fourier(f1,t,omega);F2:=fourier(f2,t,omega);`

`> F3:=fourier(f3,t,omega);`

输出：$f1:=1+2t+3t^2, f2:=\ln\left(1+t^2\right) f3:=\mathrm{e}^{\left(-2t^2\right)}$,

$$F1:=2\pi\,\mathrm{Dirac}(\omega)+4I\pi\,\mathrm{Dirad}(1,\omega)-6\pi\,\mathrm{Dirad}(2,\omega),$$

$$F2:=\frac{-I\left(2I\mathrm{e}^{\omega}\pi\ \mathrm{Heaviside}\ (-\omega)-2I\mathrm{e}^{(-\omega)}\pi\ \mathrm{Heaviside}\ (\omega)\right)}{\omega},$$

$$F3:=\frac{1}{2}\sqrt{2}\sqrt{\pi}\mathrm{e}^{\left(-1/8\omega^2\right)},$$

其中 $\mathrm{Dirac}(\omega)$ 为狄拉克函数 $\delta(\omega)$，$\mathrm{Dirac}(k,\omega)$ 为 $\delta(\omega)$ 的 k 阶导数 $\delta^{(k)}(\omega)$，$\mathrm{Heaviside}(t)$ 为单位阶跃函数 $u(t)$.

例 16　求出下列两个函数的傅里叶逆变换.

(1) $F_1(\omega)=\dfrac{1}{1+\omega^2}$；　(2) $F_2(\omega)=\cos 2\omega+\mathrm{e}^{-2\omega^2}$.

输入：`> with(inttrans):> F1:=1/(1+omega^2);`

$$F1:=\frac{1}{1+\omega^2}.$$

`> invfourier(F1,omega,t);`

$$\frac{1}{2}\mathrm{e}^{(-t)}\mathrm{Heaviside}(t)+\frac{1}{2}\mathrm{e}^{t}\mathrm{Heaviside}(-t).$$

`>  F2:=exp(-2*omega^2)+cos(3*omega);`

$$F2:=\mathrm{e}^{\left(-2\omega^2\right)}+\cos(3\omega).$$

`> invfourier(F2,omega,t);`

$$\frac{1}{4}\frac{\sqrt{2}\mathrm{e}^{(-1/8t^2)}}{\sqrt{\pi}}+\frac{1}{2}\mathrm{Dirac}(t+3)+\frac{1}{2}\mathrm{Dirac}(t-3).$$

即 $\mathcal{F}^{-1}\left[\frac{1}{1+\omega^2}\right]=\frac{1}{2}\mathrm{e}^{-t}u(t)+\frac{1}{2}\mathrm{e}^{t}u(-t)=\frac{1}{2}\mathrm{e}^{-|t|}$,

$$\mathcal{F}^{-1}\left[\mathrm{e}^{-2\omega^2}+\cos 2\omega\right]=\frac{1}{2\sqrt{2\pi}}\mathrm{e}^{-\frac{1}{8}t^2}+\frac{1}{2}\delta(t-3)+\frac{1}{2}\delta(t+3)\mathrm{e}^{t}.$$

例 17　使用 laplace 求解微分方程组.

$$\begin{cases}y''(t)-x''(t)+x'(t)-y(t)=t,\\ 2y''(t)-3x''(t)-2y'(t)+x(t)=\mathrm{e}^{t}.\end{cases}$$

输入:
```
> with(inttrans):
    diff(y(t),t$2)-diff(x(t),t$2)+diff(x(t),t)-y(t)=3*t-3;
    laplace(%,t,s);
    eqns1:=subs({x(0)=3,D(x)(0)=3,y(0)=3,D(y)(0)=1},%);
    2*diff(y(t),t$2)-diff(x(t),t$2)-2*diff(y(t),t)+x(t)=t^2;
    laplace(%,t,s);
    eqns2:=subs({x(0)=3,D(x)(0)=3,y(0)=3,D(y)(0)=1},%);>sol:
=solve({eqns1,eqns2},{laplace(x(t),t,s),laplace(y(t),t,s)});
    > X:=subs(sol,laplace(x(t),t,s));Y:=subs(sol,laplace(y(t),
t,s));
    > invlaplace(X,s,t);invlaplace(Y,s,t);
```

输出:

$$\left(\frac{\partial^2}{\partial t^2}y(t)\right)-\left(\frac{\partial^2}{\partial t^2}x(t)\right)+\left(\frac{\partial}{\partial t}x(t)\right)-y(t)=3t-3,$$

$$s\big(s\ \mathrm{laplace}(y(t),t,s)-y(0)\big)-D(y)(0)-s\big(s\ \mathrm{laplace}(x(t),t,s)-x(0)\big)+D(x)(0)$$
$$+s\ \mathrm{laplace}(x(t),t,s)-x(0)-\mathrm{laplace}(y(t),t,s)=3\frac{1}{s^2}-\frac{3}{s},$$

$$\mathrm{eqns}\,1:=s\big(s\ \mathrm{laplace}(y(t),t,s)-3\big)-1-s\big(s\ \mathrm{laplace}(x(t),t,s)-3\big)+s\ \mathrm{laplace}(x(t),t,s)$$
$$-\mathrm{laplace}(y(t),t,s)=3\frac{1}{s^2}-\frac{3}{s},$$

$$2\left(\frac{\partial^2}{\partial t^2}y(t)\right)-\left(\frac{\partial^2}{\partial t^2}x(t)\right)-2\left(\frac{\partial}{\partial t}y(t)\right)+x(t)=t^2,$$

$$2s\left(s\ \text{laplace}\left(y(t),t,s\right)-y(0)\right)-2D(y)(0)-s\left(s\ \text{laplace}\left(x(t),t,s\right)-x(0)\right)+D(x)(0)$$
$$-2s\ \text{laplace}\left(y(t),t,s\right)+2y(0)+\text{laplace}\left(x(t),t,s\right)=2\frac{1}{s^3},$$

$$\text{eqns2:=}2s(s\ \text{laplace}\left(y(t),t,s\right)-3)+7-s\left(s\ \text{laplace}\left(x(t),t,s\right)-3\right)$$
$$-2s\ \text{laplace}\left(y(t),t,s\right)+\text{laplace}\left(x(t),t,s\right)=2\frac{1}{s^3},$$

$$\text{sol:}=\left\{\text{laplace}\left(x(t),t,s\right)=\frac{3s^3+2s-2}{s^3(s-1)},\ \text{laplace}\left(y(t),t,s\right)=\frac{3s^2-2s+1}{(s-1)s^2}\right\},$$

$$X:=\frac{3s^3+2s-2}{s^3(s-1)},$$

$$Y:=\frac{3s^2-2s+1}{(s-1)s^2},$$

$$t^2+3\mathrm{e}^t,$$
$$2\mathrm{e}^t-t+1,$$

最后得到解 $x(t)=t^2+3\mathrm{e}^t$, $y(t)=2\mathrm{e}^t-t+1$.

习题参考答案与提示

习　题　1

1. (1) D;　(2) B;　(3) A;　(4) C;　(5) D;　(6) C;　(7) B;　(8) B.

2. $x=1, y=1$.

3. 计算下列复数的模长和辐角.

(1) $|z|=2$，$\arg z=\dfrac{\pi}{2}$，$\operatorname{Arg} z=\dfrac{\pi}{2}+2k\pi \quad (k\in\mathbf{Z})$.

(2) $|z|=3$，$\arg z=\pi$，$\operatorname{Arg} z=\pi+2k\pi \quad (k\in\mathbf{Z})$.

(3) $|z|=\sqrt{2}$，$\arg z=\dfrac{\pi}{4}$，$\operatorname{Arg} z=\dfrac{\pi}{4}+2k\pi \quad (k\in\mathbf{Z})$.

(4) $|z|=\sqrt{2}$，$\arg z=-\dfrac{\pi}{4}$，$\operatorname{Arg} z=-\dfrac{\pi}{4}+2k\pi \quad (k\in\mathbf{Z})$.

(5) $|z|=5$，$\arg z=\pi-\arctan\dfrac{4}{3}$，$\operatorname{Arg} z=\pi-\arctan\dfrac{4}{3}+2k\pi \quad (k\in\mathbf{Z})$.

(6) $|z|=5$，$\arg z=\arctan\dfrac{4}{3}-\pi$，$\operatorname{Arg} z=\arctan\dfrac{4}{3}-\pi+2k\pi \quad (k\in\mathbf{Z})$.

4. (1) $z=\sqrt{2}\mathrm{e}^{\mathrm{i}\frac{\pi}{4}}$,　(2) $z=2\mathrm{e}^{\mathrm{i}\frac{2\pi}{3}}$,　(3) $z=\mathrm{e}^{\mathrm{i}(\pi-\varphi)}$,

(4) $z=\mathrm{e}^{\mathrm{i}\left(\frac{\pi}{2}-\varphi\right)}$,　(5) $z=2\sin 1\mathrm{e}^{\mathrm{i}\left(\frac{\pi}{2}-1\right)}$,　(6) $z=-2\cos 2\mathrm{e}^{\mathrm{i}(\pi-2)}$.

5. (1) $\dfrac{2}{1+3\mathrm{i}}=\dfrac{1}{5}-\dfrac{3}{5}\mathrm{i}$,　(2) $(1-\mathrm{i})(1+\mathrm{i})^2=2+2\mathrm{i}$,

(3) $\dfrac{1-\mathrm{i}}{(1+\mathrm{i})^2}=-\dfrac{1}{2}-\dfrac{\mathrm{i}}{2}$,　(4) $\dfrac{1-\mathrm{i}\tan x}{1+\mathrm{i}\tan x}=\cos 2x-\mathrm{i}\sin 2x$,

(5) $\dfrac{(\sqrt{3}-\mathrm{i})^5}{(1+\mathrm{i})^6}=2-2\sqrt{3}\mathrm{i}$,　(6) $\dfrac{(\cos 3\varphi-\mathrm{i}\sin 3\varphi)^2}{(\sin 2\varphi+\mathrm{i}\sin 2\varphi)^3}=\mathrm{i}$,

(7) $\left(\dfrac{-1+\sqrt{3}\mathrm{i}}{2}\right)^{3n}+\left(\dfrac{-1-\sqrt{3}\mathrm{i}}{2}\right)^{3n}=2$,

(8) $\sqrt[3]{\mathrm{i}}=\cos\dfrac{\frac{\pi}{2}+2k\pi}{3}+\mathrm{i}\sin\dfrac{\frac{\pi}{2}+2k\pi}{3} \quad (k=0,1,2)$.

6. 证明: 由 $|\bar{z}|=|z|$ 及 $z\bar{z}=|z|^2=1$，有 $\left|\dfrac{az+b}{\bar{b}z+\bar{a}}\right|=\dfrac{|\bar{z}||az+b|}{|\bar{b}z+\bar{a}|}=\dfrac{|az\bar{z}+b\bar{z}|}{|a+b\bar{z}|}=1$.

7. 证明: $\left|\dfrac{z_1-z_2}{1-\overline{z_1}z_2}\right|^2=\dfrac{(z_1-z_2)(\overline{z_1}-\overline{z_2})}{(1-\overline{z_1}z_2)(1-z_1\overline{z_2})}=\dfrac{|z_1|^2+|z_2|^2-z_1\overline{z_2}-z_2\overline{z_1}}{1+|z_1|^2|z_2|^2-\overline{z_1}z_2-z_1\overline{z_2}}$,

当 $|z_1|<1,|z_2|<1$, 有 $|z_1|^2+|z_2|^2<1+|z_1|^2|z_2|^2$, 从而 $\left|\dfrac{z_1-z_2}{1-\overline{z_1}z_2}\right|^2<1$.

8. 证明: 由

$$(5-\mathrm{i})^4(1+\mathrm{i})=\left(\sqrt{26}\mathrm{e}^{\mathrm{i}(-\arctan\frac{1}{5})}\right)^4\sqrt{2}\mathrm{e}^{\mathrm{i}\frac{\pi}{4}}\ (5-\mathrm{i})^4(1+\mathrm{i})=26^2\sqrt{2}\mathrm{e}^{\left(-4\arctan\frac{1}{5}+\frac{\pi}{4}\right)\mathrm{i}}.$$

另一方面, 由 $(5-\mathrm{i})^4(1+\mathrm{i})=956-4\mathrm{i}$, 得 $\tan\theta=\dfrac{-4}{956}=-\dfrac{1}{239}$, 与上式比较, 得 $\arctan\left(-\dfrac{1}{239}\right)=-4\arctan\dfrac{1}{5}+\dfrac{\pi}{4}$, 从而结论成立.

9. 坐标为 $z_2(4,1)$, $z_4(-2,3)$.

10. $z_0=\sqrt[4]{8}\left(\dfrac{1}{\sqrt{2}}+\dfrac{1}{\sqrt{2}}\mathrm{i}\right)=\sqrt[4]{2}(1+\mathrm{i})$, $z_1=\sqrt[4]{2}(-1+\mathrm{i})$, $z_2=-\sqrt[4]{2}(1+\mathrm{i})$, $z_3=\sqrt[4]{2}(1-\mathrm{i})$.

11. 证明: 若 $\dfrac{z}{1+z^2}$ 是实数, 则 $\overline{\left(\dfrac{z}{1+z^2}\right)}=\dfrac{z}{1+z^2}$, 即 $\bar{z}(1+z^2)=z(1+\bar{z}^2)$, 且 $z\neq\pm\mathrm{i}$.

由 $(z-\bar{z})(z\bar{z}-1)=0$, 得 $z=\bar{z}$ 或 $|z|=1$, 即 $\dfrac{z}{1+z^2}$ 是实数的必要条件为 $|z|=1(z\neq\pm\mathrm{i})$ 或 $\mathrm{Im}\,z=0$. 反之, 若 $|z|=1$ 且 $z\neq\pm\mathrm{i}$, 或 $\mathrm{Im}\,z=0$, 则 $\dfrac{z}{1+z^2}$ 是实数.

12. 分析: 若 $a+b\mathrm{i}=\dfrac{c+\mathrm{i}}{c-\mathrm{i}}$, 则需 $(a+\mathrm{i}b)(c-\mathrm{i})=c+\mathrm{i}$, 即 $\begin{cases}ac+b=c,\\ bc-a=1.\end{cases}$ 令 $c=\dfrac{b}{1-a}$ 或 $c=\dfrac{1+a}{b}$ 即可, 事实上, 由 $|z|=1$, $b\neq0$, 有 $|a|<1$ 且 $\dfrac{1+a}{b}=\dfrac{b}{1-a}$.

思考: 取 $c=\dfrac{b}{a-1}$ 或 $c=-\dfrac{a+1}{b}$ 即可.

13. 提示: 与 12 题分析过程类似, $z=\alpha+\mathrm{i}\beta$, 令 $t=\dfrac{\beta}{1+\alpha}$ ($\alpha\neq-1$)即可得. 若设 $z=\cos\theta+\mathrm{i}\sin\theta$, 则 $\alpha=\cos\theta$, $\beta=\sin\theta$, 有 $t=\dfrac{\beta}{1+\alpha}=\dfrac{\sin\theta}{1+\cos\theta}=\tan\dfrac{\theta}{2}$.

14. 提示: 令 $z=\mathrm{e}^{\mathrm{i}\theta}$.

15. $|z+2|=3$.

16. (1) 以 $z_0=1-2\mathrm{i}$ 为圆心, 4 为半径的圆周.

(2) 点 $z_1=1$ 与 $z_2=-2\mathrm{i}$ 连线的中垂线.

(3) 以 $z_1=\mathrm{i}$ 和 $z_2=-\mathrm{i}$ 为焦点, 长轴长为 5 的椭圆.

(4) $\mathrm{Re}\,z\geqslant0$, y 轴及右半平面.

(5) 由射线 $\{z|\mathrm{Im}\,z=-1,\mathrm{Re}\,z\geqslant0\}$ 和 $\{z|\mathrm{Re}\,z=0,\mathrm{Im}\,z\geqslant-1\}$ 围成的直角角形域, 不包含边界.

(6) $\{z|-2<\mathrm{Im}\,z\leqslant-1\}$, 水平带形域.

17. 证明：设 $z=x+\mathrm{i}y$，$w=u+\mathrm{i}v$．则 $u=\dfrac{x^2+y^2-1}{x^2+(y+1)^2}$，$v=\dfrac{-2x}{x^2+(y+1)^2}$，得到 $x=0\to v=0$；$y=-1\to u=1$．

对 z 平面圆周 $x^2+(y+1)^2=r^2$，有 $(u-1)^2+v^2=\left(\dfrac{2}{r}\right)^2$，映射后也是圆周，圆周半径 R 随 r 增大而减小.

18. (1) $\lim\limits_{z\to \mathrm{i}}\dfrac{z-2\mathrm{i}}{z+\mathrm{i}}=-\dfrac{1}{2}$． (2) $\lim\limits_{z\to 1+\mathrm{i}}\dfrac{z^2-\mathrm{i}z-1-\mathrm{i}}{z^2-2\mathrm{i}}=\lim\limits_{z\to 1+\mathrm{i}}\dfrac{2z-\mathrm{i}}{2z}=\dfrac{2+\mathrm{i}}{2+2\mathrm{i}}$．

19. 不连续. 因为实部极限不存在.

20. 证明：设 $f(z)=u(x,y)+\mathrm{i}v(x,y)$ 在点 $z_0=x_0+\mathrm{i}y_0$ 连续，则 $u(x,y)$ 和 $v(x,y)$ 在 (x_0,y_0) 连续，从而 $\overline{f(z)}=u(x,y)-\mathrm{i}v(x,y)$ 在点 z_0 处连续. $|f(z)|=\sqrt{u^2+v^2}$ 也连续.

21. 提示：z_1,z_2,z_3 为单位圆上的三个点，等边三角形的顶点与模长为 1 的复数三次根式形成一一对应关系. 在 $z_1+z_2+z_3=0$ 条件下，可得 $z_1z_2+z_2z_3+z_3z_1=0$，从而

$$(z-z_1)(z-z_2)(z-z_3)=0 \quad 与 \quad z^3-z_1z_2z_3=0$$

是等价的.

22. 提示：由欧拉公式，有

$$\cos(\alpha+\beta)+\mathrm{i}\sin(\alpha+\beta)=\mathrm{e}^{\mathrm{i}(\alpha+\beta)}=\mathrm{e}^{\mathrm{i}\alpha}\mathrm{e}^{\mathrm{i}\beta}=(\cos\alpha+\mathrm{i}\sin\alpha)(\cos\beta+\mathrm{i}\sin\beta),$$

由实部、虚部对应相等，得证.

23. 提示：由 $\cos\theta=\dfrac{1}{2}\left(\mathrm{e}^{\mathrm{i}\theta}+\mathrm{e}^{-\mathrm{i}\theta}\right)$，$\sin\theta=\dfrac{1}{2\mathrm{i}}\left(\mathrm{e}^{\mathrm{i}\theta}-\mathrm{e}^{-\mathrm{i}\theta}\right)$ 及 $\mathrm{e}^{-\mathrm{i}n\theta}+\cdots+\mathrm{e}^{-\mathrm{i}\theta}+1+\mathrm{e}^{\mathrm{i}\theta}+\cdots+\mathrm{e}^{\mathrm{i}n\theta}=\dfrac{\mathrm{e}^{-\mathrm{i}n\theta}\left(1-\mathrm{e}^{\mathrm{i}(2n+1)\theta}\right)}{1-\mathrm{e}^{\mathrm{i}\theta}}$，得证.

习 题 2

1. (1) B; (2) A; (3) C; (4) C; (5) D; (6) D.

2. (1) $\dfrac{f'(0)}{2}$； (2) $\left\{(x,y)\middle| x=-\dfrac{3}{2},y=\dfrac{3}{2}\right\}$，$f'\left(-\dfrac{3}{2}+\dfrac{3}{2}\mathrm{i}\right)=\dfrac{27}{4}-\dfrac{27}{4}\mathrm{i}$；

(3) $\sqrt[4]{1+\mathrm{i}}=\sqrt[8]{2}\left(\cos\dfrac{\frac{\pi}{4}+2k\pi}{4}+\mathrm{i}\sin\dfrac{\frac{\pi}{4}+2k\pi}{4}\right)\quad (k=0,1,2,3)$；

(4) e^3，$4-2\pi$； (5) $-\dfrac{\pi}{3}$； (6) $2k\pi\mathrm{i}$．

3. (1) 正确. (2) 错误. 例如 $f(z)=\bar{z}$．

(3) 错误. 解析不仅该点可导，还要求该点的某邻域处处可导.

(4) 错误. 例如 $f(z)=\sqrt{|xy|}$，$u(x,y)=\sqrt{|xy|}$ 和 $v(x,y)=0$ 在 $(0,0)$ 点偏导数都为0满足C.-R.条件，但 $f(z)=\sqrt{|xy|}$ 在 $z=0$ 不可导，当然也就不解析.

(5) 正确. 由 $f(z)=u+\mathrm{i}v$ 在区域解析, 可得 $u(x,y)$ 和 $v(x,y)$ 可微, 且满足 $\frac{\partial u}{\partial x}=\frac{\partial v}{\partial y},\frac{\partial u}{\partial y}=-\frac{\partial v}{\partial x}$, $g(z)=v-\mathrm{i}u$ 的实部和虚部也是可微且满足 C.-R.条件, 所以解析.

(6) 错误. 单点可导的点也是不解析的.

4. 验证实部和虚部满足偏导数存在, 可微(常用偏导数连续条件推证), 且满足柯西-黎曼方程, 其导数为:

(1) $f'(z)=\frac{\partial u}{\partial x}+\mathrm{i}\frac{\partial v}{\partial x}=-\sin x\operatorname{ch}y-\mathrm{i}\cos x\operatorname{sh}y$;

(2) $f'(z)=\mathrm{e}^x(x\cos y+\cos y-y\sin y)+\mathrm{i}\,\mathrm{e}^x(y\cos y+x\sin y+\sin y)=\mathrm{e}^z(z+1)$.

5. $a=1,b=-3,c=-3$.

6. (1) $f(z)$ 在直线 $y=\frac{1}{2}$ 上可导, 处处不解析.

(2) $f(z)$ 在复平面点 $(0,0)$ 可导, 处处不解析.

(3) $f(z)$ 在复平面内处处可导, 处处解析.

(4) $f(z)$ 在复平面点 $(0,-1)$ 可导, 处处不解析.

(5) $f(z)$ 在复平面点 $(0,0)$ 处可导, 处处不解析.

(6) $f(z)$ 在复平面除了点 $(0,0)$ 外都可导且解析.

(7) $f(z)$ 在复平面处处可导, 处处解析.

(8) $f(z)$ 在复平面处处可导, 处处解析.

7. (1) $\operatorname{Ln}(3-\sqrt{3}\mathrm{i})=\ln 2\sqrt{3}+\mathrm{i}\left(-\frac{\pi}{6}+2k\pi\right)$, 主值为 $\ln(3-\sqrt{3}\mathrm{i})=\ln 2\sqrt{3}-\frac{\pi}{6}\mathrm{i}$.

(2) $\operatorname{Ln}(-1+\mathrm{i})^2=\ln 2+\mathrm{i}\left(-\frac{\pi}{2}+2k\pi\right)$, 主值为 $\ln(-1+\mathrm{i})^2=\ln 2-\frac{\pi}{2}\mathrm{i}$.

(3) $\mathrm{i}^{\mathrm{i}}=\mathrm{e}^{\mathrm{i}\operatorname{Ln}\mathrm{i}}=\mathrm{e}^{-\left(\frac{\pi}{2}+2k\pi\right)}$, 主值为 $\mathrm{e}^{-\frac{\pi}{2}}$.

(4) $(1+\mathrm{i})^{1-\mathrm{i}}==\mathrm{e}^{\ln\sqrt{2}+\frac{\pi}{4}+2k\pi}\left(\cos\left(\frac{\pi}{4}-\ln\sqrt{2}\right)+\mathrm{i}\sin(\cos\frac{\pi}{4}-\ln\sqrt{2})\right)$,

主值为 $\mathrm{e}^{(1-\mathrm{i})\left(\ln\sqrt{2}+\mathrm{i}\frac{\pi}{4}\right)}=\mathrm{e}^{\ln\sqrt{2}+\frac{\pi}{4}}\left(\cos\left(\frac{\pi}{4}-\ln\sqrt{2}\right)+\mathrm{i}\sin\left(\cos\frac{\pi}{4}-\ln\sqrt{2}\right)\right)$.

8. (1) $\mathrm{e}^{3-\frac{\pi}{2}\mathrm{i}}=-\mathrm{e}^3\mathrm{i}$; (2) $\cos(1+\mathrm{i})=\cos1\operatorname{ch}1-\mathrm{i}\sin1\operatorname{sh}1$;

(3) $\tan\mathrm{i}=\mathrm{i}\tanh1$; (4) $\arcsin\frac{\mathrm{i}}{2}=\mathrm{i}\ln\frac{\sqrt{5}+1}{2}$.

9. $z=2k\pi+\mathrm{i}2\ln2$.

10. 提示:由可导定义 $\frac{f(z_0+\Delta z)-f(z_0)}{\Delta z}=f'(z_0)+\varepsilon$, 有 $f(z_0+\Delta z)-f(z_0)=f'(z_0)\Delta z+\varepsilon\Delta z\to0\quad(\Delta z\to0)$, 从而 $f(z)$ 在点 z_0 连续, 等价于 $u(x,y),v(x,y)$ 在点 (x_0,y_0) 处连续.

11. 提示: 设 $f(z)=u+\mathrm{i}v$, 则 $\mathrm{i}\overline{\overline{f(z)}}=v-\mathrm{i}u$. $f(z)$ 解析, 则 $u(x,y),v(x,y)$ 可微, 且满足 C.-R.方程 $\frac{\partial u}{\partial x}=\frac{\partial v}{\partial y},\frac{\partial u}{\partial y}=-\frac{\partial v}{\partial x}$, 即 $\frac{\partial v}{\partial x}=\frac{\partial(-u)}{\partial y},\frac{\partial v}{\partial y}=-\frac{\partial(-u)}{\partial x}$.

12. 提示：$u+v=\text{const}\Rightarrow u_x+v_x=0, u_y+v_y=0$，再由 C.-R.条件，可得 $\Rightarrow u_x=u_y=v_x=v_y=0$，得 $f'(z)=0$.

13. $f(z)=\dfrac{1}{2}(1-\mathrm{i})z^2+C$ (C 为任意复数).

14. 提示：设 $f(z)=u+\mathrm{i}v$，则 $u=\sqrt{|xy|}, v=0$，由偏导数定义可得 $\dfrac{\partial u}{\partial x}(0,0)=0$，$\dfrac{\partial u}{\partial y}(0,0)=0$，$\dfrac{\partial v}{\partial x}(0,0)=\dfrac{\partial v}{\partial y}(0,0)=0$，满足 C.-R.条件.但 $\lim\limits_{\Delta z\to 0}\dfrac{f(0+\Delta z)-f(0)}{\Delta z}=\lim\limits_{\substack{\Delta x\to 0\\ \Delta y\to 0}}\dfrac{\sqrt{|\Delta x\Delta y|}}{\Delta x+\mathrm{i}\Delta y}$ 不存在，即 $f(z)$ 在 $z=0$ 不可导.这与定理内容不矛盾，是因为 $f(z)$ 的实部和虚部在点 $z=0$ 偏导数存在但不可微.

15. 证明：$\sin\left(\dfrac{\pi}{2}-z\right)=\dfrac{\mathrm{e}^{\mathrm{i}\left(\frac{\pi}{2}-z\right)}-\mathrm{e}^{-\mathrm{i}\left(\frac{\pi}{2}-z\right)}}{2\mathrm{i}}=\dfrac{\mathrm{i}\mathrm{e}^{-\mathrm{i}z}+\mathrm{i}\mathrm{e}^{\mathrm{i}z}}{2\mathrm{i}}=\dfrac{\mathrm{e}^{-\mathrm{i}z}+\mathrm{e}^{\mathrm{i}z}}{2}=\cos z$.

16. 证明：$\sin(z+\omega)=\sin z \Leftrightarrow \sin(z+\omega)-\sin z=0$

$\Leftrightarrow 2\cos\left(z+\dfrac{\omega}{2}\right)\sin\dfrac{\omega}{2}=0$ （对任意复数 z 都成立）

$\Rightarrow \sin\dfrac{\omega}{2}=0 \quad \Rightarrow \dfrac{\omega}{2}=k\pi \quad \Rightarrow \omega=2k\pi$（$k$ 为整数）.

17. 证明：由定义 $\cos z=\dfrac{\mathrm{e}^{\mathrm{i}z}+\mathrm{e}^{-\mathrm{i}z}}{2}$，取纯虚数 $z=\mathrm{i}y$，当 $y\to+\infty$ 或 $y\to-\infty$，有 $\cos z\to+\infty$，所以无界.

$$|\cos z|=\frac{1}{2}\left|\mathrm{e}^{\mathrm{i}z}+\mathrm{e}^{-\mathrm{i}z}\right|\geqslant\frac{1}{2}\left||\mathrm{e}^{\mathrm{i}z}|-|\mathrm{e}^{-\mathrm{i}z}|\right|=\frac{1}{2}\left|\mathrm{e}^{y}-\mathrm{e}^{-y}\right|$$
$$=\frac{1}{2}\left|1+y+\frac{\mathrm{e}^{\xi}}{2}y^2-\left(1-y+\frac{\mathrm{e}^{\eta}}{2}y^2\right)\right|=\frac{1}{2}\left|2y+\frac{(\mathrm{e}^{\xi}-\mathrm{e}^{\eta})}{2}y^2\right|,$$

若 $y>0$，则 $\xi>\eta$；若 $y<0$，则 $\xi<\eta$，总之有 $|\cos z|\geqslant|y|$.

习　题　3

1. (1) ×；(2) √；(3) ×；(4) √.

2. (1) $\dfrac{1}{6}+\dfrac{5}{6}\mathrm{i}$；(2) $1-\dfrac{\pi}{2}\mathrm{e}$；(3) $4\pi\mathrm{i}$.

3. $\left|\displaystyle\int_C\frac{1}{z-\mathrm{i}}\mathrm{d}z\right|\leqslant\dfrac{25}{3}$.

4. (1) 0；(2) 0；(3) 0；(4) 0；(5) $2\pi\mathrm{i}$；(6) 0.

5. (1) $2\pi\mathrm{i}\mathrm{e}^2$；(2) $2\pi\mathrm{i}(\mathrm{ch}1-1)$；(3) 0；(4) 0；(5) 0；(6) $-4\pi\mathrm{i}$.

6. (1) $10\pi\mathrm{i}$；(2) 0；(3) $2\pi\mathrm{i}$；(4) $\dfrac{2\pi\mathrm{i}}{2021!}$；(5) $\pi\mathrm{i}\mathrm{e}$；(6) $2\pi\mathrm{i}(\pi\mathrm{i}-1)$；(7) 0；

(8) $\begin{cases}\pi\mathrm{i}\mathrm{e}^{a}, & |a|<1\\ 0, & |a|>1\end{cases}$.

7. (1) $\frac{1}{5}\pi\mathrm{i}$； (2) $\frac{4}{5}\pi\mathrm{i}$； (3) 0； (4) $\pi\mathrm{i}$.

8. $g(z)=\pi\mathrm{i}(12z^2-4\sin z-2z\cos z)$，$g'(z)=2\pi\mathrm{i}(12z-3\cos z+z\sin z)$，$g'(0)=-6\pi\mathrm{i}$.

9. 提示：首先由柯西积分公式，有 $\oint_C\frac{\mathrm{e}^z}{z}\mathrm{d}z=2\pi\mathrm{i}$. 再令 $z=\mathrm{e}^{\mathrm{i}\theta}(-\pi\leqslant\theta\leqslant\pi)$，计算曲线积分，有 $\oint_C\frac{\mathrm{e}^z}{z}\mathrm{d}z=\mathrm{i}\int_{-\pi}^{\pi}\mathrm{e}^{\mathrm{e}^{\mathrm{i}\theta}}\mathrm{d}\theta$. 利用欧拉公式 $\mathrm{e}^{\mathrm{i}\theta}=\cos\theta+\mathrm{i}\sin\theta$，有 $\mathrm{e}^{\mathrm{e}^{\mathrm{i}\theta}}=\mathrm{e}^{\cos\theta+\mathrm{i}\sin\theta}=\mathrm{e}^{\cos\theta}\mathrm{e}^{\mathrm{i}\sin\theta}=\mathrm{e}^{\cos\theta}[\cos(\sin\theta)+\mathrm{i}\sin(\sin\theta)]$，从而 $2\pi\mathrm{i}=\mathrm{i}\int_{-\pi}^{\pi}\mathrm{e}^{\cos\theta}\left[\cos(\sin\theta)+\mathrm{i}\sin(\sin\theta)\right]\mathrm{d}\theta$，利用实部、虚部的奇偶性，得证.

10. 解：$\oint_{|z|=1}(z+1)^2\frac{f(z)}{z^2}\mathrm{d}z=8\pi\mathrm{i}$. 令 $z=\mathrm{e}^{\mathrm{i}\theta}(0\leqslant\theta\leqslant2\pi)$，则

$$\oint_{|z|=1}(z+1)^2\frac{f(z)}{z^2}\mathrm{d}z=\mathrm{i}4\int_0^{2\pi}\cos^2\frac{\theta}{2}f(\mathrm{e}^{\mathrm{i}\theta})\mathrm{d}\theta\Rightarrow\int_0^{2\pi}\cos^2\frac{\theta}{2}f(\mathrm{e}^{\mathrm{i}\theta})\mathrm{d}\theta=2\pi.$$

$$\begin{aligned}&\oint_{|z|=1}(z+1)^2\frac{f(z)}{z^2}\mathrm{d}z\\ &=\oint_{|z|=1}(\mathrm{e}^{\mathrm{i}\theta}+1)^2\frac{f(\mathrm{e}^{\mathrm{i}\theta})}{\mathrm{e}^{\mathrm{i}2\theta}}\mathrm{d}\mathrm{e}^{\mathrm{i}\theta}\\ &=\mathrm{i}\int_0^{2\pi}(\cos\theta+1+\mathrm{i}\sin\theta)^2\frac{f(\mathrm{e}^{\mathrm{i}\theta})}{\mathrm{e}^{\mathrm{i}\theta}}\mathrm{d}\theta\\ &=\mathrm{i}\int_0^{2\pi}(\cos^2\theta+1-\sin^2\theta+2\cos\theta+\mathrm{i}2\sin\theta(\cos\theta+1))\frac{f(\mathrm{e}^{\mathrm{i}\theta})}{\mathrm{e}^{\mathrm{i}\theta}}\mathrm{d}\theta\\ &=\mathrm{i}4\int_0^{2\pi}\cos^2\frac{\theta}{2}f(\mathrm{e}^{\mathrm{i}\theta})\,\mathrm{d}\theta.\end{aligned}$$

11. 提示：$\forall z_0\in D$，由柯西积分公式 $f(z_0)=\frac{1}{2\pi\mathrm{i}}\oint_{\partial D}\frac{f(z)}{z-z_0}\mathrm{d}z$，$f(z)=C\ (z\in\partial D)$，则

$$f(z_0)=\frac{1}{2\pi\mathrm{i}}\oint_{\partial D}\frac{C}{z-z_0}\mathrm{d}z=C.$$

12. 提示：$\forall z_0\in D$，由柯西积分导数公式 $f'(z_0)=\frac{1}{2\pi\mathrm{i}}\oint_C\frac{f(z)}{(z-z_0)^2}\mathrm{d}z$，有 $f'(z)=0\ (z\in D)$，则 $f(z)\equiv\mathrm{const}\ (z\in D)$.

13. 不一定. 如若任意闭曲线 C，有 $\oint_C\mathrm{Re}[f(z)]\mathrm{d}z=0$，$\oint_C\mathrm{Im}[f(z)]\mathrm{d}z=0$，令 $f(z)=u+\mathrm{i}v$，$g(z)=v+\mathrm{i}u$，则 $\oint_C g(z)\mathrm{d}z=0$，得函数 $g(z)$ 在单连通区域 B 内处处解析，然而这是不成立的.

14. 不一定. 例如 $\oint_{C_r}\frac{1}{z^2}\mathrm{d}z=0$，但 $f(z)=\frac{1}{z^2}$ 在 $z=0$ 不解析.

15. 提示: 由柯西积分高阶导数公式 $f^{(n)}(z)=\dfrac{n!}{2\pi\mathrm{i}}\oint_C\dfrac{f(\xi)}{(\xi-z)^{n+1}}\mathrm{d}\xi$，令 $f(\xi)=\mathrm{e}^{a\xi}$，$z=0$，代入上式整理可得.

16. (1) $v=y+C, f(z)=z+\mathrm{i}C$ (C 为任意实常数);

(2) $v=3x^2y-6xy^2-y^3+2x^3+C, f(z)=(1+2\mathrm{i})z^3+\mathrm{i}C$;

(3) $v=-\dfrac{1}{2}(x^2-y^2)+C, f(z)=-\dfrac{1}{2}\mathrm{i}z^2+\mathrm{i}C$;

(4) $f(z)=-\mathrm{i}z\mathrm{e}^z+(1-\mathrm{i})z+\mathrm{i}$;

(5) $u=\dfrac{1}{2}(x^2-y^2)+C, f(z)=\dfrac{1}{2}z^2+C$;

(6) $u=-4xy-y+C, f(z)=2\mathrm{i}z^2+\mathrm{i}z+C$;

(7) $u=\cos x\operatorname{ch}y+C, f(z)=\cos z+C$;

(8) $u=\dfrac{-x}{x^2+y^2}+\dfrac{1}{2}, f(z)=-\dfrac{1}{z}+\dfrac{1}{2}(z\neq 0)$.

17. (1) $a=-3$; (2) $f(z)=z^3$.

18. $g(y)=-y^2$, $v(x,y)=2xy$.

19. 提示: 解析函数的导函数还是解析函数, 且 $f'(z)=\dfrac{\partial u}{\partial x}-\mathrm{i}\dfrac{\partial u}{\partial y}=\dfrac{\partial v}{\partial y}+\mathrm{i}\dfrac{\partial v}{\partial x}$，解析函数的实部和虚部都是调和函数.

习　题　4

1. (1) 收敛; (2) 收敛; (3) 发散; (4) 收敛.

2. 提示: $\Theta_n=\arctan\dfrac{(-1)^n}{n^2}\to 0\quad(n\to\infty)$.

3. (1) 发散; (2) 发散; (3) 条件收敛; (4) 绝对收敛.

4. 不能, 因为若在 $z=0$ 收敛, 由阿贝尔定理, 必在 $|z+2|<2$ 内绝对收敛, 故在 $z=-3$ 收敛, 与 $z=-3$ 发散矛盾!

5. 提示: 因为级数 $\sum\limits_{n=1}^{\infty}z^n=\dfrac{z}{1-z}(r=|z|,0\leqslant r<1)$，代入 $z=r\mathrm{e}^{\mathrm{i}\theta}$，比较等号两边实部、虚部即得;

6. 提示: 设 $s_n=\sum\limits_{k=1}^{n}z_k$, $\lim\limits_{n\to\infty}s_n=s$, 则 $|\overline{s_n}-\overline{s}|=|s_n-s|\to 0\quad(n\to\infty)$.

7. (1) 错误, 因为幂级数在其收敛圆周上可能收敛, 也可能发散;

(2) 错误, 因为幂级数的和函数在收敛圆周上至少有一个奇点, 但在收敛圆内处处解析;

(3) 错误, 函数在一点 z_0 解析的充分必要条件是函数在 z_0 的邻域内可展开成幂级数;

(4) 正确, 由奇点的分布定理, 奇点 $z=\pm\dfrac{\pi}{2}\mathrm{i}$ 应该在收敛圆周上, 故收敛半径 $R=\dfrac{\pi}{2}$;

(5) 错误, 函数在同一圆环域内的洛朗级数展开式是唯一的.

8~10. 略.

11. (1) $R=1$, $|z|=1$;　　(2) $R=0$, $|z|=0$;

(3) $R=1, |z|=1$; (4) $R=1, |z|=1$;

(5) $R=+\infty, |z|=+\infty$; (6) $R=1, |z|=1$.

12. (1) $\sum_{n=0}^{\infty}(-1)^n z^{3n}, \quad |z|<1$; (2) $\sum_{n=0}^{\infty}(-1)^n (n+1) z^{2n}, \quad |z|<1$;

(3) $\sum_{n=1}^{+\infty}\frac{2^{2n-1}(-1)^n z^{2n}}{(2n)!}, \quad |z|<+\infty$; (4) $\sum_{n=1}^{+\infty}\frac{2^{\frac{n}{2}}\sin\left(\frac{n}{4}\pi\right)z^{2n}}{n!}, \quad |z|<+\infty$;

(5) $\sum_{n=0}^{+\infty}\frac{\mathrm{e}}{n!(z-1)^n}, \quad |z-1|>0$; (6) $\left(-\frac{1}{3}\right)\sum_{n=0}^{+\infty}\left((-1)^n+\frac{1}{2^{n+1}}\right)z^n, \quad |z|<1$.

13. (1) $-\sum_{n=0}^{+\infty}2^n(z-1)^n, |z-1|<\frac{1}{2}, R=\frac{1}{2}$;

(2) $\sum_{n=0}^{+\infty}\left[\frac{(-1)^{n+1}}{3^{n+1}}+\frac{(-1)^n}{4^{n+1}}\right](z-2)^n, |z-2|<4, R=4$;

(3) $\sum_{n=1}^{+\infty}\frac{(-1)^{n-1}}{3^n n}z^n, |z|<3, R=3$;

(4) $-\sum_{n=0}^{+\infty}(n+1)(z+1)^n, |z+1|<1, R=1$;

(5) $\sum_{n=0}^{+\infty}\frac{3^{n-1}}{(1-3\mathrm{i})^{n+1}}(z-1-\mathrm{i})^n, |z-1-\mathrm{i}|<\frac{\sqrt{10}}{3}, R=\frac{\sqrt{10}}{3}$;

(6) $\sum_{n=0}^{+\infty}(-1)^n\left[\frac{\cos 1}{(2n)!}+\frac{\sin 1}{(2n+1)!}\right]z^n, |z|<+\infty, R=+\infty$.

14. (1) $\sum_{n=0}^{+\infty}\left[\left(\frac{-1-2\mathrm{i}}{10}\right)\frac{(-\mathrm{i})^n}{z^{n+1}}+\left(\frac{-1+2\mathrm{i}}{10}\right)\frac{\mathrm{i}^n}{z^{n+1}}-\frac{1}{5}\frac{z^n}{2^{n+1}}\right], \ 1<|z|<2$;

(2) $\sum_{n=1}^{+\infty}nz^{n-2}, 0<|z|<1$; $\quad \sum_{n=-2}^{+\infty}(z-1)^n, 0<|z-1|<1$;

(3) $\sum_{n=0}^{+\infty}\mathrm{i}^n(z-\mathrm{i})^n, 0<|z-\mathrm{i}|<1$; $\quad -\sum_{n=0}^{+\infty}\frac{\mathrm{i}^n(n+1)}{(z-\mathrm{i})^{n+2}}, \ 1<|z-\mathrm{i}|<+\infty$;

(4) $\sum_{n=0}^{+\infty}\frac{(-1)^n}{(2n+1)!(z-1)^{n+1}}, 0<|z-1|<+\infty$;

(5) $\sum_{n=0}^{+\infty}\frac{1}{n!z^{n-3}}, 0<|z|<+\infty$;

(6) $-\sum_{n=0}^{+\infty}\frac{(z-1)^n}{n+1}, 0<|z-1|<1$.

15. 提示: 利用解析函数的唯一性.

16. $f(z)=\sum_{n=0}^{+\infty}\frac{(-1)^n}{z^{n+3}}, 1<|z|<+\infty, 0$.

17. $n=0,1, a_n=0; n\geqslant 2, a_n=(n-1)2\pi$.

18. 略.

19. $1<|z|<2, \ \frac{2}{1+z^2}$.

20*~21*. 略

习　题　5

1. (1) $z=-1$ (单极点);

(2) $z=0$ (二级极点)、$z=-1$ (二级极点);

(3) $z=(2k+1)\mathrm{i}, k\neq 0,-1, k$ 为整数(单极点)、$z=\pm\mathrm{i}$ (二级极点);

(4) $z=0$ (单极点)、$z=\pm\mathrm{i}$ (二级极点);

(5) $z=0$ (四级极点)、$z=2k\pi(k\in\mathbf{Z}, k\neq 0)$ (单极点);

(6) $z=-\mathrm{i}$ (本性奇点);

(7) $z=0$ (可去奇点)、$z=k(k\in\mathbf{Z}, k\neq 0)$ (单极点);

(8) $z=2k\pi+\dfrac{\pi}{2}(k\in\mathbf{Z})$ (二级极点);

(9) $z=0$ (本性奇点)、$z=1$ (三级极点);

(10) $z=1$ (可去奇点)、$z=\pm\mathrm{i},-1$ (单极点);

(11) $z=0$ (本性奇点);

(12) $z=0$ (可去奇点)、$z=\pm\mathrm{i}$ (单极点);

(13) $z=1$ (本性奇点);

(14) $z=0$ (本性奇点).

2. 略.

3. (1) $\min(m,n)$ 级极点或可去奇点($m=n$);

(2) $m+n$ 级极点;

(3) $m-n$ 或 $m-n$ 极点($m\neq n$)、可去奇点($m=n$).

4. 略.

5. (1) $\mathrm{Res}(f,0)=1$, $\mathrm{Res}(f,-1)=-\dfrac{1}{2}$, $\mathrm{Res}(f,1)=\dfrac{1}{2}$;

(2) $\mathrm{Res}(f,\mathrm{i})=-\dfrac{3}{4}\mathrm{i}, \mathrm{Res}(f,-\mathrm{i})=\dfrac{3}{4}\mathrm{i}$;

(3) $\mathrm{Res}(f,1)=\dfrac{1}{4}, \mathrm{Res}(f,-1)=-\dfrac{1}{4}$;

(4) $\mathrm{Res}\left(f,\left(2k+\dfrac{1}{2}\right)\pi\right)=-\left(2k+\dfrac{1}{2}\right)\pi, k\in\mathbf{Z}$;

(5) $\mathrm{Res}(f,0)=-\dfrac{1}{6}$;

(6) $\mathrm{Res}(f,1)=0$;

(7) $\mathrm{Res}(f,0)=1$, $\mathrm{Res}(f,1)=\dfrac{1}{2}, \mathrm{Res}(f,-1)=-\dfrac{1}{2}$;

(8) $\mathrm{Res}(f,\mathrm{i})=\dfrac{1}{8}, \mathrm{Res}(f,-\mathrm{i})=\dfrac{1}{8}$;

(9) $\mathrm{Res}(f,0)=-\dfrac{4}{3}$;

(10) $\mathrm{Res}(f,0)=\dfrac{3}{2}$.

6. (1) $-\dfrac{5}{18}\pi\mathrm{i}$; (2) $\dfrac{\pi}{2}\mathrm{i}$; (3) 0; (4) $4\pi\mathrm{e}^2\mathrm{i}$; (5) $4\pi\mathrm{i}$;

(6) $-\dfrac{\pi}{4}\mathrm{i}$; (7) 0; (8) 0; (9) 0; (10) -1;

(11) $2\pi\mathrm{i}$; (12) $2\pi\mathrm{i}$; (13) $2\pi\ln(2)\mathrm{i}$;

(14) $2\pi\mathrm{i}$; (15) $2\pi\mathrm{i}$; (16) 0.

7*. (1) $z=0$ 为可去奇点、$z=\infty$ 为本性奇点;

(2) $z=0$ 为本性奇点、$z=\infty$ 为可去奇点;

(3) $z=\infty$ 为 3 级极点;

(4) $z=1$ 为二级极点、$z=\infty$ 为本性奇点.

8*. (1) 0; (2) $-\mathrm{sh}1$.

9. (1) $\dfrac{\pi}{4}$; (2) $\dfrac{\sqrt{5}}{4}\pi$; (3) $\dfrac{\pi}{b^2}\left(2a-\dfrac{\sqrt{a^2-b^2}+a}{2a^2-b^2-2a\sqrt{a^2-b^2}}\right)$;

(4) $\dfrac{\sqrt{5}}{10}\pi$; (5) $\dfrac{\pi}{6}$; (6) $\pi\dfrac{\beta\mathrm{e}^{-2\alpha}-\alpha\mathrm{e}^{-2\beta}}{\alpha\beta\left(\beta^2-\alpha^2\right)}$ $(0<\alpha<\beta)$;

(7) $\dfrac{\pi}{2}\mathrm{e}^{-a}$; (8) $\dfrac{\pi}{4\mathrm{e}^3}\left(1-\mathrm{e}^2\right)$.

10. 略.

11. 1.

12. $\mathrm{Res}\left[\dfrac{zf'(z)}{f(z)},z_0\right]=z_0$.

13~17. 略.

18*. (1) $2\pi\mathrm{i}$; (2) $2\pi\mathrm{i}$; (3) $2\pi\mathrm{i}$.

19*. 4.

20*~22*. 略.

习 题 6

1. 旋转角为 $\dfrac{\pi}{4}$、伸缩率为 $2\sqrt{2}$; 放大部分为 $|z+1|>\dfrac{1}{2}$, 缩小部分为 $|z+1|>\dfrac{1}{2}$.

2. 旋转角为 $\dfrac{\pi}{2}$、伸缩率为 6; 沿 w 平面上虚轴正方向.

3. 闭圆盘 $|w-1|\leqslant 1$.

4. (1) $u^2-au+\left(\dfrac{u}{2}\right)^2+v^2=\left(\dfrac{a}{2}\right)^2(u^4+2u^2v^2+v^4)$; (2) $v=-ku$.

5. 能，取 $w=-\sqrt{|z|}\mathrm{e}^{\mathrm{i}\frac{\theta}{2}}$.

6. (1) $\{w|\operatorname{Im}w\geqslant 1\}$;　(2) $\left\{w\left|\frac{\pi}{4}<\arg w<\frac{5}{4}\pi\right.\right\}$;　(3) $\{(u,v)|u^2+(v+1)^2>1,v<0\}$;

(4) w 平面上以 i，−i，−1 为顶点的三角形;　(5) $\left\{(u,v)\left|\left(u-\frac{1}{2}\right)^2+v^2>\frac{1}{4},u,v>0\right.\right\}$;

(6) $\{(u,v)|u^2+v^2>1,v<0\}$.

7. 略.

8. 将 $\operatorname{Im}z<0$ 映成 $|w|<1$.

9. w 平面第一象限.

10. $|w|<R^2$.

11. $w=1+\frac{z}{2}$，上半平面.

12. $\beta\delta+\alpha\gamma\neq 0,\ \delta=\pm\gamma$.

13. (1) $w=\frac{2}{2-z}$;　(2) $w=\frac{4z+2}{2-z}$.

14. (1) $w=\frac{z+2+\mathrm{i}}{z+2-\mathrm{i}}$;　(2) $w=\frac{2}{z+1}+\mathrm{i}$;　(3) $w=\frac{z+1}{1+\mathrm{i}}$.

15. 略.

16. (1) $w=\frac{2z-1}{z-2}$;　(2) $w=\frac{2z-1}{2-z}$;　(3) $w=-\mathrm{i}z$;　(4) $f(z)=\mathrm{e}^{\mathrm{i}\varphi}z$.

17. $\{w||w|<1\}$，$w=\mathrm{i}\frac{z-\mathrm{i}}{1+\mathrm{i}z}$.

18. $w=\mathrm{e}^{\mathrm{i}\theta}\frac{\mathrm{i}z-\lambda}{\mathrm{i}z-\bar{\lambda}}$.

19. $w=\frac{1+z}{1-z}$.

21. $w=\mathrm{e}^{\mathrm{i}\theta}\frac{z^4-\lambda}{z^4-\bar{\lambda}}$.

22~25*. 略.

习　题　7

1. (1) 假.

由 δ-函数的性质 1 和性质 2，

$$\int_{-\infty}^{+\infty}\delta(t-t_0)f(t)\mathrm{d}t=f(t_0)\quad(t_0\neq 0);$$

$$\delta(at)=\frac{1}{|a|}\delta(t)\quad(a\neq 0),$$

对原积分变形得到

$$\int_{-\infty}^{+\infty}\delta(at-t_0)f(t)\mathrm{d}t=\int_{-\infty}^{+\infty}\frac{1}{a}\delta\left(t-\frac{t_0}{a}\right)f(t)\mathrm{d}t=\frac{1}{a}f\left(\frac{t_0}{a}\right).$$

(2) 真.

设 $\mathcal{F}[f(t)]=F(\omega)$，由傅里叶变换定义

$$\mathcal{F}[f(1-t)]=\int_{-\infty}^{+\infty}f(1-t)\mathrm{e}^{-\mathrm{i}\omega t}\mathrm{d}t=\int_{-\infty}^{+\infty}f(u)\mathrm{e}^{-\mathrm{i}\omega(1-u)}\mathrm{d}u$$
$$=\mathrm{e}^{-\mathrm{i}\omega}\int_{-\infty}^{+\infty}f(u)\mathrm{e}^{\mathrm{i}\omega u}\mathrm{d}u=\mathrm{e}^{-\mathrm{i}\omega}F(-\omega).$$

(3) 假.

设 $\mathcal{F}[f(t)]=F(\omega)$，由傅里叶变换定义

$$F(-\omega)=\int_{-\infty}^{+\infty}f(t)\mathrm{e}^{-\mathrm{i}(-\omega)t}\mathrm{d}t=-\int_{-\infty}^{+\infty}f(-t)\mathrm{e}^{-\mathrm{i}\omega(-t)}\mathrm{d}t$$
$$=-\int_{-\infty}^{+\infty}f(u)\mathrm{e}^{-\mathrm{i}\omega u}\mathrm{d}u=-F(\omega),$$

F为奇函数.

(4) 真.

由狄拉克函数的表达式

$$\mathcal{F}(1)=2\pi\delta(\omega),$$

易知 $\mathcal{F}[\int_0^1\mathrm{e}^{-t^2}\mathrm{d}t]=\mathcal{F}(1)\int_0^1\mathrm{e}^{-t^2}\mathrm{d}t=2\pi\delta(\omega)\int_0^1\mathrm{e}^{-t^2}\mathrm{d}t$.

(5) 真.

$$2\pi\mathcal{F}[f^2(t)]=\int_{-\infty}^{+\infty}f(t)\int_{-\infty}^{+\infty}F(\tau)\mathrm{e}^{\mathrm{i}\tau t}\mathrm{d}\tau\cdot\mathrm{e}^{-\mathrm{i}\omega t}\mathrm{d}t$$
$$=\int_{-\infty}^{+\infty}F(\tau)\int_{-\infty}^{+\infty}f(t)\mathrm{e}^{-\mathrm{i}(\omega-\tau)t}\mathrm{d}t\mathrm{d}\tau$$
$$=\int_{-\infty}^{+\infty}F(\tau)F(\omega-\tau)\mathrm{d}\tau.$$

2. 证明: $f(t)=\dfrac{1}{2\pi}\displaystyle\int_{-\infty}^{+\infty}\left[\int_{-\infty}^{+\infty}f(\tau)\mathrm{e}^{-\mathrm{i}u\tau}\mathrm{d}\tau\right]\mathrm{e}^{\mathrm{i}\omega t}\mathrm{d}\omega=\frac{1}{2\pi}\int_{-\infty}^{+\infty}\left[\int_{-\infty}^{+\infty}f(\tau)\mathrm{e}^{\mathrm{i}\omega(t-\tau)}\mathrm{d}\tau\right]\mathrm{d}\omega$

$$=\frac{1}{2\pi}\int_{-\infty}^{+\infty}\left[\int_{-\infty}^{+\infty}f(\tau)\cos\omega(t-\tau)\mathrm{d}\tau+\mathrm{i}\int_{-\infty}^{+\infty}f(\tau)\sin\omega(t-\tau)\mathrm{d}\tau\right]\mathrm{d}\omega$$
$$=\frac{1}{2\pi}\int_{-\infty}^{+\infty}\left[\int_{-\infty}^{+\infty}f(\tau)\cos\omega(t-\tau)\mathrm{d}\tau\right]\mathrm{d}\omega$$
$$=\frac{1}{\pi}\int_{0}^{+\infty}\left[\int_{-\infty}^{+\infty}f(\tau)\cos\omega(t-\tau)\mathrm{d}\tau\right]\mathrm{d}\omega$$
$$=\frac{1}{\pi}\int_{0}^{+\infty}\left[\int_{-\infty}^{+\infty}f(\tau)(\cos\omega t\cos\omega\tau+\sin\omega t\sin\omega\tau)\mathrm{d}\tau\right]\mathrm{d}\omega$$

$$=\int_0^{+\infty}\left\{\left[\frac{1}{\pi}\int_{-\infty}^{+\infty}f(\tau)\cos\omega\tau\mathrm{d}\tau\right]\cos\omega t+\left[\frac{1}{\pi}\int_{-\infty}^{+\infty}f(\tau)\sin\omega\tau\mathrm{d}\tau\right]\sin\omega t\right\}\mathrm{d}\omega$$
$$=\int_0^{+\infty}a(\omega)\cos\omega t\mathrm{d}\omega+\int_0^{+\infty}b(\omega)\sin\omega t\mathrm{d}\omega,$$

其中 $a(\omega)=\frac{1}{\pi}\int_{-\infty}^{+\infty}f(\tau)\cos\omega\tau\mathrm{d}\tau$， $b(\omega)=\frac{1}{\pi}\int_{-\infty}^{+\infty}f(\tau)\sin\omega\tau\mathrm{d}\tau$.

当 $f(t)$ 为奇函数时有

$$a(\omega)=\frac{1}{\pi}\int_{-\infty}^{+\infty}f(\tau)\cos\omega\tau\mathrm{d}\tau=0\ ,b(\omega)=\frac{2}{\pi}\int_0^{+\infty}f(\tau)\sin\omega\tau\mathrm{d}\tau\ ,$$

则

$$f(t)=\int_0^{+\infty}b(\omega)\sin\omega t\mathrm{d}\omega\ .$$

当 $f(t)$ 为偶函数时有

$$b(\omega)=\frac{1}{\pi}\int_{-\infty}^{+\infty}f(\tau)\sin\omega\tau\mathrm{d}\tau=0\ ,a(\omega)=\frac{2}{\pi}\int_0^{+\infty}f(\tau)\cos\omega\tau\mathrm{d}\tau\ ,$$

则

$$f(t)=\int_0^{+\infty}a(\omega)\cos\omega t\mathrm{d}\omega\ .$$

3. 解:

$$\begin{aligned}F(\omega)&=\int_{-\infty}^{+\infty}\mathrm{e}^{-|t|}\mathrm{e}^{-\mathrm{i}\omega t}\mathrm{d}t\\&=\int_0^{+\infty}\mathrm{e}^{-t}\mathrm{e}^{-\mathrm{i}\omega t}\mathrm{d}t+\int_{-\infty}^{0}\mathrm{e}^{t}\mathrm{e}^{-\mathrm{i}\omega t}\mathrm{d}t\\&=\int_0^{+\infty}\mathrm{e}^{-(1+\mathrm{i}\omega)t}\mathrm{d}t+\int_{-\infty}^{0}\mathrm{e}^{(1-\mathrm{i}\omega)t}\mathrm{d}t\\&=\frac{-1}{1+\mathrm{i}\omega}\int_0^{+\infty}\mathrm{e}^{-(1+\mathrm{i}\omega)t}\mathrm{d}[-(1+\mathrm{i}\omega)t]+\frac{1}{1-\mathrm{i}\omega}\int_{-\infty}^{0}\mathrm{e}^{(1-\mathrm{i}\omega)t}\mathrm{d}[(1-\mathrm{i}\omega)t]\\&=\frac{-1}{1+\mathrm{i}\omega}\int_0^{+\infty}\mathrm{d}\mathrm{e}^{-(1+\mathrm{i}\omega)t}+\frac{1}{1-\mathrm{i}\omega}\int_{-\infty}^{0}\mathrm{d}\mathrm{e}^{(1-\mathrm{i}\omega)t}\\&=\frac{-1}{1+\mathrm{i}\omega}\left[\frac{1}{\mathrm{e}^{(1+\mathrm{i}\omega)\cdot\infty}}-\mathrm{e}^0\right]+\frac{1}{1-\mathrm{i}\omega}\left[\mathrm{e}^0-\frac{1}{\mathrm{e}^{(1-\mathrm{i}\omega)\cdot\infty}}\right]\\&=\frac{1}{1+\mathrm{i}\omega}+\frac{1}{1-\mathrm{i}\omega}=\frac{2}{1+\omega^2}.\end{aligned}$$

4. 解:

$$\begin{aligned}F(\omega)&=\int_0^{\tau}A\mathrm{e}^{-\mathrm{i}\omega t}\mathrm{d}t=\frac{A}{-\mathrm{i}\omega}\mathrm{e}^{-\mathrm{i}\omega t}\Big|_0^{\tau}\\&=\frac{A}{-\mathrm{i}\omega}\left(\mathrm{e}^{-\mathrm{i}\omega\tau}-1\right).\end{aligned}$$

5. 解: (1)

$$F(\omega)=\int_{-\infty}^{+\infty} f(t)\mathrm{e}^{-\mathrm{i}\omega t}\mathrm{d}t=-\int_{-1}^{0}\mathrm{e}^{-\mathrm{i}\omega t}\mathrm{d}t+\int_{0}^{1}\mathrm{e}^{-\mathrm{i}\omega t}\mathrm{d}t$$

$$=\frac{1}{\mathrm{i}\omega}\mathrm{e}^{-\mathrm{i}\omega t}\bigg|_{-1}^{0}-\frac{1}{\mathrm{i}\omega}\mathrm{e}^{-\mathrm{i}\omega t}\bigg|_{0}^{1}$$

$$=\frac{1}{\mathrm{i}\omega}\left(1-\mathrm{e}^{\mathrm{i}\omega}\right)-\frac{1}{\mathrm{i}\omega}\left(\mathrm{e}^{-\mathrm{i}\omega}-1\right)$$

$$=\frac{2}{\mathrm{i}\omega}(1-\cos\omega).$$

(2) 由傅里叶变换式 $F(\omega)=\int_{-\infty}^{+\infty} f(t)\mathrm{e}^{-\mathrm{i}\omega t}\mathrm{d}t$,

$$\mathcal{F}[\delta(t)]=\int_{-\infty}^{+\infty}\delta(t)\mathrm{e}^{-\mathrm{i}\omega t}\mathrm{d}t=\mathrm{e}^{-\mathrm{i}\omega\times 0}=1\ .$$

6. 解:

$$F(\omega)=\int \mathrm{e}^{-\mathrm{i}\omega t}\left(1-t^2\right)\mathrm{d}t=\int_{-1}^{1}\mathrm{e}^{-\mathrm{i}\omega t}\,\mathrm{d}t-\int_{-1}^{1}\mathrm{e}^{-\mathrm{i}\omega t}t^2\mathrm{d}t$$

$$=\frac{1}{-\mathrm{i}\omega}\mathrm{e}^{-\mathrm{i}\omega t}\bigg|_{-1}^{1}-\frac{1}{\mathrm{i}\omega}\int_{-1}^{1}t^2\mathrm{d}\mathrm{e}^{-\mathrm{i}\omega t}$$

$$=\frac{1}{\mathrm{i}\omega}\left(\mathrm{e}^{-\mathrm{i}\omega}-\mathrm{e}^{\mathrm{i}\omega}\right)+\frac{1}{\mathrm{i}\omega}\left[t^2\mathrm{e}^{-\mathrm{i}\omega t}\Big|_{-1}^{1}-2\int_{-1}^{1}\mathrm{e}^{-\mathrm{i}\omega t}t\mathrm{d}t\right]$$

$$=\frac{2\sin\omega}{\mathrm{i}\omega}+\frac{1}{\mathrm{i}\omega}\left[-2\sin\omega+\frac{2}{\mathrm{i}\omega}\int_{-1}^{1}t\mathrm{d}\mathrm{e}^{-\mathrm{i}\omega t}\right]$$

$$=\frac{2}{-\omega^2}\left[t\mathrm{e}^{-\mathrm{i}\omega t}\Big|_{-1}^{1}-\int_{-1}^{1}\mathrm{e}^{-\mathrm{i}\omega t}\mathrm{d}t\right]$$

$$=\frac{2}{\omega^2}\cdot\frac{1}{-\mathrm{i}\omega}\mathrm{e}^{-\mathrm{i}\omega t}\bigg|_{-1}^{1}$$

$$=\frac{4\sin\omega}{\mathrm{i}\omega^2}.$$

由于 $f(x)=\dfrac{x\cos x-\sin x}{x^2}\cdot\cos\dfrac{x}{2}$ 是奇函数, 所以

$$\int_{-\infty}^{+\infty}\frac{x\cos x-\sin x}{x^2}\cdot\cos\frac{x}{2}\mathrm{d}x=0.$$

7. 证明:

$$\begin{aligned}f(t)&=\frac{1}{2\pi}\int_{-\infty}^{+\infty}F(\omega)\mathrm{e}^{\mathrm{i}\omega t}\mathrm{d}\omega\\&=\frac{1}{2\pi}\int_{-\infty}^{+\infty}[\delta(\omega+1)-\delta(\omega-1)]\mathrm{e}^{\mathrm{i}\omega t}\mathrm{d}\omega\\&=\frac{1}{2\pi}\left(\int_{-\infty}^{+\infty}\delta(\omega+1)\mathrm{e}^{\mathrm{i}\omega t}\mathrm{d}\omega-\int_{-\infty}^{+\infty}\delta(\omega-1)\mathrm{e}^{\mathrm{i}\omega t}\mathrm{d}\omega\right)\\&=\frac{1}{2\pi}(\mathrm{e}^{-\mathrm{i}t}-\mathrm{e}^{\mathrm{i}t})\\&=\frac{\sin t}{\pi\mathrm{i}}.\end{aligned}$$

8. 解: 已知 $\mathcal{F}[u(t)]=\frac{1}{\mathrm{i}\omega}+\pi\delta(\omega)$，$\mathcal{F}[1]=2\pi\delta(\omega)$，其中 $u(t)=\begin{cases}1, & t>0,\\0, & t<0.\end{cases}$ 由 $\operatorname{sgn}t=2u(t)-1$，有 $\mathcal{F}[\operatorname{sgn}t]=2\left[\frac{1}{\mathrm{i}\omega}+\pi\delta(\omega)\right]-2\pi\delta(\omega)=\frac{2}{\mathrm{i}\omega}$.

9. 解: 已知 $\sin 2t=\frac{\mathrm{e}^{\mathrm{i}2t}-\mathrm{e}^{-\mathrm{i}2t}}{2\mathrm{i}}$，$\cos t=\frac{\mathrm{e}^{\mathrm{i}t}+\mathrm{e}^{-\mathrm{i}t}}{2}$. 则

$$\begin{aligned}\mathcal{F}[\sin 2t\cos t]&=\int_{-\infty}^{+\infty}\frac{\mathrm{e}^{3\mathrm{i}t}-\mathrm{e}^{-\mathrm{i}t}+\mathrm{e}^{\mathrm{i}t}-\mathrm{e}^{-3\mathrm{i}t}}{4\mathrm{i}}\mathrm{e}^{-\mathrm{i}\omega t}\mathrm{d}t\\&=\frac{1}{4\mathrm{i}}\left[\int_{-\infty}^{+\infty}\mathrm{e}^{3\mathrm{i}t}\mathrm{e}^{-\mathrm{i}\omega t}\mathrm{d}t-\int_{-\infty}^{+\infty}\mathrm{e}^{-\mathrm{i}t}\mathrm{e}^{-\mathrm{i}\omega t}\mathrm{d}t+\int_{-\infty}^{+\infty}\mathrm{e}^{\mathrm{i}t}\mathrm{e}^{-\mathrm{i}\omega t}\mathrm{d}t-\int_{-\infty}^{+\infty}\mathrm{e}^{-3\mathrm{i}t}\mathrm{e}^{-\mathrm{i}\omega t}\mathrm{d}t\right]\\&=\frac{1}{4\mathrm{i}}[2\pi\delta(\omega+3)-2\pi\delta(\omega-1)+2\pi\delta(\omega+1)-2\pi\delta(\omega-3)]\\&=\frac{\pi}{2\mathrm{i}}[\delta(\omega+3)-\delta(\omega-1)+\delta(\omega+1)-\delta(\omega-3)].\end{aligned}$$

10. 解: (1)由于 $\mathcal{F}[u(t)]=\frac{1}{\mathrm{i}\omega}+\pi\delta(\omega)$，则

$$\mathcal{F}[u(t-C)]=\mathrm{e}^{-\mathrm{i}\omega C}\mathcal{F}[u(t)]=\mathrm{e}^{-\mathrm{i}\omega C}\left[\frac{1}{\mathrm{i}\omega}+\pi\delta(\omega)\right].$$

(2) 由于 $\mathcal{F}[\delta(t)]=1$，则

$$\begin{aligned}&\mathcal{F}\left[\frac{1}{2}[\delta(t+a)+\delta(t-a)]\right]\\&=\frac{1}{2}\left[\mathcal{F}[\delta(t+a)]+\mathcal{F}[\delta(t-a)]\right]\\&=\frac{1}{2}\left[\mathrm{e}^{\mathrm{i}\omega a}\mathcal{F}[\delta(t)]+\mathrm{e}^{-\mathrm{i}\omega a}\mathcal{F}[\delta(t)]\right]\\&=\frac{1}{2}\left(\mathrm{e}^{\mathrm{i}\omega a}+\mathrm{e}^{-\mathrm{i}\omega a}\right).\end{aligned}$$

(3) 由 $\mathcal{F}[\cos 2t]=\pi[\delta(\omega-2)+\delta(\omega+2)]$ 可知

$$\mathcal{F}\left[\cos\left(2t-\frac{\pi}{3}\right)\right]=\mathcal{F}\left[\cos 2\left(t-\frac{\pi}{6}\right)\right]=\mathrm{e}^{-\mathrm{i}\omega\frac{\pi}{6}}\pi[\delta(\omega-2)+\delta(\omega+2)].$$

11. 证明:

$$\frac{\mathrm{d}}{\mathrm{d}\omega}F(\omega)=\frac{\mathrm{d}}{\mathrm{d}\omega}\int_{-\infty}^{+\infty}f(t)\mathrm{e}^{-\mathrm{i}\omega t}\mathrm{d}t=\int_{-\infty}^{+\infty}f(t)\frac{\mathrm{d}}{\mathrm{d}\omega}\mathrm{e}^{-\mathrm{i}\omega t}\mathrm{d}t=\int_{-\infty}^{+\infty}-\mathrm{i}tf(t)\mathrm{e}^{-\mathrm{i}\omega t}\mathrm{d}t=\mathcal{F}\left[-\mathrm{i}tf(t)\right].$$

由于

$$\begin{aligned}\mathcal{F}^{-1}\left[2\pi\frac{\mathrm{d}}{\mathrm{d}\omega}\delta(\omega)\right]&=\frac{1}{2\pi}\int_{-\infty}^{+\infty}2\pi\frac{\mathrm{d}}{\mathrm{d}\omega}\delta(\omega)\mathrm{e}^{\mathrm{i}\omega t}\mathrm{d}\omega\\&=\int_{-\infty}^{+\infty}\mathrm{e}^{\mathrm{i}\omega t}\mathrm{d}\delta(\omega)\\&=\mathrm{e}^{\mathrm{i}\omega t}\delta(\omega)\Big|_{-\infty}^{+\infty}-\mathrm{i}t\int_{-\infty}^{+\infty}\delta(\omega)\mathrm{e}^{\mathrm{i}\omega t}\mathrm{d}\omega\\&=0-\mathrm{i}t\mathrm{e}^{\mathrm{i}\omega t}\Big|_{\omega=0}\\&=-\mathrm{i}t,\end{aligned}$$

则 $\mathcal{F}[t]=2\pi\mathrm{i}\frac{\mathrm{d}}{\mathrm{d}\omega}\delta(\omega)$.

12. 证明:

$$\begin{aligned}\mathcal{F}\left[f(t)\cos\omega_0t\right]&=\mathcal{F}\left[f(t)\frac{\mathrm{e}^{\mathrm{i}\omega_0t}+\mathrm{e}^{-\mathrm{i}\omega_0t}}{2}\right]\\&=\mathcal{F}\left[f(t)\frac{\mathrm{e}^{\mathrm{i}\omega_0t}}{2}\right]+\mathcal{F}\left[f(t)\frac{\mathrm{e}^{-\mathrm{i}\omega_0t}}{2}\right]\\&=\frac{1}{2}\left[F(\omega-\omega_0)+F(\omega+\omega_0)\right].\end{aligned}$$

同理

$$\begin{aligned}\mathcal{F}\left[f(t)\sin\omega_0t\right]&=\mathcal{F}\left[f(t)\frac{\mathrm{e}^{\mathrm{i}\omega_0t}-\mathrm{e}^{-\mathrm{i}\omega_0t}}{2\mathrm{i}}\right]\\&=\frac{1}{2\mathrm{i}}\left\{\mathcal{F}\left[f(t)\mathrm{e}^{\mathrm{i}\omega_0t}\right]+\mathcal{F}\left[f(t)\mathrm{e}^{-\mathrm{i}\omega_0t}\right]\right\}\\&=\frac{1}{2\mathrm{i}}\left[F(\omega-\omega_0)-F(\omega+\omega_0)\right].\end{aligned}$$

13. 证明: (1)

$$\begin{aligned}\mathrm{e}^{at}\left[f_1(t)*f_2(t)\right]&=\mathrm{e}^{at}\int_{-\infty}^{+\infty}f_1(\tau)f_2(t-\tau)\mathrm{d}\tau\\&=\int_{-\infty}^{+\infty}\mathrm{e}^{a\tau}f_1(\tau)\mathrm{e}^{a(t-\tau)}f_2(t-\tau)\mathrm{d}\tau\\&=\mathrm{e}^{at}\left[f_1(t)\right]*\mathrm{e}^{at}\left[f_2(t)\right].\end{aligned}$$

(2)

$$\begin{aligned}\frac{\mathrm{d}}{\mathrm{d}t}\left[f_1(t)*f_2(t)\right]&=\frac{\mathrm{d}}{\mathrm{d}t}\int_{-\infty}^{+\infty}f_1(\tau)f_2(t-\tau)\mathrm{d}\tau\\&=\int_{-\infty}^{+\infty}f_1(\tau)\frac{\mathrm{d}}{\mathrm{d}t}f_2(t-\tau)\mathrm{d}\tau\\&=f_1(t)*\frac{\mathrm{d}}{\mathrm{d}t}f_2(t).\end{aligned}$$

且

$$\frac{\mathrm{d}}{\mathrm{d}t}\left[f_1(t)*f_2(t)\right]=\frac{\mathrm{d}}{\mathrm{d}t}\left[f_2(t)*f_1(t)\right]$$
$$=f_2(t)*\frac{\mathrm{d}}{\mathrm{d}t}f_1(t)$$
$$=\frac{\mathrm{d}}{\mathrm{d}t}f_1(t)*f_2(t).$$

14. 解: $f_1(t)*f_2(t)=\int_{-\infty}^{+\infty}f_1(\tau)f_2(t-\tau)\mathrm{d}\tau=\int_0^{+\infty}\mathrm{e}^{-\tau}f_2(t-\tau)\mathrm{d}\tau$.　　(*)

当$0\leqslant t\leqslant\frac{\pi}{2}$时, (*)式为

$$f_1(t)*f_2(t)=\int_0^t\mathrm{e}^{-\tau}\sin(t-\tau)\mathrm{d}\tau=\int_0^t\mathrm{e}^{-\tau}\frac{\mathrm{e}^{\mathrm{i}(t-\tau)}-\mathrm{e}^{-\mathrm{i}(t-\tau)}}{2\mathrm{i}}\sin(t-\tau)\mathrm{d}\tau$$
$$=\frac{1}{2\mathrm{i}}\left[\mathrm{e}^{\mathrm{i}t}\int_0^t\mathrm{e}^{-(1+\mathrm{i})\tau}\mathrm{d}\tau-\mathrm{e}^{-\mathrm{i}t}\int_0^t\mathrm{e}^{-(1-\mathrm{i})\tau}\mathrm{d}\tau\right]$$
$$=\frac{1}{2\mathrm{i}}\left[\mathrm{e}^{\mathrm{i}t}\frac{\mathrm{e}^{-(1+\mathrm{i})\tau}\Big|_0^t}{-(1+\mathrm{i})}-\mathrm{e}^{-\mathrm{i}t}\frac{\mathrm{e}^{-(1-\mathrm{i})\tau}\Big|_0^t}{-(1-\mathrm{i})}\right]$$
$$=\frac{1}{2\mathrm{i}}\left[\mathrm{e}^{\mathrm{i}t}\frac{\mathrm{e}^{-(1+\mathrm{i})t}-1}{-(1+\mathrm{i})}-\mathrm{e}^{-\mathrm{i}t}\frac{\mathrm{e}^{-(1-\mathrm{i})t}-1}{-(1-\mathrm{i})}\right]$$
$$=\frac{1}{2\mathrm{i}}\left(\frac{\mathrm{e}^{\mathrm{i}t}-\mathrm{e}^{-t}}{1+\mathrm{i}}+\frac{\mathrm{e}^{-t}-\mathrm{e}^{-\mathrm{i}t}}{1-\mathrm{i}}\right)$$
$$=\frac{1}{2\mathrm{i}}\frac{\mathrm{e}^{\mathrm{i}t}-\mathrm{e}^{-t}-\mathrm{i}\mathrm{e}^{\mathrm{i}t}+\mathrm{i}\mathrm{e}^{-t}+\mathrm{e}^{-t}-\mathrm{e}^{-\mathrm{i}t}+\mathrm{i}\mathrm{e}^{-t}-\mathrm{i}\mathrm{e}^{-\mathrm{i}t}}{2}$$
$$=\frac{1}{2}\left(\frac{\mathrm{e}^{\mathrm{i}t}-\mathrm{e}^{-\mathrm{i}t}}{2\mathrm{i}}-\frac{\mathrm{i}(\mathrm{e}^{\mathrm{i}t}+\mathrm{e}^{-\mathrm{i}t})}{2\mathrm{i}}+\frac{2\mathrm{i}\mathrm{e}^{-t}}{2\mathrm{i}}\right)$$
$$=\frac{1}{2}\left(\sin t-\cos t+\mathrm{e}^{-t}\right).$$

当$t>\frac{\pi}{2}$时, (*)式为

$$f_1(t)*f_2(t)=\int_{t-\frac{\pi}{2}}^t\mathrm{e}^{-\tau}\sin(t-\tau)\mathrm{d}\tau=\frac{1}{2\mathrm{i}}\left[\mathrm{e}^{\mathrm{i}t}\frac{\mathrm{e}^{-(1+\mathrm{i})\tau}\Big|_{t-\frac{\pi}{2}}^t}{-(1+\mathrm{i})}-\mathrm{e}^{-\mathrm{i}t}\frac{\mathrm{e}^{-(1-\mathrm{i})\tau}\Big|_{t-\frac{\pi}{2}}^t}{-(1-\mathrm{i})}\right]$$
$$=\frac{1}{2\mathrm{i}}\left[\mathrm{e}^{\mathrm{i}t}\frac{\mathrm{e}^{-(1+\mathrm{i})\left(t-\frac{\pi}{2}\right)}-\mathrm{e}^{-(1+\mathrm{i})t}}{1+\mathrm{i}}+\mathrm{e}^{-\mathrm{i}t}\frac{\mathrm{e}^{-(1-\mathrm{i})t}-\mathrm{e}^{-(1-\mathrm{i})\left(t-\frac{\pi}{2}\right)}}{1-\mathrm{i}}\right]$$
$$=\frac{1}{2\mathrm{i}}\mathrm{e}^{-t}\left(\frac{\mathrm{i}\mathrm{e}^{\frac{\pi}{2}}-1}{1+\mathrm{i}}+\frac{1+\mathrm{i}\mathrm{e}^{\frac{\pi}{2}}}{1-\mathrm{i}}\right)=\frac{\mathrm{e}^{-t}}{2\mathrm{i}}\frac{\mathrm{i}\mathrm{e}^{\frac{\pi}{2}}-1+\mathrm{e}^{\frac{\pi}{2}}+\mathrm{i}+1+\mathrm{i}\mathrm{e}^{\frac{\pi}{2}}+\mathrm{i}-\mathrm{e}^{\frac{\pi}{2}}}{2}$$
$$=\frac{\mathrm{e}^{-t}}{2}\left(1+\mathrm{e}^{\frac{\pi}{2}}\right).$$

当 $t<0$ 时, (*)式为 0 . 故有

$$f_1(t)*f_2(t)=\begin{cases}0, & \text{当}t<0\text{时},\\ \dfrac{1}{2}\left(\sin t-\cos t+\mathrm{e}^{-t}\right), & \text{当}0\leqslant t\leqslant\dfrac{\pi}{2}\text{时},\\ \dfrac{\mathrm{e}^{-t}}{2}\left(1+\mathrm{e}^{\frac{\pi}{2}}\right), & \text{当}t>\dfrac{\pi}{2}\text{时}.\end{cases}$$

15. 证明:

$$\begin{aligned}&\frac{1}{2\pi}F_1(\omega)*F_2(\omega)\\&=\frac{1}{2\pi}\int_{-\infty}^{+\infty}F_1(u)\cdot F_2(\omega-u)\mathrm{d}u\\&=\frac{1}{2\pi}\int_{-\infty}^{+\infty}\left[F_2(\omega-u)\cdot\int_{-\infty}^{+\infty}f_1(t)\cdot\mathrm{e}^{-\mathrm{i}ut}\mathrm{d}t\right]\mathrm{d}u\\&=\frac{1}{2\pi}\int_{-\infty}^{+\infty}\left[\int_{-\infty}^{+\infty}F_2(\omega-u)f_1(t)\mathrm{e}^{-\mathrm{i}ut}\mathrm{d}t\right]\mathrm{d}u\\&=\frac{1}{2\pi}\int_{-\infty}^{+\infty}\left[\int_{-\infty}^{+\infty}F_2(\omega-u)\mathrm{e}^{-\mathrm{i}ut}f_1(\mathrm{t})\mathrm{d}u\right]\mathrm{d}t\\&=\frac{1}{2\pi}\int_{-\infty}^{+\infty}\left[f_1(t)\int_{-\infty}^{+\infty}F_2(\omega-u)\mathrm{e}^{-\mathrm{i}ut}\mathrm{d}u\right]\mathrm{d}t\\&=\frac{1}{2\pi}\int_{-\infty}^{+\infty}\left[f_1(t)\int_{-\infty}^{+\infty}F_2(s)\mathrm{e}^{\mathrm{i}st}\cdot\mathrm{e}^{-\mathrm{i}\omega t}\mathrm{d}s\right]\mathrm{d}t\\&=\int_{-\infty}^{+\infty}f_1(t)\cdot\mathrm{e}^{-\mathrm{i}\omega t}\cdot f_2(t)\mathrm{d}t\\&=\mathcal{F}\left[f_1(t)\cdot f_2(t)\right].\end{aligned}$$

16. 解: (1)

$$\begin{aligned}F(\omega)&=\int_{-\infty}^{+\infty}u(t)\cos(\omega_0 t)\mathrm{e}^{-\mathrm{i}\omega t}\mathrm{d}t\\&=\int_{-\infty}^{+\infty}u(t)\frac{\mathrm{e}^{\mathrm{i}\omega_0 t}+\mathrm{e}^{-\mathrm{i}\omega_0 t}}{2}\mathrm{e}^{-\mathrm{i}\omega t}\mathrm{d}t\\&=\frac{1}{2}\left[\int_{-\infty}^{+\infty}u(t)\mathrm{e}^{-\mathrm{i}(\omega-\omega_0)t}\mathrm{d}t+\int_{-\infty}^{+\infty}u(t)\mathrm{e}^{-\mathrm{i}(\omega+\omega_0)t}\mathrm{d}t\right]\\&=\frac{1}{2}\left[\frac{1}{\mathrm{i}(\omega-\omega_0)}+\pi\delta(\omega-\omega_0)+\frac{1}{\mathrm{i}(\omega+\omega_0)}+\pi\delta(\omega+\omega_0)\right]\\&=\frac{\omega}{\mathrm{i}\left(\omega^2-\omega_0^{\,2}\right)}+\frac{\pi}{2}\left[\delta(\omega-\omega_0)+\delta(\omega+\omega_0)\right].\end{aligned}$$

(2) 由像函数的位移性质及 $\mathcal{F}[u(t)]=\dfrac{1}{\mathrm{i}\omega}+\pi\delta(\omega)$ 得

$$\mathcal{F}\left[\mathrm{e}^{\mathrm{i}\omega_0 t}u(t)\right]=\frac{1}{\mathrm{i}(\omega-\omega_0)}+\pi\delta(\omega-\omega_0).$$

(3) 根据位移性质

$$\mathcal{F}\left[u(t-t_0)\right]=\mathrm{e}^{-\mathrm{i}\omega_0 t}\mathcal{F}\left[u(t)\right]=\mathrm{e}^{-\mathrm{i}\omega_0 t}\left[\frac{1}{\mathrm{i}\omega}+\pi\delta(\omega)\right].$$

再根据像函数的位移性质

$$\begin{aligned}\mathcal{F}\left[\mathrm{e}^{\mathrm{i}\omega_0 t}u(t-t_0)\right]&=\mathrm{e}^{-\mathrm{i}(\omega-\omega_0)t_0}\left[\frac{1}{\mathrm{i}(\omega-\omega_0)}+\pi\delta(\omega-\omega_0)\right]\\&=\frac{\mathrm{e}^{-\mathrm{i}(\omega-\omega_0)t_0}}{\mathrm{i}(\omega-\omega_0)}+\pi\delta(\omega-\omega_0).\end{aligned}$$

(4) 由微分性质 $\mathcal{F}\left[(-\mathrm{i}t)^n f(t)\right]=F^{(n)}(\omega)$ 得

$$\mathcal{F}\left[tu(t)\right]=\mathrm{i}\frac{\mathrm{d}}{\mathrm{d}\omega}\mathcal{F}\left[u(t)\right]=\mathrm{i}\left(\frac{1}{\mathrm{i}\omega}+\pi\delta(\omega)\right)'=-\frac{1}{\omega^2}+\pi\mathrm{i}\delta'(\omega).$$

再由像函数的位移性质得

$$\mathcal{F}\left[\mathrm{e}^{\mathrm{i}\omega_0 t}tu(t)\right]=\frac{-1}{(\omega-\omega_0)^2}+\pi\mathrm{i}\delta'(\omega-\omega_0)\ .$$

17. 证明: (1) $\delta(t)$ 满足 $\delta(t)=\begin{cases}0,\ t\neq 0,\\ \infty,\ t=0,\end{cases}$ 以及 $\int_{-\infty}^{+\infty}\delta(t)\mathrm{d}t=1$, $\forall f\in C_c^{\infty}$,

$$\begin{aligned}t\delta'(t)&=\int_{-\infty}^{+\infty}t\delta'(t)f(t)\mathrm{d}t\\&=\int_{-\infty}^{+\infty}tf(t)\mathrm{d}\delta(t)\\&=tf(t)\delta(t)\Big|_{-\infty}^{+\infty}-\int_{-\infty}^{+\infty}\delta(t)(f(t)+tf'(t))\mathrm{d}t\\&=0-\int_{-\infty}^{+\infty}\delta(t)f(t)\mathrm{d}t-\int_{-\infty}^{+\infty}\delta(t)tf'(t)\mathrm{d}t\\&=-\int_{-\infty}^{+\infty}\delta(t)f(t)\mathrm{d}t\\&=-\delta(t),\end{aligned}$$

所以 $t\delta'(t)=-\delta(t)$.

2. 略.

18. 证明: 设 $f(x)$ 为任意一个在 $(-\infty,+\infty)$ 无穷次可微的函数, 则

$$\int_{-\infty}^{+\infty}\delta(-t)f(t)\mathrm{d}t=\int_{-\infty}^{+\infty}\delta(u)f(-u)\mathrm{d}u=f(0),$$

又由 δ -函数的筛选性质知

$$\int_{-\infty}^{+\infty}\delta(t)f(t)\mathrm{d}t=f(0),$$

知 $\int_{-\infty}^{+\infty}\delta(-t)f(t)\mathrm{d}t=\int_{-\infty}^{+\infty}\delta(t)f(t)\mathrm{d}t$,故 δ -函数是偶函数.

19. 解: (1) 因为

$$\begin{aligned}\mathcal{F}^{-1}(2\pi\delta'(\omega))&=\frac{1}{2\pi}\int_{-\infty}^{+\infty}2\pi\delta'(\omega)e^{i\omega t}d\omega\\&=\int_{-\infty}^{+\infty}e^{i\omega t}d\delta(\omega)\\&=e^{i\omega t}\delta(\omega)\Big|_{-\infty}^{+\infty}-\int_{-\infty}^{+\infty}\delta(\omega)e^{i\omega t}\,it\,d\omega\\&=0-e^{i\omega t}it\Big|_{\omega=0}=-it,\end{aligned}$$

即 $-it$ 的傅里叶变换为 $2\pi\delta'(\omega)$，所以 t 的傅里叶变换为 $2\pi i\delta'(\omega)$.

(2)
$$\begin{aligned}\mathcal{F}(\delta'(t))&=\int_{-\infty}^{+\infty}\delta'(t)e^{-i\omega t}dt=\int_{-\infty}^{+\infty}e^{-i\omega t}d\delta(t)\\&=e^{-i\omega t}\delta(t)\Big|_{-\infty}^{+\infty}+\int_{-\infty}^{+\infty}\delta(t)e^{-i\omega t}i\omega dt\\&=0+e^{-i\omega t}i\omega\Big|_{t=0}=i\omega,\end{aligned}$$

即 $\delta'(t)$ 的傅里叶变换是 $i\omega$.

(3) 首先知道, 若 $F(\omega)=\int_{-\infty}^{+\infty}f(t)e^{-i\omega t}dt$，有 $f(t)=\frac{1}{2\pi}\int_{-\infty}^{+\infty}F(\omega)e^{i\omega t}d\omega$. 而 $\int_{-\infty}^{+\infty}\delta(\omega)e^{-i\omega t}d\omega=1$，故 $\frac{1}{2\pi}\int_{-\infty}^{+\infty}1\cdot e^{i\omega t}dt=\delta(\omega)$，即 1 的傅里叶变换为 $2\pi\delta(\omega)$.

再考虑 $\delta(t-1)$，因为 $\mathcal{F}(\delta(t-1))=\int_{-\infty}^{+\infty}\delta(t-1)e^{-i\omega t}dt=e^{-i\omega t}\Big|_{t=1}=e^{-i\omega}$，即 $\delta(t-1)$ 的傅里叶变换为 $e^{-i\omega}$.

最后考虑 $\delta''(t+1)$，有

$$\begin{aligned}\mathcal{F}\left(\delta''(t+1)\right)&=\int_{-\infty}^{+\infty}\delta''(t+1)e^{-i\omega t}dt\\&=\delta'(t+1)e^{-i\omega t}\Big|_{-\infty}^{+\infty}-\int_{-\infty}^{+\infty}\delta'(t+1)e^{-i\omega t}(-i\omega)dt\\&=-\left(\delta(t+1)e^{-i\omega t}(-i\omega)\Big|_{-\infty}^{+\infty}-\int_{-\infty}^{+\infty}\delta(t+1)e^{-i\omega t}(-i\omega)^2dt\right),\\&=\int_{-\infty}^{+\infty}\delta(t+1)e^{-i\omega t}\left(-\omega^2\right)dt\\&=e^{-i\omega t}\left(-\omega^2\right)\Big|_{t=-1}=-\omega^2e^{-i\omega},\end{aligned}$$

即 $\delta''(t+1)$ 的傅里叶变换为 $-\omega^2e^{-i\omega}$；综上，$1-\delta(t-1)+\delta''(t+1)$ 的傅里叶变换为 $2\pi\delta(\omega)-e^{-i\omega}-\omega^2e^{-i\omega}$.

思考题

解: (1)由能量积分 $\int_{-\infty}^{+\infty}\left[f(t)\right]^2dt=\frac{1}{2\pi}\int_{-\infty}^{+\infty}\left|F(\omega)\right|^2d\omega$，所以

$$\int_{-\infty}^{+\infty}\left(\frac{\sin t}{t}\right)^2dt=\frac{1}{2\pi}\int_{-\infty}^{+\infty}\left|\mathcal{F}\left[\frac{\sin t}{t}\right]\right|^2d\omega. \tag{*}$$

$$\mathcal{F}\left[\frac{\sin t}{t}\right]=\int_{-\infty}^{+\infty}\frac{\sin t}{t}e^{-i\omega t}dt=2\int_0^{+\infty}\frac{\sin t\cos\omega t}{t}dt=\int_0^{+\infty}\frac{\sin(1+\omega)t+\sin(1-\omega)t}{t}dt,$$

再由 $\int_0^{+\infty}\frac{\sin t}{t}\mathrm{d}t=\frac{\pi}{2}$，得

$$\int_0^{+\infty}\frac{\sin(1+\omega)t}{t}\mathrm{d}t=\begin{cases}-\frac{\pi}{2}, & \omega<-1,\\ 0, & \omega=-1,\\ \frac{\pi}{2}, & \omega>-1,\end{cases}\quad \int_0^{+\infty}\frac{\sin(1-\omega)t}{t}\mathrm{d}t=\begin{cases}-\frac{\pi}{2}, & \omega>1,\\ 0, & \omega=1,\\ \frac{\pi}{2}, & \omega<1,\end{cases}$$

从而 $\mathcal{F}\left[\frac{\sin t}{t}\right]=\begin{cases}\pi, & -1<\omega<1,\\ 0, & \text{其他},\end{cases}$ 代入(*)，则有

$$\int_{-\infty}^{+\infty}\left(\frac{\sin t}{t}\right)^2\mathrm{d}t=\frac{1}{2\pi}\int_{-1}^{1}\pi^2\mathrm{d}\omega=\pi.$$

(2) $\int_{-\infty}^{+\infty}\frac{1-\cos t}{t^2}\mathrm{d}t=2\int_{-\infty}^{+\infty}\frac{\sin^2\frac{t}{2}}{t^2}\mathrm{d}t=\int_{-\infty}^{+\infty}\frac{\sin^2 t}{t^2}\mathrm{d}t=\int_{-\infty}^{+\infty}\left(\frac{\sin t}{t}\right)^2\mathrm{d}t=\pi.$

习　题　8

1. (1) $\mathcal{L}[f(t)]=\int_0^{+\infty}t^2\mathrm{e}^{-st}\mathrm{d}t=-\frac{\mathrm{e}^{-st}}{s}t^2\Big|_0^{\infty}+\frac{1}{s}\int_0^{+\infty}2t\mathrm{e}^{-st}\mathrm{d}t=-\frac{2}{s^2}t\mathrm{e}^{-st}\Big|_0^{\infty}+\frac{2}{s^2}\int_0^{+\infty}\mathrm{e}^{-st}\mathrm{d}t$

$$=-\frac{2}{s^3}\mathrm{e}^{-st}\Big|_0^{\infty}=\frac{2}{s^3}.\quad (\mathrm{Re}(s)>0)$$

(2) $\mathcal{L}[f(t)]=\int_0^{+\infty}\cos^2 2t\cdot\mathrm{e}^{-st}\mathrm{d}t=\frac{1}{2}\int_0^{+\infty}(1+\cos 4t)\cdot\mathrm{e}^{-st}\mathrm{d}t$

$$=\frac{1}{2}\int_0^{+\infty}\mathrm{e}^{-st}\mathrm{d}t+\frac{1}{2}\int_0^{+\infty}\cos 4t\cdot\mathrm{e}^{-st}\mathrm{d}t=\frac{1}{2s}+\frac{1}{2}\cdot\frac{s}{s^2+16}.\quad (\mathrm{Re}(s)>0)$$

(3) $\mathcal{L}[f(t)]=\int_0^{+\infty}\sin t\cos t\cdot\mathrm{e}^{-st}\mathrm{d}t=\frac{1}{4\mathrm{i}}\int_0^{+\infty}\left[\mathrm{e}^{-(s-2\mathrm{i})t}-\mathrm{e}^{-(s+2\mathrm{i})t}\right]\mathrm{d}t$

$$=\frac{1}{4\mathrm{i}}\left[\frac{\mathrm{e}^{-(s-2\mathrm{i})t}\Big|_0^{+\infty}}{-(s-2\mathrm{i})}-\frac{\mathrm{e}^{-(s+2\mathrm{i})t}\Big|_0^{+\infty}}{-(s+2\mathrm{i})}\right]=\frac{1}{4\mathrm{i}}\left(\frac{1}{s-2\mathrm{i}}-\frac{1}{s+2\mathrm{i}}\right)=\frac{1}{s^2+4}.\quad (\mathrm{Re}(s)>0)$$

(4) $\mathcal{L}[f(t)]=\int_0^{+\infty}\sin\frac{t}{5}\cdot\mathrm{e}^{-st}\mathrm{d}t=\frac{1}{2\mathrm{i}}\int_0^{+\infty}\left[\mathrm{e}^{-\left(s-\frac{\mathrm{i}}{5}\right)t}-\mathrm{e}^{-\left(s+\frac{\mathrm{i}}{5}\right)t}\right]\mathrm{d}t$

$$=\frac{1}{2\mathrm{i}}\left[\frac{\mathrm{e}^{-\left(s-\frac{\mathrm{i}}{5}\right)t}\Big|_0^{+\infty}}{-\left(s+\frac{\mathrm{i}}{5}\right)}-\frac{\mathrm{e}^{-\left(s+\frac{\mathrm{i}}{5}\right)t}\Big|_0^{+\infty}}{-\left(s-\frac{\mathrm{i}}{5}\right)}\right]=\frac{1}{2\mathrm{i}}\left(\frac{1}{s-\frac{\mathrm{i}}{5}}-\frac{1}{s+\frac{\mathrm{i}}{5}}\right)=\frac{5}{25s^2+1}.\quad (\mathrm{Re}(s)>0)$$

(5) $\mathcal{L}[f(t)]=\int_0^{+\infty}\text{sh}\,kt\cdot e^{-st}dt==\int_0^{+\infty}\frac{e^{kt}-e^{-kt}}{2}e^{-st}dt=\frac{1}{2}\left(\int_0^{+\infty}e^{-(s-k)t}dt-\int_0^{+\infty}e^{-(s+k)t}dt\right)$

$$=\frac{1}{2}\left(\frac{e^{-(s-k)}\Big|_0^{+\infty}}{-(s-k)}-\frac{e^{-(s+k)}\Big|_0^{+\infty}}{-(s+k)}\right)=\frac{1}{2}\left(\frac{1}{s-k}-\frac{1}{s+k}\right)=\frac{k}{s^2-k^2}.\quad (\text{Re}(s)>\max\{k,-k\})$$

(6) $\mathcal{L}[f(t)]=\int_0^{+\infty}e^{-3t}e^{-st}dt=\int_0^{+\infty}e^{-(s+3)t}dt=\frac{e^{-(s+3)t}\Big|_0^{+\infty}}{-(s+3)}=\frac{1}{s+3}.\quad (\text{Re}(s)>-3)$

2. (1) $\mathcal{L}[f(t)]=\int_0^{+\infty}f(t)e^{-st}dt=\int_0^2 3e^{-st}dt-\int_2^4 e^{-st}dt=\frac{3e^{-st}\Big|_0^2}{-s}+\frac{e^{-st}\Big|_2^4}{s}=\frac{1}{s}\left(3-4e^{-2s}+e^{-4s}\right).$

(2) $\mathcal{L}[f(t)]=\int_0^{+\infty}f(t)e^{-st}dt=\int_0^3(t+1)e^{-st}dt=\int_0^3 te^{-st}dt+\int_0^3 e^{-st}dt$

$$=\frac{te^{-st}}{-s}\Bigg|_0^3-\int_0^3\frac{e^{-st}}{-s}dt+\int_0^3 e^{-st}dt=\frac{3e^{-3s}}{-s}+\left(\frac{1}{s}+1\right)\int_0^3 e^{-st}dt$$

$$=-\left(4+\frac{1}{s}\right)\frac{e^{-3s}}{s}+\frac{1}{s^2}+\frac{1}{s}=\frac{1+s-e^{-3s}(1+4s)}{s^2}.$$

(3) $\mathcal{L}[f(t)]=\int_0^{+\infty}f(t)e^{-st}dt=\int_0^{\frac{\pi}{2}}3e^{-st}dt+\int_{\frac{\pi}{2}}^{+\infty}\cos t\cdot e^{-st}dt$

$$=\frac{3}{-s}e^{-st}\Bigg|_0^{\frac{\pi}{2}}+\int_{\frac{\pi}{2}}^{+\infty}\frac{e^{it}+e^{-it}}{2}e^{-st}dt=\frac{3}{s}-\frac{3}{s}e^{\frac{\pi}{2}}+\frac{1}{2}\int_{\frac{\pi}{2}}^{+\infty}\left(e^{-(s-i)t}+e^{-(s+i)t}\right)dt$$

$$=\frac{3}{s}-\frac{3}{s}e^{-\frac{\pi s}{2}}+\frac{1}{2}\left[\frac{e^{-(s-i)t}\Big|_{\frac{\pi}{2}}^{+\infty}}{-(s-i)}+\frac{e^{-(s+i)t}\Big|_{\frac{\pi}{2}}^{+\infty}}{-(s+i)}\right]=\frac{3}{s}-\frac{3}{s}e^{\frac{\pi s}{2}}+\frac{1}{2}\left(\frac{e^{-(s-i)\frac{\pi}{2}}}{s-i}-\frac{e^{-(s+i)\frac{\pi}{2}}}{s+i}\right)$$

$$=\frac{3}{s}-\frac{3}{s}e^{-\frac{\pi s}{2}}-\frac{1}{s^2+1}e^{\frac{\pi s}{2}}.$$

(4) 略.

(5) $\mathcal{L}[f(t)]=\int_0^{+\infty}f(t)e^{-st}dt=\int_{-\infty}^{+\infty}\delta(t)\cdot\cos t\cdot e^{-st}dt-\int_0^{+\infty}\sin te^{-st}dt$

$$=\cos t\cdot e^{-st}\Big|_{t=0}-\frac{1}{s^2+1}=1-\frac{1}{s^2+1}=\frac{s^2}{s^2+1}.$$

(6) $\mathcal{L}[f(t)]=\int_0^{+\infty}f(t)e^{-st}dt=\frac{1}{1-e^{-4Ts}}\int_0^{4T}f(t)e^{-st}dt=\frac{1}{1-e^{-4Ts}}\left[\int_0^T e^{-st}dt+\int_{2T}^{3T}(-1)e^{-st}dt\right]$

$$=\frac{1}{1-e^{-4Ts}}\left(\frac{e^{-st}\Big|_{t=0}^{T}}{-s}-\frac{e^{-st}\Big|_{t=2T}^{3T}}{-s}\right)=\frac{1}{1-e^{-4Ts}}\cdot\frac{1-e^{-Ts}+e^{-3Ts}-e^{-2Ts}}{s}$$

$$=\frac{\left(1-e^{-Ts}\right)\left(1-e^{-2Ts}\right)}{s\left(1-e^{-4Ts}\right)}=\frac{\left(1-e^{-Ts}\right)\left(1+e^{-Ts}\right)}{s\left(1+e^{-2Ts}\right)\left(1+e^{-Ts}\right)}$$

$$=\frac{1}{s\left(1+e^{-Ts}\right)}\cdot\frac{1-e^{-2Ts}}{1+e^{-2Ts}}.$$

3. 解: 周期为 T 的函数 $f(x)$的拉氏变换为

$$\mathcal{L}[f(t)]=\frac{1}{1-\mathrm{e}^{-sT}}\int_0^T f(t)\mathrm{e}^{-st}\mathrm{d}t \quad (\mathrm{Re}(s)>0),$$

因此有

$$\begin{aligned}\mathcal{L}[f(t)]&=\frac{1}{1-\mathrm{e}^{-2\pi s}}\int_0^{2\pi} f(t)\mathrm{e}^{-st}\mathrm{d}t=\frac{1}{1-\mathrm{e}^{-2\pi s}}\int_0^{\pi}\sin t\cdot\mathrm{e}^{-st}\mathrm{d}t\\&=\frac{1}{1-\mathrm{e}^{-2\pi s}}\int_0^{\pi}\frac{\mathrm{e}^{\mathrm{i}t}-\mathrm{e}^{-\mathrm{i}t}}{2\mathrm{i}}\mathrm{e}^{-st}\mathrm{d}t=\frac{1}{1-\mathrm{e}^{-2\pi s}}\cdot\frac{1}{2\mathrm{i}}\left[\frac{\mathrm{e}^{-(s-\mathrm{i})t}\Big|_{t=0}^{\pi}}{-(s-\mathrm{i})}-\frac{\mathrm{e}^{-(s+\mathrm{i})t}\Big|_{t=0}^{\pi}}{-(s+\mathrm{i})}\right]\\&=\frac{1}{1-\mathrm{e}^{-2\pi s}}\cdot\frac{1}{2\mathrm{i}}\left(\frac{1-\mathrm{e}^{-(s-\mathrm{i})\pi}}{s-\mathrm{i}}-\frac{1-\mathrm{e}^{-(s+\mathrm{i})\pi}}{s+\mathrm{i}}\right)=\frac{1}{1-\mathrm{e}^{-2\pi s}}\frac{1+\mathrm{e}^{-\pi s}}{s^2+1}\\&=\frac{1}{\left(1-\mathrm{e}^{-\pi s}\right)\left(s^2+1\right)}.\end{aligned}$$

4. (1) $\mathcal{L}[f(t)]=\mathcal{L}[5\sin 2t-3\cos 2t]=5\mathcal{L}[\sin 2t]-3\mathcal{L}[\cos 2t]=\dfrac{10}{s^2+4}-\dfrac{3s}{s^2+4}=\dfrac{10-3s}{s^2+4}.$

(2) $\mathcal{L}[f(t)]=\mathcal{L}\left[1-t\mathrm{e}^t\right]=\mathcal{L}[1]-\mathcal{L}\left[t\mathrm{e}^t\right]=\dfrac{1}{s}-\dfrac{1}{(s-1)^2}.$

(3) $\mathcal{L}[f(t)]=\mathcal{L}\left[3t^{1/3}+4\mathrm{e}^{2t}\right]=3\mathcal{L}[t^{1/3}]+4\mathcal{L}\left[\mathrm{e}^{2t}\right]=\dfrac{3\Gamma\left(\dfrac{4}{3}\right)}{s^{4/3}}+\dfrac{4}{s-2}.$

(4) $\mathcal{L}[f(t)]=\mathcal{L}\left[\dfrac{t}{2a}\sin at\right]=\dfrac{1}{2a}\mathcal{L}[t\sin at]=-\dfrac{1}{2a}\dfrac{\mathrm{d}}{\mathrm{d}s}\mathcal{L}[\sin at]$

$$=-\frac{1}{2a}\left(\frac{a}{s^2+a^2}\right)'=\frac{s}{\left(s^2+a^2\right)^2}.$$

(5) 已知$\mathcal{L}[\sin\omega t]=\dfrac{\omega}{s^2+\omega^2}$,因此由$\mathcal{L}\left[\dfrac{f(t)}{t}\right]=\displaystyle\int_s^{\infty}F(u)\mathrm{d}u$,得

$$\mathcal{L}\left(\frac{\sin at}{t}\right)=\int_s^{\infty}\frac{a}{u^2+a^2}\mathrm{d}u=\frac{\pi}{2}-\arctan\frac{s}{a}=\arctan\frac{a}{s}.$$

(6) $\mathcal{L}[f(t)]=\mathcal{L}[3t^3-3t^{5/4}+7]=3\mathcal{L}[t^3]-3\mathcal{L}[t^{5/4}]+\mathcal{L}[7]$

$$=\frac{18}{s^4}-3\times\frac{\Gamma(9/4)}{s^{9/4}}+\frac{7}{s}.$$

(7) 利用$\mathcal{L}[\cos 4t]=\dfrac{s}{s^2+16}$以及位移性质有

$$\mathcal{L}[f(t)]=\mathcal{L}\left[\mathrm{e}^{-3t}\cos 4t\right]=\frac{s+3}{(s+3)^2+16}.$$

(8) $\mathcal{L}[f(t)]=\mathcal{L}\left[\mathrm{e}^{-2t}\sin 6t\right]=\dfrac{6}{(s+2)^2+36}.$

(9) 利用$\mathcal{L}\left[t^n\right]=\dfrac{n!}{s^{n+1}}$及位移性质$\mathcal{L}[f(t)]=\mathcal{L}\left[t^n\mathrm{e}^{at}\right]=\dfrac{n!}{(s-a)^{n+1}}.$

(10) 由 $u(3t-5)=\begin{cases}1, & t>\dfrac{5}{3},\\ 0, & t<\dfrac{5}{3},\end{cases}$

$$\mathcal{L}[f(t)]=\mathcal{L}[u(3t-5)]=\int_0^{+\infty}u(3t-5)\mathrm{e}^{-st}\mathrm{d}t=\int_{\frac{5}{3}}^{+\infty}\mathrm{e}^{-st}\mathrm{d}t=\frac{\mathrm{e}^{-st}\Big|_{\frac{5}{3}}^{\infty}}{-s}=\frac{\mathrm{e}^{-\frac{5}{3}s}}{s}.$$

(11) 由 $\mathcal{L}\left[t^{-\frac{1}{2}}\right]=\dfrac{\Gamma\left(\dfrac{1}{2}\right)}{s^{\frac{1}{2}}}=\dfrac{\sqrt{\pi}}{s^{\frac{1}{2}}}$以及位移性质,

$$\mathcal{L}[f(t)]=\mathcal{L}\left[\frac{\mathrm{e}^{3t}}{\sqrt{t}}\right]=\sqrt{\frac{\pi}{s-3}}.$$

(12) 由 $u\left(1-\mathrm{e}^{-t}\right)=\begin{cases}1, & t>0,\\ 0, & t<0,\end{cases}$

$$\mathcal{L}[f(t)]=\int_0^{+\infty}f(t)\mathrm{e}^{-st}\mathrm{d}t=\int_0^{+\infty}\mathrm{e}^{-st}\mathrm{d}t=\frac{1}{s}.$$

5. (1) 利用公式$\mathcal{L}[tf(t)]=-F'(s)$,

$$\mathcal{L}[f(t)]=\mathcal{L}\left[t\mathrm{e}^{-3t}\sin 2t\right]=-\frac{\mathrm{d}}{\mathrm{d}s}\mathcal{L}\left[\mathrm{e}^{-3t}\sin 2t\right]=-\left(\frac{2}{(s+3)^2+2^2}\right)'=\frac{4(s+3)}{\left[(s+3)^2+4\right]^2}.$$

(2) 由积分性质,

$$\mathcal{L}\left[\int_0^t\mathrm{e}^{-3\tau}\sin 2\tau\mathrm{d}\tau\right]=\frac{1}{s}\mathcal{L}\left[\mathrm{e}^{-3t}\sin 2t\right]=\frac{1}{s}\cdot\frac{2}{(s+3)^2+4},$$

再由像函数的微分公式,

$$\mathcal{L}[f(t)]=\mathcal{L}\left[t\int_0^t\mathrm{e}^{-3\tau}\sin 2\tau\mathrm{d}\tau\right]=-\frac{\mathrm{d}}{\mathrm{d}s}\left\{\frac{2}{s\left[(s+3)^2+4\right]}\right\}=\frac{2\left(3s^2+12s+13\right)}{s^2\left[(s+3)^2+4\right]^2}.$$

(3) $\mathcal{L}[f(t)]=\mathcal{L}\left[\displaystyle\int_0^t\tau\mathrm{e}^{-3\tau}\sin 2\tau\mathrm{d}\tau\right]=\dfrac{1}{s}\ \mathcal{L}\left[\tau\mathrm{e}^{-3\tau}\sin 2\tau\right]=\dfrac{4(s+3)}{s\left[(s+3)^2+4\right]^2}.$

6. (1) $t*t=\displaystyle\int_0^t\tau(t-\tau)\mathrm{d}\tau=t\int_0^t\tau\mathrm{d}\tau-\int_0^t\tau^2\mathrm{d}\tau=\frac{1}{2}t^3-\frac{1}{3}t^3=\frac{1}{6}t^3.$

(2) $t*\mathrm{e}^t=\displaystyle\int_0^t\tau\mathrm{e}^{t-\tau}\mathrm{d}\tau=\mathrm{e}^t\int_0^t\tau\mathrm{e}^{-\tau}\mathrm{d}\tau=\mathrm{e}^t\left[-\tau\mathrm{e}^{-\tau}\Big|_0^t+\int_0^t\mathrm{e}^{-\tau}\mathrm{d}\tau\right]=\mathrm{e}^t-t-1.$

(3) $\cos t*\cos t=\displaystyle\int_0^t\cos\tau\cos(t-\tau)\mathrm{d}\tau$

$$=\frac{1}{2}\int_0^t[\cos t+\cos(2\tau-t)]\mathrm{d}\tau=\frac{1}{2}(t\cos t+\sin t).$$

(4) $\sin t*\cos t=\displaystyle\int_0^t\sin\tau\cos(t-\tau)\mathrm{d}\tau=\frac{1}{2}\int_0^t\sin t\mathrm{d}\tau+\frac{1}{2}\int_0^t\sin(2\tau-t)\mathrm{d}\tau$

$$=\frac{1}{2}t\sin t-\frac{1}{4}\cos(2\tau-t)\Big|_0^t=\frac{1}{2}t\sin t.$$

(5) $\mathrm{e}^{kt}\sin t * \mathrm{e}^{kt}\cos t = \int_0^t \mathrm{e}^{k\tau}\sin\tau\ \mathrm{e}^{k(t-\tau)}\cos(t-\tau)\mathrm{d}\tau$

$$= \mathrm{e}^{kt}\int_0^t \sin\tau\ \cos(t-\tau)\mathrm{d}\tau = \frac{1}{2}t\mathrm{e}^{kt}\sin t.$$

(6) $t * \sin t = \int_0^t \tau\sin(t-\tau)\mathrm{d}\tau$

$$= \tau\cos(t-\tau)\Big|_0^t - \int_0^t \cos(t-\tau)\mathrm{d}\tau = t - \sin t.$$

7. (1) 由公式$\mathcal{L}\left[\dfrac{f(t)}{t}\right] = \int_s^\infty F(u)\mathrm{d}u$ 得

$$F(s) = \mathcal{L}\left(\frac{1-\mathrm{e}^{-t}}{t}\right) = \int_s^\infty \mathcal{L}\left[1-\mathrm{e}^{-t}\right]\mathrm{d}u = \int_s^\infty\left(\frac{1}{u} - \frac{1}{u+1}\right)\mathrm{d}u = \ln\frac{s+1}{s}(\mathrm{Re}(s) > 0).$$

(2) $F(s) = \mathcal{L}\left[\dfrac{\mathrm{e}^{-3t}\sin 2t}{t}\right] = \int_s^\infty L\left[\mathrm{e}^{-3t}\sin 2t\right]\mathrm{d}u$

$$= \int_s^\infty \frac{2}{(u+3)^2+4}\mathrm{d}u = \arctan\frac{u+3}{2}\Big|_s^\infty$$

$$= \operatorname{arccot}\frac{s+3}{2} = \arctan\frac{2}{s+3}.$$

(3) $F(s) = \mathcal{L}\left[\int_0^t \dfrac{\mathrm{e}^{-3\tau}\sin 2\tau}{\tau}\mathrm{d}\tau\right] = \dfrac{1}{s}\mathcal{L}\left[\dfrac{\mathrm{e}^{-3t}\sin 2t}{t}\right] = \dfrac{1}{s}\int_s^\infty \mathcal{L}\left[\mathrm{e}^{-3t}\sin 2t\right]\mathrm{d}u = \dfrac{1}{s}\int_s^\infty \dfrac{2}{4+(3+u)^2}\mathrm{d}u$

$$= \frac{1}{s}\left(\frac{\pi}{2} - \arctan\frac{s+3}{2}\right) = \frac{1}{s}\operatorname{arccot}\frac{s+3}{2}.$$

(4) $f(t) = t\mathcal{L}^{-1}\left[\int_s^\infty \dfrac{u}{\left(u^2-1\right)^2}\mathrm{d}u\right] = t\mathcal{L}^{-1}\left[\dfrac{-1}{2}\cdot\dfrac{1}{u^2-1}\Big|_s^\infty\right]$

$$= t\mathcal{L}^{-1}\left[\frac{1}{4}\cdot\frac{1}{s-1} - \frac{1}{4}\cdot\frac{1}{s+1}\right] = \frac{1}{4}t\left(\mathrm{e}^t - \mathrm{e}^{-t}\right) = \frac{t}{2}\operatorname{sh}t.$$

8. (1) $[f(t)] = \mathcal{L}\left[\dfrac{\mathrm{e}^{bt}-\mathrm{e}^{at}}{t}\right] = \int_s^\infty \mathcal{L}[\mathrm{e}^{bt}-\mathrm{e}^{at}]\mathrm{d}u$

$$= \int_s^\infty \frac{1}{u-b} - \frac{1}{u-a}\mathrm{d}u = \ln\frac{s-a}{s-b}.$$

(2) $\mathcal{L}[f(t)] = \mathcal{L}\left[t^2\sin 2t\right] = (-1)^2\dfrac{\mathrm{d}^2}{\mathrm{d}s^2}L[\sin 2t]$

$$= \frac{\mathrm{d}^2}{\mathrm{d}s^2}\left(\frac{2}{s^2+4}\right) = \frac{12s^2-16}{\left(s^2+4\right)^3}.$$

(3) $\mathcal{L}[f(t)] = \mathcal{L}\left[\sin\omega t - \omega t\cos\omega t\right]$

$$= \mathcal{L}\left[\sin\omega t\right] - \omega\mathcal{L}[t\cos\omega t]$$

$$= \frac{\omega}{s^2+\omega^2} + \omega\frac{\mathrm{d}}{\mathrm{d}s}\mathcal{L}[\cos\omega t]$$

$$= \frac{\omega}{s^2+\omega^2} + \omega\frac{s^2-\omega^2}{(s^2+\omega^2)^2} = \frac{2\omega^3}{\left(s^2+\omega^2\right)^2}.$$

(4) $\mathcal{L}[f(t)]=\mathcal{L}[t\operatorname{sh}\omega t]=\dfrac{\mathrm{d}}{\mathrm{d}s}\mathcal{L}[\operatorname{sh}\omega t]=-\dfrac{1}{2}\left(\dfrac{1}{s-\omega}-\dfrac{1}{s+\omega}\right)=\dfrac{2\omega s}{\left(s^2-\omega^2\right)^2}.$

9. (1) $f(t)=\mathcal{L}^{-1}[F(s)]=\dfrac{4}{\sqrt{8}}\mathcal{L}^{-1}\left[\dfrac{\sqrt{8}}{s^2+8}\right]=\sqrt{2}\sin 2\sqrt{2}t.$

(2) $f(t)=\mathcal{L}^{-1}\left[\dfrac{1}{s^4}\right]=\dfrac{1}{3!}\mathcal{L}^{-1}\left[\dfrac{3!}{s^{3+1}}\right]=\dfrac{1}{6}t^3.$

(3) 利用 $\mathcal{L}^{-1}\left[\dfrac{1}{s^4}\right]=6t^3$ 及位移性质 $\mathcal{L}^{-1}[F(s-a)]=\mathrm{e}^{at}f(t)$ 得到

$$f(t)=\mathcal{L}^{-1}\left[\frac{1}{(s+3)^4}\right]=\frac{1}{6}t^3\mathrm{e}^{-3t}.$$

(4) $f(t)=\mathcal{L}^{-1}\left[\dfrac{1}{s+3}\right]=\mathrm{e}^{-3t}.$

(5)
$$\begin{aligned}f(t)&=\mathcal{L}^{-1}[F(s)]=4\mathcal{L}^{-1}\left[\frac{s}{s^2+8}\right]+\frac{5\sqrt{2}}{4}\mathcal{L}^{-1}\left[\frac{2\sqrt{2}}{s^2+8}\right]\\&=4\cos 2\sqrt{2}t+\frac{5\sqrt{2}}{4}\sin 2\sqrt{2}t.\end{aligned}$$

(6)
$$\begin{aligned}f(t)&=\mathcal{L}^{-1}[F(s)]=\mathcal{L}^{-1}\left[\frac{s-1}{s^2-s-6}\right]\\&=\mathcal{L}^{-1}\left[\frac{1}{5}\left(\frac{3}{s+2}+\frac{2}{s-3}\right)\right]\\&=\frac{3}{5}\mathcal{L}^{-1}\left[\frac{1}{s+2}\right]+\frac{2}{5}\mathcal{L}^{-1}\left[\frac{1}{s-3}\right]\\&=\frac{3}{5}\mathrm{e}^{-2t}+\frac{2}{5}\mathrm{e}^{3t}.\end{aligned}$$

10. 证明：由于 $f_1(t), f_2(t)$ 均满足拉氏变换存在定理的条件以及增长指数均为 c_0，知乘积 $f_1(t)f_2(t)$ 也一定满足拉氏变换存在的定理的条件且增长指数为 $2c_0$，根据拉氏变换存在定理的证明当 $\beta>c_0$ 时，$\mathcal{L}[f_1(t)f_2(t)]=\int_0^{+\infty}f_1(t)f_2(t)\mathrm{e}^{-st}\mathrm{d}t$ 在 $\operatorname{Re}s\geqslant\beta+c_0$ 上存在且一致收敛. 由于

$$f_1(t)=\frac{1}{2\pi\mathrm{i}}\int_{\beta-\mathrm{i}\infty}^{\beta+\mathrm{i}\infty}F_1(q)\mathrm{e}^{qt}\mathrm{d}q,$$

而

$$\begin{aligned}\mathcal{L}[f_1(t)f_2(t)]&=\int_0^{+\infty}f_1(t)f_2(t)\mathrm{e}^{-st}\mathrm{d}t\\&=\int_0^{+\infty}\left(\frac{1}{2\pi\mathrm{i}}\int_{\beta-\mathrm{i}\infty}^{\beta+\mathrm{i}\infty}F_1(q)\mathrm{e}^{qt}\mathrm{d}q\right)f_2(t)\mathrm{e}^{-st}\mathrm{d}t\\&=\frac{1}{2\pi\mathrm{i}}\int_{\beta-\mathrm{i}\infty}^{\beta+\mathrm{i}\infty}F_1(q)\int_0^{+\infty}f_2(t)\mathrm{e}^{-(s-q)}\mathrm{d}t\mathrm{d}q\\&=\frac{1}{2\pi\mathrm{i}}\int_{\beta-\mathrm{i}\infty}^{\beta+\mathrm{i}\infty}F_1(q)F_2(s-q)\mathrm{d}q.\end{aligned}$$

11. (1) 方法一

$$f(t)=\frac{3}{a}\mathcal{L}^{-1}\left[\frac{a}{s^2-a^2}\right]=\frac{3}{a}\mathrm{sh}at\ .$$

方法二

$$f(t)=\mathcal{L}^{-1}\left[\frac{3}{s^2-a^2}\right]=\mathrm{Res}\left[\frac{3\mathrm{e}^{st}}{s^2-a^2},a\right]+\mathrm{Res}\left[\frac{3\mathrm{e}^{st}}{s^2-a^2},-a\right]=\frac{3}{a}\mathrm{sh}at.$$

(2) 方法一

$$f(t)=\mathcal{L}^{-1}\left[\frac{s}{(s-a)(s-b)}\right]=\mathcal{L}^{-1}\left[\frac{1}{a-b}\left(\frac{a}{s-a}-\frac{b}{s-b}\right)\right]$$
$$=\frac{1}{a-b}(a\mathrm{e}^{at}-b\mathrm{e}^{bt}).$$

方法二

$$f(t)=\mathcal{L}^{-1}\left[\frac{s}{(s-a)(s-b)}\right]=\mathrm{Res}\left[\frac{s\mathrm{e}^{st}}{(s-a)(s-b)},a\right]+\mathrm{Res}\left[\frac{s\mathrm{e}^{st}}{(s-a)(s-b)},b\right]$$
$$=\frac{a\mathrm{e}^{at}}{a-b}+\frac{b\mathrm{e}^{bt}}{b-a}=\frac{1}{a-b}(a\mathrm{e}^{at}-b\mathrm{e}^{bt}).$$

(3) 方法一

$$f(t)=\mathcal{L}^{-1}\left[\frac{s-c}{(s+a)(s-b)^2}\right]=\mathcal{L}^{-1}\left[\frac{-a-c}{(a+b)^2(a+s)}+\frac{b-c}{(a+b)(s-b)^2}+\frac{a+c}{(a+b)^2(s-b)}\right]$$
$$=\frac{-a-c}{(a+b)^2}\mathcal{L}^{-1}\left[\frac{1}{a+s}\right]+\frac{a+c}{(a+b)^2}\mathcal{L}^{-1}\left[\frac{1}{s-b}\right]+\frac{b-c}{a+b}\mathcal{L}^{-1}\left[\frac{1}{(s-b)^2}\right]$$
$$=\frac{(-a-c)}{(a+b)^2}\mathrm{e}^{-at}+\frac{a+c}{(a+b)^2}\mathrm{e}^{bt}+\frac{b-c}{a+b}\mathrm{e}^{bt}t.$$

方法二

$$f(t)=\mathcal{L}^{-1}\left[\frac{s-c}{(s+a)(s-b)^2}\right]=\mathrm{Res}\left[\frac{(s-c)\mathrm{e}^{st}}{(s+a)(s-b)^2},-a\right]+\mathrm{Res}\left[\frac{(s-c)\mathrm{e}^{st}}{(s+a)(s-b)^2},b\right]$$
$$=\frac{(-a-c)}{(a+b)^2}\mathrm{e}^{-at}+\frac{a+c}{(a+b)^2}\mathrm{e}^{bt}+\frac{b-c}{(a+b)}\mathrm{e}^{bt}t.$$

(4) 方法一

$$f(t)=\mathcal{L}^{-1}\left[\frac{s^2+3a^2}{\left(s^2+a^2\right)^2}\right]=\mathcal{L}^{-1}\left[\frac{3}{s^2+a^2}-\frac{2s^2}{\left(s^2+a^2\right)^2}\right]$$
$$=\frac{3}{a}\mathcal{L}^{-1}\left[\frac{a}{s^2+a^2}\right]-2\mathcal{L}^{-1}\left[\frac{s^2}{\left(s^2+a^2\right)^2}\right]$$
$$=\frac{3}{a}\sin at-t\cos at.$$

方法二

$$f(t)=L^{-1}\left[\frac{s^2+3a^2}{\left(s^2+a^2\right)^2}\right]=\operatorname{Res}\left[\frac{s^2+3a^2}{\left(s^2+a^2\right)^2}\mathrm{e}^{st},ai\right]+\operatorname{Res}\left[\frac{s^2+3a^2}{\left(s^2+a^2\right)^2}\mathrm{e}^{st},-ai\right]$$

$$=\frac{\mathrm{d}}{\mathrm{d}s}\frac{s^2+3a^2}{(s+a\mathrm{i})^2}\mathrm{e}^{st}\bigg|_{s=a\mathrm{i}}+\frac{\mathrm{d}}{\mathrm{d}s}\frac{s^2+3a^2}{(s-a\mathrm{i})^2}\mathrm{e}^{st}\bigg|_{s=-a\mathrm{i}}$$

$$=\frac{3}{a}\sin at-t\cos at.$$

(5) 方法一

$$f(t)=\mathcal{L}^{-1}\left[\frac{1}{(s^2+a^2)s^3}\right]=\frac{1}{a^2}\mathcal{L}^{-1}\left[\frac{1}{s^3}-\frac{1}{s(s^2+a^2)}\right]$$

$$=\frac{1}{a^2}\left(\frac{1}{2}t^2-\int_0^t\mathcal{L}^{-1}\left[\frac{1}{s^2+a^2}\right]\mathrm{d}t\right)=\frac{1}{a^2}\left(\frac{1}{2}t^2-\frac{1}{a}\int_0^t\sin at\mathrm{d}t\right)$$

$$=\frac{1}{2a^2}t^2-\frac{1}{a^4}(1-\cos at).$$

方法二

$$f(t)=\mathcal{L}^{-1}\left[\frac{1}{(s^2+a^2)s^3}\right]=\operatorname{Res}\left[\frac{1}{(s^2+a^2)s^3}\mathrm{e}^{st},0\right]+\operatorname{Res}\left[\frac{1}{(s^2+a^2)s^3}\mathrm{e}^{st},ai\right]+\operatorname{Res}\left[\frac{1}{(s^2+a^2)s^3}\mathrm{e}^{st},-ai\right]$$

$$=\frac{1}{2a^2}t^2-\frac{1}{a^4}(1-\cos at).$$

(6) 方法一

$$f(t)=\mathcal{L}^{-1}\left[\frac{1}{s(s+a)(s+b)}\right]=\mathcal{L}^{-1}\left[\frac{1}{ab}\cdot\frac{1}{s}+\frac{1}{a(a-b)}\cdot\frac{1}{s+a}-\frac{1}{b(a-b)}\cdot\frac{1}{s+b}\right]$$

$$=\frac{1}{ab}\mathcal{L}^{-1}\left[\frac{1}{s}\right]+\frac{1}{a(a-b)}\mathcal{L}^{-1}\left[\frac{1}{s+a}\right]-\frac{1}{b(a-b)}\mathcal{L}^{-1}\left[\frac{1}{s+b}\right]$$

$$=\frac{1}{ab}+\frac{1}{a(a-b)}\mathrm{e}^{-at}-\frac{1}{b(a-b)}\mathrm{e}^{-bt}.$$

方法二

$$f(t)=\mathcal{L}^{-1}\left[\frac{1}{s(s+a)(s+b)}\right]=\operatorname{Res}\left[\frac{\mathrm{e}^{st}}{s(s+a)(s+b)},0\right]$$

$$+\operatorname{Res}\left[\frac{\mathrm{e}^{st}}{s(s+a)(s-b)},-a\right]+\operatorname{Res}\left[\frac{\mathrm{e}^{st}}{s(s+a)(s+b)},-b\right]$$

$$=\frac{1}{ab}+\frac{1}{a(a-b)}\mathrm{e}^{-at}-\frac{1}{b(a-b)}\mathrm{e}^{-bt}.$$

(7) 方法一

$$f(t)=\mathcal{L}^{-1}\left[\frac{1}{s(s+a)(s-b)}\right]=\mathcal{L}^{-1}\left[\frac{1}{ab}\cdot\frac{1}{s}+\frac{1}{a(a+b)}\cdot\frac{1}{s+a}-\frac{1}{b(a+b)}\cdot\frac{1}{s-b}\right]$$
$$=\frac{1}{ab}\mathcal{L}^{-1}\left[\frac{1}{s}\right]+\frac{1}{a(a+b)}\mathcal{L}^{-1}\left[\frac{1}{s+a}\right]-\frac{1}{b(a+b)}\mathcal{L}^{-1}\left[\frac{1}{s-b}\right]$$
$$=\frac{1}{ab}+\frac{1}{a(a+b)}\mathrm{e}^{-at}-\frac{1}{b(a+b)}\mathrm{e}^{bt}.$$

方法二

$$f(t)=\mathcal{L}^{-1}\left[\frac{1}{s(s+a)(s-b)}\right]=\mathrm{Res}\left[\frac{\mathrm{e}^{st}}{s(s+a)(s-b)},0\right]$$
$$+\mathrm{Res}\left[\frac{\mathrm{e}^{st}}{s(s+a)(s-b)},-a\right]+\mathrm{Res}\left[\frac{\mathrm{e}^{st}}{s(s+a)(s-b)},-b\right]$$
$$=\frac{1}{ab}+\frac{1}{a(a+b)}\mathrm{e}^{-at}-\frac{1}{b(a+b)}\mathrm{e}^{bt}.$$

(8) 方法一

$$f(t)=\mathcal{L}^{-1}\left[\frac{s^2+2s-1}{s(s-1)^2}\right]=\mathcal{L}^{-1}\left[-\frac{1}{s}+\frac{2}{s-1}+\frac{2}{(s-1)^2}\right]$$
$$=\mathcal{L}^{-1}\left[-\frac{1}{s}\right]+L^{-1}\left[\frac{2}{s-1}\right]-\mathcal{L}^{-1}\left[\frac{2}{(s-1)^2}\right]$$
$$=-1+2\mathrm{e}^{t}+2t\mathrm{e}^{t}.$$

方法二

$$f(t)=\mathcal{L}^{-1}\left[\frac{s^2+2s-1}{s(s-1)^2}\right]=\mathrm{Res}\left[\frac{s^2+2s-1}{s(s-1)^2}\mathrm{e}^{st},0\right]+\mathrm{Res}\left[\frac{s^2+2s-1}{s(s-1)^2}\mathrm{e}^{st},1\right]$$
$$=-1+\frac{\mathrm{d}}{\mathrm{d}s}\left(\frac{s^2+2s-1}{s(s-1)^2}\mathrm{e}^{st}\right)\bigg|_{s=1}=-1+2\mathrm{e}^{t}+2t\mathrm{e}^{t}.$$

(9) 方法一

$$f(t)=\mathcal{L}^{-1}\left[\frac{1}{s^2\left(s^2-1\right)}\right]=\mathcal{L}^{-1}\left[\frac{1}{2}\left(\frac{1}{s-1}-\frac{1}{s+1}\right)-\frac{1}{s^2}\right]$$
$$=\frac{1}{2}(\mathrm{e}^{t}-\mathrm{e}^{-t})-t=\mathrm{sh}t-t.$$

方法二

$$f(t)=\mathcal{L}^{-1}\left[\frac{1}{s^2\left(s^2-1\right)}\right]$$
$$=\mathrm{Res}\left[\frac{1}{s^2\left(s^2-1\right)}\mathrm{e}^{st},0\right]+\mathrm{Res}\left[\frac{1}{s^2\left(s^2-1\right)}\mathrm{e}^{st},1\right]+\mathrm{Res}\left[\frac{1}{s^2\left(s^2-1\right)}\mathrm{e}^{st},-1\right]$$
$$=\frac{\mathrm{d}}{\mathrm{d}s}\left(\frac{1}{s^2-1}\mathrm{e}^{st}\right)\bigg|_{s=0}+\frac{\mathrm{e}^{t}}{2}-\frac{\mathrm{e}^{-t}}{2}=\mathrm{sh}t-t.$$

(10) 方法一

$$f(t)=\mathcal{L}^{-1}\left[\frac{s}{(s^2+1)(s^2+4)}\right]=\mathcal{L}^{-1}\left[\frac{1}{3}\left(\frac{s}{s^2+1}-\frac{s}{s^2+4}\right)\right]$$
$$=\frac{1}{3}\left(\mathcal{L}^{-1}\left[\frac{s}{s^2+1}\right]-\mathcal{L}^{-1}\left[\frac{s}{s^2+4}\right]\right)=\frac{1}{3}(\cos t-\cos 2t).$$

方法二

$$f(t)=\mathcal{L}^{-1}\left[\frac{s}{(s^2+1)(s^2+4)}\right]=\operatorname{Res}\left[\frac{s}{(s^2+1)(s^2+4)}e^{st},i\right]+\operatorname{Res}\left[\frac{s}{(s^2+1)(s^2+4)}e^{st},-i\right]$$
$$+\operatorname{Res}\left[\frac{s}{(s^2+1)(s^2+4)}e^{st},2i\right]+\operatorname{Res}\left[\frac{s}{(s^2+1)(s^2+4)}e^{st},-2i\right]$$
$$=\frac{ie^{it}}{2i(i^2+4)}+\frac{-ie^{-it}}{-2i(i^2+4)}+\frac{2ie^{2it}}{4i(4i^2+1)}+\frac{-2ie^{-2it}}{-4i(4i^2+1)}$$
$$=\frac{e^{it}}{6}+\frac{e^{-it}}{6}+\frac{e^{2it}}{6}+\frac{e^{-2it}}{6}=\frac{1}{3}(\cos t-\cos 2t).$$

12. (1) 这里 $B(s)=(s^2+9)^2$, $s=\pm 3i$ 是他的两个 2 级零点, 则有

$$f(t)=\lim_{s\to 3i}\frac{d}{ds}\left[(s-3i)^2\frac{1}{(s^2+9)^2}e^{st}\right]+\lim_{s\to -3i}\frac{d}{ds}\left[(s+3i)^2\frac{1}{(s^2+9)^2}e^{st}\right]$$
$$=-\frac{1}{108}ie^{3it}-\frac{1}{36}e^{3it}t+\frac{1}{108}ie^{-3it}-\frac{1}{36}e^{-3it}t$$
$$=\frac{1}{54}\left(-3t\cos(3t)+\sin(3t)\right).$$

(2) 用分子除以分母得 $F(s)=-1-\dfrac{2}{s-2}$,现在式中最后一项满足 $n<m$ 的要求, 所以 $f(t)=-\delta(t)-2e^{2t}$.

(3) 这里 $B(s)=s(s-1)(s+12)$, $s=0,1,12$ 是它的三个一级零点, 则有

$$f(t)=\lim_{s\to 0}\frac{s(2s+1)e^{st}}{s(s-1)(s+12)}+\lim_{s\to 1}\frac{(s-1)(2s+1)e^{st}}{s(s-1)(s+12)}+\lim_{s\to -12}\frac{(s+12)(2s+1)e^{st}}{s(s-1)(s+12)}$$
$$=-\frac{1}{12}+\frac{3e^{t}}{13}-\frac{23e^{-12t}}{156}.$$

(4) 这里 $B(s)=s^4+7s^2+4$, $s=\pm\sqrt{\dfrac{7\pm\sqrt{33}}{2}}i$ 是它的四个一级零点, 则有

$$f(t)=\lim_{s\to\sqrt{\frac{7+\sqrt{33}}{2}}i}\frac{\left(s-\sqrt{\frac{7+\sqrt{33}}{2}}i\right)e^{st}}{s^4+7s^2+4}+\lim_{s\to-\sqrt{\frac{7+\sqrt{33}}{2}}i}\frac{\left(s+\sqrt{\frac{7+\sqrt{33}}{2}}i\right)e^{st}}{s^4+7s^2+4}$$

$$+\lim_{s\to\sqrt{\frac{7-\sqrt{33}}{2}}\mathrm{i}}\frac{\left(s-\sqrt{\frac{7-\sqrt{33}}{2}}\mathrm{i}\right)\mathrm{e}^{st}}{s^4+7s^2+4}+\lim_{s\to-\sqrt{\frac{7-\sqrt{33}}{2}}\mathrm{i}}\frac{\left(s-\sqrt{\frac{7-\sqrt{33}}{2}}\mathrm{i}\right)\mathrm{e}^{st}}{s^4+7s^2+4}$$

$$=\frac{\sqrt{7+\sqrt{33}}\sin\left(\sqrt{\frac{1}{2}}\left(7-\sqrt{33}\right)t\right)-\sqrt{7-\sqrt{33}}\sin\left(\sqrt{\frac{1}{2}}\left(7+\sqrt{33}\right)t\right)}{2\sqrt{66}}.$$

(5) 这里 $B(s)=(s^2+4s+5)^2$，$s=-2\pm\mathrm{i}$，是它的两个 2 级零点，则有

$$f(t)=\lim_{s\to-2+\mathrm{i}}\frac{\mathrm{d}}{\mathrm{d}s}\left[\frac{(s+2-\mathrm{i})^2(s+2)\mathrm{e}^{st}}{(s^2+4s+5)^2}\right]+\lim_{s\to-2-\mathrm{i}}\frac{\mathrm{d}}{\mathrm{d}s}\left[\frac{(s+2+\mathrm{i})^2(s+2)\mathrm{e}^{st}}{(s^2+4s+5)^2}\right]$$

$$=-\frac{1}{4}\mathrm{i}\mathrm{e}^{(-2-\mathrm{i})t}\left(-1+\mathrm{e}^{2\mathrm{i}t}\right)t$$

$$=\frac{1}{2}\mathrm{e}^{-2t}t\sin(t).$$

(6) 查表，根据附录Ⅱ，得 $f(t)=\dfrac{2-2\operatorname{ch}(t)}{t}$.

13. (1) 设 $L[y(t)]=Y(s)$，对方程两边取拉氏变换，并考虑到初始条件，得

$$s^2Y(s)-6sY(s)+9Y(s)=\frac{1}{s-3},$$

整理后解出 $Y(s)$，得

$$Y(s)=\frac{1}{(s-3)^3},$$

再取拉氏逆变换得其解为

$$y(t)=\lim_{s\to3}\frac{1}{2!}\frac{\mathrm{d}^2}{\mathrm{d}s^2}\left[\frac{(s-3)^3\mathrm{e}^{st}}{(s-3)^3}\right]=\frac{1}{2}\mathrm{e}^{3t}t^2.$$

(2) 设 $L[y(t)]=Y(s)$，对方程两边取拉氏变换，并考虑到初始条件，得

$$s^2Y(s)-2sY(s)+2Y(s)=\frac{2(s-1)}{(s-1)^2+1},$$

整理后解出 $Y(s)$，得

$$Y(s)=\frac{2(s-1)}{((s-1)^2+1)(s^2-2s+2)}=\frac{2(s-1)}{(s-1+\mathrm{i})^2(s-1-\mathrm{i})^2},$$

再取拉氏逆变换得其解为

$$y(t)=\lim_{s\to1-\mathrm{i}}\frac{\mathrm{d}}{\mathrm{d}s}\left[\frac{2(s-1+\mathrm{i})^2(s-1)\mathrm{e}^{st}}{(s-1+\mathrm{i})^2(s-1-\mathrm{i})^2}\right]+\lim_{s\to1+\mathrm{i}}\frac{\mathrm{d}}{\mathrm{d}s}\left[\frac{2(s-1-\mathrm{i})^2(s-1)\mathrm{e}^{st}}{(s-1+\mathrm{i})^2(s-1-\mathrm{i})^2}\right]$$

$$=\lim_{s\to1-\mathrm{i}}\frac{\mathrm{d}}{\mathrm{d}s}\left[\frac{2(s-1)\mathrm{e}^{st}}{(s-1-\mathrm{i})^2}\right]+\lim_{s\to1+\mathrm{i}}\frac{\mathrm{d}}{\mathrm{d}s}\left[\frac{2(s-1)\mathrm{e}^{st}}{(s-1+\mathrm{i})^2}\right]$$

$$=\frac{1}{2}\mathrm{i}\mathrm{e}^{(1-\mathrm{i})t}t-\frac{1}{2}\mathrm{i}\mathrm{e}^{(1+\mathrm{i})t}t=\mathrm{e}^{t}t\sin t.$$

(3) 设 $L[y(t)]=Y(s)$，对方程两边取拉氏变换，并考虑到初始条件，得

$$s^3Y(s)-3s^2Y(s)+3sY(s)-Y(s)=\frac{6}{s-1},$$

整理后解出 $Y(s)$，得

$$Y(s)=\frac{6}{(s-1)^3(s+1)},$$

再取拉氏逆变换得其解为

$$y(t)=\lim_{s\to1}\frac{1}{2!}\frac{\mathrm{d}^2}{\mathrm{d}s^2}\left[\frac{6(s-1)^3\mathrm{e}^{st}}{(s-1)^3(s+1)}\right]+\lim_{s\to-1}\frac{6(s+1)\mathrm{e}^{st}}{(s-1)^3(s+1)}$$
$$=\frac{3}{4}\mathrm{e}^{-t}\left(-1+\mathrm{e}^{2t}-2\mathrm{e}^{2t}t+2\mathrm{e}^{2t}t^2\right).$$

(4) 设 $L[y(t)]=Y(s)$，对方程两边取拉氏变换，并考虑到初始条件，得

$$s^2Y(s)-s-2-3(sY(s)-1)+2Y(s)=\frac{5}{s},$$

整理后解出 $Y(s)$，得

$$Y(s)=\frac{s^2-s+5}{s(s-1)(s-2)},$$

再取拉氏逆变换得其解为

$$y(t)=\lim_{s\to0}\frac{s(s^2-s+5)\mathrm{e}^{st}}{s(s-1)(s-2)}+\lim_{s\to1}\frac{(s-1)(s^2-s+5)\mathrm{e}^{st}}{s(s-1)(s-2)}$$
$$+\lim_{s\to2}\frac{(s-2)(s^2-s+5)\mathrm{e}^{st}}{s(s-1)(s-2)}$$
$$=\frac{5}{2}-5\mathrm{e}^t+\frac{7}{2}\mathrm{e}^{2t}.$$

(5) 设 $L[y(t)]=Y(s)$，对方程两边取拉氏变换，并考虑到初始条件，得

$$s^2Y(s)-\frac{7}{4}-2sY(s)+5Y(s)=\frac{2}{4+(-1+s)^2},$$

整理后解出 $Y(s)$，得

$$Y(s)=\left(\frac{2}{4+(s-1)^2}+\frac{7}{4}\right)\frac{1}{s^2-2s+5}=\frac{43-14s+7s^2}{4(5-2s+s^2)^2}=\frac{43-14s+7s^2}{4(s-1+2\mathrm{i})^2(s-1-2\mathrm{i})^2},$$

再取拉氏逆变换得其解为

$$y(t)=\lim_{s\to1-2\mathrm{i}}\frac{\mathrm{d}}{\mathrm{d}s}\left[\frac{(s-1+2\mathrm{i})^2(43-14s+7s^2)\mathrm{e}^{st}}{4(s-1+2\mathrm{i})^2(s-1-2\mathrm{i})^2}\right]+\lim_{s\to1+2\mathrm{i}}\frac{\mathrm{d}}{\mathrm{d}s}\left[\frac{(s-1-2\mathrm{i})^2(43-14s+7s^2)\mathrm{e}^{st}}{4(s-1+2\mathrm{i})^2(s-1-2\mathrm{i})^2}\right]$$
$$=-\frac{1}{8}\mathrm{e}^{(1-2\mathrm{i})t}\left(-4\mathrm{i}+4\mathrm{i}\mathrm{e}^{4\mathrm{i}t}+t+\mathrm{e}^{4\mathrm{i}t}t\right)$$
$$=-\frac{\mathrm{e}^t}{4}\left(t\cos(2t)-4\sin(2t)\right).$$

(6) 设 $L[y(t)]=Y(s)$，对方程两边取拉氏变换，并考虑到初始条件，得

$$s^3Y(s)-2s^2+2(s^2Y(s)-2s)+sY(s)-2=\frac{-2}{s+2},$$

整理后解出 $Y(s)$，得

$$Y(s)=\frac{2\left(1+5s+4s^2+s^3\right)}{s(1+s)^2(2+s)},$$

再取拉氏逆变换得其解为

$$\begin{aligned}y(t)&=\lim_{s\to 0}\frac{2s\left(1+5s+4s^2+s^3\right)\mathrm{e}^{st}}{s(1+s)^2(2+s)}+\lim_{s\to -1}\frac{\mathrm{d}}{\mathrm{d}s}\left[\frac{2(1+s)^2\left(1+5s+4s^2+s^3\right)\mathrm{e}^{st}}{s(1+s)^2(2+s)}\right]\\&\quad+\lim_{s\to -2}\frac{2(2+s)\left(1+5s+4s^2+s^3\right)\mathrm{e}^{st}}{s(1+s)^2(2+s)}\\&=1+2\mathrm{e}^{-t}t+\mathrm{e}^{-2t}.\end{aligned}$$

(7) 设 $\mathcal{L}[x(t)]=X(s)$，$\mathcal{L}[y(t)]=Y(s)$，对方程组两边取拉氏变换，并考虑到初始条件，得

$$\begin{cases}sX(s)-1+X(s)-Y(s)=\dfrac{1}{s-1},\\sY(s)-1+3X(s)-2Y(s)=\dfrac{2}{s-1},\end{cases}$$

整理后解出 $X(s)$ 与 $Y(s)$，得

$$\begin{cases}X(s)=\dfrac{1}{s-1},\\Y(s)=\dfrac{1}{s-1},\end{cases}$$

再取拉氏逆变换得其解为

$$\begin{cases}x(t)=\lim\limits_{s\to 1}\dfrac{(s-1)\mathrm{e}^{st}}{s-1}=\mathrm{e}^{t},\\y(t)=\lim\limits_{s\to 1}\dfrac{(s-1)\mathrm{e}^{st}}{s-1}=\mathrm{e}^{t}.\end{cases}$$

(8) 设 $\mathcal{L}[x(t)]=X(s)$，$\mathcal{L}[y(t)]=Y(s)$，对方程组两边取拉氏变换，并考虑到初始条件，得

$$\begin{cases}sX(s)-1+2X(s)+2Y(s)=\dfrac{10}{s-2},\\sY(s)-3-2X(s)+Y(s)=\dfrac{2}{s-1},\end{cases}$$

整理后解出 $X(s)$ 与 $Y(s)$，得

$$\begin{cases}X(s)=-\dfrac{12-13s-2s^2-s^3}{12-12s-s^2+s^4},\\Y(s)=-\dfrac{12-2s-s^2-3s^3}{(-2+s)\left(-6+3s+2s^2+s^3\right)},\end{cases}$$

再取拉氏逆变换得其解为

$$\begin{cases} x(t)=\dfrac{1}{40}\mathrm{e}^{-3t/2}\left(\mathrm{e}^{5t/2}\left(-16+75\mathrm{e}^{t}\right)-19\cos\dfrac{\sqrt{15}t}{2}-11\sqrt{15}\sin\dfrac{\sqrt{15}t}{2}\right), \\ y(t)=\dfrac{1}{20}\mathrm{e}^{-3t/2}\left(\mathrm{e}^{5t/2}\left(12+25\mathrm{e}^{t}\right)+23\cos\dfrac{\sqrt{15}t}{2}-\sqrt{15}\sin\dfrac{\sqrt{15}t}{2}\right). \end{cases}$$

(9) 设 $\mathcal{L}[f(t)]=F(s)$，对方程两边取拉氏变换，并考虑到初始条件，得

$$F(s)=\frac{2}{s^2}+\frac{F(s)}{s^2+1},$$

整理后解出 $F(s)$，得

$$F(s)=\frac{2(s^2+1)}{s^4},$$

再取拉氏逆变换得其解为

$$f(t)=\lim_{s\to 0}\times\left(\frac{1}{3!}\frac{\mathrm{d}^3}{\mathrm{d}s^3}\left[\frac{2(s^2+1)s^4\mathrm{e}^{st}}{s^4}\right]\right)=\frac{t^3}{3}+2t.$$

(10) 设 $L[f(t)]=F(s)$，对方程两边取拉氏变换，并考虑到初始条件，得

$$F(s)=\frac{1}{s^2+1}+\frac{2sF(s)}{s^2+1},$$

整理后解出 $F(s)$，得

$$F(s)=\frac{1}{(s-1)^2},$$

再取拉氏逆变换得其解为

$$f(t)=\lim_{s\to 1}\frac{\mathrm{d}}{\mathrm{d}s}\left[\frac{(s-1)^2\mathrm{e}^{st}}{(s-1)^2}\right]=t\mathrm{e}^{t}.$$

习 题 9

1. (1) $z^{-5}\ (|z|>0)$； (2) $0\ (z\in\mathbf{C})$； (3) $\dfrac{1}{(5z)^4(5z-1)}\left(|z|>\dfrac{1}{5}\right)$；

(4) $\dfrac{2z}{2z-1}+1\left(|z|>\dfrac{1}{2}\right)$； (5) $\dfrac{3z}{3z+1}\left(|z|>\dfrac{1}{3}\right)$； (6) $1-\dfrac{1}{8z^3}\ (|z|>0)$；

(7) $\dfrac{2z}{2z-1}-\dfrac{2z}{(2z)^{10}(2z-1)}\left(|z|>\dfrac{1}{2}\right)$； (8) $\dfrac{2z}{2z-1}+\dfrac{3z}{3z-1}\left(|z|>\dfrac{1}{2}\right)$.

2. (1) $\dfrac{3z}{a-z}+\dfrac{5z}{\sqrt{2}\left(z^2-\sqrt{2}z+1\right)}+\dfrac{2z}{(z-1)^2}$； (2) $\dfrac{a^3z}{z-a}$； (3) $\dfrac{z(z-\cosh(b))}{-2z\cosh(b)+z^2+1}$；

(4) $\dfrac{z(z-\sin 2-\cos 2)}{\sqrt{2}\left(z^2-2z\cos 2+1\right)}$；　　(5) $\dfrac{z\sin 6}{2z^2-4z\cos 6+2}$；　　(6) $\dfrac{z}{-\mathrm{i}\sin\theta-\cos\theta+z}$；

(7) $\dfrac{z\left(z-\cos 1\right)}{2\left(z^2-2z\cos 1+1\right)}-\dfrac{z\left(z-\cos 3\right)}{2\left(z^2-2z\cos 3+1\right)}$；　　(8) $\mathrm{e}^{\frac{1}{3z}}+\mathrm{e}^{\frac{3}{z}}$；　　(9) 略；　　(10) 略；

(11) $\dfrac{z\left(\left(z^2+1\right)\cos\theta-2z\right)}{\left(-2z\cos\theta+z^2+1\right)^2}$.

3. $g(n)=f(n)-f(n-1)=\begin{cases}1, & n=0,\\ -1, & n=6,\\ 0, & \text{其他},\end{cases}\quad Z\left[g(n)\right]=\sum\limits_{n=0}^{+\infty}g(n)z^{-n}=1-z^{-6}.$

4. $Z\left[\dfrac{a}{a-b}a^n-\dfrac{b}{a-b}b^n\right]=\dfrac{a}{a-b}\dfrac{z}{z-a}-\dfrac{b}{a-b}\dfrac{z}{z-a}=\dfrac{z^2}{(z-a)(z-b)}$.

5. 记 $F[z]=Z\left[f(n)\right]$，则 $Z\left[f(n+2)\right]=z^2\left[F[z]-f(0)-f(1)z^{-1}\right]$，易知 $f(n)=1+(-1)^n$，则 $f(0)=2, f(1)=0$，

$$Z\left[f(n+2)\right]=\frac{2z^2}{(z+1)(z-1)}.$$

6. 利用长除法:

$$\begin{array}{r}
2+15z^{-1}+76z^{-2}\\
z^2-6z+9\,\overline{)\,2z^2+3z\ +\ 4}\\
\underline{2z^2-12z+18}\\
15z-14\\
\underline{15z-90+135z^{-1}}\\
76-135z^{-1}
\end{array}$$

$$f(0)=2, f(1)=15, f(2)=76.$$

7. 显然 $\sum\limits_{n=0}^{+\infty}\left(\dfrac{1}{2}\right)^n$ 是收敛的，记 $f(n)=\sum\limits_{k=0}^{n}\left(\dfrac{1}{2}\right)^k=2-\left(\dfrac{1}{2}\right)^n$，则

$$F[z]=\frac{2z}{z-1}-\frac{z}{z-\frac{1}{2}}=\frac{2z^2}{(z-1)(2z-1)}.$$

由终值定理:

$$\lim_{n\to\infty}f(n)=\lim_{z\to 1}(z-1)F[z]=\lim_{z\to 1}(z-1)\frac{2z^2}{(z-1)(2z-1)}=2,$$

即 $\sum\limits_{n=0}^{+\infty}\left(\dfrac{1}{2}\right)^n=2$.

8. $F[z]=\dfrac{z}{z-3}$，易知 $f(n)=3^n$，因此 $f(0)=1, f(\infty)=+\infty$.

9. (1) $Z[h(n)]=Z[f(n)]Z[g(n)]=\dfrac{z}{z-a}\cdot z^{-2}=\dfrac{1}{z(z-a)}$;

(2) $Z[h(n)]=Z[f(n)]Z[g(n)]=\dfrac{z}{z-a}\cdot\dfrac{1}{z-1}=\dfrac{z}{(z-a)(z-1)}$.

10. (1) 略;

(2) 略;

(3) $F[z]=\dfrac{1}{1-\dfrac{a}{z}}=\dfrac{z}{z-a}, f(n)=a^n$;

(4) $F[z]=\dfrac{4z}{z-(-\frac{1}{2})}-\dfrac{3z}{z-(-\frac{1}{4})}, f(n)=4\cdot\left(-\dfrac{1}{2}\right)^n-3\cdot\left(-\dfrac{1}{4}\right)^n$;

(5) $F[z]=\dfrac{2}{9}\cdot\dfrac{z}{z-1}+\dfrac{7}{9}\cdot\dfrac{z}{z-(-2)}, f(n)=\dfrac{2}{9}+\dfrac{7}{9}\cdot(-2)^n$.

11. 留数法:

$F[z]z^{n-1}=\dfrac{10z^n}{(z-1)(z-2)}, z_1=1, z_2=2$ 是 $F[z]z^{n-1}$ 的 1 级极点,

$$\operatorname{Res}[F[z]z^{n-1},1]=\left[(z-1)\frac{10z^n}{(z-1)(z-2)}\right]\Bigg|_{z=1}=-10u(n),$$

$$\operatorname{Res}[F[z]z^{n-1},2]=\left[(z-2)\frac{10z^n}{(z-1)(z-2)}\right]\Bigg|_{z=2}=10\cdot 2^n u(n),$$

$$f(n)=10\cdot 2^n u(n)-10u(n).$$

长除法:

$$\begin{array}{r}
10z^{-1}+30z^{-2}+70z^{-3}\\
z^2-3z+2\,\big)\,\overline{10z\qquad\qquad\qquad\qquad}\\
\underline{10z-30+20z^{-1}\qquad\quad}\\
30-20z^{-1}\qquad\quad\\
\underline{30-90z^{-1}+60z^{-2}\quad}\\
70z^{-1}-60z^{-2}\quad\\
\underline{70z^{-1}-210z^{-2}+140z^{-3}}\\
150z^{-2}-140z^{-3},
\end{array}$$

$$f(n)=\{0,10,30,70,\cdots,10(2^n-1),\cdots\}.$$

部分分式法:

$$\frac{F[z]}{z}=\frac{10}{(z-1)(z-2)}=\frac{10}{z-2}-\frac{10}{z-1},$$

$$f(n)=10\cdot 2u(n)-10u(n).$$

12. (1) $F[z]z^{n-1}=\dfrac{z^n}{(z-1)^2(z-2)}, z_1=1$ 为 $F[z]z^{n-1}$ 的 2 级极点, $z_2=2$ 为 1 级极点,

$$\mathrm{Res}[F[z]z^{n-1},1]=\frac{1}{(2-1)!}\left\{\frac{\mathrm{d}}{\mathrm{d}z}\left[(z-1)^2\frac{z^n}{(z-1)^2(z-2)}\right]\right\}\Bigg|_{z=1}=-n-1,$$

$$\mathrm{Res}[F[z]z^{n-1},2]=\left[(z-2)\frac{z^n}{(z-1)^2(z-2)}\right]\Bigg|_{z=2}=2^n,$$

$$f(n)=2^n-n-1.$$

(2) $F[z]z^{n-1}=\dfrac{z^{n+1}}{(\mathrm{e}z-1)^2}, z=\dfrac{1}{\mathrm{e}}$ 为 $F[z]z^{n-1}$ 的二级极点,

$$\mathrm{Res}\left[F[z]z^{n-1},\frac{1}{\mathrm{e}}\right]=\frac{1}{(2-1)!}\left\{\frac{\mathrm{d}}{\mathrm{d}z}\left[\left(z-\frac{1}{\mathrm{e}}\right)^2\frac{z^{n+1}}{(\mathrm{e}z-1)^2}\right]\right\}\Bigg|_{z=\frac{1}{\mathrm{e}}}=\frac{n+1}{\mathrm{e}^{n-2}},$$

$$f(n)=\frac{n+1}{\mathrm{e}^{n-2}}.$$

13. (1) $\dfrac{1}{3}\left(-2\mathrm{i}\sqrt{3}(-\frac{1}{2}+\frac{\mathrm{i}\sqrt{3}}{2})^n+(-\frac{1}{2}+\frac{\mathrm{i}\sqrt{3}}{2})^n+(-\frac{1}{2}-\frac{\mathrm{i}\sqrt{3}}{2})^n+2\mathrm{i}\sqrt{3}(-\frac{1}{2}-\frac{\mathrm{i}\sqrt{3}}{2})^n+1\right)$;

(2) $\dfrac{1}{36}(6n+(-5)^{n+1}+5)$;

(3) $\dfrac{1}{2}\left(2+\cot\dfrac{1}{2}-\cos(n)\cot\dfrac{1}{2}-\sin(n)\right)$;

(4) $\dfrac{1}{4}\left\{\begin{array}{l}2n\cot\dfrac{1}{2}+\cos\left[\dfrac{1}{2}(-1-\pi)\right]\cot\dfrac{1}{2}\csc\dfrac{1}{2}\\-\cos\left[\dfrac{1}{2}(-1+2n-\pi)\right]\cot\dfrac{1}{2}\csc\dfrac{1}{2}\\-\csc\dfrac{1}{2}\sin\left[\dfrac{1}{2}(-1-\pi)\right]+\csc\dfrac{1}{2}\sin\left[\dfrac{1}{2}(-1+2n-\pi)\right]\end{array}\right\}$;

(5) $\dfrac{1}{9}(-4+13(-2)^n+3n)$;

(6) $\dfrac{2}{9}\left(49+(-1)^n2^{5+n}+15n\right)$.